Heidelberger Taschenbücher   Band 187

Sammlung Informatik

Herausgegeben von F. L. Bauer, G. Goos und M. Paul

Eberhard Bergmann   Helga Noll

Mathematische Logik mit Informatik-Anwendungen

Springer-Verlag
Berlin Heidelberg GmbH 1977

Eberhard Bergmann Helga Noll

Technische Universität Berlin, Fachbereich Informatik
Informatik-Forschungsgruppen
Programmiersprachen und Compiler I
Computergestützte Informationssysteme

ISBN 978-3-540-08202-6   ISBN 978-3-642-66635-3 (eBook)
DOI 10.1007/978-3-642-66635-3

Library of Congress Cataloging in Publication Data. Bergmann, Eberhard, 1941 –. Mathematische Logik mit Informatik-Anwendungen. (Heidelberger Taschenbücher; Bd. 187: Sammlung Informatik). Bibliography: p. Includes index. 1. Logic, Symbolic and mathematical. 2. Electronic data processing. I. Noll, Helga, 1936 –, joint author. II. Title. QA9.B45. 511'.3. 77-3724.

Das Werk ist urheberrechtlich geschützt. Die dadurch begründeten Rechte, insbesondere die der Übersetzung, des Nachdruckes, der Entnahme von Abbildungen, der Funksendung, der Wiedergabe auf photomechanischem oder ähnlichem Wege und der Speicherung in Datenverarbeitungsanlagen bleiben, auch bei nur auszugsweiser Verwertung, vorbehalten. Bei Vervielfältigungen für gewerbliche Zwecke ist gemäß § 54 UrhG eine Vergütung an den Verlag zu zahlen, deren Höhe mit dem Verlag zu vereinbaren ist.

© by Springer-Verlag Berlin Heidelberg 1977

Die Wiedergabe von Gebrauchsnamen, Handelsnamen, Warenbezeichnungen usw. in diesem Werk berechtigt auch ohne besondere Kennzeichnung nicht zu der Annahme, daß solche Namen im Sinne der Warenzeichen- und Markenschutz-Gesetzgebung als frei zu betrachten wären und daher von jedermann benutzt werden dürften.

Gesamtherstellung: Zechnersche Buchdruckerei, Speyer
2145/3140-543210

Vorwort

Dieses Buch ist aus Skripten der Autoren zu ihrer Vorlesung „Mathematische Logik (für Informatiker)" entstanden. Diese sechsstündige Lehrveranstaltung, die seit dem Sommersemester 1974 jährlich an der Technischen Universität Berlin im Fachbereich Informatik abgehalten wird, will Informatik-Studenten etwa vom 4. Semester an mit Logik-Methoden vertraut machen und gleichzeitig einen Beitrag zur Mathematik-Ausbildung für Informatiker leisten. Dementsprechend handelt es sich um einen einführenden Text für „krasse" Anfänger in der Logik, der mit elementaren Mathematik-Kenntnissen lesbar ist und an Informatik-Voraussetzungen nur einfachste Konzepte von Programmiersprachen benötigt. Anliegen des Buches, das sich gleichermaßen an **Mathematik-** und **Informatik-Studenten** wendet, ist es, einerseits eine mathematisch zufriedenstellende Darstellung der Anfangsgründe der Prädikatenlogik der ersten Stufe zu geben, andererseits aber auch Anwendungen dieser Logik innerhalb der Informatik einheitlich in die Logik-Darstellung einzubeziehen.

Der Versuch, ein Buch über Logik mit Informatik-Anwendungen zu schreiben, ist nicht ohne Probleme, da die Auswahl der Verbindungen von Logik und Informatik eine subjektive Entscheidung bleibt, so daß über den hier vorliegenden Text hinaus Raum für andere Berührungspunkte und für eine intensivere Gestaltung der hier im Text angeführten Anwendungen besteht. Man kann dabei z. B. an engere Verbindungen zur theoretischen Informatik denken oder an eine systematische Abhandlung der angesprochenen Anwendungsgebiete. Dieser Text will dazu anregen, Informatik und Logik so aufeinander zu beziehen, daß Logik als Hilfsmittel für die Informatik angesehen werden darf, d. h. als eine fruchtbare, Informatik-Ergebnisse hervorbringende Methode. Da unter Informatikern die Bedeutung von Mathematik als Hilfswissenschaft noch nicht genügend geklärt ist und bei weitem nicht klar ist, was als theoretische Informatik gelten kann, soll mit diesem Text nicht präjudiziert werden, daß Logik *das* Hilfsmittel der Informatik ist oder wird.

Der Text wurde nach folgenden Gesichtspunkten angelegt:

Die Stoffauswahl wurde dem Umfang nach so getroffen, daß die Bewältigung des gebotenen Materials nicht gänzlich außerhalb der Möglichkeiten einer sechsstündigen Lehrveranstaltung liegt.

Bei der Darstellung der Inhalte soll der Leser durch Motivierung der eingeführten und verwendeten Begriffe und Ergebnisse zum *selbständigen* Beweisen geführt werden. So ist z. B. der Paragraph 11 ein didaktisch gelenktes Nacherfinden des Vollständigkeitsbeweises.

Wir haben höchstens abzählbare Symbolmengen zugelassen und waren an Sätzen über überabzählbare Individuenbereiche nicht interessiert. Diese Vereinfachung, die angesichts einer Anwendung der Logik in der Informatik gerechtfertigt ist, befreit darüber hinaus die Beweise von Komplikationen, die für den Anfänger noch nicht förderlich sind.

Die konsequente Verwendung von metasprachlicher Symbolisierung (nicht Formalisierung) wurde mit Bedacht gewählt, weil sie es dem Ungeübten überhaupt erst ermöglicht, an bestimmten Stellen Beweise sicher zu führen, etwa beim Modellbegriff oder bei der logischen Folgerung, die umgangssprachlich anfangs nur sehr schwer zu bewältigen sind. Zur Symbolisierung ist durchgängig die Symbolik der Mengenlehre verwendet worden, so wie sie sich in den Mathematik-Darstellungen durchgesetzt hat. Zur besseren Lesbarkeit sind die in den Lehrsätzen ausgedrückten Inhalte meist auch verbal wiedergegeben.

Neben Übungsaufgaben, die im Text eingestreut sind, gibt es am Ende von Paragraphen (wenn nötig oder möglich) einen Block von Übungsaufgaben. Die Aufgaben sind zum größten Teil auch für das zur oben erwähnten Lehrveranstaltung gehörige Tutorium verwendet worden und dienen nicht dazu, tiefliegende und schwerwiegende logische Ideen und Erfindungen nachentdecken zu lassen, sondern sie wollen durch elementaren Umgang mit den vorher entwickelten Begriffen und Lehrsätzen den Leser zum Nachlesen bzw. Nachbereiten des Textes veranlassen und so sein logisches Wissen festigen und vertiefen helfen. Aus diesem Grunde konnte auch auf den Abdruck der Lösungen verzichtet werden. Die Übungsaufgaben (und die im Text verwendeten Beispiele) entstammen den verschiedensten Quellen, die nicht eigens dokumentiert wurden.

Übersicht über den Inhalt:

Der *erste* Teil des Textes gibt in vier Kapiteln eine stringente Darstellung der Prädikatenlogik der ersten Stufe bis zum Vollständigkeitssatz. Er orientiert sich in der Auswahl des Kalküls stark an den Büchern von G. Asser und J. Shoenfield. Nach kurzen Vorbemerkungen (Kapitel 1) wird anhand einfacher Programmiersprachen-Konzepte motivierend gezeigt, wie eine Sprache der Logik auszusehen hat (Kapitel 2). Danach wird dann in den Kapiteln 3 und 4 der Hauptteil, der mathematische Aufbau der Prädikatenlogik, dargestellt; er ist in seiner Stoffauswahl und seinen Begriffen standardmäßig, wobei zusätzlich der Zusammenhang von Logik-Ergebnissen und Ergebnissen der Theorie der Berechenbarkeit hergestellt wird. Außerdem wird eine für die theoretische Informatik schon klassische Anwendung behandelt, ein Beispiel aus dem Gebiet der sog. Programm-Verifikation (§ 12.5).

Der *zweite* Teil mit zwei Kapiteln gilt Informatik-Anwendungen der Prädikatenlogik: Die wichtigste der behandelten Anwendungen (Kapitel 5) ist den logischen Grundlagen des sog. maschinellen Beweisens (Resolventenprinzip) gewidmet. Dabei handelt es sich um eine Umformulierung der klassischen Logik-Kalküle, die ab etwa 1960 aus dem Wunsch entstand, Deduktionsprozesse vom Rechner ausführen zu lassen. Neben der Betrachtung der logischen Grundlagen wird Wert auf die Behandlung von daraus resultierenden Beweisverfahren und deren Anwendung gelegt. Das Kapitel 6 befaßt sich mit zwei Beispielen aus den Informatik-Gebieten Informationssysteme und Semantik von Programmiersprachen, an denen die Methode der Formalisierung (als eine der wichtigsten Methoden der Logik) deutlich werden soll.

Der *dritte* Teil will zweierlei bewirken: Erstens sollen die über den gesamten Text verteilten Andeutungen über größere philosophische Zusammenhänge, in denen Logik steht, explizit benannt werden, wobei auf das wichtigste Problem, die Frage nach der Geschichte der Logik, näher eingegangen wird. Zweitens enthalten Schlußbemerkungen einige Anregungen, welche Gebiete der Logik sich für ein Weiterstudium eignen, da das vorliegende Buch nur ein allererster Einstieg in die Logik sein soll.

Der *vierte* (technische) Teil enthält einen Anhang mit ausgesparten Beweisen, Bemerkungen zu weiterführender Literatur, eine Liste von häufig verwendeten Symbolen und ein Namen- und Sachverzeichnis.

Bei der Erstellung dieses Buches wurde uns mannigfache Hilfe zuteil: Prof. D. Siefkes hat die Veröffentlichung der Skripten als

Buch wesentlich unterstützt und durch kritische Durchsicht der Vorlagen sehr zu deren Verbesserung beigetragen. Mit Angehörigen und Kollegen der Informatik-Forschungsgruppe Programmiersprachen und Compiler I und der damaligen Informatik-Forschungsgruppe Systeme zur Informationsverwaltung konnten wir über einzelne Punkte fruchtbar diskutieren. Von Studenten und Tutoren des Fachbereichs Informatik ist konstruktive Kritik geübt worden. Bernhard Böhringer, Annette Gahn und Bernd Kohlberger haben das Manuskript gewissenhaft durchgesehen, und Frau Rühle hat sehr kompetent eine frühe Version des Textes geschrieben. Ohne unseren Kollegen Klaus Fleischmann wäre das Kapitel über *Probleme mit der Logik* in seiner jetzigen Form nicht zustande gekommen.

Ihnen allen gilt unser herzlicher Dank.

Berlin, im Dezember 1976

Eberhard Bergmann   Helga Noll

Hinweise für den Leser

Der Gesamtstoff ist in *Kapitel* unterteilt, die ihrerseits in *Paragraphen* und weiter in *Abschnitte* gegliedert sind. Beispiele, Definitionen, Lemmata und Sätze sind innerhalb jedes Paragraphen durchnumeriert. Die zitierten Literaturstellen sind kapitelweise zusammengestellt. Kürzel in eckigen Klammern beziehen sich auf diese Literaturangaben.

Als Lesehilfe hat sich bewährt, unübersichtliche Klammerausdrücke mit Notizzettel und Bleistift zu enträtseln.

Beim ersten Durchgang durch den Logikteil ist es ratsam, die Abschnitte 10.3.5, 11.5, 11.6, die Beweise von Abschnitt 12.4 und den Abschnitt 12.5 zu überschlagen. §9 und §14 sind Durststrecken, die es zu überwinden gilt. Für eilige Leser: der technische Teil beginnt ab §6.

Lesern, die nur am maschinellen Beweisen interessiert sind, empfehlen wir, sich vor der Lektüre des fünften Kapitels in etwa mit den Grundbegriffen Syntax, Semantik (§ 6); Erfüllbarkeit, Gültigkeit, Allgemeingültigkeit (§ 7); freie Variable, Substitution, Normalform (§ 9); Modell, Folgerung (Abschnitt 10.2); Ableitung (Abschnitt 10.3.1, 10.3.2) vertraut zu machen, ferner mit dem Inhalt des Vollständigkeitssatzes 11.19 und dessen Konsequenzen (Kompaktheitssatz für Modelle, Satz von der freien Interpretation, Abschnitt 11.4) und außerdem mit den Aussagen über die Semi-Entscheidbarkeit (Abschnitt 12.4).

Inhaltsverzeichnis

Kapitel 1. Vorbemerkungen 1

§ 1. Einleitung 1
§ 2. Verwendete Notation 2

Kapitel 2. Einführung und Motivation 4

§ 3. Programmiersprachen und elementare Konzepte der mathematischen Logik 4
§ 4. Umgangssprache und die Gestalt der Syntax einer mathematischen Logik 9
    4.1. Exkurs: Satz – Aussage – Sachverhalt 10
    4.2. Die Zerlegung von Sätzen der natürlichen Sprache in Teilsätze 12
    4.3. Exkurs: Extension und Intension 14
    4.4. Die Definition der extensionalen Junktoren 16
    4.5. Die Feinstruktur von Aussagen 20
    4.6. Schreibvarianten der Kalkülzeichen 23
    Übungen zu § 4 23
§ 5. Das weitere Vorgehen 25

Kapitel 3. Syntax und Semantik der Prädikatenlogik 26

§ 6. Syntax und Semantik 26
    6.1. Die Syntax der Sprache 27
    6.2. Beweise und Definitionen induktiv über den Aufbau der Terme und Formeln 29
    6.3. Strukturen und Deutungen 31
    6.4. Ein kleines Beispiel für eine Sprache mit Deutung . 35
    Übungen zu § 6 36
§ 7. Prädikatenlogische Wahrheit 37

Kapitel 4. Eigenschaften der Prädikatenlogik 40

§ 8. Aussagenlogik im Rahmen der Prädikatenlogik 40
    8.1. Erste Gesetze 40
    8.2. Ersetzung und Spezialisierung 45
    8.3. Weitere Gesetze 47
    8.4. Formeln mit aussagenlogischem Aufbau 48
    Übungen zu § 8 50

§ 9. Gesetze über Quantoren und Substitution 52
    9.1. Gebundene und freie Variable 52
        9.1.1. Definitionen 52
        9.1.2. Das Koinzidenztheorem 54
    9.2. Die Substitution 56
        9.2.1. Definitionen 56
        9.2.2. Die Bedeutung der Substitution: das Überführungstheorem 60
        9.2.3. Die gebundene Umbenennung 61
    9.3. Quantorengesetze 62
    9.4. Normalformen 69
        9.4.1. Pränexe Normalformeln 69
        9.4.2. Universelle Normalformeln 71
        9.4.3. Konjunktive Normalformeln 74
    Übungen zu § 9 76

§ 10. Logisches Schließen als „Rechnen": Folgern – Ableiten . 79
    10.1. Problemstellung 79
    10.2. Der semantische Folgerungsbegriff 81
    10.3. Das syntaktische Ableiten 89
        10.3.1. Einführung 89
        10.3.2. Ableitungsregeln und eine Axiomenmenge für die Prädikatenlogik 92
        10.3.3. Exkurs: Theorien 95
        10.3.4. Skizze zum Verhältnis der eingeführten Begriffe zueinander 97
        10.3.5. Gesetze über ableitbare Formeln 97
        10.3.6. Eine Präzisierung des informellen Beweisens 104
    10.4. Die syntaktische Widerspruchsfreiheit 105
    Übungen zu § 10 106

§ 11. Der Vollständigkeitssatz 109
    11.1. Herausarbeiten der wesentlichen Schwierigkeiten des Beweises 109
    11.2. Exkurs: syntaktisch vollständige und maximal syntaktisch widerspruchsfreie Formelmengen 116
    11.3. Der Beweis 118
    11.4. Konsequenzen aus dem Vollständigkeitssatz . . . 123

11.5. Prädikatenlogik mit Gleichheit 124
11.6. Spezielle Vollständigkeitsresultate 128
§ 12. Entscheidbarkeitsfragen 130
    12.1. Bemerkungen zur Entwicklung des Entscheidungsproblems 131
    12.2. Die Entscheidbarkeit der quantorenfreien Formeln (Aussagenlogik) 133
    12.3. Die Unentscheidbarkeit der Prädikatenlogik . . . 134
    12.4. Die Semi-Entscheidbarkeit der Ableitungsmengen . 137
    12.5. Ein Anwendungsbeispiel aus der Theorie der Programmierung: das Terminationsproblem von Programmen 143
        12.5.1. Exkurs zum Forschungsgebiet Semantik von Programmiersprachen 143
        12.5.2. Die Termination von Programmen 144
    Übungen zu § 11 und § 12 152

Kapitel 5. Logische Grundlagen des maschinellen Beweisens (Resolventenprinzip) 155

§ 13. Einleitung 155
§ 14. Die Klauselform der Prädikatenlogik und Herbrand-Strukturen (eine Umformulierung der klassischen Logik) 158
    14.1. Folgerungen und Nichterfüllbarkeit 159
    14.2. Zur universellen Normalform 160
    14.3. Die Klauselform der Prädikatenlogik 162
    14.4. Herbrand-Strukturen und der Satz von Herbrand . 167
    Übungen zu § 14 174
§ 15. Herbrand-Prozeduren 175
§ 16. Das Resolventenprinzip 179
    16.1. Syntaktisches Ableiten in der Klausellogik 179
    16.2. Der Vereinheitlichungsalgorithmus 182
    16.3. Die Resolventenregel 187
    16.4. Das Liften 190
    16.5. Die Vollständigkeit der Resolventenregel 193
    16.6. Split-Resolventen und volle Resolventen 195
    Übungen zu § 16 199
§ 17. Beweisverfahren des Resolventenprinzips 201
    17.1. Beweisverfahren 201
    17.2. Zur Effizienz (Verfeinerungen der Resolventenregel) 205
    Übungen zu § 17 212
§ 18. Der konstruktive Charakter von Resolventenableitungen (Greenscher Antworten-Extraktionsprozeß) 212

18.1. Motivation 214
18.2. Eine Verschärfung des Resolventensatzes 217
18.3. Resultate in Ableitungen 220
18.4. Ein Verfahren zur Berechnung von Resultaten mit Beispielen für dessen Anwendung 224
Übungen zu § 18 228
§ 19. Prädikatenlogik als Programmiersprache 230

Kapitel 6. Die Methode der Formalisierung: zwei Beispiele . . 238

§ 20. Informationswiedergewinnung als Anwendungsbeispiel . 238
Übungen zu § 20 248
§ 21. Exkurs: das Formalisieren 248
§ 22. Die Formalisierung der Wertzuweisung 251
Übungen zu § 22 257

Kapitel 7. Probleme mit der Logik 259

§ 23. Grenzen der mathematischen Logik 259
23.1. Strukturen als „Wirklichkeit" 260
23.2. Zur Definition von Wahrheit 261
23.3. Der methodische Zirkel 262
23.4. Hinweise auf nichtbehandelte Sonderlogiken . . . 263
23.5. Was ist semantisch, was syntaktisch? 264
23.6. Fazit 265
§ 24. Bemerkungen zur Geschichte der Logik 265
24.1. Warum werden in diesem Buch Probleme der Geschichte der Logik aufgegriffen? 265
24.2. Welche Möglichkeiten bestehen, die Geschichte der Logik adäquat zu behandeln? 267
24.3. Zum Verhältnis von Logik zu Mathematik (und Philosophie) 269
24.4. Zu innermathematischen Gründen, die zur Herausbildung der mathematischen Logik führten 273
24.5. Epilog 278

Schlußbemerkungen 279

Anhang 280

Teil A. Beweise von Eigenschaften über Zustandsabänderungen 280
Teil B. Der Beweis des Koinzidenztheorems 282

Teil C. Beweise von Eigenschaften der Substitution 283
    C 1. Beweis von Lemma 9.12. 283
    C 2. Charakterisierung der Komposition von Substitutionen 284
    C 3. Der Beweis des Überführungstheorems Satz 9.16   285
Teil D. Der Satz von der universellen Normalform 287
Teil E. Semantische und syntaktische Beweisführung 288
Teil F. Beispiele für die Verwendung von Ableitungen 290
    F 1. Beispiel für eine längere Ableitung 290
    F 2. Das Theorem über neue Konstanten 292
Teil G. Hilfsmittel für den Vollständigkeitssatz 293
    G 1. Der Lindenbaumsche Ergänzungssatz 293
    G 2. Der Beweis von Satz 11.17. 294
Teil H. Hilfsmittel aus der Theorie der Berechenbarkeit ... 296
    H 1. Liste der verwendeten Definitionen und Sätze aus der Theorie der berechenbaren Wortfunktionen . 296
    H 2. Die Äquivalenz von Aufzählbarkeit und Semi-Entscheidbarkeit 297
    H 3. Die Aufzählbarkeit der nichterfüllbaren Formeln   299
Teil I. Eine „strikte" Syntax 300
Teil J. Zerlegungssatz für allgemeinste Vereinheitlicher ... 302

Literaturangaben 304

Hinweise zu weiterführender Literatur 311

Verzeichnis häufig verwendeter Symbole 315

Namen- und Sachverzeichnis 318

Kapitel 1. Vorbemerkungen

§ 1. Einleitung

Wir werden die Frage *Wovon handelt dieses Buch?* oder *Was ist Logik?*, *Was ist mathematische Logik?* jetzt nur punktuell behandeln, da am Anfang eines Buches, das für Leser ohne Logik-Vorkenntnisse bestimmt ist, diese Frage ja doch nur durch Rückgriff auf noch Unbekanntes beantwortet werden könnte. Die volle Antwort auf diese Frage sei dem Leser, nachdem er diesen Text durchgearbeitet hat, selbst überlassen, denn er wird fortlaufend immer wieder Passagen finden, die das Problem der Definition von Logik beleuchten. Zur Vertiefung aller hier angeschnittenen Probleme eignen sich [Sch 59], [Bo 62], [Kla 70].

Um ein Mißverständnis von Anfang an auszuräumen, sei darauf hingewiesen, daß Logik, wie sie hier dargestellt wird, nicht eine Wissenschaft ist, die uns richtiges Denken lehrt (was immer das sei), sondern daß sie nur Aussagen darüber macht, unter welchen Bedingungen man aus der Gültigkeit von Voraussetzungen auf die Gültigkeit von Folgerungen schließen kann. Vereinfachend kann man also sagen: eine der Hauptaufgaben der hier betriebenen Logik ist die Untersuchung der *Folgerungsbeziehung*.

Diese Logik ist eine spezielle Ausformung einer Disziplin, die von alters her als eine der Disziplinen der Philosophie gilt (vgl. etwa [Ph 58]). Die spezielle Ausformung besteht darin, wie neuere Forschungsergebnisse gezeigt haben (verstärkt ab etwa 1840), daß Probleme dieser „philosophischen" Disziplin Logik mit mathematischen Methoden angegangen und einer Klärung zugeführt werden konnten. Weil hier also Logik betrieben und aufgebaut wird wie eine mathematische Theorie, heißt sie *mathematische* Logik. Andere Namen für mathematische Logik sind symbolische Logik bzw. Logistik, die sich beide im deutschen Sprachraum nicht durchgesetzt haben. Weil diese Logik auch die Modellierung mathematischer Schlußweisen betreibt und mathematische Ergebnisse erzielt, wurde sie zur *Grundlagendisziplin* für Mathematik und Naturwissenschaften.

Man sollte ferner bedenken, daß eine mathematische Behandlung von logischen Fragestellungen nicht in allen Bereichen des „Logischen" alle Probleme präzisiert, löst oder deren Unlösbarkeit zeigt, sondern daß nur bestimmte Teile betrachtet werden, die sich mathematischen Methoden nicht widersetzen, und daß neue Erkenntnisse die Lösungen revidieren oder modifizieren könnten (in § 23 sind einige der ausgeklammerten Fragestellungen angedeutet). Diese an sich simplen Feststellungen werden hier explizit angeführt, weil die Stringenz und die Geschlossenheit einer mathematischen Theorie oft ihre Begrenztheit und Besonderheit vergessen macht.

§ 2. Verwendete Notation

Es wird eine naive informelle *Mengenlehre* unterstellt, in der $\in$ als Zeichen für die Elementrelation verwendet wird. Gilt $x \in M$ für zwei Mengen x und M, so sagt man x ist *Element* von M.

Es sei $\{x \mid P(x)\}$ die Bezeichnung für eine Menge von Elementen x, die die Eigenschaft P haben. Wir schreiben $x, y, z \in A$ für $x \in A$, $y \in A$ und $z \in A$.

Die *leere Menge* notieren wir als $\emptyset$.

Für Mengen A und B bezeichne $A \cap B$ den *Durchschnitt*, $A \cup B$ die *Vereinigung*, $A \dot\cup B$ die *disjunkte* Vereinigung, $A - B$ die *Differenz*, $A \times B$ das *cartesische Produkt* (die Menge der *geordneten Paare* (a,b) mit $a \in A$ und $b \in B$) und A^n das n-fache cartesische Produkt der Menge A. Die Elemente von A^n heißen *n-Tupel*.

Ist A eine *Teilmenge* von B, so schreiben wir $A \subset B$; *echte* Teilmengen seien mit $A \subsetneq B$ bezeichnet.

Wir schreiben die Menge aller Teilmengen einer Menge A als 2^A (die *Potenzmenge* von A).

Für Mengensysteme $\mathcal{M}$ notieren wir Durchschnitt und Vereinigung aller Mengen $M \in \mathcal{M}$ durch $\bigcap_{M \in \mathcal{M}} M$ und $\bigcup_{M \in \mathcal{M}} M$, ebenso $\dot\bigcup_{M \in \mathcal{M}} M$ für die disjunkte Vereinigung.

$\mathbb{N}_0$ bezeichnet die Menge der *natürlichen Zahlen* $\{0, 1, \ldots\}$, und es sei $\mathbb{N} = \mathbb{N}_0 - \{0\}$. $\mathbb{Z}$ sei die Menge der *ganzen Zahlen*.

$(x_i)_{i \in \mathbb{N}}$ sei die Schreibweise für eine *Folge* von Elementen x_i.

Eine *Relation* (oder *n-stelliges Prädikat*) R auf dem n-fachen cartesischen Produkt A^n ist eine Teilmenge von A^n, d.h. $R \subset A^n$. $\text{Id}_A = \{(a,a) \mid a \in A\}$ heißt *Identität*(srelation) auf A. Analog heißt jede Teilmenge eines beliebigen cartesischen Produkts eine Relation.

Eine *Abbildung* (oder *Funktion*) g von einer Menge A in eine Menge B ist ein Tripel (A, B, G), wobei $G \subset A \times B$ eine Relation ist mit der Eigenschaft, daß es zu jedem $a \in A$ genau ein $b \in B$ mit $(a,b) \in G$ gibt. Für $(a,b) \in G$ schreiben wir $g(a) = b$.

$\text{id}_A = (A, A, \text{Id}_A)$ heißt *Identität*(sabbildung) auf A.

Mit $A \longrightarrow B$ sei die *Menge aller Abbildungen* von A in B bezeichnet, wobei $\times$ stärker binden soll als $\longrightarrow$. Für ein $g \in (A \longrightarrow B)$ schreibt man (aus historischen Gründen) meist $g : A \longrightarrow B$. Um diese nicht so weit verbreitete Notation zu veranschaulichen, betrachte z. B. die Menge $A \times (B \longrightarrow C) \longrightarrow D$.

Für eine Abbildung g aus dieser Menge gilt z. B. $g(a,h) \in D$, falls $a \in A$ und h selbst wieder eine Abbildung ist von der Menge B in die Menge C. Für eine Abbildung $g \in (A \longrightarrow (B \longrightarrow C))$ ist $g(a)(b) \in C$, falls $a \in A$ und $b \in B$. Ist $h: A \times B \longrightarrow C$ eine Abbildung und $b \in B$, so schreiben wir die Abbildung $h': A \longrightarrow C$, die definiert ist durch $h'(a) = h(a,b)$ für alle $a \in A$, prägnanter als $h(*,b): A \longrightarrow C$.

Sind $g: A \longrightarrow B$ und $h: B \longrightarrow C$ Abbildungen, so ist $h \circ g: A \longrightarrow C$ eine Abbildung, die *Komposition* von g und h, wenn man für $a \in A$ definiert: $(h \circ g)(a) = h(g(a))$.

Es sei $\{W, F\}$ eine beliebige zweielementige Menge und X eine beliebige Menge. Eine Abbildung $c: X \longrightarrow \{W, F\}$ heißt *charakteristische Funktion* einer Menge $A \subset X$, wenn für alle $x \in X$ gilt: $c(x) = W$ genau dann, wenn $x \in A$.

Für eine (endliche) Menge S bezeichne S^* das *freie Monoid* über S, d.h. die Menge aller endlichen Folgen von Elementen aus S, einschließlich der *leeren Folge* λ, mit ihrer *Hintereinanderschreibung (Konkatenation)* als Verknüpfung. S heißt *Alphabet*, die Elemente von S *Buchstaben* und die Elemente von S^* *Zeichenreihen* (oder *Wörter*). Wörter schreiben wir als $x_1 \ldots x_n$, wenn sie aus Buchstaben $x_i (i = 1, \ldots, n)$ gebildet sind. Ein Wort w heißt *Teilwort* eines Wortes w', wenn es Wörter u, v gibt mit $uwv = w'$; w heißt *echtes* Teilwort von w', wenn $u \neq \lambda$ oder $v \neq \lambda$.

Zur besseren Lesbarkeit benützen wir manchmal $\equiv$ als Bezeichnung für die *Gleichheit von Zeichenreihen* ($\not\equiv$ für die *Nichtgleichheit von Zeichenreihen*).

Das Zeichen $\Longrightarrow$ wird als Abkürzung für die umgangssprachliche Wendung *daraus folgt* verwendet und $\Longleftrightarrow$ für *genau dann, wenn*.

Mit $:\Longleftrightarrow$ soll angedeutet werden, daß die links stehende Aussage durch die rechts stehende definiert wird.

Soll eine Behauptung der Form $A \Longleftrightarrow B$ bewiesen werden, so wird dem Beweisteil $A \Longrightarrow B$ ein „$\Longrightarrow$" und dem Beweisteil $B \Longrightarrow A$ ein „$\Longleftarrow$" vorangestellt. Analog steht bei Beweisen von Behauptungen über Mengen C, D der Form $C = D$, die durch $C \subset D$ und $D \subset C$ bewiesen werden, ein „$\subset$" vor dem Beweisteil $C \subset D$ und ein „$\supset$" vor $D \subset C$.

Bei Behauptungen $C \subset D$, die in der Form $x \in C \Longrightarrow x \in D$ bewiesen werden, ist manchmal zur Unterstützung der Lesbarkeit die Voraussetzung $x \in C$ unterpunktet (also $\underline{x \in C}$), und wenn im Beweis dann $x \in D$ auftaucht, ist dieses Resultat ebenfalls unterpunktet (also $\underline{x \in D}$).

Wird innerhalb eines Beweises eine gesonderte Behauptung aufgestellt und bewiesen, so haben wir den Beweis einer derartigen Behauptung zur besseren Unterscheidung *Nachweis* genannt.

Kapitel 2. Einführung und Motivation

§ 3. Programmiersprachen und elementare Konzepte der mathematischen Logik

Wir können an dieser Stelle natürlich nicht motivieren, warum sich ein Informatiker (oder Mathematiker) mit Logik beschäftigen sollte, sondern wollen anhand eines Beispiels aus dem Gebiet der Programmiersprachen dem Neuling ein wenig die Scheu vor dem noch neuen, unbekannten Gebiet nehmen, indem deutlich werden wird, daß Begriffe und Vorgehensweise der Logik in einem konsequenten Betrachten des Auswertens von arithmetischen und booleschen Ausdrücken schon enthalten sind.

Die Begriffe, die nötig sind, um das Auswerten solcher Ausdrücke mit Hilfe eines Computers zu beschreiben, werden sich als identisch mit wesentlichen Grundkonzepten der mathematischen Logik erweisen.

3.1. Wir können als bekannt voraussetzen, daß ein Computer (oder Rechner) ein elektrotechnisches Gerät ist, das mit gewissen Hilfsmitteln (etwa Betriebssystem, Betriebsprogramme, Compiler) Probleme vielfältigster Art zu lösen gestattet, falls man diese nur in einer für den Computer geeigneten künstlichen Sprache, *Programmiersprache* genannt, korrekt formuliert.

Wenn solch eine Programmiersprache mathematisch-technische Anwendungen zulassen soll, enthält sie mit Sicherheit neben anderen Elementen zwei Sprachkonzepte, mit denen wir uns nun näher befassen wollen, nämlich mit den sog. *arithmetischen* und den sog. *booleschen Ausdrücken*[1].

Betrachten wir als Beispiel einen arithmetischen Ausdruck der Form

$$(a+b)*x+d$$

wobei a,b und d ganzzahlige Konstanten vom Typ **integer** seien und x ein Bezeichner (engl. identifier). Schritt für Schritt soll nun aufgezeigt werden, was an Begriffen nötig ist, um das *Auswerten* des obigen Ausdrucks präzise zu beschreiben.

---

[1] George Boole, 1815—1864, englischer Logiker.

§3. Programmiersprachen und elementare Konzepte der mathematischen Logik

Als erstes ist eine *Menge von Werten* nötig, die als Resultat der Auswertung dieser Ausdrücke auftreten können. Wir nennen diese Menge im folgenden I und legen fest, daß sie nicht leer sein darf.

In unserem Beispiel dienen die Bitmuster im Rechner als Werte, wobei wir uns auf die Darstellungen der ganzen Zahlen beschränken wollen.

Es ist sorgfältig zwischen der Zeichenfolge 123, der Zahl Einhundertdreiundzwanzig und der Darstellung der Zahl Einhundertdreiundzwanzig im Rechner zu unterscheiden.

Jedem Bezeichner, einem Element der Programmiersprache, das zu einer bestimmten sog. syntaktischen Klasse der Programmiersprache gehört, hier zur Klasse ⟨identifier⟩[2], wird ein möglicher Wert nicht unabhängig zugeordnet, sondern je nach Organisationszustand des Programms, in dem der arithmetische Ausdruck auftritt, d.h. man benötigt die Abbildungsmenge (⟨identifier⟩ ⟶ I). Eine Abbildung

$$f: \langle \text{identifier} \rangle \longrightarrow I$$

aus dieser Menge nennen wir einen *Zustand* (oder eine Belegung) der Bezeichner. Ausgewertet wird also stets relativ zu solchen Zuständen.

Den Zeichen a, b und d (in der Programmiersprache) für bestimmte Werte werden unabhängig vom Zustand die gewünschten Darstellungen im Rechner als feste Werte zugeordnet; z.B. einer 5 die Darstellung der Fünf im Rechner. Wir schreiben symbolisch

$$\omega(a) \in I, \quad \omega(b) \in I, \quad \omega(d) \in I$$

ω ist hier also die Zuordnung von Konstanten zu Werten.

Bei der Auswertung wertet man zunächst die Operanden aus und vollzieht danach im Rechner die durch die Operationszeichen beabsichtigten arithmetischen Operationen, d.h. z.B. den zweistelligen Funktionssymbolen $+, *$ in der Sprache entsprechen arithmetische Funktionen auf den Rechnerdarstellungen der ganzen Zahlen. Wir schreiben symbolisch

$$\omega(+): I \times I \longrightarrow I \quad \omega(*): I \times I \longrightarrow I$$

und meinen mit $\omega(+)$ und $\omega(*)$ die Addition und die Multiplikation *im Rechner*.

---

[2] Schreibweise in der sog. Backus-Naur-Form (BNF), vgl. den Bericht, in dem ALGOL 60 definiert ist, [AL 60], nachgedruckt in den meisten ALGOL-60-Lehrbüchern, z. B. in [Bau 69].

6   Kapitel 2. Einführung und Motivation

Fazit: (a) Man benötigt einen Bereich von Werten $I \neq \emptyset$.

(b) Die Programmiersprache kann Funktionssymbole beliebiger Stellenzahl enthalten und jedem n-stelligen Funktionssymbol g wird eine n-stellige Funktion $\omega(g): I^n \longrightarrow I$ auf I zugeordnet.

Bemerkung: Die Zeichen für die Konstanten fassen wir als die *nullstelligen* Funktionssymbole auf.

Weiter unterstellen wir eine Prozedur, die einen arithmetischen Ausdruck relativ zu einem Zustand f auswertet. *Wesentlich ist, daß die Auswertung eines Ausdrucks zurückgeführt wird auf die Auswertung seiner Operanden.* Wir nennen diese Prozedur wert.

Beispiel:

$$\text{wert}(\underbrace{(a+b)*x}_{\text{op1}} + \underbrace{d}_{\text{op2}}, f) =$$

$$\omega(+)(\text{wert}(\underbrace{(a+b)*x}_{\text{op1}}, f), \underbrace{\text{wert}(d,f)}_{\text{op2}}) =$$

$$\omega(+)(\omega(*)(\text{wert}(\underbrace{a+b}_{\text{op1}}, f), \underbrace{\text{wert}(x,f)}_{\text{op2}}), \text{wert}(d,f)) =$$

$$\omega(+)(\omega(*)(\omega(+)(\text{wert}(a,f), \text{wert}(b,f)), \text{wert}(x,f)), \text{wert}(d,f))$$

Die Auswertung einer Konstanten a im Zustand f liefert, unabhängig von f, die Darstellung dieser Konstanten im Rechner. Es gilt also

$$\text{wert}(a,f) = \omega(a)$$

Die Auswertung eines Bezeichners liefert den Wert, den er beim gerade gültigen Zustand hat, d.h.

$$\text{wert}(x,f) = f(x)$$

Damit erhält man insgesamt:

$$\text{wert}((a+b)*x+d,f) = \omega(+)(\omega(*)(\omega(+)(\omega(a),\omega(b)), f(x)), \omega(d))$$

Die Auswertung geschieht also parallel über den syntaktischen Aufbau des arithmetischen Ausdrucks, und in dem obigen Beispiel ist die Definition der Prozedur wert implizit schon enthalten, was aber erst später genauer betrachtet werden soll. Die Auswertung eines arithmetischen Ausdrucks hängt ab

§3. Programmiersprachen und elementare Konzepte der mathematischen Logik

(a) von der Zuordnung ω von Funktionssymbolen zu Funktionen
und, falls Bezeichner im Ausdruck vorkommen, auch
(b) vom Zustand, in dem ausgewertet wird.

3.2. *Boolesche Ausdrücke* kommen in Programmiersprachen u.a. in den sog. Kontrollstrukturen vor, das sind Sprachkonzepte, die den Ablauf der Speichertransformationen steuern, die durch die Zeichenreihen der Sprache hervorgerufen werden; typisches Beispiel die bedingte Anweisung (z.B. in ALGOL 60):

if ⟨Boolean expression⟩ **then** ⟨unconditional statement⟩ **else** ⟨statement⟩

Beispiel: **if** $3*x<0$ **then** $x:=y/(3*x)$ **else** $x:=y*x$

Wir stellen fest, daß in Programmiersprachen die Auswertung von booleschen Ausdrücken als möglichen Wert einen sog. *Wahrheitswert*, ein Element einer beliebigen zweielementigen Menge, liefert. Wir nehmen dafür die Menge $\{W, F\}$. Ferner hängt dieser Wert vom Zustand ab, wenn im booleschen Ausdruck Bezeichner vorkommen. Es gibt also eine Auswertprozedur Wert, die völlig analog zu der vorhin betrachteten Prozedur wert arbeitet.
(i) In Programmiersprachen erfolgt der Aufbau eines booleschen Ausdrucks, der kein Bezeichner ist, entweder dadurch, daß
  (1) beliebige arithmetische Ausdrücke der Sprache mit passenden Prädikatensymbolen verknüpft werden (hier: das Prädikatensymbol $<$ mit den Ausdrücken $3*x$ und 0), oder
  (2) indem gewisse logische Symbole (in ALGOL 60: $\equiv, \supset, \wedge, \vee, \neg$) mit bereits vorhandenen booleschen Ausdrücken verknüpft werden.
  Wir werden uns erst im nächsten Paragraphen diesen logischen Zeichen zuwenden.
(ii) Will man bei booleschen Ausdrücken sichern, daß die Auswertung die intendierte Bedeutung hat, so muß einem Prädikaten*symbol*, wie z.B. $<$, ein Prädikat $\omega(<) \subset I \times I$ auf den Darstellungen im Rechner zugeordnet werden, hier das Echtkleinerprädikat.

Fazit: (a) Neben der Menge von Werten I sind auch noch Prädikate auf diesem Bereich zu betrachten, die syntaktischen Elementen, den Prädikatensymbolen, zugeordnet werden:
(b) Jedem n-stelligen Prädikatensymbol p der Programmiersprache wird ein n-stelliges Prädikat $\omega(p) \subset I^n$ auf I zugeordnet.
Bemerkung: In ALGOL 60 sind **true** und **false** nullstellige Prädikatensymbole mit $\omega(\textbf{true}) = W$ und $\omega(\textbf{false}) = F$.

3.3. Zusammenfassung

Wir haben zwei Arten von Sprachkonzepten aus Programmiersprachen betrachtet, die arithmetischen Ausdrücke, die ein Sonderfall der in der Logik zu behandelnden *Terme* sind, und die booleschen Ausdrücke als Sonderfall der sog. *Formeln*. Eine genauere Betrachtung hat nahegelegt, daß die Programmiersprache Funktionssymbole und Prädikatensymbole enthalten muß und daß diese Zeichen bei der Auswertung *gedeutet* werden als Funktionen und Prädikate über einem sog. *Individuenbereich* (dem Bereich von Werten). Mathematisch aufgeschrieben lauten diese Sachverhalte wie folgt:

Definitionen:
(a) Es sei mit FS eine abzählbar unendliche Menge (von *Funktionssymbolen*) bezeichnet und mit PS eine ebenfalls abzählbar unendliche Menge (von *Prädikatensymbolen*). Dann heißt B = (FS, PS) eine (syntaktische) *Basis*.
(b) Es sei VA eine nichtleere, abzählbar unendliche Menge (von sog. *Variablen*[3])
(c) $\Sigma = (I, \omega)$ heißt eine *Struktur für die Basis* B, wenn gilt:
(1) $I \neq \emptyset$ ist eine Menge, der sog. *Individuenbereich*.
(2) Für jedes n-stellige Funktionssymbol $g \in$ FS ist $\omega(g): I^n \longrightarrow I$ eine Abbildung.
(3) Für jedes n-stellige Prädikatensymbol $p \in$ PS ist $\omega(p): I^n \longrightarrow \{W, F\}$ eine Abbildung.
Bemerkung: Aus technischen Gründen betrachten wir nicht, wie in der Motivation benützt, Prädikate $\omega(p) \subset I^n$, sondern die charakteristische Funktion derjenigen n-Tupel über I, auf die das Prädikat zutrifft.
(d) Eine Abbildung $f: \text{VA} \longrightarrow I$, die jeder Variablen einen Wert aus dem Individuenbereich zuordnet, heißt ein *Zustand der Variablen* oder auch eine Belegung der Variablen mit Individuen.

Neben den gerade präzisierten Konzepten braucht man Auswertprozeduren für die Terme und die Formeln. Unter expliziter Angabe der Struktur, relativ zu der ausgewertet wird, lauten diese Abbildungen

$$\text{wert}_\Sigma: \text{TE} \times (\text{VA} \longrightarrow I) \longrightarrow I$$
$$\text{Wert}_\Sigma: \text{FO} \times (\text{VA} \longrightarrow I) \longrightarrow \{W, F\}$$

wobei mit TE die Menge der Terme bezeichnet sei und mit FO die Menge der Formeln.

---
[3] Mit diesem Namen werden wir von nun ab die Bezeichner nennen unter Vernachlässigung gewisser, hier nicht weiter interessierender Feinheiten, die bei der Definition von Programmiersprachen eine Rolle spielen können.

3.4. Die Begriffe, die bisher eingeführt, und die Aktivitäten, die bisher analysiert wurden, können wortwörtlich in den noch folgenden Aufbau der Logik übernommen werden; das liegt daran, daß die mathematische Logik eine Klasse von künstlichen Sprachen definiert (künstliche Sprachen heißen auch Kunstsprachen oder formale Sprachen) und den Elementen dieser Sprachen eine Bedeutung zuordnet, so wie wir es eben für einen kleinen Teil einer anderen Art von künstlichen Sprachen, den Programmiersprachen, getan haben. Fragen, die mit der Definition und dem Studium der Eigenschaften von künstlichen Sprachen zusammenhängen, faßt man unter den Begriff *Syntax* und Fragen, die mit der Definition und dem Studium der Eigenschaften der Bedeutung von künstlichen Sprachen zusammenhängen, unter den Begriff *Semantik*.

Die in den Programmiersprachen wichtigen *imperativen* Sprachkonzepte, wie Wertzuweisung und Sprungbefehl, sind z. Zt. nicht Gegenstand der klassischen Logik, so daß damit eine Grenzziehung zu Kunstsprachen vorliegt, die dem Informatiker vertraut sind. Wir werden uns später in einem Anwendungsbeispiel mit der Formalisierung der Wertzuweisung beschäftigen (§ 22).

3.5. Zurückgehend auf die Ausgangsfrage: *Was ist Logik?* können wir nun erläuternd feststellen: Die mathematische Logik benützt Kunstsprachen, weil das Ausgangsmaterial für die zu untersuchenden Fragestellungen präzise festgelegt sein muß. Im Vorgriff seien die wichtigsten Fragen benannt:
— Unter welchen Umständen ist eine Behauptung eine logische Folgerung aus vorgelegten Ausgangsfeststellungen?
— Wie kann man dieses inhaltliche Folgern so mechanisieren, daß es zum schlichten „Rechnen" wird?

Weil die Sprache der Logik zur Formulierung der Ausgangsfeststellungen aus jedem beliebigen Bereich der Wirklichkeit tauglich sein soll, müssen bei ihrer Konstruktion allgemeinste Verhältnisse, wie sie etwa auch in natürlichen Sprachen enthalten sind, mit umgriffen sein. Es ist daher nützlich, *aber nicht notwendig*, die Konstruktionsprinzipien der Sprache der Logik anhand der Umgangssprache nachzuvollziehen, was wir im nächsten Paragraphen tun werden.

§ 4. Umgangssprache und die Gestalt der Syntax einer mathematischen Logik

Wir ziehen in diesem Paragraphen die Umgangssprache als Vorbild heran, um an ihr prinzipielle Erwägungen bei der Konstruktion einer künstlichen Sprache zu erläutern, ohne daß damit unterstellt werden soll, die Gestalt der Umgangssprache sei Vorbild für die Gestalt der mathematischen Logik. Ferner werden wir auf einige Fragen genauer eingehen, weil sich in ihnen einige landläufige Mißverständnisse für Neulinge verbergen, etwa auf den Charakter der zu definierenden *Implikation* und auf das Verhältnis von *Intension* und *Extension*. Darüber hinaus soll deutlich werden, daß sich keine über den § 3 hinausgehenden Anforderungen an die Kunstsprache ergeben.

4.1. Exkurs: Satz — Aussage — Sachverhalt

Wir unterscheiden zwischen Satz und Aussage. Ein *Satz* ist ein sprachliches Gebilde, das einen vollständigen Gedanken zum Ausdruck bringt. Diesen vollständigen Gedanken, der seine Existenz im menschlichen Bewußtsein hat und der Anlaß gibt, ihn an der Wirklichkeit zu „messen", nennen wir *Aussage* (des Satzes). Aussagen sind demnach Widerspiegelungen von *Sachverhalten* der Wirklichkeit. Stimmen Wirklichkeit und ausgedrückter Sachverhalt überein, so ist dadurch die *Wahrheit* der Aussage bestimmt, mit der Nichtübereinstimmung die *Falschheit* (es gibt noch andere Verhältnisse zwischen Sachverhalt und Wirklichkeit als nur Übereinstimmung und Nichtübereinstimmung, z. B. Unbestimmtheit, Nichtüberprüfbarkeit).

Gegenstand der Logik ist die Klärung von Beziehungen zwischen Aussagen; da aber Bewußtseinsinhalte allgemeiner Untersuchung schwer zugänglich sind, müssen diese in einer sich mitteilenden Form vorliegen. Die sprachliche Form bietet sich hierfür an, so daß Logik letztenendes die Beziehungen zwischen Zeichen und Zeichengebilden studiert.

Im strengen Sinn sind dann die Behauptungen über Zeichen keine Behauptungen über die bezeichneten Gegenstände der Wirklichkeit mehr, obwohl das als Absicht hinter den Bemühungen um die Logik steht bzw. stehen sollte.

Gegenstand der Logik kann nicht die Untersuchung der verschiedenen sprachlichen Formen einer Aussage sein:

— „*It is raining*" und „*Es regnet jetzt*" und „*Jezz isses am Pläästern*"[4] sind sprachliche Formen der gleichen Aussage.
— „*Harras jagt eine Katze*" und „*Eine Katze wird von Harras gejagt*" drücken ebenfalls die gleiche Aussage aus.
— „'hɑrɑs jɑːkt 'ainə 'kɑtsə"[5] und „*Harras jagt eine Katze*" sind ebenfalls sprachlicher Ausdruck der gleichen Aussage.

Gegenstände der Logik sind Aussagen in einer dem logischen Gehalt angemessenen sprachlichen Form. Es ist also zu erwarten, daß die Syntax der natürlichen Sprache eine untergeordnete Rolle bei der (logischen) Analyse der Aussagen spielen wird.

---

[4] Dialekt des Ruhrgebiets.
[5] Internationale Lautschrift.

§ 4. Umgangssprache und die Gestalt der Syntax einer mathematischen Logik 11

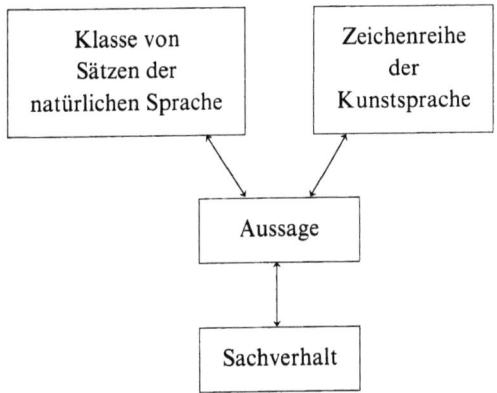

Gegenstand der Logik kann es ebenfalls nicht sein, die Verhältnisse zu studieren, in denen sich Sachverhalte und Wirklichkeit befinden können. *Sie ist also keine Methode, die absolute Wahrheit oder Falschheit von elementaren Aussagen herauszubringen; sondern sie untersucht die (logischen) Beziehungen der Aussagen untereinander*, um dadurch die Wahrheit oder Falschheit von zusammengesetzten Aussagen zu bestimmen.

Wir machen also für den gesamten noch folgenden Aufbau der Logik die Annahme, daß in irgendeiner Form die Untersuchung der Übereinstimmung oder Nichtübereinstimmung von Grund-Sachverhalten mit der Wirklichkeit vorgenommen worden ist oder werden kann, daß wir von Resultaten ausgehen können, nämlich einer Zuordnung von sog. *Wahrheitswerten* zu Aussagen (sog. *Wahrheitsdefinitheit* von Aussagen). Wahrheit und Falschheit sind Beispiele von Wahrheitswerten von Aussagen.

Wenn wir weiterhin fordern, daß bei jeder Aussage genau eine der beiden Möglichkeiten (Übereinstimmung oder Nichtübereinstimmung) vorliegt (sog. *tertium non datur* (ein Drittes gibt es nicht) und *Satz vom ausgeschlossenen Widerspruch*), so ist dies nach Meinung von Kritikern (Intuitionisten, Dialektiker[6]) eine unzulässige Idealisierung wirklicher Verhältnisse. Die Erfolge dieser „zweiwertigen" Logik rechtfertigen jedoch diese Idealisierung, ohne daß damit die *Überprüfung des Zusammenhangs von Logik-Kalkülen mit wirklichen Verhältnissen* für abgeschlossen erklärt wird.

Um gewisse Fragestellungen überhaupt präzisieren zu können, werden wir eine Kunstsprache verwenden, in der Aussagen durch Zeichenreihen benannt werden. Wir werden mit diesen Zeichenreihen umgehen, sollten aber nicht vergessen, daß sie (kunst-)sprachlicher Ausdruck von Aussagen sind, die wiederum Sachverhalte der Wirklichkeit ausdrücken. Technisch gesehen, wird den Zeichenreihen, die eine Aussage ausdrücken, ein Element aus der Menge {W, F} zugeordnet,

---

[6] Vgl. z. B. [Tr 69] und [Kla 70], Kap. III, § 4.

den Bezeichnungen für die Wahrheitswerte (Wahrheitsdefinitheit und tertium non datur), und unser Kalkül wird so eingerichtet sein, daß die Zeichenreihen, die Aussagen ausdrücken, genau einen der Wahrheitswerte liefern (Satz vom ausgeschlossenen Widerspruch). Damit wird ein Beitrag zur *Definition* von Wahrheit geleistet, nicht aber, wie oben schon erwähnt, ein Beitrag zum *Kriterium* für Wahrheit, d. h. zur Beantwortung der Frage, unter welchen Bedingungen liegt die Übereinstimmung mit der Wirklichkeit vor, vgl. dazu z. B. [Ph 71], Stichwort *Wahrheit*.

4.2. Die Zerlegung von Sätzen der natürlichen Sprache in Teilsätze

Beim Versuch, die logische Struktur von zusammengesetzten Aussagen zu analysieren, gehen wir vom sprachlichen Ausdruck der Aussagen, den Sätzen, aus. Die Syntax der natürlichen Sprache kann aber nicht als Leitlinie für die „logische Syntax" dienen, denn die historische Erfahrung hat gezeigt, daß das Klebenbleiben der logischen Analyse an Grammatik und Sprache der Entwicklung der Logik sehr hinderlich war.

4.2.1. Sätze der Umgangssprache sind häufig zusammengesetzt aus Teilsätzen unter Verwendung sprachlicher Partikel wie *und, oder, während, so daß, seit, wenn, damit, aber,* etc., oder umgekehrt betrachtet: man kann komplexe Sätze aus Teilsätzen mit diesen Partikeln aufbauen.

Auch die *Verneinung* in ihrer mannigfachen sprachlichen Form (*nie, nicht, kein, keinesfalls, keineswegs, niemals,* etc.) kann man auffassen als Partikel, das aus Sätzen neue Sätze aufbaut.

4.2.2. Um die mannigfaltigen Möglichkeiten der Zusammensetzung von Teilaussagen zu Gesamtaussagen logisch in den Griff zu bekommen, betrachten wir zunächst bei einigen ausgewählten Partikeln, auf welche Art der Wahrheitswert eines zusammengesetzten Satzes[7] von den Wahrheitswerten seiner Teilsätze abhängen kann.

Dazu zwei Beispiele:
(1) Fritz ißt viel Schlagsahne und wird dick.
(2) Meier zittert, weil er sich fürchtet.

Wir nehmen für das folgende an, daß die Teilsätze von (1) und (2) und die Sätze (1), (2) selber wahr sind. Symbolisiert erhalten wir
(1') *S und D*
(2') *Z weil F*
mit *S, D, Z, F* als Abkürzungen für die beteiligten Teilsätze.

---

[7] Wir erlauben uns der Einfachheit halber von „Wahrheitswerten eines Satzes" zu reden, gemeint ist der „Wahrheitswert der Aussage, die durch den Satz ausgedrückt wird".

§4. Umgangssprache und die Gestalt der Syntax einer mathematischen Logik

Eine inhaltliche Analyse ergibt
(1″): (1′) ist genau dann wahr, wenn S wahr ist und D wahr ist.
(2″): (2′) ist wahr, wenn F Ursache oder Grund von Z ist.

Wir benützen jetzt die Auswertprozedur aus dem Abschnitt 3.2 und schreiben Wert(S) für den Wahrheitswert des Satzes S, ohne auf die Zustände zu achten. Symbolisch lautet dann (1″):

$$\text{Wert}(S \text{ und } D) = \text{W} \iff \text{Wert}(S) = \text{W} \text{ und } \text{Wert}(D) = \text{W} \qquad (*)$$

Nun stellt man aber fest, daß der Zusammenhang (∗) erhalten bleibt, selbst wenn man für S und D *beliebige Sätze* nimmt, während es bei (2″) nicht gelingt, einen derartigen Zusammenhang zu finden: So ist für

$Z = $ *Meier hat ein gutes Zeugnis.*
$F = $ *Meier ist ein guter Informatiker.*

mit Wert(Z) = Wert(F) = W im allgemeinen Wert(Z *weil* F) = Wert(F *weil* Z) = F, denn Zeugnisse sagen nicht unbedingt etwas über Qualifikation aus und Qualifikation braucht sich nicht in guten Noten niederzuschlagen; obwohl unter den gleichen Voraussetzungen (2′) n. V. den Wahrheitswert W erhält.

4.2.3. Um also die Bedeutung des Partikels *weil* zu definieren, ist es nötig, für jedes geordnete Paar von Sätzen (Z, F) die Bedeutung des zusammengesetzten Satzes Z *weil* F zu definieren. Wir müssen also unendlich viele Einzeldefinitionen vornehmen. Anders dagegen beim Partikel *und*, bei dem keine Abhängigkeit im Verknüpfungsergebnis vom Inhalt der speziellen Aussagen festzustellen ist, sondern nur eine Abhängigkeit von deren Wahrheitswert. Die Definition des *und* ist daher eine endliche Aufgabe, weil es nur vier verschiedene Kombinationen von je zwei Wahrheitswerten gibt.

Es gilt also:
Für beliebige Sätze A, A', B, B' mit Wert(A) = Wert(A') und Wert(B) = Wert(B') ist Wert(A *und* B) = Wert(A' *und* B').

In (∗) ist schon die Definition von *und* enthalten: Wir führen als Zeichen der Kunstsprache das Zeichen „ ∧ " ein, genannt *Konjunktion*, und definieren die zugehörige *Funktion der Wahrheitswerte*

$$\text{WF}_\wedge : \{\text{W}, \text{F}\} \times \{\text{W}, \text{F}\} \longrightarrow \{\text{W}, \text{F}\}$$

in Form einer Tafel

Definition 4.1:

Wert(S)	Wert(D)	WF$_\wedge$ (Wert(S), Wert(D))
W	W	W
W	F	F
F	W	F
F	F	F

also: Wert$(S \wedge D)=$ WF$_\wedge$ (Wert(S), Wert(D)), wobei S, D Platzhalter sind für irgendwelche *Sätze*.

Wir haben hier also die zu modellierende Funktion

$$und : \mathscr{A} \times \mathscr{A} \longrightarrow \{W, F\},$$

bei der $\mathscr{A}$ die im allgemeinen unendliche Menge der zugelassenen Sätze sein soll, reduzieren können zu einer Funktion von endlichvielen Tupeln von Wahrheitswerten

$$WF_\wedge : \{W, F\} \times \{W, F\} \longrightarrow \{W, F\}$$

Nun stellt sich aber die Frage:

Es gibt nur 16 verschiedene zweistellige Funktionen zwischen Wahrheitswerten. Man kann damit unmöglich den Reichtum der logisch relevanten zweistelligen Partikel der natürlichen Sprachen ausdrücken. Ist also etwa eine Forderung, sich auf Wahrheitswertfunktionen zu beschränken, als eine Vereinfachung wirklicher Verhältnisse, überhaupt vertretbar?

Eine Antwort kann teilweise der Inhalt dieser Darstellung geben, ein Schritt dazu der nun folgende Exkurs.

4.3. Exkurs: Extension und Intension

Extension und Intension sind Begriffe, die bei der Analyse von Begriffen (der Logik) eingeführt werden, um die Grundlagen der Begriffe der Logik aufzuklären.

4.3.1. In der Mathematik ist beim Operieren mit Mengen die *Menge der positiven echten Teiler der Zahl Zwölf* ununterscheidbar von der *Menge der Zahlen von Zwei bis Sechs, mit Ausnahme der Zahl Fünf*. Obwohl in jeder der beiden Definitionen verschiedene Sachverhalte ausgedrückt sind, bezeichnen sie einunddieselbe Menge, nämlich $\{2, 3, 4, 6\}$.

Man sagt, beide Definitionen haben denselben Umfang, die gleiche Extension, und man *legt fest*, daß die Verschiedenheit der ausgedrückten Sachverhalte, d.h. die Verschiedenheit ihrer Intensionen (ihrer Inhalte), unerheblich ist im Zusammenhang mit Mengenoperationen.

§ 4. Umgangssprache und die Gestalt der Syntax einer mathematischen Logik 15

4.3.2. Bei Begriffen kann man also zwischen dem Umfang, der *Extension*, und dem Inhalt, der *Intension*, unterscheiden; die Mathematik hält die Verhältnisse für so weit geklärt, daß sie meist die Bedeutung der Begriffe mit der Extension der Begriffe identifiziert. Das hat den Vorteil, daß sich die „Inhalte" von *extensionalen Theorien* nicht ändern, wenn man darin Objekte durch Objekte mit gleicher Extension ersetzt, und daß diese Kalküle technisch meist leichter zu handhaben sind.

4.3.3. Eine derartige Identifizierung haben wir schon vorgenommen, und zwar im § 3. Dort wurde den Prädikatensymbolen, die „Prädikate" symbolisieren sollen, ein Prädikat im mathematischen Sinne, also eine Extension zugeordnet: die Menge der Objekte, die das „Prädikat" erfüllen.

4.3.4. Wir übertragen die Begriffe Intension und Extension auch auf Aussagen und fragen: Was ist Intension und Extension bei Aussagen? Extension ist ihr Wahrheitswert und Intension der Sachverhalt, der durch sie ausgedrückt wird. *Extensional* gibt es demnach nur zwei verschiedene Arten Aussagen: wahre und falsche.

Im Lichte dieser Unterscheidung kann man sagen, daß eine Funktion wie *weil*: $\mathscr{A} \times \mathscr{A} \longrightarrow \{W, F\}$ *intensional* ist, weil sie keine Reduktion auf die Extensionen von $\mathscr{A}$, nämlich $\{W, F\}$, zuläßt, denn der Funktionswert ist von dem Inhalt der betrachteten beiden Argumentsätze abhängig und nicht nur von deren Extensionen. Die *und*-Verknüpfung hat diese Reduktion zugelassen; man kann sie daher eine *extensionale* Verknüpfung nennen.

Die Praktikabilitätsforderung, sich bei der Analyse sprachlicher Partikel auf extensionale Funktionen zu beschränken, läuft also auf das in der Mathematik übliche extensionale Vorgehen hinaus.

Die Mathematik war mit dieser Einschränkung erfolgreich, dadurch daß sie die Einbußen an Beziehungen zwischen den Objekten durch die Einfachheit der Kalküle und deren Durchdringungskraft weitgehend ausgleichen konnte, zumal sich auf der Meta-Ebene (der Ebene, auf der man über den Kalkül redet) manche intensionale Verknüpfungen beschreiben lassen.

„*Es ist notwendig, daß*…" ist ein intensionales Partikel, das innerhalb unserer Logik *nicht* als Kalkülzeichen zugelassen ist, aber durch Kalküleigenschaften auf der Meta-Ebene leidlich beschrieben werden kann durch „… ist gültig in der Struktur Σ" (Präzisierung der Gültigkeit § 7).
Bemerkung: Vorschläge zur Klärung grundlegender logischer Begriffe sind sehr zahlreich, aber uneinheitlich, und werden oft kontrovers diskutiert. Die obige Unterscheidung Extension und Intension stammt aus dem 17. Jahrhundert (aus der sog. Logik von Port Royal), in neuerer Zeit hat sich R. Carnap damit beschäftigt, vgl. [Car 54]. Ferner müßte zur Grundlegung noch der Begriff *Begriff* einer Untersuchung unterzogen werden, vgl. [Ph 71].

4.4. Die Definition der extensionalen Junktoren

Aufgrund der Vorteile:
— Beschränkung der Vielfalt der Partikel auf die Betrachtung weniger,
— endliche Definierbarkeit der Partikel,
versuchen wir, alle Partikel extensional zu definieren. Wir nennen von nun ab die einzuführenden Kalkülzeichen für die sprachlichen Partikel auch *Junktoren*. Man sieht schon am Beispiel des schlagsahneessenden Fritz, in dem das *und* einen Beigeschmack von *daher* hat, daß sich Differenzen zum umgangssprachlichen Gebrauch ergeben, denn in der extensionalen Definition des *und* ist diese Nuance völlig eliminiert.

Wir betrachten jetzt nur noch die Junktoren, die für die Bewältigung der Aufgaben der Logik notwendig zu sein scheinen:

Negation	(einstellige Funktion, also insgesamt nur *vier* Funktionen zur Auswahl)
Implikation	(*wenn..., so...*)
Alternative	(*oder, entweder... oder...*)
Äquivalenz	(*genau dann, wenn*)
Konjunktion	(*und*)

4.4.1. Von den vier zur Auswahl stehenden Wahrheitswertfunktionen für die *Negation* scheint die, die einen Wahrheitswert in den entgegengesetzten abbildet, die naheliegende zu sein. Die doppelte Negation ist dann wieder die Ausgangsposition. Diese Eigenschaft macht den Dialektikern die extensionale Negation verdächtig, aber die „dialektische Negation"[8] ist intensional.

Wir führen für die Negation das Kalkülzeichen „$\neg$" ein, und definieren die entsprechende Wahrheitswertfunktion

$$WF_\neg : \{W, F\} \longrightarrow \{W, F\}$$

durch die Tabelle

Definition 4.2:

w	$WF_\neg(w)$	
W	F	
F	W	mit $w \in \{W, F\}$

---

[8] Doppelte Negation ist nicht Rückkehr zur Ausgangsposition, sondern Aufhebung der Ausgangsposition in dreifacher Hinsicht: (a) von der Gültigkeit her aufgehoben, (b) vom Inhalt her mit in die neue Position einbezogen (aufgehoben) und (c) auf ein höheres Niveau (der Aussagekraft) gehoben, vgl. [Ph 71], Stichwort *Negation der Negation*.

§4. Umgangssprache und die Gestalt der Syntax einer mathematischen Logik

Es gilt: (1) Wert($\neg M$) = WF$_\neg$(Wert(M))
(2) Wert($\neg \neg M$) = Wert(M)
mit M als Platzhalter für beliebige Sätze.

4.4.2. Die Definition einer extensionalen *Implikation* scheint eine unlösbare Aufgabe zu sein; denn es ist undenkbar, daß die Vielfalt logischer Schlüsse der Form

wenn A, so B (**)

die in Sätzen mit *wenn...*, *so...* enthalten sind, in eine Wahrheitswertfunktion mit nur vier verschiedenen Argumenten hineingepreßt werden kann.

4.4.2.1. In dieser Situation kommt eine Formalisierung des kalkülmäßigen Folgerns zu Hilfe, die um 1875 (McColl, Frege, Peirce, vgl. [Bo 62] unter materialer Implikation) eingeführt wurde, aber schon ca. 300 v.u.Z. in der sog. megarisch-stoischen Schule der antiken Logik bekannt war (vgl. [Bo 62] unter Philonischer Implikation) und dort ebenso kontrovers diskutiert wurde wie in der Folgezeit diese erneute Definition.

Materiale Implikation: Die Beobachtung, daß der Gesamtsatz (**) falsch ist, wenn A wahr und B falsch ist, ist bei allen Logikern unumstritten. Aber die Festsetzung, daß in *allen anderen Fällen* der Gesamtsatz wahr sein solle, hat den heftigsten Widerspruch hervorgerufen, weil dadurch logischer „Käse" hervorgebracht wird von der Form:

Wenn der Mond aus grünem Käse ist, *so* ist jedermann ein grünäugiger, hinkender Elefant.

Dieser Satz ist gemäß der obigen Definition wahr.

Wir schreiben $A \longrightarrow B$ für (**) und lesen „A Pfeil B". „$\longrightarrow$" ist also ein neues Kalkülsymbol, genannt *Implikation*; wir nennen A Vorderglied (oder *Prämisse*) und B Hinterglied (oder *Konklusion*) der Implikation[9].

Die obige Definition ergibt folgende Tafel für die Wahrheitswertfunktion WF$_\longrightarrow$

Definition 4.3:

w_1	w_2	WF$_\longrightarrow (w_1, w_2)$
W	W	W
W	F	F
F	W	W
F	F	W

---

[9] Wenn keine Verwirrung daraus entsteht, nennen wir „$\neg$" und auch „$\neg A$" eine Negation, bei „$\longrightarrow$" analog, usw.

4.4.2.2. Die Heftigkeit der Kontroverse um die Implikation ist wohl aus der Einschätzung der Logiker heraus zu verstehen, daß die Definition der Implikation einer der zentralen Punkte eines Logik-Kalküls ist. Wir wollen der Diskussion in einem Punkt nachgehen, dem Problem der *Paradoxien* der materialen Implikation.

Es gilt: (3) $\text{Wert}(A \longrightarrow B) = \text{Wert}(\neg(A \wedge \neg B))$

(Beweis über die definierenden Tafeln)

Ferner gilt: (4) Ist $\text{Wert}(B) = W$, so ist $\text{Wert}(A \longrightarrow B) = W$
(5) Ist $\text{Wert}(\neg A) = W$, so ist $\text{Wert}(A \longrightarrow B) = W$,
gleichgültig, welchen Wahrheitswert A im Fall (4) und welchen B im Fall (5) hat.

(Beweis über die definierenden Tafeln)

Man hat die beiden letzten Eigenschaften so interpretiert, daß ein wahrer Satz B als Hinterglied aus jedem beliebigen Satz A folgt und daß ein falsches Vorderglied A jedes beliebige Hinterglied B impliziert. Und diese Ergebnisse empfand man als paradox, was dazu führte, die materiale Implikation durch „bessere" Implikationen zu ersetzen (die dann auch wieder ihre eigenen neuen Paradoxien hatten, z. B. die *strict implication* von C. Lewis, vgl. [Bo 62]).

4.4.2.3. Nehmen wir einmal an, wir hätten einen genau abgegrenzten Bereich von wahrheitsdefiniten Sätzen $\mathscr{A}$ und die inhaltlichen Beziehungen zwischen den Sätzen seien geklärt.

Diejenigen geordneten Paare $(A, B) \in \mathscr{A} \times \mathscr{A}$, bei denen A *inhaltlich* B impliziert, bilden eine Relation in $\mathscr{A} \times \mathscr{A}$, die wir $\mathscr{S} \subset \mathscr{A} \times \mathscr{A}$ nennen wollen.

Aufgrund der Wahrheitsdefinitheit ist in $\mathscr{A}$ die materiale Implikation definierbar, und wir erhalten in $\mathscr{A} \times \mathscr{A}$ eine zweite Relation $\mathscr{M} \subset A \times A$, die aus denjenigen geordneten Paaren $(A, B) \in \mathscr{A} \times \mathscr{A}$ besteht, für die $A \longrightarrow B$ gilt:

Wir haben nun den wichtigen Zusammenhang

$$\mathscr{S} \subsetneq \mathscr{M}$$

d. h. wenn $A \longrightarrow B$ *nicht* gilt, dann kann B keine inhaltliche Folgerung aus A sein.

Andererseits kann aus der Gültigkeit von $A \longrightarrow B$ *nicht* auf einen inhaltlichen Folgerungszusammenhang von A und B geschlossen werden.

Die Paradoxien und die Beispiele von der Art des „grünen Käse" sind stets solche, die in der Differenzmenge $\mathscr{M} - \mathscr{S}$ liegen.

§ 4. Umgangssprache und die Gestalt der Syntax einer mathematischen Logik

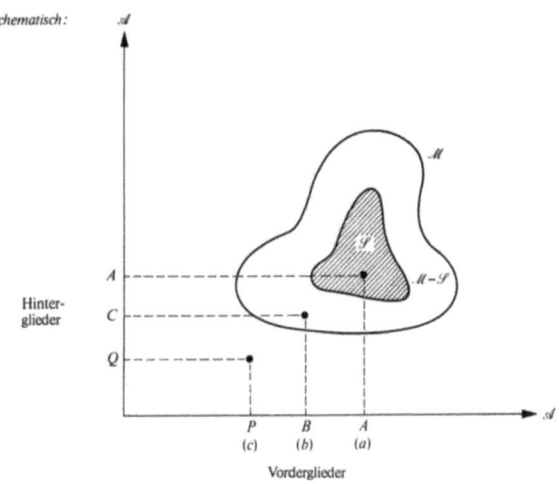

Erläuterung:
(a) $A \longrightarrow A$ gilt und A folgt inhaltlich aus A
(b) C sei wahr, dann gilt $B \longrightarrow C$, aber C braucht nicht inhaltlich aus B zu folgen
(c) Es sei P wahr und Q falsch, dann gilt weder $P \longrightarrow Q$ noch folgt Q inhaltlich aus P

Die materiale Implikation stellt eine Art Approximation an die inhaltliche Folgerung dar. Welcher Stellenwert dieser Approximation zuzumessen ist, wird aus einer Bemerkung von A. Tarski deutlich:

„(Es) kann heute als nahezu sicher gelten, daß die Theorie der materialen Implikation alle anderen Theorien an Einfachheit übertreffen wird, und in keinem Fall darf vergessen werden, daß die auf diesen einfachen Implikationsbegriff gegründete Logik sich als eine zufriedenstellende Basis für die kompliziertesten und subtilsten mathematischen Überlegungen erwiesen hat." [Ta 66]

4.4.3. Zur Definition einer kalkülmäßigen *Alternative* bietet die Umgangssprache zwei Verknüpfungen an, das inklusive *oder* oder das exklusive *oder* (entweder-oder).

Die Wahrheitswertfunktionen lauten wie folgt, wobei wir für das inklusive *oder* „ ∨ " als Kalkülzeichen einführen und für das exklusive *oder* das Zeichen „ ∨̇ ".

Definition 4.4:

w_1	w_2	$WF_\vee(w_1, w_2)$	$WF_{\dot\vee}(w_1, w_2)$
W	W	W	F
W	F	W	W
F	W	W	W
F	F	F	F

Welches der beiden wird in einem Kalkül mit „ $\longrightarrow$ " als wesentlichem Zeichen die größere Rolle spielen?

20   Kapitel 2. Einführung und Motivation

Es gilt: (6) Wert$(A \longrightarrow B)$ = Wert$(\neg A \vee B)$
(7) Wert$(A \longrightarrow B)$ = Wert$(\neg A \,\dot\vee\, (A \wedge B))$

(Beweis über die definierenden Tafeln)

Es gelten ferner die sog. *de Morganschen Gesetze*[10], aus denen die „Verwandtschaft" von „ $\vee$ " und „ $\wedge$ " abzulesen ist:
(8) Wert$(\neg(A \wedge B))$ = Wert$(\neg A \vee \neg B)$
(9) Wert$(\neg(A \vee B))$ = Wert$(\neg A \wedge \neg B)$

(Beweis über die definierenden Tafeln)

Diese extensionalen Definitionen der *oder*-Verknüpfung müßten eigentlich ebensolche Kontroversen auslösen wie die materiale Implikation, denn die Abweichung vom umgangssprachlichen Gebrauch ist erheblich. In

Meier geht schwimmen *oder* schläft sich aus

ist, wie bei vielen *oder*-Sätzen, auch eine inhaltliche Verknüpfung beider Teilsätze vorhanden, als zusammengehöriges Nebeneinander (gleichgültig, ob inklusiv oder exklusiv gemeint). Diese Eigenschaft geht beim extensionalen Gebrauch verloren, z. B. in

$4 = 2 \cdot 2$ *oder* Russell ist der Papst

4.4.4. Die Definition der *Äquivalenz* macht keine Schwierigkeiten, wenn man festlegt, daß sie genau dann wahr ist, wenn die beiden beteiligten Sätze den gleichen Wahrheitswert haben. Wir führen „$\longleftrightarrow$" als Kalkülzeichen für die Äquivalenz ein und die entsprechende Wahrheitswertfunktion WF$_{\longleftrightarrow}$ durch die Tabelle

Definition 4.5:

w_1	w_2	WF$_{\longleftrightarrow}(w_1, w_2)$
W	W	W
W	F	F
F	W	F
F	F	W

Es gilt: (10) Wert$(A \longleftrightarrow B)$ = Wert$((A \longrightarrow B) \wedge (B \longrightarrow A))$

(Beweis über die definierenden Tafeln von WF$_{\longrightarrow}$ und WF$_{\wedge}$)

4.5. Die Feinstruktur von Aussagen

Wir haben bisher nur betrachtet, wie komplexere Sätze aus Teilsätzen gebildet oder in Teilsätze zerlegt werden können, ohne die Struktur der Teilsätze näher zu untersuchen, was wir jetzt tun werden unter Verwendung der Ergebnisse von § 3:

---

[10] Augustus de Morgan, 1806—1871, englischer Logiker.

§ 4. Umgangssprache und die Gestalt der Syntax einer mathematischen Logik

Wir nehmen als Beispiele:

(a) Meier spricht nicht.
(b) Fußball gefällt nicht jedem.
(c) Meiers Gehalt ist größer als Kunzes.

4.5.1. Den Satz (a) kann man symbolisieren zu $\neg$ *Meier spricht* und weiter zu $\neg s(M)$, wobei gemäß § 3 s ein einstelliges Prädikatensymbol ist, das das Sprechen von Individuen symbolisiert, und M eine Konstante, die als das Individuum Meier gedeutet wird, als feste Zuordnung (also ist M ein nullstelliges Funktionssymbol).

Der Satz (b) wird zu $\neg$ *Fußball gefällt jedem*. Man sieht, daß man hier ebenfalls ein einstelliges Prädikatensymbol ff verwenden kann ($ff(*)$ „Fußball gefällt *"), aber uns fehlt ein fester Name für das Argument des Prädikatensymbols, der bei (a) in „Meier" vorlag. „jeder" meint: „für alle" Individuen des betrachteten Bereichs. Wir fügen also keinen festen Namen in das Prädikatensymbol, sondern nur einen Platzhalter für Individuen(namen). Solche Platzhalter heißen (Individuen)-*Variable*, also wird (b) zu $\neg$ (jedes $*$) $ff(*)$ mit $*$ als Platzhaltesymbol.

Wir führen für „jedes" das Kalkülzeichen

$\forall$ (sog. *All-Quantor*)

ein und nehmen gemäß § 3 an, daß es eine abzählbar unendliche Menge VA von Variablen gibt. (b) wird dann zu $\neg \forall x\, ff(x)$, wobei $x \in$ VA ist und über die Zustände $f: \text{VA} \longrightarrow I$ (vgl. § 3) die inhaltliche Verknüpfung der Variablen mit Individuen bewerkstelligt wird.

4.5.2. Der Satz (b) läßt in diesem Falle eine bedeutungsgleiche Umformung zu

(b'): Es gibt Leute, denen gefällt Fußball nicht.

symbolisch: (einige $*$) $\neg ff(*)$. Für „einige" führen wir das Kalkülzeichen

$\exists$ (sog. *Existenz-Quantor*)

ein (mit der Bedeutung „es gibt"), so daß (b') lautet $\exists x\, \neg ff(x)$ (mit $x \in$ VA).

Wir können mit unseren bisherigen Mitteln zeigen, daß wir mit einem dieser Quantoren in der Sprache auskommen:
Anfangs ist das *tertium non datur* unterstellt worden, das sich auf der Ebene der Kunstsprache für Sätze mit Quantoren auch als $\forall x A \vee \exists x \neg A$ schreiben läßt, wobei A ein beliebiger Satz ist. Über unsere Kenntnis von „$\longrightarrow$" gewinnen wir mit den Eigenschaften (2) und (6)

$\neg \forall x A \longrightarrow \exists x \neg A$

Die Forderung nach dem *ausgeschlossenen Widerspruch*, die sich auf der Ebene der Kunstsprache für Sätze mit Quantoren auch als $\neg(\exists x \neg A \land \forall x A)$ formulieren läßt, liefert mit Hilfe der Eigenschaften (2) und (3) $\exists x \neg A \longrightarrow \neg \forall x A$, so daß wir mit Eigenschaft (10) insgesamt haben

$$\exists x \neg A \longleftrightarrow \neg \forall x A,$$

was wir als gegenseitige Ausdrückbarkeit der beiden Quantoren $\exists$ und $\forall$ auffassen können, so daß *ein* Quantor für die Syntax ausreicht, [SH 61].

4.5.3. Die Analyse eines Satzes wie (b) scheint bezüglich der Quantoren naheliegend und banal zu sein. Aber *das Herauslösen von „es gibt" und „für alle" als eigenständige, vom übrigen Satz getrennte Kalkülzeichen*, so daß etwas von der Form $ff(*)$ übrigbleibt (eine sog. „Aussageform" oder Formel mit freien Variablen), war in der Entwicklung der Logik eine äußerst schwierige und intuitiv fernliegende Maßnahme; erst 1879 hat G. Frege diesen Schritt getan, von einer „der Sache innewohnende Notwendigkeit getrieben", den die Logik zweieinhalb Jahrtausende nicht getan hat.

In der Entwicklung der formalen Logik der Neuzeit hat man z. B. noch in der Epoche der Algebraisierung der Logik (Boole, Schröder, de Morgan, ca. 1850–1880) diese Quantifizierungen durch Operationen über Klassen ausgedrückt.

4.5.4. Den Satz (c) symbolisieren wir zu

$$hg(M) \geq hg(K),$$

wobei hg ein einstelliges Funktionssymbol ist: „Höhe des Gehalts" und $\geq$ ein zweistelliges Prädikatensymbol „größer gleich".

4.5.5. Die Analyse der Feinstruktur von Sätzen hat also gegenüber § 3 die gleichen Ergebnisse gebracht bezüglich des Gebrauchs der Funktionssymbole, Prädikatensymbole und Variablen. Neu dagegen sind die Quantifizierungen. Wir kennen damit all jene Teile der logischen Syntax, die beim Aufbau der Kunstsprache verwendet werden.

In der Betrachtung der Umgangssprache sind ganz bewußt Sätze der Form

$$a = b \longleftrightarrow \forall p(p(a) \longleftrightarrow p(b))$$

(*Ein Individuum ξ ist einem Individuum η genau dann gleich, wenn ξ die gleichen Eigenschaften wie η hat*)

unbeachtet geblieben, weil in diesen Sätzen nicht über Individuenvariablen quantifiziert wird, sondern über *Prädikaten*variablen. Eine Kunstsprache, die andere

Quantifizierungen als über Individuenvariablen zuläßt, heißt *Prädikatenlogik zweiter Stufe* (oder höherer Stufe, je nachdem, ob über Prädikatenprädikate oder über Funktionenfunktionen usw. quantifiziert wird). Wir werden die zweite Stufe nicht behandeln, der Leser findet Ausführungen dazu z. B. in [Ch 56], sondern nur die Logik mit der Syntax aus diesem Paragraphen, die man *Prädikatenlogik erster Stufe*, kurz Prädikatenlogik, nennt.

4.6. Schreibvarianten der Kalkülzeichen

	andere Bezeichnungen		Russell Peano	Hilbert	Łukasiewicz	Hermes
Negation	Verneinung	¬	~	⁻	N	¬
Konjunktion	logisches Produkt	∧	·	&	K	∧
Implikation		⟶	⊃	⟶	C	⟶
Alternative	Disjunktion log. Summe	∨	∨	∨	A	∨
Äquivalenz		⟷	≡	~	E	⟷
All-Quantor	Generalisator[11]	∀x	(x)	(x)	Πx	$\bigwedge_x$, ∧ x
Existenz-Quantor	Partikularisator[11]	∃x	(∃x)	($E x$)	Σx	$\bigvee_x$, ∨ x

Übungen zu § 4

Ü 4.1: Zeigen Sie, daß „*Es ist möglich, daß* …" ein *intensionales* Partikel ist. Orientieren Sie sich *methodisch* an den Abschnitten 4.2 und 4.3.5 und benützen Sie μ als Abkürzung für dieses Partikel, d. h. zeigen Sie also, daß eine Wahrheitswertfunktion $WF_\mu : \{W, F\} \longrightarrow \{W, F\}$ sinnvoll nicht definiert werden kann.

Ü 4.2: Geben Sie je ein Beispiel an für zwei Beschreibungen von Mengen (A) mit gleicher Intension (Wie sehen die zugehörigen Extensionen aus?); (B) mit verschiedenen Intensionen und verschiedenen Extensionen und (C) mit verschiedenen Intensionen, aber gleichen Extensionen (aufgrund welcher Erkenntnisse ergibt sich in Ihrem Beispiel die Gleichheit der Extensionen?).

---

[11] Zur Verdeutlichung der Schreibweise ist den jeweiligen Kalkülzeichen die Variable $x \in VA$ mitgegeben worden.

Ü 4.3: Formalisieren Sie bitte!
(A) Die Großmutter väterlicherseits von Emil ist mit dem Vater von Fritz in die Schule gegangen.
(B) Emils Großvater väterlicherseits und Großmutter mütterlicherseits haben sich gekannt.
(C) Emils Großvater mütterlicherseits ist tot.

Verwenden Sie die Symbole v, m, S, K, T, e, f und nehmen Sie an, daß diese in einer geeigneten Struktur folgende Bedeutungen haben:

$\omega(v)(\xi) = $ *der Vater von* ξ; $\omega(m)(\xi) = $ *die Mutter von* ξ; $\omega(e) = Emil$; $\omega(f) = Fritz$; $\omega(S)(\xi, \eta) = W :\Longleftrightarrow \xi$ *ist mit* η *in die Schule gegangen*; $\omega(K)(\xi, \eta) = W :\Longleftrightarrow \xi$ *kennt* η; $\omega(T)(\xi) = W :\Longleftrightarrow \xi$ *ist tot*.

Ü 4.4: Übersetzen Sie in eine verständlichere Sprache!
(A) $P(e(d(e(z(x)))))$
(B) $P(z(d(x)))$, wobei gelte:
$\omega(e)(\xi) = \xi + 1$; $\omega(z)(\xi) = 2 \cdot \xi$; $\omega(d)(\xi) = 3 \cdot \xi$; $\omega(P)(\xi) = W :\Longleftrightarrow \xi$ *ist eine gerade Zahl*.
(C) $G(y, q(p(a, b)))$
(D) $G(p(q(a), p(z(a, b), q(b))), y)$, wobei gelte:
$\omega(p)(\xi, \eta) = \xi + \eta$; $\omega(z)(\xi, \eta) = 2 \cdot \xi \cdot \eta$; $\omega(q)(\xi) = \xi^2$; $\omega(a)$ und $\omega(b)$ beliebige natürliche Zahlen und $\omega(G)(\xi, \eta) = W :\Longleftrightarrow \xi = \eta$.

Ü 4.5: Formalisieren Sie bitte!
(A) Wenn alle Pferde Tiere sind, so sind alle Köpfe von Pferden auch Köpfe von Tieren.

Verwenden Sie die Symbole K, T, P mit $\omega(K)(\xi, \eta) = W :\Longleftrightarrow \xi$ *ist der Kopf von* η; $\omega(T)(\xi) = W :\Longleftrightarrow \xi$ *ist ein Tier*; $\omega(P)(\xi) = W :\Longleftrightarrow \xi$ *ist ein Pferd*.

Es handelt sich hier um einen sog. *obliquen Schluß*, weil hier ein Übergang von einem umgangssprachlichen Nominativ (casus rectus) zum Genetiv (einem casus obliquus) formuliert ist; diese Art Schlüsse können in der Sprache der Logik, wie sie vor 1880 vorlag, nicht formuliert werden.

(B) Wenn es einen Ausweg gibt, dann höchstens einen.
(C) Unser Fähnelein ist weiß und blau.
(D) Essen und Trinken hält Leib und Seele zusammen.

Ü 4.6: Was bedeutet die folgende Formel in klammerfreier Schreibweise mit den Bedeutungen der Symbole aus der Übung Ü 4.4 C, D?

$$\forall x \forall y \; G q p x y p p q x z x y q y$$

Ü 4.7: Verneinen Sie bitte folgende Sätze, wobei Sie die Möglichkeit, in einer künstlichen Sprache formal zu verneinen, benützen sollten, da man als „qualitativer Logiker ... unter Umständen ernstlich entgleist" [Sch 59], S. 69

(A) Es gibt in der Stadt A einen Fußballverein, der in einer höheren Spielklasse spielt als alle Fußballvereine der Stadt B.

(B) Zu jeder Geraden gibt es durch einen nicht auf ihr liegenden Punkt höchstens eine Parallele (Parallelenaxiom der Geometrie).

(C) Für alle $\varepsilon > 0$ gibt es ein $\delta > 0$, so daß für alle x, deren Abstand von x_0 kleiner als δ ist, der Abstand des Funktionswerts $g(x)$ vom Funktionswert $g(x_0)$ kleiner als ε ist (Stetigkeit einer Funktion g an der Stelle x_0).

§ 5. Das weitere Vorgehen

Die Logik, wie sie in diesem Buch behandelt werden wird, will neben den anderen schon genannten Aufgaben Begriffe präzisieren, mit denen man die einzelnen Gebiete der Mathematik beschreiben kann. Zu diesen Gebieten zählen wir auch die Logik selbst (als eine mathematische Theorie) und die Beschreibungen von Theorien, die als Versuche zu werten sind, Teile der Informatik zu fundieren.

Diese Beschreibungen werden so sein müssen, daß innerhalb des dann gegebenen formalen Rahmens folgende Fragen präzise im mathematischen Sinne beantwortet werden können[12]:

5.1. Was heißt: *eine Aussage ist gültig in einer Theorie?* (§ 7)

5.2. Was heißt: *eine Aussage ist aus logischen Gründen gültig?* (§ 7)

5.3. Wie *folgert* man aus Voraussetzungen? (§ 10.2)

5.4. Was sind *Axiome*? (§ 10.2.5, § 10.3.3)

5.5. Was ist ein *Beweis*? (§ 10.3.6)

5.6. Kann man Folgerungen aus Voraussetzungen auch *mechanisch* (nicht inhaltlich) gewinnen? (§ 10.3, § 11)

5.7. Kann man *entscheiden*, ob eine vorgelegte Aussage in einer Theorie gültig ist, oder ob sie aus logischen Gründen wahr ist oder nicht? (§ 12)

5.8. Wie erkennt man in einer Theorie *Widersprüche*? (§ 10.2.4, § 10.4)

---

[12] In Klammern steht die Stelle, an der die aufgeführte Frage beantwortet werden wird.

Kapitel 3. Syntax und Semantik der Prädikatenlogik

§ 6. Syntax und Semantik

Wir haben im zweiten Kapitel motiviert, welche Anforderungen an eine Kunstsprache zu stellen sind, die als syntaktische Grundlage einer mathematischen Logik dienen soll. Für diese Logik sind viele Namen im Umlauf, die meist den Teil betonen, dessen erfolgreiche Analyse nach Meinung der Namensgeber am wichtigsten für den Gesamtaufbau der geschlossen vorliegenden Theorie ist:

> Prädikatenlogik
> functional calculus
> quantification theory
> Termlogik

Wir werden im folgenden eine Sprache mit Negation, Implikation, Alternative, Konjunktion, Äquivalenz, mit All- bzw. Existenz-Quantifizierungen aufbauen[1]. Die Ergebnisse aus § 4 zeigen jedoch, daß man durch *Negation*, *Alternative* und *Existenz-Quantor* die anderen Verknüpfungen ausdrücken kann:

$$\text{Wert}(A \longleftrightarrow B) = \text{Wert}((A \longrightarrow B) \wedge (B \longrightarrow A))$$
$$\text{Wert}(A \longrightarrow B) = \text{Wert}(\neg A \vee B)$$
$$\text{Wert}(A \wedge B) = \text{Wert}(\neg(\neg A \vee \neg B))$$
$$\text{Wert}(\forall x A) = \text{Wert}(\neg \exists x \neg A)$$

Wir werden den Kalkül also nur mit „¬", „∨" und „∃" aufbauen und die anderen Zeichen als Abkürzungen einführen. D. h. exakt müßte man diese stets auf die Grundzeichen zurückführen und für jedes dieser definierten Zeichen entsprechende Charakterisierungen beweisen. Wir werden uns dies weitgehend schenken. Dem Leser sei das als Übung empfohlen.

---

[1] Bei der Auswahl der Syntax und Semantik haben wir auf die Darstellung [Ass I, II] zurückgegriffen.

6.1. Die Syntax der Sprache

Wir definieren nun systematisch das Ausgangsmaterial für unsere logischen Betrachtungen. Wie angekündigt, können wir wortwörtlich die Definitionen aus den motivierenden Paragraphen 3 und 4 übernehmen.

Definition 6.1: Es sei mit FS eine abzählbar unendliche Menge (von *Funktionssymbolen*) bezeichnet und mit PS eine ebenfalls abzählbar unendliche Menge (von *Prädikatensymbolen*).

Für jede natürliche Zahl $n \geq 0$ gebe es in FS bzw. PS eine Menge (von n-stelligen Funktions- bzw. Prädikatensymbolen), die wir mit FS_n bzw. PS_n bezeichnen wollen, so daß gilt:

$$FS = \bigcup_{n=0}^{\infty} FS_n \quad \text{und} \quad PS = \bigcup_{n=0}^{\infty} PS_n$$

B = (FS, PS) heißt eine (syntaktische) *Basis*.

Definition 6.2: Es sei VA eine nichtleere, abzählbar unendliche Menge (von *Variablen*).

Beispiel 6.3: Wie muß eine Basis aussehen, wenn man das Addieren und Multiplizieren von ganzen Zahlen betrachten will?
(1) Wir nehmen Zeichen für die ganzen Zahlen, also nullstellige Funktionssymbole, und wählen (willkürlich): $\ldots, \underline{-2}, \underline{-1}, \underline{0}, \underline{1}, \underline{2}, \ldots$
(2) Zeichen für die Addition und Multiplikation, also zwei zweistellige Funktionssymbole, wir wählen: g und h
(3) das Zeichen für die Gleichheit
Insgesamt erhalten wir eine Basis $B_1 = (\{\ldots, \underline{-1}, \underline{0}, \underline{1}, \ldots, g, h\}, \{=\})$, wobei nur $FS_0 = \{\ldots, \underline{-1}, \underline{0}, \underline{1}, \ldots\}$, $FS_2 = \{g, h\}$ und $PS_2 = \{=\}$ ungleich der leeren Menge sind.

Mit Hilfe von Basen wird nun die Sprache der Prädikatenlogik kanonisch definiert, d. h. wir definieren damit eine ganze Klasse von Sprachen des gleichen „Typs", denn zu jeder Basis gehört eine spezielle Sprache.

All diese Sprachen verwenden jedoch gewisse Zeichen, die *stets gleich behandelt* werden, die also nicht wegen der Erwägungen, die zur Auswahl einer speziellen Basis geführt haben, in die Sprache mit aufgenommen worden sind. Solche Zeichen heißen *logische Zeichen;* wir haben als logische Zeichen im Kalkül:

¬ Negation, ∨ Alternative, ∃ Existenz-Quantor

und als Abkürzungen

∧ Konjunktion, ⟶ Implikation, ⟷ Äquivalenz, ∀ All-Quantor.

Ferner das zweistellige Prädikatensymbol „=", das als Gleichheit gedeutet wird (*Sprachen mit Gleichheit* werden erst im Abschnitt 11.5 betrachtet), und bei manchen Anwendungen auch die beiden nullstelligen Prädikatensymbole W und F als *syntaktische Zeichen für Wahrheit und Falschheit*.

Als erste syntaktische Klasse definieren wir die sogenannten *Terme*. Beispiele für Terme waren die arithmetischen Ausdrücke aus § 3. Die Terme dienen als *Namen* für Individuen, d. h. die nächste Definition regelt, wie in der Sprache Namen gebildet werden können. In dieser vielleicht ungewohnten logischen Sprechweise sind z. B. $5+7$ und $6+4+2$ zwei verschiedene Namen für die natürliche Zahl Zwölf. Die einfachsten Terme sind die Variablen und die Individuenkonstanten (= nullstelligen Funktionssymbole). Kompliziertere Terme waren z. B. $hg(M)$ und $hg(K)$ in § 4.

Definition 6.4: Die Menge der *Terme* (bezüglich einer Basis B) werde mit TE^B bezeichnet (kurz: TE) und sei die kleinste Menge, für die gilt:
(1) Jede Variable gehört zu dieser Menge.
(2) Gehören $t_1,\ldots,t_n$ schon zu dieser Menge und ist g ein beliebiges n-stelliges Funktionssymbol ($n \geq 0$), so gehört auch $g t_1 \ldots t_n$ zu dieser Menge[2].

Als zweite und letzte syntaktische Klasse werden die (prädikatenlogischen) *Formeln* eingeführt. Beispiele haben wir im zweiten Kapitel kennengelernt. Formeln dienen als sprachlicher Ausdruck von Aussagen und werden als Wahrheitswerte gedeutet.

Die einfachsten Formeln sind nullstellige Prädikatensymbole, die nächstkomplexeren sind atomare Formeln, welche ohne Junktoren gebildet werden, z. B. $hg(M) \geq hg(K)$ aus § 4.

Definition 6.5: Die Menge der *atomaren Formeln* (bezüglich einer Basis B) werde mit AF^B (kurz: AF) bezeichnet und sei die kleinste Menge, die folgende Eigenschaft erfüllt:
Sind $t_1,\ldots,t_n$ Terme und p ein n-stelliges Prädikatensymbol, dann ist $p\ t_1 \ldots t_n$ eine atomare Formel.
(symbolisch: $t_1,\ldots,t_n \in \mathsf{TE}$ und $p \in \mathsf{PS}_n \Longrightarrow p t_1 \ldots t_n \in \mathsf{AF}$) [2]

Definition 6.6: Die Menge der *Formeln* (bezüglich einer Basis B) werde mit FO^B (kurz: FO) bezeichnet und sei die kleinste Menge Y, für die gilt:

---

[2] Wir verwenden im fortlaufenden Text anstelle dieser klammerfreien Schreibweise der Deutlichkeit halber meist die Schreibweise $g(t_1,\ldots,t_n)$ bzw. $p(t_1,\ldots,t_n)$.

(1) $AF^B \subset Y$
(2) $A, B \in Y \Longrightarrow$ (a) $\neg A \in Y$
    (b) $\vee A B \in Y$ [3]
(3) $A \in Y$ und $x \in VA \Longrightarrow \exists x A \in Y$

Beispiel 6.7: Betrachten wir die Basis B_1 aus Beispiel 6.3. Wie sehen Terme, atomare Formeln und Formeln bezüglich dieser Basis aus?
(1) jede Variable $x, y, z, \ldots$ ist ein Term und jedes nullstellige Funktionssymbol, also z. B. $\underline{10}, \underline{1005}$, usw.
   $g(\underline{1}, \underline{16})$ ist ein Term, $g(h(\underline{3}, x), \underline{15})$, usw.
(2) $g(x, y) = z$ ist eine atomare Formel oder $y = g(h(\underline{3}, x), \underline{15})$, usw.
(3) $\forall x \exists y (g(x, y) = \underline{0})$ oder $\exists y (g(x, y) = x)$ sind Beispiele für Formeln.

Bemerkung: Basen der Form $B = (FS, \{=\})$ spielen in der Algebra eine große Rolle. Man nennt die atomaren Formeln, die bezüglich derartiger Basen gebildet sind, *Gleichungen*.

Bei der obigen Definition der Terme und Formeln ist von vornherein nicht gesichert, daß Terme und Formeln die syntaktischen Eigenschaften haben, die man intuitiv von ihnen erwartet, z. B. wird man vielleicht nicht einsehen, daß es eines Beweises bedarf, daß unter den Termen oder Formeln *keine* Zeichenreihe

$$\overbrace{s_1 \ldots s_n \underbrace{s_{n+1} \ldots s_m}_{} \overbrace{s'_1 \ldots s'_k}^{} s'_{k+1} \ldots s'_l}$$

vorkommt mit der Eigenschaft, daß die Zeichenreihen $s_1 \ldots s_m$ und $s'_1 \ldots s'_l$ Terme oder Formeln sind und gleichzeitig $s_{n+1} \ldots s_m s'_1 \ldots s'_k$ ein Term oder eine Formel ist.

Ferner muß bewiesen werden, daß die Zerteilung von Termen und Formeln in *Teilterme*[4] oder *Teilformeln*[4] eindeutig ist, daß z. B. aus

$$A \equiv g t_1 \ldots t_m \quad \text{und} \quad A \equiv g' t'_1 \ldots t'_n \quad \text{folgt:} \quad m = n \quad \text{und} \quad g \equiv g' \quad \text{und} \quad t_i \equiv t'_i$$

Wir werden diese Beweise nicht führen, da sie technisch langwierig sind und keine wesentlichen Einsichten vermitteln. Für interessierte Leser: Occurrence und Formation Theorem in [Sh 67].

6.2. Beweise und Definitionen induktiv über den Aufbau der Terme und Formeln

Wenn behauptet wird, daß alle Terme $t \in TE$ eine bestimmte Eigenschaft E erfüllen, symbolisch: $E(t)$ für alle $t \in TE$, dann benützt man, wenn man diese Be-

---

[3] Wir schreiben statt dieser sog. *Polnischen Notation*, die Klammern entbehrlich macht, meist die sog. Infix-Notation $A \vee B$ mit entsprechender sparsamer Klammerung, wobei in der Reihe $\exists \ \forall \ \neg \ \wedge \ \vee \ \longrightarrow \ \longleftrightarrow$ alle die links von einem Junktor der Reihe stehenden Junktoren stärker binden als dieser.

[4] Jede Teilzeichenreihe T' eines Terms (bzw. einer Formel) T heißt ein Teilterm (bzw. eine Teilformel) von T, wenn T' ein Term (bzw. eine Formel) ist. Gilt zusätzlich $T \not\equiv T'$, so heißt T' echter Teilterm (bzw. echte Teilformel) von T.

hauptung beweisen will, eine spezielle Beweistechnik, die charakteristisch ist für viele Beweise der Logik. Sie heißt *Induktion über den Aufbau der Terme und Formeln* (manchmal auch Netzinduktion genannt), und ist eine Verallgemeinerung der vollständigen Induktion. Beim Beweisen induktiv über den Aufbau von TE und FO geht man wie folgt vor:

(1) Man zeigt, daß $E(x)$ für alle Variablen x gilt, weil in der (induktiven) Definition 6.4 der Terme unter (1) $VA \subset TE$ gilt.

(2) Man zeigt: $E(gt_1...t_n)$ gilt unter der Annahme (sog. Induktionsvoraussetzung, abgekürzt: Ind.vor), daß $E(t_1),...,E(t_n)$ gelten, gemäß der Zeile (2) in der Definition 6.4: $t_1,...,t_n \in TE$ und $g \in FS_n \implies gt_1...t_n \in TE$.

Für Formeln $A \in FO$ muß man analog zeigen:

(1) $E(A)$ gilt für alle atomaren Formeln $A \in AF$, wobei i. a. eine geeignete Eigenschaft E' für Terme gelten muß, d. h. aus $E'(t_1),...,E'(t_n)$ muß $E(pt_1...t_n)$ folgen für alle $p \in PS_n$.

(2) (a) $E(\neg A)$ gilt unter der Voraussetzung, daß $E(A)$ gilt.
 (b) $E(A \vee B)$ gilt unter der Voraussetzung, daß $E(A)$ und $E(B)$ gelten, wobei A, B beliebige Formeln seien.

(3) $E(\exists x A)$ gilt unter der Voraussetzung, daß $E(A)$ gilt.

Beispiel 6.8: Wir beweisen induktiv über den Aufbau der Terme und Formeln, daß Terme und Formeln endlichlange Zeichenreihen sind:

Terme: (1) jede Variable ist eine endlichlange Zeichenreihe

(2) es seien $t_1,...,t_n$ Terme, von denen jeder nach Induktionsvoraussetzung eine endlichlange Zeichenreihe sei. Ferner sei $g \in FS_n$ beliebig. Da das Hintereinanderschreiben der endlichlangen Zeichenreihe g und der endlichvielen je endlichlangen Zeichenreihen t_i wieder eine endlichlange Zeichenreihe ergibt, ist also $gt_1...t_n$ eine endlichlange Zeichenreihe.

Damit ist gezeigt, daß *alle* Terme endlichlange Zeichenreihen sind.

Formeln: Analog unter Berücksichtigung, daß Junktoren und Variable endlichlange Zeichenreihen sind, und unter Benützung des Ergebnisses für Terme.

Bemerkung: Der Leser beweise als Übung solche Sätze wie: Jede Formel enthält nur endlichviele Junktoren, endlichviele Variable, endlichviele Funktionssymbole, endlichviele Vorkommen eines bestimmten Funktionssymbols usw.

Bei den Formeln bietet sich noch eine andere Beweismethode an, nämlich die übliche vollständige *Induktion über die Anzahl der Junktoren* in der Formel A.
Man hat dabei zu zeigen

(1') Die Behauptung gilt für alle $A \in FO$ mit Null Junktoren. Das sind gerade die atomaren Formeln. Also ist dieser Beweisschritt identisch mit (1).

(2') $E(A)$ gelte für alle Formeln A mit $n-1$ Junktoren.
  Zu zeigen: $E(A)$ gilt für alle Formeln A mit n Junktoren. Wenn A n Junktoren hat, gibt es drei Möglichkeiten, wie A aus Formeln, die $n-1$ Junktoren haben, gebildet werden kann

(2′a): $A \equiv \neg B$
(2′b): $A \equiv B \vee C$
(2′c): $A \equiv \exists x B$

Der Unterschied in den beiden Induktionen liegt darin, daß in (2′) stärkere Induktionsvoraussetzungen als in (2) zugelassen sind: So muß man z. B. in (3) die Gültigkeit von $E(\exists x B)$ aus der Kenntnis der Gültigkeit von $E(B)$ beweisen, während man in (2′c) für den Beweis von $E(\exists x B)$ die Gültigkeit von $E(C)$ voraussetzen darf für beliebige Formeln C, die höchstens $(n-1)$ Junktoren haben (B ist eine unter diesen Formeln).

Wir schenken es uns, hier aufzuschreiben, wie man induktiv über den Aufbau von TE und FO Objekte *definiert* und verweisen auf die Definition 6.17, die das Verfahren anwendet.

6.3. Strukturen und Deutungen

Die Kunstsprache, die vorhin eingeführt worden ist, soll nicht als bloßes Zeichenspiel verstanden werden, sondern sie wird die Grundlage sein für die Klärung von Verhältnissen unter Aussagen eines bestimmten Gegenstandsbereichs, d. h. wir ordnen jetzt den Zeichenreihen, den Termen und Formeln also, Bedeutungen zu, die unseren inhaltlichen Vorstellungen entsprechen.

Eine Formel, wie zum Beispiel $\forall x \forall y (x = y)$, hat im allgemeinen keine absolute Bedeutung, keinen Wahrheitswert per se[5], sondern erst, wenn feststeht, auf welchen Bereich von Werten (Individuenbereich) sie sich bezieht, liegen ihre Eigenschaften fest. So ist z. B. $\forall x \forall y (x = y)$ wahr in jedem Individuenbereich mit genau einem Element und sonst falsch. Zur Festlegung der Bedeutungen von Termen und Formeln brauchen wir also Strukturen, wie sie im § 3 motiviert wurden.

Definition 6.9: $\Sigma = (I, \omega)$ heißt eine *Struktur für die Basis* B, wenn gilt:
(1) $I \neq \emptyset$ ist eine Menge, der sog. *Individuenbereich*, engl. universe.
(2) Für jedes n-stellige Funktionssymbol $g \in$ FS ist $\omega(g): I^n \longrightarrow I$ eine Abbildung.
(3) Für jedes n-stellige Prädikatensymbol $p \in$ PS ist $\omega(p): I^n \longrightarrow \{W, F\}$ eine Abbildung.
(4) Kommt in der Basis das Gleichheitssymbol „=" vor und *soll es als die Gleichheit gedeutet werden*, dann ist $\omega(=)$ die charakteristische Funktion der Gleichheitsrelation auf I, andernfalls wird „=" nach (3) beliebig wie ein zweistelliges Prädikatensymbol gedeutet.
Kommen in der Basis W und F vor (vgl. die Bemerkungen zu den logischen Symbolen in Abschnitt 6.1), so gilt $\omega(W) = $ W und $\omega(F) = $ F.

---
[5] Wir werden später Formeln kennenlernen, die allein wegen ihrer Gestalt einen bestimmten festen Wahrheitswert haben.

Ist Σ eine Struktur für B, so schreiben wir dafür $\Sigma \in \text{St}^B$. Die Klasse St^B heißt eine *Ähnlichkeitsklasse* von Strukturen oder auch eine Klasse von Strukturen des gleichen Typs.

Beispiel 6.10: Betrachte die Basis B_1 aus dem Beispiel 6.3 und folgende Struktur für B_1:

$$\Sigma_1 = (\mathbb{Z}, \omega) \quad \text{wobei gelte} \quad \omega(\underline{n}) = \mathfrak{n} \quad \text{(für alle } \underline{n} \in \text{FS}_0\text{)}$$
$$\omega(g)(\mathfrak{n}, \mathfrak{n}') = \mathfrak{n} + \mathfrak{n}'$$
$$\omega(h)(\mathfrak{n}, \mathfrak{n}') = \mathfrak{n} \cdot \mathfrak{n}' \quad \text{(für alle } \mathfrak{n}, \mathfrak{n}' \in \mathbb{Z}\text{)}$$

Variable haben keine feste Beziehung zu einem Individuum, sondern können ein beliebiges Individuum aus dem Individuenbereich meinen (vgl. § 3):

Definition 6.11: Eine Abbildung $f: \text{VA} \longrightarrow I$, die jeder Variablen ein Individuum zuordnet, heißt ein *Zustand der Variablen* oder auch eine Belegung der Variablen mit Individuen.

In Analogie zu Programmiersprachen brauchen wir für die Auswertung von Formeln und Termen eine Operation auf Zuständen, die man *Zustandsabänderung*, kurz Abänderung (in der Informatik engl. updating) nennen kann.

In einem Zustand $f: \text{VA} \longrightarrow I$ soll einer Variablen $x \in \text{VA}$ und nur dieser Variablen statt ihrem derzeitigen Wert $f(x)$ ein neuer Wert, sagen wir $\xi \in I$, zugeordnet und dadurch eine Zustandsveränderung von f, ein neuer Zustand also, den wir symbolisch $f\left\langle \begin{matrix} x \\ \xi \end{matrix} \right\rangle$ nennen, hervorgerufen werden:

Definition 6.12: Es seien $f: \text{VA} \longrightarrow I$ ein Zustand, $x \in \text{VA}$ eine Variable und $\xi \in I$ ein Individuum. Dann sei der Zustand $f\left\langle \begin{matrix} x \\ \xi \end{matrix} \right\rangle : \text{VA} \longrightarrow I$, der aus f dadurch hervorgeht, daß in f der Wert von x in ξ abgeändert wird, wie folgt definiert:

$$\left(f\left\langle \begin{matrix} x \\ \xi \end{matrix} \right\rangle \right)(y) = \textbf{if } x = y \textbf{ then } \xi \textbf{ else } f(y) \quad \text{(für alle } y \in \text{VA)}$$

Einfache Eigenschaften über Zustandsabänderungen:

Lemma 6.13: $f\left\langle \begin{matrix} x \\ f(x) \end{matrix} \right\rangle = f$

(Wenn man den Wert einer Variablen in den schon dort vorhandenen Wert abändert, ändert sich der Zustand nicht)

§ 6. Syntax und Semantik   33

Lemma 6.14: $\left(f\left\langle{x \atop \xi}\right\rangle\right)\left\langle{x \atop \eta}\right\rangle = f\left\langle{x \atop \eta}\right\rangle$ (für alle $\xi, \eta \in I$)

(Der alte Wert wird bei der Abänderung überschrieben: denn wenn bei x erst in ξ und dann in η abgeändert wird, so bleibt η, und ξ wird „vergessen")

Lemma 6.15: $x \neq y \Longrightarrow \left(f\left\langle{x \atop \xi}\right\rangle\right)\left\langle{y \atop \eta}\right\rangle = \left(f\left\langle{y \atop \eta}\right\rangle\right)\left\langle{x \atop \xi}\right\rangle$ (für alle $\xi, \eta \in I$)

(Wird nacheinander der Wert zweier verschiedener Variablen abgeändert, so ist das Ergebnis unabhängig von der Reihenfolge, in der der Wert der einzelnen Variablen abgeändert wird)

Die sehr einfachen Beweise dieser Eigenschaften und weitere Ergebnisse über Zustandsabänderungen finden sich im Anhang Teil (A).

Wir gehen jetzt wie im § 3 vor und zeigen, wie sich mit Hilfe von Strukturen Σ die Auswertung von Termen und Formeln definieren läßt, die wir *Deutung* (oder Interpretation) nennen:

Definition 6.16: Es wird eine Abbildung

$$\text{wert}_\Sigma: \text{TE} \times (\text{VA} \longrightarrow I) \longrightarrow I$$

induktiv über den Aufbau der Terme wie folgt definiert:
(1) $\text{wert}_\Sigma(x, f) = f(x)$ (für alle Variablen $x \in \text{VA}$)
(2) $\text{wert}_\Sigma(g t_1 \ldots t_n, f) = \omega(g)(\text{wert}_\Sigma(t_1, f), \ldots, \text{wert}_\Sigma(t_n, f))$
   (für alle Terme $t_i \in \text{TE}$ und alle $g \in \text{FS}_n$)

Definition 6.17: Es wird eine Abbildung

$$\text{Wert}_\Sigma: \text{FO} \times (\text{VA} \longrightarrow I) \longrightarrow \{\text{W}, \text{F}\}$$

induktiv über den Aufbau der Formeln wie folgt definiert:
(1) $\text{Wert}_\Sigma(p t_1 \ldots t_n, f) = \omega(p)(\text{wert}_\Sigma(t_1, f), \ldots, \text{wert}_\Sigma(t_n, f))$
   (für alle atomaren Formeln $p t_1 \ldots t_n \in \text{AF}$)
(2)(a) $\text{Wert}_\Sigma(\neg A, f) = \text{WF}_\neg(\text{Wert}_\Sigma(A, f))$
   (b) $\text{Wert}_\Sigma(\vee A B, f) = \text{WF}_\vee(\text{Wert}_\Sigma(A, f), \text{Wert}_\Sigma(B, f))$
(3) $\text{Wert}_\Sigma(\exists x A, f) = \text{W} :\Longleftrightarrow$ Es gibt ein $\xi \in I$, so daß $\text{Wert}_\Sigma\left(A, f\left\langle{x \atop \xi}\right\rangle\right) = \text{W}$
   (für alle Formeln $A, B \in \text{FO}$)

Bemerkungen:
(i) Zeile (2a) besagt: $\text{Wert}_\Sigma(\neg A, f) = \text{W} \Longleftrightarrow \text{Wert}_\Sigma(A, f) = \text{F}$
   Zeile (2b) besagt: $\text{Wert}_\Sigma(\vee A B, f) = \text{W} \Longleftrightarrow \text{Wert}_\Sigma(A, f) = \text{W}$ oder
   $\text{Wert}_\Sigma(B, f) = \text{W}$

   Zeile (3) besagt: Eine Existenz-Aussage über A ist im Zustand f also genau dann wahr, wenn es ein Individuum $\xi \in I$ gibt, so daß A wahr ist im abgeänderten Zustand $f\left\langle{x \atop \xi}\right\rangle$.

(ii) Der Leser möge als Übung beweisen, daß für die als Abkürzung zu betrachtenden Junktoren die folgenden Eigenschaften gelten, und möge sich die zur Bemerkung (i) analogen Behauptungen überlegen:
(4) $\text{Wert}_\Sigma(A \wedge B, f) = \text{WF}_\wedge(\text{Wert}_\Sigma(A,f), \text{Wert}_\Sigma(B,f))$
(5) $\text{Wert}_\Sigma(A \longrightarrow B, f) = \text{WF}_\rightarrow(\text{Wert}_\Sigma(A,f), \text{Wert}_\Sigma(B,f))$
(6) $\text{Wert}_\Sigma(A \longleftrightarrow B, f) = \text{WF}_\leftrightarrow(\text{Wert}_\Sigma(A,f), \text{Wert}_\Sigma(B,f))$

(7) $\text{Wert}_\Sigma(\forall x A, f) = W \Longleftrightarrow$ Für alle $\xi \in I$ ist $\text{Wert}_\Sigma\left(A, f\left\langle\begin{matrix}x\\\xi\end{matrix}\right\rangle\right) = W$.

(iii) Bei der Definition der Deutungen unterstellt man also, daß man weiß, was im Individuenbereich I „es gibt" und „für alle" bedeutet.

Beispiel 6.18: Betrachte die Basis B_1 und die Struktur Σ_1 aus den Beispielen 6.3 und 6.10, ferner einen beliebigen Zustand $f : VA \longrightarrow \mathbb{Z}$.

Wie wird der Term $g(\underline{1}, \underline{16})$ gedeutet?

$\text{wert}_{\Sigma_1}(g(\underline{1},\underline{16}), f) = \omega(g)(\text{wert}_{\Sigma_1}(\underline{1},f), \text{wert}_{\Sigma_1}(\underline{16},f)) = \omega(g)(\omega(\underline{1}), \omega(\underline{16}))$
$= \omega(g)(1,16) = 1 + 16 = 17$

Welchen Wahrheitswert hat die Formel $\forall x \exists y(g(x,y) = \underline{0})$?

$\text{Wert}_{\Sigma_1}(\forall x \exists y(g(x,y) = \underline{0})) = W \Longleftrightarrow$ Für alle $\xi \in \mathbb{Z}$ ist

$$\text{Wert}_{\Sigma_1}\left(\exists y(g(x,y) = \underline{0}), f\left\langle\begin{matrix}x\\\xi\end{matrix}\right\rangle\right) = W$$

$\Longleftrightarrow$ Für alle $\xi \in \mathbb{Z}$ gibt es ein $\eta \in \mathbb{Z}$ mit

$$\text{Wert}_{\Sigma_1}\left(g(x,y) = \underline{0}, \left(f\left\langle\begin{matrix}x\\\xi\end{matrix}\right\rangle\right)\left\langle\begin{matrix}y\\\eta\end{matrix}\right\rangle\right) = W \quad (*)$$

Als Zwischenrechnung werten wir nun $g(x,y) = \underline{0}$ aus:

$\text{Wert}_{\Sigma_1}\left(g(x,y) = \underline{0}, \left(f\left\langle\begin{matrix}x\\\xi\end{matrix}\right\rangle\right)\left\langle\begin{matrix}y\\\eta\end{matrix}\right\rangle\right) = W \Longleftrightarrow \text{wert}_{\Sigma_1}\left(g(x,y), \left(f\left\langle\begin{matrix}x\\\xi\end{matrix}\right\rangle\right)\left\langle\begin{matrix}y\\\eta\end{matrix}\right\rangle\right)$

$= \text{wert}_{\Sigma_1}\left(\underline{0}, \left(f\left\langle\begin{matrix}x\\\xi\end{matrix}\right\rangle\right)\left\langle\begin{matrix}y\\\eta\end{matrix}\right\rangle\right)$

$\Longleftrightarrow \omega(g)\left(\left(\left(f\left\langle\begin{matrix}x\\\xi\end{matrix}\right\rangle\right)\left\langle\begin{matrix}y\\\eta\end{matrix}\right\rangle\right)(x), \left(\left(f\left\langle\begin{matrix}x\\\xi\end{matrix}\right\rangle\right)\left\langle\begin{matrix}y\\\eta\end{matrix}\right\rangle\right)(y)\right)$

$= \omega(\underline{0})$

$\Longleftrightarrow \omega(g)\left(\left(f\left\langle\begin{matrix}x\\\xi\end{matrix}\right\rangle\right)(x), \eta\right) = 0$

$\Longleftrightarrow \omega(g)(\xi, \eta) = 0$

$\Longleftrightarrow \xi + \eta = 0$

Also: $(*) \Longleftrightarrow$ Für alle $\xi \in \mathbb{Z}$ gibt es ein $\eta \in \mathbb{Z}$ mit $\xi + \eta = 0$

Die Formel $\forall x \exists y (g(x,y) = \underline{0})$ ist also in Σ_1 bei jedem Zustand f wahr, denn zu jeder ganzen Zahl $\zeta \in \mathbb{Z}$ gibt es ein additiv Inverses.

6.4. Ein kleines Beispiel für eine Sprache mit Deutung

Als Individuenbereich I betrachten wir die (endliche) nichtleere Menge aller Städte der BRD, die am 1. Juli 1976 ein eigenes Kraftfahrzeug-Kennzeichen haben.

Wir nehmen die Buchstabenfolge des Kraftfahrzeug-Kennzeichens als (syntaktischen) Namen für die betreffende Stadt und haben also:

$$\mathsf{FS}_0 = \{A, AA, AB, AC, AH, \ldots, W\ddot{U}, WUN, ZIG, ZW\}$$

und z. B. $\omega(HH) = $ *die Stadt Hamburg*, $\omega(UL) = $ *die Stadt Ulm* usw.

Die Menge der einstelligen Funktionssymbole sei $\mathsf{FS}_1 = \{h, m, n\}$, und es seien keine weiteren Funktionssymbole vorgesehen.

Als Prädikatensymbole betrachten wir neben der Gleichheit nur noch zwei weitere zweistellige Symbole; es sei $\mathsf{PS}_2 = \{l, s, =\}$.

Für unser Beispiel haben wir also die Basis

$$\mathsf{B}_2 = (\{A, AA, \ldots, WUN, ZIG, ZW, h, m, n\}, \{l, s, =\})$$

Die neu eingeführten Symbole deuten wir wie folgt:
$\omega(h)(\zeta)$ sei die Landeshauptstadt des Bundeslandes, in dem die Stadt ζ liegt,
also z. B. $\omega(h)$ *(die Stadt Köln) = die Stadt Düsseldorf*
$\omega(m)(\zeta)$ sei die Hauptstadt des Staates, in dem die Stadt ζ liegt,
also z. B. $\omega(m)$ *(die Stadt Köln) = die Stadt Bonn*
$\omega(n)(\zeta)$ sei die nördlichste Stadt mit Kraftfahrzeug-Kennzeichen, die die gleiche geographische Länge wie die Stadt ζ hat,
also z. B. $\omega(n)$ *(die Stadt Ulm) = die Stadt Neumünster*
    $\omega(n)$ *(die Stadt Flensburg) = die Stadt Flensburg*
$\omega(l)(\zeta, \eta) = \mathsf{W} :\Longleftrightarrow$ *die Stadt ζ hat die gleiche geographische Länge wie die Stadt η*
also z. B. $\omega(l)$ *(die Stadt Ulm, die Stadt Hamburg) =* W
    $\omega(l)$ *(die Stadt Köln, die Stadt Hamburg) =* F
$\omega(s)(\zeta, \eta) = \mathsf{W} :\Longleftrightarrow$ *Es gibt in der Stadt ζ einen Fußballverein, der in einer höheren Spielklasse spielt als alle Fußballvereine der Stadt η* (Stand 1. Juli 1976)
also z. B. $\omega(s)$ *(die Stadt Bonn, die Stadt Wesel) =* W
    $\omega(s)$ *(die Stadt Bonn, die Stadt Hamburg) =* F

Damit liegt unsere Struktur Σ_2 fest. In der Übungsaufgabe Ü 6.1 sind einige Terme und Formeln dieser Sprache angegeben, deren Bedeutung Sie durch Auswerten kennenlernen sollen.

Übungen zu § 6

Ü 6.1: Betrachten Sie das Beispiel aus Abschnitt 6.4; es sei ein Zustand $f: VA \longrightarrow I$ vorgegeben mit $f(x)=$ *die Stadt München* und $f(y)=$ *die Stadt Stuttgart* und f sei sonst beliebig. Werten Sie folgende Terme und Formeln aus und legen Sie Rechenschaft darüber ab, durch welche Art Kenntnisse letztendlich die Wahrheit oder Falschheit der Formeln erkannt wird:
(1) $h(BN)$, $h(x)$, W, $h(h(E))$
(2) $m(HH)$, $m(y)$
(3) $h(m(HL))$, $m(h(HL))$, $m(m(z))$
(4) $n(UL)$, $n(NMS)$, $n(h(HH))$
(5) $h(m(E))=m(h(E))$, $\forall x \neg (h(m(x))=m(h(x)))$, $(n(x)=n(y))$
(6) $\exists x(h(x)=BN)$, $s(x,AC)$, $s(y,D)$, $\exists x\, s(m(h(K)),x)$
(7) $\forall x \forall y(l(x,y) \longleftrightarrow n(x)=n(y))$, $\forall x \forall y(n(x)=y \longrightarrow n(x)=n(y))$
$\forall x \forall y(n(x)=y \longrightarrow n(y)=y)$, $\forall x \forall y \forall z(l(x,y) \wedge l(y,z) \longrightarrow l(x,z))$
Sind Formeln darunter, die für jeden Zustand f den Wahrheitswert W haben?

Ü 6.2: Formulieren Sie für die Übung Ü 4.4C, D eine geeignete Basis und eine Struktur für diese Basis und werten Sie die Formel aus der Übung Ü 4.6 bezüglich eines beliebigen Zustandes aus.

Ü 6.3: In unserer Definition der Formeln sind solche Formeln wie z. B. (A) $\forall x \exists x\, p(x,x)$ und (B) $\exists y \forall x \exists y\, q(y,x,y)$ zugelassen, obwohl in ihnen Variable *kollidieren*, wie man sagt. Wir haben derartige Formeln bisher in unsere Betrachtungen nicht mit einbezogen und wollen das auch weiterhin so halten. Trotzdem sollen Sie als Übung im Umgang mit Quantifizierungen die Formeln (A) und (B) auswerten und angeben, welche „wohlgestaltete" Formeln in allen Strukturen und allen Zuständen den gleichen Wahrheitswert liefern. Werten Sie ferner aus:
(C) $\forall x(p(x,x) \wedge \exists x\, p(x,x))$, (D) $\forall y\, p(x,x)$. Geben Sie ebenfalls an, welche Formeln die gleiche Aussage wie (C) und (D) machen.

Ü 6.4: Klassifizieren Sie die folgenden Ausdrücke, die teils symbolisiert, teils umgangssprachlich vorliegen: Welche Ausdrücke davon sind *Terme*, welche sind *Formeln*, welche keines von beiden?
(1) Mein Hund heißt Harras (2) x haßt y, liebt aber z (3) einige x (4) der kleinere der beiden Marsmonde (5) $x+y^2$ (6) Viel Spaß! (7) 17 (8) y war ein Faulpelz (8) keinesfalls (9) $a+b=2\cdot c$ (10) Hermann

Ü 6.5: Es sei $B=(FS,PS)$ eine Basis mit $W, F \in PS_0$, und für alle Strukturen $\Sigma=(I,\omega)$ gelte $\omega(W)=W$ und $\omega(F)=F$ gemäß Definition 6.9. Definieren Sie eine Menge FO_*^B als kleinste Menge Y, für die gilt:
(a) $AF^B \subset Y$ (AF^B sei gemäß Definition 6.5 gebildet)

(b) Sind $A, B \in Y$, so ist $A \longrightarrow B \in Y$
(c) Ist $A \in Y$ und $x \in \mathsf{VA}$, so ist $\exists x A \in Y$

(1) Welche Formel $B \in \mathsf{FO}^B_*$ soll man als Abkürzung für die Formel $\neg A \in \mathsf{FO}^B$ ansehen, wobei A eine beliebige Formel gemäß Definition 6.6 sei?
(2) Welche Formel $B \in \mathsf{FO}^B$ ist als Abkürzung für $A \vee C \in \mathsf{FO}^B$ anzusehen, wobei $A, C \in \mathsf{FO}^B$ beliebig seien? Betrachten Sie analog $A \wedge C \in \mathsf{FO}^B$.
(3) Sollten Sie in den Formeln $B \in \mathsf{FO}^B_*$ aus (1) und (2) sowohl W als auch F verwendet haben, so finden Sie bitte eine zu W „äquivalente" Formel aus FO^B_*, die nur F verwendet, und eliminieren Sie in B das Symbol W. Kann man eine Formulierung der Formeln B aus (1) und (2) finden, in der nur W vorkommt?

§ 7. Prädikatenlogische Wahrheit

Wir haben den beiden syntaktischen Klassen TE und FO unserer Sprache mit Hilfe *semantischer* Objekte, den Strukturen $\Sigma = (I, \omega)$, Bedeutungen zuordnen können. In diesem Paragraphen führen wir Begriffe ein, die wir in mathematisierten Theorien, nicht zuletzt auch in der Logik, antreffen und die mit der *Gültigkeit* von Aussagen zu tun haben.

Ist für eine Formel A bezüglich eines Zustands $f: \mathsf{VA} \longrightarrow I$

$$\mathrm{Wert}_\Sigma(A, f) = \mathsf{W},$$

so heißt das doch, daß es in I überhaupt Individuen gibt, die A wahr machen. Solche Formeln sollen *erfüllbar* heißen.

So wird in den ganzen Zahlen die Formel $A = (x + x = y)$ durch $f(x) = 4$ und $f(y) = 8$ wahr gemacht, nicht dagegen durch $f(x) = 3$ und $f(y) = 8$.

Eine Formel soll *gültig* in einer Struktur heißen, wenn *jede* zugelassene Auswahl von Individuen die Formel wahr macht.

So ist in den natürlichen Zahlen die Formel $(x + y = y + x)$ gültig.

Definition 7.1: Eine Formel $A \in \mathsf{FO}$ heißt *erfüllbar in der Struktur* $\Sigma = (I, \omega)$, wenn es einen Zustand $f: \mathsf{VA} \longrightarrow I$ gibt, so daß $\mathrm{Wert}_\Sigma(A, f) = \mathsf{W}$ gilt,

in Zeichen: $A \in \mathsf{ef}_\Sigma$

Definition 7.2: Eine Formel $A \in \mathsf{FO}$ heißt *erfüllbar*, wenn es eine Struktur Σ gibt, in der A erfüllbar ist,

in Zeichen: $A \in \mathsf{ef}$

Definition 7.3: Eine Formel $A \in \mathsf{FO}$ heißt *gültig in der Struktur* Σ, wenn für alle Zustände $f : \mathsf{VA} \longrightarrow I$ gilt: $\mathsf{Wert}_\Sigma(A, f) = \mathsf{W}$,

in Zeichen: $A \in \mathsf{ag}_\Sigma$

Wir müßten bei den Definitionen die Basis B stets mitnotieren, unterlassen dies aber, um die Symbolik zu entlasten, und tun es nur, wenn dies zum Verständnis unabdingbar ist.

Man könnte sagen, erfüllbare Formeln beschreiben spezielle Eigenschaften von Σ, während gültige Formeln allgemeine Eigenschaften von Σ ausdrücken. Ist jedoch eine Formel gültig unabhängig von der Deutung in einer speziellen Struktur Σ, so nennen wir sie logisch wahr, logisch gültig oder allgemeingültig. Auf diese Weise ist implizit präzise festgelegt, was unter *logisch* im Zusammenhang mit mathematischer Logik gemeint ist: die Gesamtheit der Strukturen ist der überhaupt mögliche Geltungsbereich von Aussagen (vgl. auch Abschnitt 23.2).

Definition 7.4: Eine Formel $A \in \mathsf{FO}$ heißt (prädikatenlogisch) *allgemeingültig*, wenn sie in allen Strukturen Σ gültig ist,

in Zeichen: $A \in \mathsf{ag}$

Bemerkung: Allgemeingültige Formeln heißen auch *prädikatenlogische Gesetze* oder *Identitäten* oder *Tautologien* oder (prädikatenlogisch) *wahre Formeln*.

Für jede Formel B ist z. B. $\neg B \vee B$ allgemeingültig.

Lemma 7.5: *Es gilt:* $\mathsf{ag} = \bigcap_{\Sigma \in \mathsf{St}^\mathsf{B}} \mathsf{ag}_\Sigma$ *und* $\mathsf{ef} = \bigcup_{\Sigma \in \mathsf{St}^\mathsf{B}} \mathsf{ef}_\Sigma$

Lemma 7.6: *Es gilt:* (1) $A \in \mathsf{ef}_\Sigma \iff \neg A \notin \mathsf{ag}_\Sigma$
(2) $A \in \mathsf{ag}_\Sigma \iff \neg A \notin \mathsf{ef}_\Sigma$
(3) $A \in \mathsf{ef} \iff \neg A \notin \mathsf{ag}$
(4) $A \in \mathsf{ag} \iff \neg A \notin \mathsf{ef}$

Beweis: exemplarisch für (1)
$A \in \mathsf{ef}_\Sigma \iff$ Es gibt ein $f : \mathsf{VA} \longrightarrow I$ mit $\mathsf{Wert}_\Sigma(A, f) = \mathsf{W}$
$\iff$ Es gibt ein $f : \mathsf{VA} \longrightarrow I$ mit $\mathsf{Wert}_\Sigma(\neg A, f) = \mathsf{F}$
$\iff \neg A \notin \mathsf{ag}_\Sigma$

Definition 7.7: Wir sagen, zwei Formeln $A, B \in \mathsf{FO}$ sind *(logisch) äquivalent*, wenn $A \longleftrightarrow B \in \mathsf{ag}$ gilt, und *erfüllbarkeitsgleich*, wenn $A \in \mathsf{ef} \iff B \in \mathsf{ef}$ gilt.

Zur Vereinfachung späterer Überlegungen brauchen wir noch eine Charakterisierung derjenigen Formelmengen $X \subset \mathsf{FO}$, für die es eine Struktur Σ und einen

§7. Prädikatenlogische Wahrheit

Zustand f gibt, so daß jede Formel aus X den Wahrheitswert W erhält. Wir nennen derartige Formelmengen simultan erfüllbar und definieren:

Definition 7.8: Eine Formelmenge $X \subset \text{FO}$ heißt *simultan erfüllbar in der Struktur* Σ, wenn es einen Zustand $f: \text{VA} \longrightarrow I$ gibt, so daß für alle Formeln $A \in X$ gilt: $\text{Wert}_\Sigma(A, f) = \text{W}$,

in Zeichen: $X \in \text{EF}_\Sigma$

Definition 7.9: Eine Formelmenge $X \subset \text{FO}$ heißt *simultan erfüllbar*, wenn es eine Struktur Σ gibt, in der X simultan erfüllbar ist,

in Zeichen: $X \in \text{EF}$

So ist z. B. die Formelmenge $X = \{p(x), \neg p(x)\}$ nicht simultan erfüllbar.

Zur Vertiefung: Was ist der Unterschied zwischen $X \subset \text{ef}_\Sigma$ und $X \in \text{EF}_\Sigma$ und zwischen $X \subset \text{ef}$ und $X \in \text{EF}$? Wählen Sie eine Ihnen vertraute Struktur Σ und geben Sie Beispiele für Formeln an, die in Σ erfüllbar, aber nicht gültig sind, bzw. gültig in Σ sind, aber nicht allgemeingültig.

Kapitel 4. Eigenschaften der Prädikatenlogik

Die ersten beiden Paragraphen dieses Kapitels dienen dazu, einen Überblick über die wichtigsten prädikatenlogischen Gesetze zu geben, ehe im § 10 eine der zentralen Fragestellungen der mathematischen Logik, *die Zurückführung des inhaltlichen Folgerns auf „Rechenregeln"*, in Angriff genommen wird. § 11 behandelt den Vollständigkeitssatz der Prädikatenlogik. Als Abschluß des Kapitels dann im § 12 Entscheidbarkeitsfragen.

§ 8. Aussagenlogik im Rahmen der Prädikatenlogik

Ein Teil der wichtigsten Gesetze der Logik betrifft die Quantifizierungen nicht, so daß zu deren Herleitung nicht der gesamte formale Apparat nötig ist. Dieser Teil der Gesetze heißt meist *Aussagenlogik* (engl. propositional calculus) und wird hier im Rahmen der Prädikatenlogik abgehandelt. Wir gehen im Abschnitt 8.4 noch genauer auf diesen Sachverhalt ein.

Zunächst in diesem Paragraphen also Gesetze, die die Quantifizierungen nicht verwenden, danach im § 9 dann Gesetze über Quantoren. Es gibt zahlreiche Gesetze, die die Quantifizierungen nicht betreffen; wenn wir hier eine relativ umfangreiche Auswahl aufführen, so soll dies mithelfen, dem Neuling einen gewissen Grundstock an Gesetzen und eine gewisse Erfahrung im Umgang mit logischen Gesetzen zu geben.

8.1. Erste Gesetze

Wir wollen nun deutlich machen, was es heißt, „ein Gesetz der Logik betrifft die Quantifizierungen nicht".

Lemma 8.1: *Die Formel* $\neg A \vee A$ *ist allgemeingültig für alle Formeln A.*

$(\neg A \vee A \in \mathsf{ag}$ *für alle* $A \in \mathsf{FO})$

§ 8. Aussagenlogik im Rahmen der Prädikatenlogik

Beweis: Wir haben zu zeigen, daß die Formel $\neg A \vee A$ in allen Strukturen Σ gültig ist, d. h. $\neg A \vee A \in \text{ag}_\Sigma$ für alle Σ ist zu zeigen.

Es sei also Σ eine beliebige Struktur und $f: \text{VA} \longrightarrow I$ ein beliebiger Zustand, dann müssen wir zeigen, daß $\text{Wert}_\Sigma(\neg A \vee A, f) = \text{W}$ gilt.

Nun werden wir sehen, wie allein aus der Tatsache, daß $\text{Wert}_\Sigma(A, f)$ nur W oder F sein kann, der gewünschte Beweis gelingt:

Fall 1: $\text{Wert}_\Sigma(A, f) = \text{W}$
Dann ist $\text{Wert}_\Sigma(\neg A \vee A, f) = \text{W}$ wegen der Definition von $\text{WF}_\vee$.

Fall 2: $\text{Wert}_\Sigma(A, f) = \text{F}$
Dann ist $\text{Wert}_\Sigma(\neg A, f) = \text{W}$, woraus mit der gleichen Begründung die Behauptung folgt.

Obwohl die Teilformel A Quantoren enthalten kann, haben wir den Beweis von Lemma 8.1 erbracht, indem wir nur die Eigenschaften von „$\neg$" und „$\vee$" benützt haben und „nichts über Quantoren". In diesem Sinne sprechen wir davon, daß Gesetze die Quantifizierungen nicht betreffen, obwohl die Formeln Quantoren enthalten können.

Wenn im folgenden Gesetze bewiesen werden, dann für Formeln, die eine Zerteilung in echte Teilformeln durch „$\neg$" und „$\vee$" zulassen. Eine Formel wie z. B. $\forall x(A \vee B)$ läßt eine derartige Zerteilung in Teilformeln nicht zu, so daß man hier zum Beweis etwaiger Eigenschaften die Quantifizierung auswerten müßte.

Wenn eine Formel eine Zerteilung durch „$\neg$" und „$\vee$" in echte Teilformeln zuläßt, sagen wir, sie habe *aussagenlogischen Aufbau*. So haben z. B. $\forall x A \vee \exists x \neg A$ oder $A \vee \exists x B \longrightarrow \neg \exists y C$ aussagenlogischen Aufbau.

Im nächsten Lemma notieren wir ein *Beweishilfsmittel*, das man gewinnt, wenn man auf die semantischen Definitionen der Konjunktion, der Implikation und der Äquivalenz zurückgeht.

Lemma 8.2:
(1) $A \longleftrightarrow B \in \text{ag}_\Sigma \iff$ *Für alle* $f: \text{VA} \longrightarrow I$ *ist* $\text{Wert}_\Sigma(A, f) = \text{Wert}_\Sigma(B, f)$
(2) $A \wedge B \in \text{ag}_\Sigma \iff$ *Für alle* $f: \text{VA} \longrightarrow I$ *ist* $\text{Wert}_\Sigma(A, f) = \text{Wert}_\Sigma(B, f) = \text{W}$
(3) $A \longrightarrow B \in \text{ag}_\Sigma \iff$ *Für alle* $f: \text{VA} \longrightarrow I$ *ist* $\text{Wert}_\Sigma(A, f) = \text{F}$ *oder*
$\text{Wert}_\Sigma(B, f) = \text{W}$

Beweis: n. Def.

(1) z. B. sagt, daß man die Gültigkeit einer Äquivalenz in einer Struktur dadurch beweisen kann, daß man zeigt, daß für jeden Zustand, die beiden Teilformeln den gleichen Wahrheitswert erhalten.

Nun Anwendungen von Lemma 8.2 (A, B, C sind beliebige Formeln):

Lemma 8.3: (1) $A \longleftrightarrow A \in \text{ag}$
(2) $A \longleftrightarrow \neg \neg A \in \text{ag}$

Beweis: Lemma 8.2.1

42   Kapitel 4. Eigenschaften der Prädikatenlogik

Lemma 8.4: (1) $A \longleftrightarrow (A \vee A) \in \text{ag}, \quad A \longleftrightarrow (A \wedge A) \in \text{ag}$
(2) $(A * B) \longleftrightarrow (B * A) \in \text{ag}$
(3) $(A * B) * C \longleftrightarrow A * (B * C) \in \text{ag}$
  wobei $*$ einer der Junktoren $\vee, \wedge, \longleftrightarrow$ sein kann.

Beweis: Lemma 8.2 unter Berücksichtigung der Kommutativität und der Assoziativität der entsprechenden Wahrheitswertfunktion WF_*.

Lemma 8.5: (1) $A \vee (B \wedge \neg B) \longleftrightarrow A \in \text{ag}$
(2) $A \wedge (\neg B \vee B) \longleftrightarrow A \in \text{ag}$

Füge ich zu einer Formel eine immer falsche Formel als Alternative hinzu, entsteht eine logisch äquivalente, ebenso wenn ich konjunktiv eine immer wahre Formel hinzufüge.

Beweis: Lemma 8.2 unter Berücksichtigung, daß stets $\text{Wert}_\Sigma(B \wedge \neg B, f) = \mathsf{F}$ und $\text{Wert}_\Sigma(\neg B \vee B, f) = \mathsf{W}$ ist.

Lemma 8.6: (1) $(A \longleftrightarrow B) \longleftrightarrow (\neg A \longleftrightarrow \neg B) \in \text{ag}$
(2) $(\neg A \longleftrightarrow B) \longleftrightarrow (A \longleftrightarrow \neg B) \in \text{ag}$

Beweis: Lemma 8.2

Lemma 8.7: (1) $A \longrightarrow B \vee A \in \text{ag}$
(2) $A \wedge B \longrightarrow A \in \text{ag}$
(3) $A \wedge B \longrightarrow B \in \text{ag}$

Beweis: exemplarisch für (1).
Nach Lemma 8.2 ist die Beh. (1) für $\text{Wert}_\Sigma(A, f) = \mathsf{F}$ richtig. Also nimmt man an, daß $\text{Wert}_\Sigma(A, f) = \mathsf{W}$ ist. Dann ist aber nach Definition von $\text{WF}_\vee$ $\text{Wert}_\Sigma(B \vee A, f) = \mathsf{W}$, woraus mit Lemma 8.2 die Behauptung folgt.

Lemma 8.8: $(A * B) \wedge (B * C) \longrightarrow (A * C) \in \text{ag}$
  wobei $*$ einer der Junktoren $\wedge, \longrightarrow, \longleftrightarrow$ sein kann und das Lemma
  für $\longrightarrow$ Kettenschluß heißt.

Beweis: exemplarisch für die Äquivalenz
o.B.d.A.[1] sei $\text{Wert}_\Sigma((A \longleftrightarrow B) \wedge (B \longleftrightarrow C), f) = \mathsf{W}$
$\Longrightarrow \text{Wert}_\Sigma(A \longleftrightarrow B, f) = \text{Wert}_\Sigma(B \longleftrightarrow C, f) = \mathsf{W}$ (Lemma 8.2.2)
$\Longrightarrow \text{Wert}_\Sigma(A, f) = \text{Wert}_\Sigma(B, f)$ und
  $\text{Wert}_\Sigma(B, f) = \text{Wert}_\Sigma(C, f)$ (Lemma 8.2.1)
$\Longrightarrow \text{Wert}_\Sigma(A, f) = \text{Wert}_\Sigma(C, f)$
$\Longrightarrow \text{Wert}_\Sigma(A \longleftrightarrow C, f) = \mathsf{W}$ (Lemma 8.2.1)
$\Longrightarrow$ Behauptung.

---

[1] o.B.d.A. = ohne Beschränkung der Allgemeinheit (des Beweises). Wir können hier diese Voraussetzung mit der gleichen Begründung machen, wie sie im ersten Satz des Beweises von Lemma 8.7.1 beschrieben ist.

Lemma 8.9: $(A \longleftrightarrow C) \wedge (B \longleftrightarrow D) \longrightarrow (A \vee B \longrightarrow C \vee D) \in \mathsf{ag}$

Beweis: o.B.d.A. sei $\mathrm{Wert}_\Sigma((A \longleftrightarrow C) \wedge (B \longleftrightarrow D), f) = \mathsf{W}$
$\Longrightarrow \mathrm{Wert}_\Sigma(A \longleftrightarrow C, f) = \mathrm{Wert}_\Sigma(B \longleftrightarrow D, f) = \mathsf{W}$
$\Longrightarrow \mathrm{Wert}_\Sigma(A, f) = \mathrm{Wert}_\Sigma(C, f)$ und $\mathrm{Wert}_\Sigma(B, f) = \mathrm{Wert}_\Sigma(D, f)$ (∗)

Fall 1: $\mathrm{Wert}_\Sigma(A, f) = \mathsf{W} \Longrightarrow \mathrm{Wert}_\Sigma(C, f) = \mathsf{W}$ wegen (∗),
also $\mathrm{Wert}_\Sigma(A \vee B, f) = \mathsf{W}$ und $\mathrm{Wert}_\Sigma(C \vee D, f) = \mathsf{W}$,
mithin $\mathrm{Wert}_\Sigma(A \vee B \longleftrightarrow C \vee D, f) = \mathsf{W}$, woraus die Beh. folgt.

Fall 2: $\mathrm{Wert}_\Sigma(A, f) = \mathsf{F} \Longrightarrow \mathrm{Wert}_\Sigma(C, f) = \mathsf{F}$ wegen (∗).

Fall 2.1: $\mathrm{Wert}_\Sigma(B, f) = \mathsf{W} \Longrightarrow \mathrm{Wert}_\Sigma(D, f) = \mathsf{W}$ wegen (∗),
also $\mathrm{Wert}_\Sigma(A \vee B, f) = \mathsf{W}$ und $\mathrm{Wert}_\Sigma(C \vee D, f) = \mathsf{W}$, woraus wie bei Fall 1 die Beh. folgt.

Fall 2.2: $\mathrm{Wert}_\Sigma(B, f) = \mathsf{F} \Longrightarrow \mathrm{Wert}_\Sigma(D, f) = \mathsf{F}$ wegen (∗),
also $\mathrm{Wert}_\Sigma(A \vee B, f) = \mathsf{F}$ und $\mathrm{Wert}_\Sigma(C \vee D, f) = \mathsf{F}$,
mithin $\mathrm{Wert}_\Sigma(A \vee B \longleftrightarrow C \vee D, f) = \mathsf{W}$, woraus die Beh. folgt.

Lemma 8.10: $A \wedge (B \vee C) \longleftrightarrow (A \wedge B) \vee (A \wedge C) \in \mathsf{ag}$ *(sog. Distributivgesetz).*

Beweis: Wir wollen aus didaktischen Gründen diesen Beweis anders führen als die bisherigen. Der Leser überzeuge sich nachträglich, daß der Beweis des vorigen Lemmas implizit die jetzt folgende Methode des *Tests mit Wahrheitswerttafeln* benützt hat.

Wir wissen, daß der Wahrheitswert der im Lemma 8.10 aufgeführten Formel nur abhängt von den Wahrheitswerten, die die vorkommenden Teilformeln A, B und C annehmen. Dafür gibt es aber nur acht Möglichkeiten, nämlich

i	$\mathrm{Wert}_{\Sigma_i}(A, f_i)$	$\mathrm{Wert}_{\Sigma_i}(B, f_i)$	$\mathrm{Wert}_{\Sigma_i}(C, f_i)$
0	W	W	W
1	W	W	F
2	W	F	W
3	W	F	F
4	F	W	W
5	F	W	F
6	F	F	W
7	F	F	F

Kapitel 4. Eigenschaften der Prädikatenlogik

Dabei ist stillschweigend unterstellt, daß diese acht Möglichkeiten durch acht Strukturen Σ_i ($i = 0, 1, \ldots, 7$) und Zustände f_i verwirklicht sind; wie das geschieht, braucht uns hier nicht zu kümmern.

Aus dieser Tabelle berechnet man nun mit der Definition von Wert$_\Sigma$, von WF$_\neg$ und WF$_\vee$ sukzessive den Wahrheitswert für die Gesamtformel:

i	Wert$_{\Sigma_i}(A \wedge (B \vee C), f_i)$	Wert$_{\Sigma_i}((A \wedge B) \vee (A \wedge C), f_i)$
0	W	W
1	W	W
2	W	W
3	F	F
4	F	F
5	F	F
6	F	F
7	F	F

Die Tafel ergibt:

$$\text{Wert}_\Sigma(A \wedge (B \vee C), f) = \text{Wert}_\Sigma((A \wedge B) \vee (A \wedge C), f)$$

denn für jede Funktion Wert$_\Sigma(*, f)$: FO $\longrightarrow \{W, F\}$ gibt es ein $i \in \{0, \ldots, 7\}$, so daß Wert$_\Sigma(Z, f) = $ Wert$_{\Sigma_i}(Z, f_i)$ gilt für alle $Z \in \{A, B, C\}$. Mithin folgt die Behauptung aus Lemma 8.2.

Zur bequemeren Berechnung faßt man unter zusätzlicher Benützung von geeigneten Abkürzungen beide Teiltabellen zu einer einzigen zusammen.

Wir lernen nun ein neues Hilfsmittel kennen, und zwar einen Satz, der zeigt, daß jede in einer Struktur gültige Implikation Anlaß zu einer „Regel" gibt, mit der man aus gültigen Formeln neue gültige Formeln erhält. Dieser Satz heißt *Abtrennungsregel* oder modus (ponendo) ponens (engl. detachment rule).

Satz 8.11 (ABTR): *Für alle* $\Sigma \in \text{St}^B$ *gilt:*

$$A \longrightarrow B \in \text{ag}_\Sigma \implies (A \in \text{ag}_\Sigma \implies B \in \text{ag}_\Sigma)$$

Bemerkung: Eine andere Form ist $A \longrightarrow B \in \text{ag}_\Sigma$ und $A \in \text{ag}_\Sigma \implies B \in \text{ag}_\Sigma$.

Beweis: Es gelte $A \longrightarrow B \in \text{ag}_\Sigma$ und $A \in \text{ag}_\Sigma$. Angenommen, B ist nicht gültig in Σ, d. h. $B \notin \text{ag}_\Sigma$; dann gibt es einen Zustand $f: \text{VA} \longrightarrow I$, so daß Wert$_\Sigma(B, f) = F$, Dann muß wegen $A \longrightarrow B \in \text{ag}_\Sigma$ auch Wert$_\Sigma(A, f) = F$ gelten im Widerspruch zu $A \in \text{àg}_\Sigma$. Also ist $B \in \text{ag}_\Sigma$.

Beispiel 8.12: Die Abtrennungsregel ist eine der am häufigsten verwendeten Gesetzmäßigkeiten, weil ihr Inhalt sehr einsichtig ist, etwa bei der Verwendung in Beispielen wie:
Wenn es regnet, ist die Straße naß. Es hat geregnet. Also ist die Straße jetzt naß.
Man hüte sich jedoch vor den ebenfalls weit verbreiteten, jedoch falschen Schlüssen der Art:
Wenn es regnet, ist die Straße naß. Die Straße ist naß. Also hat es geregnet.
Nur in diesem einfachen Beispiel sieht man schnell ein, daß auch der städtische Sprengwagen vorbeigefahren sein kann.

Ein weiteres Beweishilfsmittel ist das folgende

Lemma 8.13: *Für alle Strukturen* $\Sigma \in \text{St}^B$ *gilt:*

$$A \in \text{ag}_\Sigma \text{ und } B \in \text{ag}_\Sigma \iff A \wedge B \in \text{ag}_\Sigma$$

Beweis:
Für alle $f: \text{VA} \longrightarrow I$ gilt $\text{Wert}_\Sigma(A, f) = W$ und
für alle $f: \text{VA} \longrightarrow I$ gilt $\text{Wert}_\Sigma(B, f) = W$ $\iff$
Für alle $f: \text{VA} \longrightarrow I$ gilt $(\text{Wert}_\Sigma(A, f) = W = \text{Wert}_\Sigma(B, f))$

8.2. Ersetzung und Spezialisierung

8.2.1. Wir haben in § 4 den Vorteil extensionaler Theorien erwähnt, daß nämlich komplexe Objekte in ihrer Bedeutung nicht verändert werden, wenn man in ihnen Teilobjekte *ersetzt* durch Objekte mit gleicher Extension.

Zwei Formeln T und B, für die $T \longleftrightarrow B \in \text{ag}$ gilt, haben gleiche Extension, denn nach Lemma 8.2 gilt für sie

$$\text{Wert}_\Sigma(T, f) = \text{Wert}_\Sigma(B, f) \quad \text{für alle } \Sigma \text{ und alle } f$$

Wenn sich also eine Formel C von einer Formel A nur darin unterscheidet, daß sie aus A entstanden ist durch Ersetzung einiger Vorkommen der Teilformel T von A durch die Formel B, so müßte gelten

$$A \longleftrightarrow C \in \text{ag},$$

d. h. A und C müßten ebenfalls die gleiche Extension haben.

Wir wollen die Nützlichkeit der Ersetzung als Beweismethode am Beweis des folgenden Lemmas demonstrieren.

Lemma 8.14: $(A \longrightarrow B) \longleftrightarrow (\neg B \longrightarrow \neg A) \in \text{ag}$

Es handelt sich hierbei um das sog. Gesetz von der Kontraposition, das Sätze wie den folgenden formalisiert: *Wenn es regnet, ist die Straße naß* ist äquivalent zu *Die Straße ist nicht naß, also hat es nicht geregnet*

Beweis: Wir müssen $(\neg A \vee B) \longleftrightarrow (\neg\neg B \vee \neg A) \in \mathsf{ag}$ zeigen. Um Wahrheitswerttafeln zu vermeiden, könnte man versuchen, schon vorhandene Lemmata auszunützen.

Lemma 8.3.1:	$(\neg A \vee B) \longleftrightarrow (\neg A \vee B) \in \mathsf{ag}$	(∗)
Lemma 8.3.2:	$B \longleftrightarrow \neg\neg B \in \mathsf{ag}$	(∗∗)
Lemma 8.4.2:	$(A \vee B) \longleftrightarrow (B \vee A) \in \mathsf{ag}$	(∗∗∗)

Man ersetzt in (∗) ein Vorkommen von B durch $\neg\neg B$ und vertauscht die beiden Disjunktionsglieder und ist fertig:

	$(\neg A \vee B) \longleftrightarrow (\neg A \vee B) \in \mathsf{ag}$	(∗)
$\Longrightarrow$	$(\neg A \vee B) \longleftrightarrow (\neg A \vee \neg\neg B) \in \mathsf{ag}$	(Ersetzung, (∗∗))
$\Longrightarrow$	$(\neg A \vee B) \longleftrightarrow (\neg\neg B \vee \neg A) \in \mathsf{ag}$	(Ersetzung, (∗∗∗))

8.2.2. *Das Ersetzbarkeitstheorem (engl. replacement theorem)*

Wenn wir uns ein Lemma ansehen, z. B.

Lemma 8.4.2: Für alle Formeln A, B gilt $(A \vee B) \longleftrightarrow (B \vee A) \in \mathsf{ag}$ so können wir in $(A \vee B) \longleftrightarrow (B \vee A)$ *Spezialisierungen* vornehmen, indem *jedes* Vorkommen von A durch eine beliebige Formel, z. B. $\neg A$, und *jedes* B z. B. durch $\neg\neg B$ ausgetauscht wird. Diese Spezialisierungen, die nur aufgrund der Anwendung des „Für alle Formeln A, B..." im Lemma richtig sind, sind wohl zu unterscheiden von den *Ersetzungen*, die wir vorhin betrachtet haben, bei denen eine *beliebige* Anzahl von Vorkommen einer Teilformel durch eine äquivalente ausgetauscht wird.

Es sei mit $\mathrm{Ers} \subset \mathsf{FO}^4$ eine vierstellige Relation zwischen Formeln bezeichnet, und zwar gelte $\mathrm{Ers}(A, T, B, C)$ genau dann, wenn C eine der Formeln ist, die aus A durch Ersetzung von beliebig vielen Vorkommen der Formel T in A durch die Formel B entstehen[2].

Es gilt: (1) Ist $T \equiv A$, so gilt $\mathrm{Ers}(A, T, B, B)$
(2) Kommt T in A nicht vor, so gilt $\mathrm{Ers}(A, T, B, A)$
(3) Ist $T \not\equiv \neg A'$, so gilt:
$\mathrm{Ers}(\neg A', T, B, C) \iff$ Es gibt C' mit $\mathrm{Ers}(A', T, B, C')$
und $C \equiv \neg C'$

---

[2] Wir unterstellen hier, daß das Resultat C einer derartigen Ersetzung wieder eine Formel ist.

§ 8. Aussagenlogik im Rahmen der Prädikatenlogik

(4) Ist $T \not\equiv A' \vee A''$, so gilt:
$\text{Ers}(A' \vee A'', T, B, C) \Longleftrightarrow$ Es gibt C', C'' mit $\text{Ers}(A', T, B, C')$
und $C \equiv C' \vee C''$ und $\text{Ers}(A'', T, B, C'')$

(5) Ist $T \not\equiv \exists x A'$, so gilt:
$\text{Ers}(\exists x A', T, B, C) \Longleftrightarrow$ Es gibt C' mit $\text{Ers}(A', T, B, C')$
und $C \equiv \exists x C'$

Satz 8.15 *(Ersetzbarkeitstheorem: ERS)*:
Gilt $\text{Ers}(A, T, B, C)$ *und* $T \longleftrightarrow B \in \text{ag}$, *dann ist* $A \longleftrightarrow C \in \text{ag}$

Beweis:
(1) Es sei $T \equiv A$, dann ist nach Eigenschaft (1): $\text{Ers}(A, T, B, B)$. Da n. Vor. $T \longleftrightarrow B \in \text{ag}$, gilt also $A \longleftrightarrow B \in \text{ag}$.
(2) Es sei $T \not\equiv A$. Der Beweis wird induktiv über den Aufbau der Formel A geführt:

(2a) A sei atomar; dann kommt T in A nicht vor, also ist nach Eigenschaft (2) $\text{Ers}(A, T, B, A)$, woraus mit Lemma 8.3.1 die Beh. folgt.

(2b) $A \equiv \neg A'$ und es gelte $\text{Ers}(\neg A', T, B, C)$. Nach Eigenschaft (3) gibt es ein C' mit $\text{Ers}(A', T, B, C')$ und $C \equiv \neg C'$. Nach Induktionsvoraussetzung gilt $A' \longleftrightarrow C' \in \text{ag}$, woraus mit der Abtrennungsregel ABTR aus Lemma 8.6.1 die Beh. folgt.

(2c) $A \equiv A' \vee A''$ und es gelte $\text{Ers}(A' \vee A'', T, B, C)$. Nach Eigenschaft (4) gibt es C', C'' mit $\text{Ers}(A', T, B, C')$, $\text{Ers}(A'', T, B, C'')$ und $C \equiv C' \vee C''$. Nach Induktionsvoraussetzung gilt $A' \longleftrightarrow C' \in \text{ag}$ und $A'' \longleftrightarrow C'' \in \text{ag}$, woraus mit ABTR und Lemma 8.13 aus Lemma 8.9 die Beh. folgt.

(2d) $A \equiv \exists x A'$ und es gelte $\text{Ers}(\exists x A', T, B, C)$. Nach Eigenschaft (5) gibt es ein C' mit $\text{Ers}(A', T, B, C')$ und $C \equiv \exists x C'$. Nach Induktionsvoraussetzung gilt dann $A' \longleftrightarrow C' \in \text{ag}$. Wenn wir hieraus auf die Gültigkeit von $\exists x A' \longleftrightarrow \exists x C' \in \text{ag}$ schließen könnten, wären wir fertig. Wir werden dies im folgenden Lemma beweisen, so daß dann das Ersetzbarkeitstheorem vollständig bewiesen ist.

Lemma 8.16: $(A \longleftrightarrow B) \longrightarrow (\exists x A \longleftrightarrow \exists x B) \in \text{ag}$

Beweis: $\text{Wert}_\Sigma(A, f) = \text{Wert}_\Sigma(B, f) \Longrightarrow \text{Wert}_\Sigma\left(A, f\left\langle \dfrac{x}{f(x)} \right\rangle\right) = \text{Wert}_\Sigma\left(B, f\left\langle \dfrac{x}{f(x)} \right\rangle\right)$
(Lemma 6.13)
$\Longrightarrow \text{Wert}_\Sigma(\exists x A, f) = \text{Wert}_\Sigma(\exists x B, f)$

8.3. Weitere Gesetze

Die Beweise der nachfolgenden Lemmata können mit dem Ersetzbarkeitstheorem geführt werden und seien dem Leser als Übung überlassen.

Lemma 8.17 *(Gesetze von de Morgan)*:
(1) $\neg(A \wedge B) \longleftrightarrow \neg A \vee \neg B \in \text{ag}$
(2) $\neg(A \vee B) \longleftrightarrow \neg A \wedge \neg B \in \text{ag}$

Lemma 8.18: $A \vee (B \wedge C) \longleftrightarrow (A \vee B) \wedge (A \vee C) \in \text{ag}$ *(Distributivgesetz)*

Lemma 8.19:
(1) $A \longrightarrow (B \longrightarrow C) \longleftrightarrow A \wedge B \longrightarrow C \in \text{ag}$ *(Prämissenverbindung)*
(2) $A \longrightarrow (B \longrightarrow C) \longleftrightarrow B \longrightarrow (A \longrightarrow C) \in \text{ag}$ *(Prämissenvertauschung)*

Lemma 8.20: $\neg(A \longleftrightarrow B) \longleftrightarrow (\neg A \longleftrightarrow B) \in \text{ag}$

Lemma 8.21: (1) $(A \longrightarrow B) \vee (A \longrightarrow C) \longleftrightarrow (A \longrightarrow B \vee C) \in \text{ag}$
(2) $(A \longrightarrow B) \wedge (A \longrightarrow C) \longleftrightarrow (A \longrightarrow B \wedge C) \in \text{ag}$
(3) $(A \longrightarrow C) \vee (B \longrightarrow C) \longleftrightarrow (A \wedge B \longrightarrow C) \in \text{ag}$
(4) $(A \longrightarrow C) \wedge (B \longrightarrow C) \longleftrightarrow (A \vee B \longrightarrow C) \in \text{ag}$

Lemma 8.22: (1) $A \vee (A \wedge B) \longleftrightarrow A \in \text{ag}$
(2) $A \wedge (A \vee B) \longleftrightarrow A \in \text{ag}$ *(Absorptionssätze)*

8.4. Formeln mit aussagenlogischem Aufbau

Wir haben anfangs davon geredet, wann wir Formeln einen aussagenlogischen Aufbau zuschreiben, um damit zu charakterisieren, wann bei der Herleitung von Gesetzen nicht die Quantifizierungen ausgewertet werden müssen. Diese Eigenschaft von Formeln werden wir nun deutlicher und präziser fassen.

Definition 8.23: Eine Formel $A \in \text{FO}^B$ heißt *elementar*, wenn gilt:

A ist atomar oder das erste Zeichen der Formel A ist ein Quantor

Es gilt nun, was nicht bewiesen werden soll, daß man genau die prädikatenlogischen Formeln erhält, wenn man aus den elementaren Formeln mit Hilfe von „$\neg$" und „$\vee$" alle möglichen Formeln aufbaut. Oder anders herum: Strukturiert man eine Formel durch „$\neg$" und „$\vee$" allein, dann bleiben elementare Formeln als Grundbausteine übrig.

Lemma 8.24: *Es sei X die kleinste Menge, für die gilt:*
(1) *jede elementare Formel gehört zu X*
(2) $A, B \in X \implies$ (1) $\neg A \in X$
    (2) $\vee AB \in X$
Dann gilt: $\text{FO}^B = X$

§ 8. Aussagenlogik im Rahmen der Prädikatenlogik

Dieser Tatbestand wird durchschaubarer, wenn man auch auf der formalen Seite berücksichtigt, daß die Quantoren bei Formeln mit aussagenlogischem Aufbau keine Rolle spielen, d. h. wenn man auf die Quantoren von Anfang an verzichtet und bei der Definition der Formeln die Definition für die Quantoren wegläßt, also bei Definition 6.6 die Zeile (3). Der so entstehende Formeltyp heißt in der Literatur meist *quantorenfreie Formeln*, kurz QFF.

Man sieht, daß der Wahrheitswert einer quantorenfreien Formel nur davon abhängt, welchen Wahrheitswert die vorkommenden atomaren Formeln erhalten, d. h. wir haben neben der schon vorhandenen Möglichkeit, mit Hilfe von Strukturen Σ und Zuständen f die Deutung $\text{Wert}_\Sigma(*, f): \text{AF} \longrightarrow \{W, F\}$ zu definieren, auch noch die Möglichkeit, eine vereinfachte Form der Semantik einzuführen in Form sog. aussagenlogischer Belegungen.

Definition 8.25:
(1) Eine Abbildung $\beta: \text{AF} \longrightarrow \{W, F\}$ heißt eine *aussagenlogische Belegung*.
(2) Setzt man eine aussagenlogische Belegung β mit Hilfe von $\text{WF}_\neg$ und $\text{WF}_\vee$ gemäß Definition 6.17.2 fort, so erhält man eine Deutung der quantorenfreien Formeln $\text{Wert}_\beta: \text{QFF} \longrightarrow \{W, F\}$.
(3) Eine quantorenfreie Formel A heißt *aussagenlogisch erfüllbar*, wenn es eine aussagenlogische Belegung β gibt, so daß $\text{Wert}_\beta(A) = W$ ist,
in Zeichen: $A \in \text{ef}_a$
(4) Eine Menge $X \subset \text{QFF}$ heißt *aussagenlogisch erfüllbar*, wenn es eine aussagenlogische Belegung β gibt, so daß für alle $A \in X$ gilt $\text{Wert}_\beta(A) = W$,
in Zeichen: $X \in \text{EF}_a$

Bemerkung: (i) Wir werden aussagenlogische Belegungen erst im fünften Kapitel benützen.
(ii) Die Übung Ü 12.8 wird zeigen, daß man auch ohne diese vereinfachte Form der Semantik auskommen kann, die man jedoch wegen der Schreibvereinfachung gern benützt.
(iii) Für $X \subset \text{QFF}$ gilt: X ist genau dann simultan erfüllbar (Def. 7.9), wenn X aussagenlogisch erfüllbar ist, d. h. $X \in \text{EF} \iff X \in \text{EF}_a$

Bei manchen Anwendungen kommt es nicht auf die Feinstruktur der Aussagen an, so daß man formal auf diese sogar noch verzichten und sich jede atomare Formel als durch ein nullstelliges Prädikatensymbol ersetzt denken kann. Es gibt dann keine Terme mehr und die Definition der Formeln lautet:

Definition 8.26: Es sei $B_0 = (\emptyset, \text{PS})$ eine Basis, wobei PS nur abzählbar viele nullstellige Prädikatensymbole enthält.
Die Menge FO^a der *aussagenlogischen Formeln* ist die kleinste Menge Y, für die gilt:

(1) $\text{PS} \subset Y$
(2) $p \in Y \Longrightarrow \neg p \in Y$
(3) $p, q \in Y \Longrightarrow \lor pq \in Y$

Strukturen $\Sigma \in \text{St}^{B_0}$ für diese Basis degenerieren zu einer Zuordnung $\omega(p)$ von nullstelligen Prädikatsymbolen p zu Wahrheitswerten. Der Rest der Struktur ist irrelevant. Verwendet man für FO^a die aussagenlogischen Belegungen β aus Definition 8.25, so sind dies dann Belegungen der nullstelligen Prädikatsymbole mit Wahrheitswerten, da $\text{AF}^{B_0} = \text{PS}_0$ gilt. Diesen formalen Apparat nennt man *Aussagenlogik*. Man wird feststellen, daß in der Aussagenlogik all jene Gesetze gelten, die wir bisher im § 8 betrachtet haben. Wir haben also dort eine formal angereicherte Aussagenlogik betrieben, die in die Prädikatenlogik eingebettet ist.

Die Aussagen, die mit Hilfe der aussagenlogischen Formeln formuliert werden können, sind nicht so kompliziert wie die der Prädikatenlogik und doch ist dieser Kalkül für manche Anwendungen ausreichend, z. B. in der *Schaltalgebra* und für die Formulierung der Mengenoperationen in der *Mengenlehre* als spezielle Boolesche Algebren, vgl. [Klr 70], § 2.

Übungen zu § 8

Ü 8.1: Verschaffen Sie sich einen Überblick über die im § 8 verwendeten Beweismethoden und -hilfsmittel.

Ü 8.2: Es gibt *zahllose* Gesetze über Formeln mit aussagenlogischem Aufbau. Wenn Sie nun im folgenden über die Auswahl hinaus, die im § 8 getroffen wurde, weitere Gesetze beweisen, so sollten Sie die Beweishilfsmittel und Lemmata des § 8 so einsetzen, daß ein direktes Ausrechnen mit Wahrheitswerttafeln vermieden wird, weil dieses Verfahren mit zunehmender Zahl der beteiligten Teilformeln sehr aufwendig wird:
(a) Schnittregel: $(A \lor B) \land (\neg A \lor C) \longrightarrow B \lor C \in \text{ag}$
   Inwiefern stellt dieses Gesetz eine Verallgemeinerung der allgemeingültigen Formel $(A \longrightarrow B) \land A \longrightarrow B$ dar, die ABTR zugrundeliegt?
(b) Destruktives Dilemma: $(A \longrightarrow B) \land (A \longrightarrow \neg B) \longrightarrow \neg A \in \text{ag}$
(c) Halb-Distributivität der Implikation (vgl. Lemma 8.21):
   $(A \longrightarrow (B * C)) \longrightarrow ((A \longrightarrow B) * (A \longrightarrow C)) \in \text{ag}$ wobei $*$ einer der Junktoren $\lor, \land, \longrightarrow, \longleftrightarrow$ sein kann.
   Bemerkung: Wählt man $*$ als $\longrightarrow$, so heißt das Gesetz Fregescher Kettenschluß
(d) Satz von Peirce: $((A \longrightarrow B) \longrightarrow A) \longrightarrow A \in \text{ag}$

Ü 8.3: Die Formeln sind strikt gesehen nur mit Hilfe der Junktoren „$\neg$", „$\lor$" (und „$\exists$") definiert, und die Junktoren „$\land$", „$\longrightarrow$", „$\longleftrightarrow$" (und „$\forall$") sind als Abkürzungen zu betrachten. Verwandeln Sie die folgenden Formeln, indem Sie

die Abkürzungen rückgängig machen, in Formeln, die nur noch die Junktoren „¬" und „∨" enthalten.
(a) $A \longleftrightarrow B$
(b) $(A \longrightarrow B) \wedge (A \longrightarrow C) \longrightarrow (A \longrightarrow B \wedge C)$
(c) $((A \longrightarrow B) \longrightarrow A) \longrightarrow A$
(d) $(A \longrightarrow B) \wedge (A \longrightarrow \neg B) \longrightarrow \neg A$

Ü 8.4: Wir haben im motivierenden § 4 auch das *entweder-oder* betrachtet mit „∨̇" als Kalkülzeichen.
(a) Beweisen Sie, daß gilt: $A \mathbin{\dot\vee} B \longleftrightarrow (A \vee B) \wedge \neg (A \wedge B) \in \mathsf{ag}$
(b) Ist „∨̇" assoziativ?
(c) Betrachten Sie die Trichotomie „*entweder...oder...oder...*", die genau dann wahr sein soll, wenn genau eine der drei Teilformeln wahr ist.

Stellen Sie eine definierende Wahrheitswerttabelle auf und zeigen Sie, daß *entweder A oder B oder C* nicht äquivalent ist zu $(A \mathbin{\dot\vee} B) \mathbin{\dot\vee} C$ und nicht zu $A \mathbin{\dot\vee} (B \mathbin{\dot\vee} C)$.

Ü 8.5: Der folgende Text entstammt dem Kriminalroman: *Alice im Negerland* von Thomas M. Disch und John T. Sladek (Reinbek: Rowohlt; rororo-thriller). Zwischen der kleinen Alice und ihrem Vater Roderick Raleigh entspinnt sich beim Frühstück folgender Dialog, als Alice plötzlich bei ihrer Morgenlektüre kichert:

„Eine lustige Geschichte?" fragte Roderick mit dem mannhaften Versuch, trotz der frühen Stunde menschlich zu sein.

„Ja, Daddy, aber eigentlich ist es eine Matteaufgabe."

„Matte? Ach, Mathematik. Ja, an die Geschichten kann ich mich erinnern. *A* gibt einen Teil seiner Äpfel an *B*, und *B* hat nie so viele wie *C* und so weiter, Fürchterliche Geschichten. *Ich fand das nie komisch.*"

„Es gibt jetzt eine neue Methode, Mathematik zu unterrichten, Mr. Raleigh. Die Kinder lernen logische Konstruktionen statt der langweiligen Jongliererei mit Zahlen. Die neue Methode regt zum Denken an, und dadurch wird es viel lebendiger. Übrigens auch für die Lehrer, wenn ich das hinzufügen darf."

„So?" Roderick interessierte sich sichtlich mehr für den Kaffee als für die neue Mathematik, dennoch überfiel ihn Alice mit einem erklärenden Wortschwall und achtete nicht auf die warnenden Blicke Miss Godwins. „Das ist spannend, Daddy. Nimm mal die Aufgabe, die ich gerade gelesen habe." Sie las laut aus dem Buch vor: ‚Es sind mehr Erwachsene als Jungen, mehr Jungen als Mädchen, mehr Mädchen als Familien. Wenn keine Familie weniger als drei Kinder hat, wie viele Familien sind es dann?'"

„Nicht jetzt, Kleines. Dein armer Daddy ist noch sehr müde und nicht so recht auf Draht."

„Trinke deine Milch aus, Mademoiselle", sagte Miss Godwin abrupt.

„Dein Unterricht beginnt um neun Uhr."

Alice leerte in einem langen Zug das Glas und erklärte ihm die Aufgabe, solange noch Zeit dazu war. „Daddy, hör zu — es sind mehr Erwachsene als Jungen, und mehr Jungen ..."

„Schon gut. Ich begreife nur nicht, warum du darüber lachst."

„Weil ich die Lösung sofort gehabt habe. Es hört sich schwer an, ist aber ganz einfach. Wenn es *zwei* Familien wären, müßten drei Mädchen und vier Jungen da sein, dann wären es aber nur vier Erwachsene. Es müssen also mehr als zwei Familien sein. Bei *vier* Familien würde es mindestens fünf Mädchen und sechs Jungen geben müssen, also zusammen elf. Dann könnte eine der Familien nur zwei Kinder haben. Bei mehr als vier Familien würde es noch schlimmer. Die Lösung muß also drei sein."

Alice kicherte glücklich über ihre Schlußfolgerung. Miss Godwin stand vom Tisch auf und klappte Alices Buch zu. „Komm jetzt, Miss Neunmalgescheit, sonst wird es zu spät."

Kann Alice wirklich glücklich kichern? Oder ist eine Lücke in ihrer Beweisführung? Kommentieren Sie bitte!

§ 9. Gesetze über Quantoren und Substitution

Wie angekündigt, werden nun Gesetze formuliert, die die Quantifizierungen betreffen. Da es sich hierbei um den kompliziertesten Aspekt der behandelten Kunstsprache handelt, ist es nicht verwunderlich, daß umfangreiche technische Vorkehrungen zu treffen sind, bis die eigentlichen Gesetze abgehandelt werden können.

Wenn wir den Aufbau einer Formel wie $\exists x r(x,y)$ mit $r \in PS_2$ genauer betrachten, merken wir, daß z. B. die Variable x eine Sonderrolle gegenüber der Variablen y spielt. Es ist also vorab der unterschiedliche Variablengebrauch zu klären (Abschnitt 9.1).

Ein elementares Gesetz, an dem Quantoren beteiligt sind, lautet in einem umgangssprachlichen Satz

(K)   Wenn Kupfer den elektrischen Strom leitet und das hier ein Stück Kupfer ist, dann leitet es den elektrischen Strom.

Es handelt sich hierbei um den häufig auftauchenden Übergang von einer All-Aussage zu einem speziellen Beispiel (Kupfer vs. dieses Stück Kupfer hier). Wir müssen also des weiteren im Zusammenhang mit Quantifizierungen das Bilden von Beispielen beschreiben und inhaltlich klären (Abschnitt 9.2).

Danach erst können wir Quantorengesetze beweisen (Abschnitt 9.3).

Das Ende dieses Paragraphen bildet ein Abschnitt über sogenannte Normalformen, die als Beweishilfsmittel später gebraucht werden. Zwei der drei behandelten Typen von Normalformen machen Aussagen über die Manipulation mit Quantoren.

9.1. Gebundene und freie Variable

9.1.1. Definitionen

In einer Formel wie $\exists x r(x,y)$ bezieht sich die Variable x in der Teilformel $r(x,y)$ auf die Quantifizierung, während die Variable y eine derartige Bindung an die

Quantifizierung nicht hat. Wir nennen daher x eine in $\exists x r(x,y)$ gebundene Variable und y eine in $\exists x r(x,y)$ freie Variable.

Definition 9.1: Es wird eine Funktion $\mathsf{Fr}: \mathsf{TE} \cup \mathsf{FO} \longrightarrow 2^{\mathsf{VA}}$ induktiv über den Aufbau von TE und FO wie folgt definiert:
(1) $\mathsf{Fr}(x) = \{x\}$ für alle $x \in \mathsf{VA}$
(2) $\mathsf{Fr}(g t_1 \ldots t_n) = \bigcup_{j=1}^{n} \mathsf{Fr}(t_j)$
(3) $\mathsf{Fr}(p t_1 \ldots t_n) = \bigcup_{j=1}^{n} \mathsf{Fr}(t_j)$
(4) $\mathsf{Fr}(\neg B) = \mathsf{Fr}(B)$
(5) $\mathsf{Fr}(B \vee C) = \mathsf{Fr}(B) \cup \mathsf{Fr}(C)$
(6) $\mathsf{Fr}(\exists x B) = \mathsf{Fr}(B) - \{x\}$

Eine Variable y, für die $y \in \mathsf{Fr}(t)$ gilt, heißt *frei* im Term t; ist $y \in \mathsf{Fr}(A)$, so heißt y *frei* in der Formel A.

Es sei $X \subset \mathsf{FO} \cup \mathsf{TE}$, dann sei $\mathsf{Fr}(X) = \bigcup_{a \in X} \mathsf{Fr}(a)$.

Eine Variable $x \in \mathsf{VA}$ heißt *gebunden* in $A \in \mathsf{FO}$, wenn es eine Teilformel von A der Form $\exists x B$ gibt (bzw. $\forall x B$).

Bemerkung: (i) In dieser Sprechweise heißen (1) bis (6) nacheinander:
(1) Jede Variable als Term aufgefaßt kommt frei in sich vor und nur diese Variable ist frei in diesem Term.
(2) Die freien Variablen eines Terms $g t_1 \ldots t_n$ sind gerade die freien Variablen der Terme t_1 bis t_n.
(3) analog.
(4) Die freien Variablen von $\neg B$ sind die in B freien Variablen.
(5) Die freien Variablen von $B \vee C$ sind die Variablen, die frei in B oder C sind.
(6) Die freien Variablen von $\exists x B$ sind die freien Variablen von B, ausgenommen die Variable x.

(ii) Eine Variable kann in einer Formel zugleich frei und gebunden vorkommen,

z. B. x in $A \equiv p(x) \vee \exists x B$.

(iii) In der älteren mathematischen Literatur heißen freie Variable *wirkliche* Variable und gebundene Variable *scheinbare*, so ist in

$$\int_{z}^{x} f(y) dy \quad x \text{ und } z \text{ wirklich, } y \text{ scheinbar.}$$

In der Informatik wird manchmal auch der Gegensatz von gebundenen und freien Variablen als Gegensatz von lokalen und globalen Größen formuliert (z. B. in Blöcken).

Die englischsprachige Informatik-Literatur nennt gebundene Variablen dummy variables.

Lemma 9.2: *Für alle $t \in$ TE, $A \in$ FO und $X \subset$ FO$\cup$TE gilt:*

Fr(t), Fr(A) und Fr(X) *sind endliche Mengen.*

Beweis: Übung.

Lemma 9.3: (1) Fr($A \longrightarrow B$) = Fr(A)$\cup$Fr(B)
(2) Fr($A \wedge B$) = Fr(A)$\cup$Fr(B)
(3) Fr($A \longleftrightarrow B$) = Fr(A)$\cup$Fr(B)
(4) Fr($\forall x B$) = Fr(B) $- \{x\}$

Beweis: Übung.

9.1.2. Das Koinzidenztheorem

Wir werten Terme und Formeln relativ zu Zuständen $f:$ VA $\longrightarrow I$ aus. Jeder Zustand legt für unendlich viele Variablen Werte fest. Man kann jedoch zeigen, daß für jeden Term und jede Formel nur ein endlicher Teil des Zustandes die Auswertung beeinflußt, und zwar nur die Werte der freien Variablen. Diese Eigenschaft ist im folgenden Satz formuliert:

Satz 9.4 *(Koinzidenztheorem)*:
Es seien $\Sigma \in$ St^B eine Struktur, $t \in$ TE ein Term, $A \in$ FO eine Formel und $f, f':$ VA $\longrightarrow I$ Zustände. Dann gilt:
(1) *Stimmen f und f' auf den freien Variablen von t überein, d. h. für alle $x \in$ Fr(t) gilt $f(x) = f'(x)$, so ist* wert$_\Sigma(t,f)$ = wert$_\Sigma(t,f')$.
(2) $(x \in$ Fr(A) $\Longrightarrow f(x) = f'(x)) \Longrightarrow$ Wert$_\Sigma(A,f)$ = Wert$_\Sigma(A,f')$.

Diesen Satz beweist man durch Induktion über den Aufbau von t bzw. von A. Der *Beweis* ist im Anhang Teil (B) zu finden, da er zwar einfach, aber lang ist.

Korollar: (1) *Gilt für einen Term $t \in$ TE Fr(t) $= \emptyset$, so ist für alle Zustände f, f'* wert$_\Sigma(t,f)$ = wert$_\Sigma(t,f')$.
(2) *Gilt für eine Formel $A \in$ FO Fr(A) $= \emptyset$, so ist für alle Zustände f, f'*
Wert$_\Sigma(A,f)$ = Wert$_\Sigma(A,f')$.

Beweis: Wenn t, bzw. A, keine freien Variablen hat, sind die Voraussetzungen des Koinzidenztheorems erfüllt.

Aus dem Korollar kann man unmittelbar ablesen, daß Formeln ohne freie Variable entweder für alle Zustände den Wahrheitswert W oder für alle Zustände

§9. Gesetze über Quantoren und Substitution 55

den Wahrheitswert F haben. In der Sprechweise der Abschnitte 4.1 und 4.3 heißt das, die Formeln ohne freie Variable sind der kunstsprachliche Ausdruck von *Aussagen*, weswegen wir sie im folgenden kurz auch so nennen werden.

Terme ohne freie Variable werden gemäß Korollar für alle Zustände als das gleiche Individuum gedeutet, eine Eigenschaft, die sie mit den Konstanten ($=FS_0$) gemeinsam haben, weswegen sie manchmal auch *konstante Terme* heißen.

Definition 9.5: (1) Ein Term $t \in TE$ heißt *variablenfrei* (oder konstant), wenn gilt $Fr(t) = \emptyset$.

(2) Eine Formel $A \in FO$ heißt eine *Aussage* (oder abgeschlossen), wenn gilt $Fr(A) = \emptyset$.

Bemerkung: (i) Das Korollar zu Satz 9.4 sagt also, daß Aussagen einen vom Zustand unabhängigen Wahrheitswert haben.

(ii) Die Menge der variablenfreien Terme sei mit TE^- bezeichnet, die der Aussagen mit FO^-.

(iii) Ein Term ist genau dann variablenfrei, wenn in ihm keine Variablen vorkommen.

(iv) $hg(M)$ aus dem Abschnitt 4.5.4 war ein variablenfreier Term und $hg(M) \geqslant hg(K)$ aus demselben Abschnitt eine Aussage.

Ziel dieser Darstellung wird es also sein, die logischen Beziehungen von zusammengesetzten Aussagen untereinander zu studieren; wenn trotzdem die Lehrsätze für Formeln (und nicht nur für Aussagen) formuliert werden, so liegt das daran, daß z. B. innerhalb von Beweisen für Behauptungen, die für Aussagen formuliert sind, *Formeln* auftreten können, so daß es günstig ist, möglichst viele logische Gesetze für Formeln zu kennen.

Anwendungen des Koinzidenztheorems:

Lemma 9.6: *Es sei $A \in FO^-$ eine Aussage. Dann gilt:*
(1) $A \in ag_\Sigma \iff A \in ef_\Sigma$
(2) $\neg A \notin ag_\Sigma \implies A \in ag_\Sigma$.

Bemerkung: (i) Für Aussagen stimmt also die Erfüllbarkeit in einer Struktur mit der Gültigkeit in dieser Struktur überein.
(ii) Die Umkehrung von (2) gilt wegen (1) und Lemma 7.6.2.

Beweis: einfach

Lemma 9.7: *Es seien $A, B \in FO^-$ Aussagen, dann gilt:*
(1) $A \in ag_\Sigma$ *oder* $B \in ag_\Sigma \iff A \vee B \in ag_\Sigma$
(2) $A \in ag$ *oder* $B \in ag \implies A \vee B \in ag$

(3) *Die Umkehrung von* (2) *ist falsch, da z. B. für jedes* $p \in \mathsf{PS}_0$ *gilt:* $\neg p \vee p \in \mathsf{ag}$, *aber* $p \notin \mathsf{ag}$ *und* $\neg p \notin \mathsf{ag}$.

Beweis:
(zu 1) mit Lemma 9.6.1, 9.6.2 und 8.13
(zu 2) mit: $\left.\begin{array}{l}\text{Für alle } \Sigma \text{ gilt } A \in \mathsf{ag}_\Sigma \text{ oder}\\ \text{für alle } \Sigma \text{ gilt } B \in \mathsf{ag}_\Sigma\end{array}\right\} \Longrightarrow \left\{\begin{array}{l}\text{für alle } \Sigma \text{ gilt:}\\ A \in \mathsf{ag}_\Sigma \text{ oder } B \in \mathsf{ag}_\Sigma\end{array}\right.$
und (1)

Lemma 9.8: (1) *Ist für einen Term* $t \in \mathsf{TE}$ $x \notin \mathsf{Fr}(t)$. *Dann gilt für alle Zustände* $f: \mathsf{VA} \longrightarrow I$ *und alle* $\xi \in I$:

$$\mathsf{wert}_\Sigma(t, f) = \mathsf{wert}_\Sigma\left(t, f\left\langle\begin{array}{c}x\\\xi\end{array}\right\rangle\right)$$

(2) *Ist für eine Formel* $A \in \mathsf{FO}$ $x \notin \mathsf{Fr}(A)$. *Dann gilt für alle Zustände* $f: \mathsf{VA} \longrightarrow I$ *und alle* $\xi \in I$:

$$\mathsf{Wert}_\Sigma(A, f) = \mathsf{Wert}_\Sigma\left(A, f\left\langle\begin{array}{c}x\\\xi\end{array}\right\rangle\right)$$

Beweis: Wegen $x \notin \mathsf{Fr}(t)$ bzw. $x \notin \mathsf{Fr}(A)$ stimmen f und $f\left\langle\begin{array}{c}x\\\xi\end{array}\right\rangle$ auf den freien Variablen von t bzw. A überein.

9.2. Die Substitution

9.2.1. Definitionen

9.2.1.1. Wir haben anhand eines alltäglichen Schlusses motiviert, wieso Beispielaussagen im Zusammenhang mit Quantifizierungen auftreten. Wenn man den Satz

(K)   Wenn Kupfer den elektrischen Strom leitet und das hier ein Stück Kupfer ist, dann leitet es den elektrischen Strom.

wie folgt formalisiert:

$C \in \mathsf{PS}_1$ mit $\omega(C)(\xi) = \mathsf{W} :\Longleftrightarrow \xi$ *ist aus Kupfer*
$L \in \mathsf{PS}_1$ mit $\omega(L)(\xi) = \mathsf{W} :\Longleftrightarrow \xi$ *leitet elektrischen Strom*
$a \in \mathsf{FS}_0$ mit $\omega(a) = $ *ein bestimmtes Stück Kupfer*,

erhält man folgende Formel

(K') $\forall x(C(x) \longrightarrow L(x)) \wedge C(a) \longrightarrow L(a)$

Uns interessiert im Moment nicht die Richtigkeit des Schlusses, sondern nur die „Beispielbildung", d. h. der Übergang von $\forall x\, C(x)$, bzw. $C(x)$ zu $C(a)$. Wir werden diesen Übergang hilfsweise durch $C(x)_x(a)$ bezeichnen und ihn eine *Substitution* von a für x in $C(x)$ nennen.

Also: (K') $\quad \forall x(C(x) \longrightarrow L(x)) \wedge C(x)_x(a) \longrightarrow L(x)_x(a)$

9.2.1.2. Die Notation für die Substitution ist nur eine vorläufige, denn diese Operation bringt Probleme mit sich.

Beispiel 9.9: Es seien $x, y \in \mathsf{VA}$ und $x \neq y$.
(1) Es sei $p \in \mathsf{PS}_3$ und $A = p(x, y, y)$. Dann ist $\mathsf{Fr}(A) = \{x, y\}$ und $A_x(t) = p(t, y, y)$ und $A_y(t) = p(x, t, t)$ mit $t \in \mathsf{TE}$.
(2) Es sei $q \in \mathsf{PS}_1$ und $B = q(x)$. Dann ist $\mathsf{Fr}(B) = \{x\}$ und $B_y(t) = B$.
(3) Es sei $r \in \mathsf{PS}_2$ und $C = r(x, y) \vee \exists x\, r(x, x)$. Dann ist $\mathsf{Fr}(C) = \{x, y\}$ und $C_x(t) = r(t, y) \vee \exists x\, r(x, x)$.
(4) Es sei $r \in \mathsf{PS}_2$ und $D = \exists x\, r(x, y)$. Es sei ferner $t = g(z)$ mit $g \in \mathsf{FS}_1$. Dann ist $\mathsf{Fr}(D) = \{y\}$ und $D_y(t) = \exists x\, r(x, g(z))$.

Bei den Beispielen gilt, sofern überhaupt substituiert wurde:

$$\mathsf{Fr}(t) \subset \mathsf{Fr}(A_x(t)),$$

d. h. die freien Variablen des substituierten Terms sind freie Variable der substituierten Formel.

Diese Eigenschaft ist nicht mehr erhalten im folgenden

Beispiel 9.10: Es sei D wie in Beispiel 9.9 (4), und $t' = g(x)$. Dann ist $D_y(t') = \exists x\, r(x, g(x))$, und es gilt: $\mathsf{Fr}(t') \not\subset \mathsf{Fr}(D_y(t'))$.

Man wird von einer Substitution verlangen müssen, daß in $D_y(t)$ über t das gleiche ausgesagt wird wie in D über y. Das ist eine Forderung, die im Satz (K') z. B. erfüllt ist, denn $C(x)$ sagt: „x ist aus Kupfer" und $(C(x))_x(a)$ sagt: „a ist aus Kupfer".

Das ist aber nicht mehr der Fall, wenn z. B. freie Variable von t' in $D_y(t')$ gebunden werden, wie etwa im Beispiel 9.10, denn:

Angenommen: $\Sigma = (\mathbb{Z}, \omega)$ mit $\omega(r)(\xi, \eta) = \mathsf{W} :\Longleftrightarrow 2 \cdot \xi = \eta$ und $\omega(g)(\xi) = -\xi$. Dann sagt D über y aus, daß y *eine gerade Zahl ist*, während $D_y(g(x))$ über $g(x)$ aussagt, daß $g(x)$ eine Eigenschaft hat, die äquivalent ist zu der Aussage, daß $g(x)$ *die Zahl Null* ist.

Man sichert also im weiteren Aufbau der Prädikatenlogik, daß bei der Substitution eines Terms die freien Variablen des Terms frei bleiben (Vermeidung der sog. *Konfusion von Variablen*).

Terme, die bei der Substitution keine Konfusion der Variablen hervorrufen heißen *substituierbar*. Ist t in A für x substituierbar, so schreiben wir

$$A_x[t].$$

9.2.1.3. Wir definieren diese Substitution induktiv über den Aufbau der Formel A, wobei gleichzeitig die unproblematische Substitution von Termen in Termen mitdefiniert wird.

Definition 9.11: Es sei eine (syntaktische) Operation, genannt *Substitution* (oder Einsetzung), induktiv über den Aufbau der Terme und Formeln definiert, die jedem Term $t' \in \mathsf{TE}$ und jeder Formel $A \in \mathsf{FO}$ für jede Variable $x \in \mathsf{VA}$ und jeden Term $t \in \mathsf{TE}$ eine Zeichenreihe $t'_x[t]$ bzw. $A_x[t]$ zuordnet:

(1) $y_x[t] = \textbf{if } x = y \textbf{ then } t \textbf{ else } y \quad$ für alle $y \in \mathsf{VA}$
(2) $(g t_1 \ldots t_n)_x[t] = g(t_1)_x[t] \ldots (t_n)_x[t]$
(3) $(p t_1 \ldots t_n)_x[t] = p(t_1)_x[t] \ldots (t_n)_x[t]$
(4) $(\neg B)_x[t] = \neg(B_x[t])$
(5) $(B \vee C)_x[t] = B_x[t] \vee C_x[t]$
(6) $(\exists y B)_x[t] = \begin{cases} \textit{undefiniert} & \text{falls } x \in \mathsf{Fr}(\exists y B) \text{ und } y \in \mathsf{Fr}(t) \\ \exists y B & \text{falls } x \notin \mathsf{Fr}(\exists y B) \\ \exists y(B_x[t]) & \text{falls } x \in \mathsf{Fr}(\exists y B) \text{ und } y \notin \mathsf{Fr}(t) \end{cases}$

Bemerkung: Es ist wichtig, daß das Auftreten von $A_x[t]$ als metasprachliche Abkürzung unterstellt, daß $A_x[t]$ definiert, also t substituierbar ist. Wir werden später sehen, daß man das stets durch sog. *gebundene Umbenennung* erreichen kann:

Beispiel: $\int\limits_a^b f(x)\,dx = \int\limits_a^b f(y)\,dy$

Lemma 9.12: *Es seien* $x, y \in \mathsf{VA}, t, t' \in \mathsf{TE}, A \in \mathsf{FO}$. *Dann gilt:*
(1) (a) $t_x[x] = t$, (b) $y \notin \mathsf{Fr}(t) \implies (t_x[y])_y[x] = t$
(2) (a) $x \notin \mathsf{Fr}(t') \implies t'_x[t] = t'$, (b) $x \notin \mathsf{Fr}(A) \implies A_x[t] = A$
(3) $x \notin \mathsf{Fr}(t) \implies x \notin \mathsf{Fr}(A_x[t])$
(4) *Ist* $x \in \mathsf{Fr}(A)$, *so ist* $x \in \mathsf{Fr}(A_x[t]) \iff x \in \mathsf{Fr}(t)$
(5) $y \in \mathsf{Fr}(A_x[y]) \iff x \in \mathsf{Fr}(A)$ *oder* $y \in \mathsf{Fr}(A)$
(6) (a) $A_x[x] = A$, (b) $y \notin \mathsf{Fr}(A) \implies (A_x[y])_y[x] = A$

Bemerkung: (3) heißt z. B.: durch die Substitution werden *alle* freien Vorkommen von x durch t ersetzt. (3) ist nicht äquivalent zu $\mathsf{Fr}(A_x[t]) \subset \mathsf{Fr}(t)$. Warum nicht?

Exemplarische *Beweise* finden sich im Anhang Teil (C 1).

Lemma 9.13: $t'_x[t] \in \mathsf{TE}$ und $A_x[t] \in \mathsf{FO}$

Beweis: Übung

9.2.1.4. Die Substitution, die als Operation auf Zeichenreihen eingeführt worden ist, kann wegen Lemma 9.13 als eine *Abbildung* zwischen Termen bzw. Formeln aufgefaßt werden:

$$\sigma: \mathsf{TE} \longrightarrow \mathsf{TE} \quad \text{bzw.} \quad \sigma: \mathsf{FO} \longrightarrow \mathsf{FO}$$

Wir wollen diesem Aspekt der Substitution kurz nachspüren:

(I) Die Möglichkeit zur Substitution muß nicht auf eine Variable beschränkt sein, sondern wir betrachten analog

$$t_{x_1 \ldots x_n}[t_1, \ldots, t_n] \quad \text{und} \quad A_{x_1 \ldots x_n}[t_1, \ldots, t_n]$$

die *simultane* (gleichzeitige) Substitution von mehreren Variablen, wobei unterstellt ist, daß die $x_i \in \mathsf{VA}$ *paarweise verschieden* sind und die t_i substituierbar für die x_i.

Beispiel 9.14: Es sei $E = \exists z\, p(x,y,z)$, dann ist $t = g(y)$ substituierbar für x und $t' = h(x)$ substituierbar für y und $E_{xy}[t,t'] = \exists z\, p(g(y), h(x), z)$.

Von dieser simultanen Substitution ist die *sukzessive* zu unterscheiden:

$$(E_x[t])_y[t'] = \exists z\, p(g(h(x)), h(x), z) \neq E_{xy}[t,t']$$
$$(E_y[t'])_x[t] = \exists z\, p(g(y), h(g(y)), z) \neq E_{yx}[t',t] = E_{xy}[t,t']$$

(II) Wir schreiben die Substitutionen als Abbildungen $\sigma: \mathscr{A} \longrightarrow \mathscr{A}$ (es sei dabei $\mathscr{A}$ die Menge der Terme und Formeln, kurz: Ausdrücke genannt); und für den Funktionswert $\sigma(A) = A_{x_1 \ldots x_n}[t_1, \ldots, t_n]$ eines $A \in \mathscr{A}$ schreiben wir kürzer

$$A\sigma$$

und sagen, $A\sigma$ ist ein *Beispiel* oder ein *Exemplar* von A (engl. instance).

Für eine Menge $\mathscr{E} \subset \mathscr{A}$ von Ausdrücken sei $\mathscr{E}\sigma = \{A\sigma \mid A \in \mathscr{E}\}$.

Will man in dieser Schreibweise, die hauptsächlich in der Literatur über *maschinelles Beweisen* benützt wird, die Substitution explizit machen, so schreibt man *symbolisch* für σ:

Definition 9.15: $\sigma = \{t_1 | x_1, \ldots, t_n | x_n\}$ heißt eine (simultane) *Substitution*, wenn die $x_i \in \mathsf{VA}$ paarweise verschieden sind. Ferner wird aus pragmatischen Gründen $x_i \neq t_i$ gefordert, damit sich die *identische Substitution* ε als $\varepsilon = \emptyset$ schreibt. Wir nennen $\{x_1, \ldots, x_n\}$ die *Variablen von* σ.

(III) Interessanteste Operation bei Abbildungen ist die *Hintereinanderausführung* (Komposition), die bei Substitutionen der oben genannten sukzessiven Substitution entspricht. Es seien $\sigma, \tau: \mathscr{A} \longrightarrow \mathscr{A}$ Substitutionen. Dann schreiben wir für die Komposition von σ und τ (d. h. „erst σ, dann τ") $\sigma \cdot \tau$ oder kürzer $\sigma\tau$. Es gilt also $\sigma\tau = \tau \circ \sigma$. Die Abweichung von der „europäischen" Schreibweise ist historisch bedingt.

Problem: $\sigma \cdot \tau$ ist eine *sukzessive* Substitution. Wie lautet die zugehörige *simultane* Substitution mit dem gleichen Effekt?

Wir bringen die Lösung, d. h. die Charakterisierung von $\sigma \cdot \tau$, im Anhang Teil (C2).

9.2.2. Die Bedeutung der Substitution: das Überführungstheorem

Es ist schon betont worden, daß die Substitution eine *syntaktische* Operation auf Termen und Formeln ist. Es ist damit noch nicht aufgeklärt, ob diese Operation auch die Eigenschaften hat, die wir intuitiv von ihr wünschen:

In einer Formel $A_x[t]$ wird der Term t bezüglich eines Zustands $f: \mathsf{VA} \longrightarrow I$ als wert$_\Sigma(t, f) \in I$ gedeutet, und genau mit diesem so bestimmten Individuum müßte x in der nichtsubstituierten Formel A belegt werden, wenn der gleiche Wahrheitswert erzielt werden soll. Das erreicht man, indem man anstelle von f einen abgeänderten Zustand $f\left\langle \begin{array}{c} x \\ \text{wert}_\Sigma(t, f) \end{array} \right\rangle$ betrachtet. Auf diese Weise charakterisiert man die syntaktische Operation des Substituierens durch die Abänderung semantischer Objekte (Zustände) und umgekehrt.

Satz 9.16 *(Überführungstheorem:* ÜB*):*
Es sei $\Sigma = (I, \omega)$ *eine Struktur, A eine Formel und t, t' Terme. Ferner sei $f: \mathsf{VA} \longrightarrow I$ ein Zustand. Dann gilt:*

(1) $\text{wert}_\Sigma(t'_x[t], f) = \text{wert}_\Sigma\left(t', f\left\langle \begin{array}{c} x \\ \text{wert}_\Sigma(t, f) \end{array} \right\rangle \right)$

(2) $\text{Wert}_\Sigma(A_x[t], f) = \text{Wert}_\Sigma\left(A, f\left\langle \begin{array}{c} x \\ \text{wert}_\Sigma(t, f) \end{array} \right\rangle \right)$

Beweis im Anhang Teil (C 3)

Bemerkung: Es sei schon jetzt erwähnt, daß hier ein enger Zusammenhang zur Formalisierung von seiteneffektfreien *Wertzuweisungen* in Programmiersprachen besteht, vgl. § 22 und Übung Ü 22.5.

9.2.3. Die gebundene Umbenennung

Als Abschluß des Abschnitts über die Substitution lernen wir jetzt die technische Maßnahme kennen, die es ermöglicht, einen Term, der eigentlich nicht substituierbar ist, dennoch zu substituieren, indem man den gebundenen Variablen, die die Variablenkonfusion verursachen, neue geeignete Variablennamen gibt.

Wir greifen auf das Beispiel 9.10 aus dem Abschnitt 9.2.1 zurück. Es seien also

$$D = \exists x\, r(x,y) \quad \text{und} \quad t = g(x)$$

Dann ist t für y in D nicht substituierbar, weil das in t freie x in D gebunden wird.

Abhilfe: Die gebundene Variable x in D wird umbenannt, so daß die in D freie Variable y nicht gebunden wird, also: $D' = \exists y\, r(y,y)$ ist nicht erlaubt, aber: falls $D'' = \exists z\, r(z,y)$, so ist in D'' für y der Term t substituierbar.

Beim gebundenen Umbenennen muß man eine weitere Vorsichtsmaßnahme treffen:

Beispiel 9.17: $M = \forall x\, \exists y\, k(x,y,z)$ mit $k \in \mathsf{PS}_3$
Benennt man jetzt in M y in x um, so bleibt die freie Variable z von M frei, aber wir erhalten $M' = \forall x\, \exists x\, k(x,x,z)$, einen Ausdruck, in dem Variable *kollidieren*, so daß die ursprüngliche Bedeutung von M verloren ist.

Also: Beim gebundenen Umbenennen ist *Variablenkollision* zu vermeiden.

Wir werden keinen Kalkül für die gebundene Umbenennung angeben, sondern informell mit ihr umgehen. Man kann sich überlegen, daß die gebundene Umbenennung einer Formel A zurückführbar ist auf endlich viele, nacheinander auszuführende gebundene Umbenennungen von Teilformeln von A, die die Form $\exists x\, B$ haben. Dabei ist eine gebundene Umbenennung von $\exists x\, B$ der Übergang von $\exists x\, B$ zu $\exists y\, B_x[y]$ mit $y \notin \mathsf{Fr}(B)$. Es gilt das folgende

Lemma 9.18 (*gebundene Umbenennung:* gU):

$$\exists x\, B \longleftrightarrow \exists y\, B_x[y] \in \mathsf{ag} \quad \text{für alle } y \notin \mathsf{Fr}(B)$$

Bemerkung: Analog für den All-Quantor

Beweis: (exemplarisch ausführlich, um den Umgang mit Quantifizierungen zu demonstrieren)

$\text{Wert}_\Sigma(\exists y B_x[y], f) = W$

$\iff$ Es gibt ein $\zeta \in I$ mit $\text{Wert}_\Sigma\left(B_x[y], f\left\langle\begin{array}{c}y\\\zeta\end{array}\right\rangle\right) = W$ (Def. von $\exists y$)

$\iff$ Es gibt ein $\zeta \in I$ mit $\text{Wert}_\Sigma\left(B, \left(f\left\langle\begin{array}{c}y\\\zeta\end{array}\right\rangle\right)\left\langle\begin{array}{c}x\\\text{wert}_\Sigma\left(y, f\left\langle\begin{array}{c}y\\\zeta\end{array}\right\rangle\right)\end{array}\right\rangle\right) = W$

(ÜB, Satz 9.16)

$\iff$ Es gibt ein $\zeta \in I$ mit $\text{Wert}_\Sigma\left(B, \left(f\left\langle\begin{array}{c}y\\\zeta\end{array}\right\rangle\right)\left\langle\begin{array}{c}x\\\zeta\end{array}\right\rangle\right) = W$

$\iff$ Es gibt ein $\zeta \in I$ mit $\text{Wert}_\Sigma\left(B, \left(f\left\langle\begin{array}{c}x\\\zeta\end{array}\right\rangle\right)\left\langle\begin{array}{c}y\\\zeta\end{array}\right\rangle\right) = W$ (Lemma 6.15)

$\iff$ Es gibt ein $\zeta \in I$ mit $\text{Wert}_\Sigma\left(B, f\left\langle\begin{array}{c}x\\\zeta\end{array}\right\rangle\right) = W$ (Lemma 9.8.2; $y \notin \text{Fr}(B)$)

$\iff \text{Wert}_\Sigma(\exists x B, f) = W$

Wenn man die Schreibweise der Substitutionen aus Definition 9.15 verwendet und Aussagen betrachtet, können wir sagen: $\sigma = \{t_1|x_1, \ldots, t_n|x_n\}$ heißt eine (gebundene) *Umbenennung*, wenn für alle $1 \leq i \leq n$ gilt $t_i \in \text{VA}$, und für alle $1 \leq i, j \leq n$ mit $i \neq j$ gilt $t_i \neq t_j$. Zur Vertiefung vergleiche die Übung Ü 9.6.

9.3. Quantorengesetze

9.3.1. Wir wollen uns die Formel (K') aus dem Abschnitt 9.2.1 näher anschauen, um zu sehen, ob sich dahinter ein Gesetz der Prädikatenlogik verbirgt:

(K') $\quad \forall x(C(x) \longrightarrow L(x)) \wedge C(a) \longrightarrow L(a)$

Wenn man in (K') die Prämissenverbindung (Lemma 8.19) rückgängig macht, erhält man $\forall x(C(x) \longrightarrow L(x)) \longrightarrow (C(a) \longrightarrow L(a))$ oder

(K'') $\quad \forall x(C(x) \longrightarrow L(x)) \longrightarrow (C(x) \longrightarrow L(x))_x[a]$,

d. h. (K'') ist einfach der Übergang von einer All-Aussage zu einem Beispiel, und dieser Schluß ist allgemeingültig, wie man leicht nachrechnet:

Lemma 9.19: *Für alle* $t \in \text{TE}$ *gilt:* $\forall x A \longrightarrow A_x[t] \in \text{ag}$

Beweis: mit ÜB

Durch Kontraposition von Lemma 9.19 mit Spezialisierung von A durch $\neg A$ erhält man:

Lemma 9.20: *Für alle* $t \in TE$ *gilt:* $A_x[t] \longrightarrow \exists x A \in \mathsf{ag}$
(Hat man ein Beispiel, so gilt die Existenzformel)

Korollar: (1) $\forall x A \longrightarrow A \in \mathsf{ag}$
(2) $A \longrightarrow \exists x A \in \mathsf{ag}$

Beweis: setze $t \equiv x$

9.3.2. Als nächstes werden die Formeln (mit möglicherweise freien Variablen) charakterisiert, um die Bemerkungen vor der Definition 9.5 zu vertiefen.

Lemma 9.21: $A \in \mathsf{ag}_\Sigma \iff \forall x A \in \mathsf{ag}_\Sigma$

Beweis: „$\Longleftarrow$" mit ABTR aus Kor. 1 von Lemma 9.20
„$\Longrightarrow$" n. Vor. ist $\mathsf{Wert}_\Sigma(A, f) = \mathsf{W}$ für alle Zustände f, also erst recht für alle Zustände $f\left\langle\begin{matrix}x\\\xi\end{matrix}\right\rangle$ mit einem beliebigen $\xi \in I$, d. h. $\mathsf{Wert}_\Sigma\left(A, f\left\langle\begin{matrix}x\\\xi\end{matrix}\right\rangle\right) = \mathsf{W}$ für alle $\xi \in I$, woraus nach Def. von $\forall x$ die Beh. folgt.

Korollar: *Es sei A eine Formel und* $\mathsf{Fr}(A) = \{x_1, \ldots, x_n\}$, *ferner sei π eine Permutation der Zahlen* $\{1, \ldots, n\}$. *Dann gilt:*

$$A \in \mathsf{ag}_\Sigma \iff \forall x_{\pi(1)} \ldots \forall x_{\pi(n)} A \in \mathsf{ag}_\Sigma$$

Beweis: mit Lemma 9.21 durch Induktion über n

Unsere Bedeutungszuordnung ist also so eingerichtet, daß eine in einer Struktur gültige Formel mit freien Variablen behandelt wird, als wäre jede ihrer freien Variablen all-quantifiziert, was dem in der Mathematik üblichen Brauch entspricht, sich äußere All-Quantifizierungen zu schenken.

$$\mathsf{Gen}_\pi(A) = \forall x_{\pi(1)} \ldots \forall x_{\pi(n)} A \quad \text{heißt eine } \textit{Generalisierte von } A,$$

und wir schreiben dafür kürzer $\mathsf{Gen}(A)$. Das obige Korollar versetzt uns in die Lage, in manchen Beweisen o.B.d.A. anzunehmen, daß die betrachtete Formel eine *Aussage* ist, dadurch daß wir zu einer *Generalisierten* übergehen.

Lemma 9.22 *(Substitutionsregel):*

$$A \in \mathsf{ag}_\Sigma \Longrightarrow A_{x_1 \ldots x_n}[t_1, \ldots, t_n] \in \mathsf{ag}_\Sigma$$

für alle Substitutionen $\sigma = \{t_1 | x_1, \ldots, t_n | x_n\}$

Beweis: Lemma 9.21 und Lemma 9.19 mit ABTR

9.3.3. Es wird dem Leser nicht entgangen sein, daß ein Gesetz der Art

$$\exists x A \in \mathsf{ag}_\Sigma \Longrightarrow A_x[t] \in \mathsf{ag}_\Sigma \quad \text{für einen Term } t \in \mathsf{TE}$$

fehlt. Es fehlt, weil es *falsch* ist. Denn $\exists x A \in \mathsf{ag}_\Sigma$ bedeutet

$$\mathrm{Wert}_\Sigma\left(A, f\left\langle {x \atop \zeta} \right\rangle\right) = \mathsf{W} \quad \text{für ein Individuum } \zeta \in I,$$

d. h. die Existenz, die in einer Existenzformel ausgedrückt wird, weist direkt auf ein Individuum des Individuenbereichs hin. Es braucht aber in der Basis, damit in den Termen, *kein* Name für dieses Individuum vorgesehen zu sein. In der Übung Ü 9.7 sollen Sie ein derartiges Beispiel konstruieren.

Man kann diesen Umstand als unnatürlich ansehen und als Abhilfe einen *neuen*, in der Basis noch nicht verwendeten Namen einführen und so die Basis erweitern[3] und in der ebenfalls erweiterten Struktur die Bedeutung des neuen Namens wie gewünscht festlegen.

Definition 9.23:

(1) Eine Basis $\mathsf{B}' = (\mathsf{FS}', \mathsf{PS}')$ heißt eine *(Basis)-Erweiterung* einer Basis $\mathsf{B} = (\mathsf{FS}, \mathsf{PS})$, wenn $\mathsf{PS}' = \mathsf{PS}$ und $\mathsf{FS}' = \mathsf{FS} \cup E$ gilt, d. h. wenn sich B' von B nur um eine (höchstens abzählbare) Menge E von (neuen) Funktionssymbolen unterscheidet. Wir schreiben prägnanter $\mathsf{B}' = \mathsf{B}^E$.

(2) Eine Struktur $\Sigma' = (I, \omega')$ für die Basis B' heißt eine *(Struktur)-Erweiterung* einer Struktur $\Sigma = (I, \omega)$ für die Basis B, wenn gilt:
(a) B' ist eine Erweiterung von B, d. h. $\mathsf{B}' = \mathsf{B}^E$
(b) $\omega'(s) = \omega(s)$ für alle $s \in \mathsf{FS} \cup \mathsf{PS}$
d. h. Σ und Σ' stimmen auf den Symbolen von B überein. Wir schreiben prägnanter $\Sigma' = \Sigma^E$.

Bei einelementigem $E = \{g\}$ schenken wir uns die Mengenklammern und schreiben kürzer B^g bzw. Σ^g.

Wir führen nun einen Satz an, der sichert, daß eine Formel $A \in \mathsf{FO}^\mathsf{B}$, aufgefaßt als Formel einer Erweiterung von B, sagen wir B^E, in einer erweiterten Struktur Σ^E die gleiche Bedeutung hat wie in $\Sigma \in \mathsf{St}^\mathsf{B}$.

Man kann diesen Satz noch verschärfen, was wir hier nicht tun wollen, dahingehend, daß gilt:

---

[3] Gleichsam, wie man ein neu entdecktes Tier in den Katalog der Zoologie neu aufnimmt; manchmal geht man auch umgekehrt vor: der Name ist da, noch bevor die Existenz gesichert ist, vgl. dazu § 23.

§9. Gesetze über Quantoren und Substitution

Nur die Deutungen $\omega(s)$ der endlich vielen, in einer Formel vorkommenden Funktions- und Prädikatensymbole $s \in \mathsf{FS} \cup \mathsf{PS}$ beeinflussen die Auswertung.

Satz 9.24 *(verallgemeinertes Koinzidenztheorem)*:
*Es sei Σ^E eine Erweiterung einer Struktur $\Sigma \in \mathsf{St}^B$, $t \in \mathsf{TE}^B$, $A \in \mathsf{FO}^B$ und $X \subset \mathsf{FO}^B$.
Dann gilt:*
(1) $\mathrm{wert}_\Sigma(t,f) = \mathrm{wert}_{\Sigma^E}(t,f)$
(2) $\mathrm{Wert}_\Sigma(A,f) = \mathrm{Wert}_{\Sigma^E}(A,f)$ $\bigg\}$ *für alle $f: \mathsf{VA} \longrightarrow I$*
(3) $X \subset \mathsf{ag}_{\Sigma^E} \iff X \subset \mathsf{ag}_\Sigma$

Beweis: induktiv über den Aufbau der Ausdrücke: Übung für den Leser.

Mit diesen Begriffsbildungen können wir nun die gewünschten Sätze formulieren:

Lemma 9.25: *Es sei a ein neues nullstelliges Funktionssymbol, das in der Formel $A \in \mathsf{FO}^B$ mit $\mathrm{Fr}(A) = \{x\}$ nicht vorkommt. Dann gilt für alle $\Sigma \in \mathsf{St}^B$*

$$\exists x A \in \mathsf{ag}_\Sigma \iff \text{Es gibt eine Erweiterung } \Sigma^a, \text{ so daß } A_x[a] \in \mathsf{ag}_{\Sigma^a}$$

Beweis: „$\Longleftarrow$" Lemma 9.20 mit ABTR und Satz 9.24
„$\Longrightarrow$" Es sei $\Sigma^a = (I, \omega_a)$, wobei $\omega_a(a) = $ ein beliebiges, aber festes jener $\zeta \in I$, die wegen $\exists x A \in \mathsf{ag}_\Sigma$ existieren.
Man verifiziert mit ÜB leicht, daß dann gilt:

$$\mathrm{Wert}_{\Sigma^a}(A_x[a], f) = \mathsf{W} \quad \text{für alle } f: \mathsf{VA} \longrightarrow I$$

Intuitiv glaubt man, daß gilt:

$$A_x[t] \in \mathsf{ag}_\Sigma \text{ für alle } t \in \mathsf{TE} \implies \forall x A \in \mathsf{ag}_\Sigma,$$

aber auch hier brauchen die Namen nicht alle Individuen des Individuenbereichs auszuschöpfen, so daß die All-Formel, die sich direkt auf den Individuenbereich bezieht, nicht gültig sein muß. Das zu Lemma 9.25 analoge Verfahren liefert:

Lemma 9.26 *(Theorem über neue Konstanten)*:
Es sei c ein neues nullstelliges Funktionssymbol, das in der Formel $A \in \mathsf{FO}^B$ mit $\mathrm{Fr}(A) = \{x\}$ nicht vorkommt. Dann ist für alle $\Sigma \in \mathsf{St}^B$

$$\left. \begin{array}{l} A_x[c] \in \mathsf{ag}_{\Sigma^c} \\ \textit{für alle Erweiterungen } \Sigma^c \end{array} \right\} \iff \forall x A \in \mathsf{ag}_\Sigma$$

Beweis: aus Lemma 9.25 mit Kontraposition und Lemma 9.6.2

Zusatz: Wir werden dieses Lemma in einer verallgemeinerten Form in § 18 verwenden (es sei der Einfachheit halber schon jetzt notiert, der Leser kann es hier überschlagen und erst bei Lektüre von § 18 wieder aufsuchen):

Es sei E eine Menge von Funktionssymbolen, die in einer Formel $A \in \mathsf{FO}^\mathsf{B}$ mit $\mathsf{Fr}(A) = \{x_1, \ldots, x_n\}$ *nicht* vorkommen. Es seien $t_i = g_i t'_1 \ldots t'_{k_i}$ Terme $(i = 1, \ldots, n)$, wobei $g_i \in E$, ferner sei $\delta = \{t_1 | x_1, \ldots, t_n | x_n\}$. Dann gilt für alle Strukturen $\Sigma = (I, \omega)$ für die Basis B

$$A\delta \in \mathsf{ag}_{\Sigma^E} \text{ für alle Erweiterungen } \Sigma^E \implies A \in \mathsf{ag}_\Sigma$$

Zum *Beweis* betrachtet man die Erweiterung $\Sigma^E = (I, \omega_E)$ mit $\omega_E(g)(\xi_1, \ldots, \xi_m) = \xi_0$ für alle $g \in E$ und alle $\xi_1, \ldots, \xi_m \in I$, wobei $\xi_0 \in I$ beliebig, aber fest gewählt wird.

9.3.4. Es werden nun Quantorengesetze behandelt, die mit der *Vertauschbarkeit* von aufeinanderfolgenden Quantoren verbunden sind.

Es ist offensichtlich, daß zwei aufeinanderfolgende All- oder Existenz-Quantoren in ihrer Reihenfolge vertauscht werden können, ohne daß sich der Wahrheitswert der betroffenen Formel verändert.

Zur Vertauschung der Quantoren in einer Formel wie $\exists x \forall y A$ überlegt man sich, daß zwar gilt:

Wenn es ein $\xi \in I$ gibt, so daß für alle $\eta \in I$ eine bestimmte Eigenschaft erfüllt ist, dann gibt es für jedes $\eta \in I$ ein $\xi \in I$ mit dieser Eigenschaft.

Aber die Umkehrung gilt i. a. nicht; so folgt z. B. aus der Tatsache, daß jedes Kind eine Mutter hat, nicht, daß es eine Frau gibt, die Mutter aller Kinder ist.

Wir haben also folgende Sätze plausibilisiert:

Lemma 9.27: (1) $\forall x \forall y A \longleftrightarrow \forall y \forall x A \in \mathsf{ag}$
  (2) $\exists x \exists y A \longleftrightarrow \exists y \exists x A \in \mathsf{ag}$
  (3) $\exists x \forall y A \longrightarrow \forall y \exists x A \in \mathsf{ag}$

Beweis: mit Lemma 8.2, als Übung für den Leser.

Aus dem Lemma 9.27 gewinnen wir weitere Gesetze, wenn man sich überlegt, daß für Strukturen mit endlichem Individuenbereich der Existenz- bzw. der All-Quantor als Abkürzung für eine endliche Alternative bzw. Konjunktion aufgefaßt werden kann, [HB I], S. 99ff.; vgl. die Übung Ü 9.10.

So wird z. B. Lemma 9.27.1 zu $\forall x(B \wedge C) \longleftrightarrow \forall x B \wedge \forall x C \in \mathsf{ag}$, wenn man annimmt, daß die Quantifizierung bezüglich der Variablen y durch zwei Fälle ausgeschöpft wird, wobei dann $B = A_y[a_1]$ und $C = A_y[a_2]$ ist.

Überträgt man auf diese Weise das Lemma 9.27, so erhält man

Lemma 9.28: (1) $\forall x(A \wedge B) \longleftrightarrow \forall x A \wedge \forall x B \in \mathsf{ag}$
  (2) $\exists x(A \vee B) \longleftrightarrow \exists x A \vee \exists x B \in \mathsf{ag}$
  (3) $\exists x(A \wedge B) \longrightarrow \exists x A \wedge \exists x B \in \mathsf{ag}$
  (4) $\forall x A \vee \forall x B \longrightarrow \forall x(A \vee B) \in \mathsf{ag}$

§9. Gesetze über Quantoren und Substitution

Beweis: (1) und (3) direkt, als Übung für den Leser.

„(1) $\Longrightarrow$ (2)" $\quad \forall x(\neg A \wedge \neg B) \longleftrightarrow \forall x \neg A \wedge \forall x \neg B \in \mathsf{ag}$ (nach (1))
äquivalent zu $\quad \forall x \neg (A \vee B) \longleftrightarrow \neg \exists x A \wedge \neg \exists x B$ (ERS, Lemma 8.17)
äquivalent zu $\quad \neg \exists x(A \vee B) \longleftrightarrow \neg (\exists x A \vee \exists x B)$ (ERS, Lemma 8.17)
äquivalent zu $\quad \exists x(A \vee B) \longleftrightarrow \exists x A \vee \exists x B$ (ERS, Lemma 8.6.1)
also $\quad \exists x(A \vee B) \longleftrightarrow \exists x A \vee \exists x B \in \mathsf{ag}$
„(3) $\Longrightarrow$ (4)" analog, Übung für den Leser.

Kommt in einer der beteiligten Teilformeln die bindende Variable nicht frei vor, dann werden die gerade behandelten Gesetze zu weiteren Gesetzen über die Verschieblichkeit von Quantoren innerhalb von Formeln:

Lemma 9.29: *Es sei* $x \notin \mathsf{Fr}(B)$. *Dann gilt:*
(1) $\forall x(A \wedge B) \longleftrightarrow \forall x A \wedge B \in \mathsf{ag}$
(2) $\exists x(A \vee B) \longleftrightarrow \exists x A \vee B \in \mathsf{ag}$
(3) $\exists x(A \wedge B) \longleftrightarrow \exists x A \wedge B \in \mathsf{ag}$
(4) $\forall x(A \vee B) \longleftrightarrow \forall x A \vee B \in \mathsf{ag}$

Beweis: siehe Übung Ü 9.11.1

Wir notieren noch die entsprechenden Gesetze für die Implikation, die durch Rückgriff auf die Charakterisierung aus Lemma 9.29 bewiesen werden können:

Lemma 9.30: (1) *Es sei* $x \notin \mathsf{Fr}(A)$, *dann gilt:*
   (a) $\forall x(A \longrightarrow B) \longleftrightarrow (A \longrightarrow \forall x B) \in \mathsf{ag}$
   (b) $\exists x(A \longrightarrow B) \longleftrightarrow (A \longrightarrow \exists x B) \in \mathsf{ag}$
(2) *Es sei* $x \notin \mathsf{Fr}(B)$, *dann gilt:*
   (a) $\forall x(A \longrightarrow B) \longleftrightarrow (\exists x A \longrightarrow B) \in \mathsf{ag}$
   (b) $\exists x(A \longrightarrow B) \longleftrightarrow (\forall x A \longrightarrow B) \in \mathsf{ag}$

9.3.5. Wendet man die Abtrennungsregel ABTR auf Lemma 9.30.1a an und beseitigt mit Lemma 9.21 die äußere All-Quantifizierung (ERS!), erhält man eine neue Art Gesetze, die man Quantoren-Einführungs- und Beseitigungsgesetze nennen könnte.

Lemma 9.31: (1) *Es sei* $x \notin \mathsf{Fr}(A)$. *Dann gilt:*
$$A \longrightarrow B \in \mathsf{ag}_\Sigma \iff A \longrightarrow \forall x B \in \mathsf{ag}_\Sigma$$
(2) *Es sei* $x \notin \mathsf{Fr}(B)$. *Dann gilt:*
$$A \longrightarrow B \in \mathsf{ag}_\Sigma \iff \exists x A \longrightarrow B \in \mathsf{ag}_\Sigma$$
Bemerkung: (1) heißt hintere Generalisierung, Abk.: Gh
(2) heißt vordere Partikularisierung, Abk.: Pv

Beweis: (1) Lemma 9.30.1a; ABTR; Lemma 9.21, ERS
(2) durch Kontraposition aus (1)

Ähnliche Gesetze gelten für die vordere Generalisierung und die hintere Partikularisierung:

Lemma 9.32: (1) $A \longrightarrow B \in \text{ag}_\Sigma \Longrightarrow \forall x A \longrightarrow B \in \text{ag}_\Sigma$
(2) $A \longrightarrow B \in \text{ag}_\Sigma \Longrightarrow A \longrightarrow \exists x B \in \text{ag}_\Sigma$
Bemerkung: (1) heißt vordere Generalisierung, Abk.: Gv
(2) heißt hintere Partikularisierung, Abk.: Ph

Beweis: (1) $A \longrightarrow B \in \text{ag}_\Sigma$ n. Vor.; $\forall x A \longrightarrow A \in \text{ag}_\Sigma$ nach Lemma 9.20, Korollar 1; also $\forall x A \longrightarrow B \in \text{ag}_\Sigma$ nach Kettenschluß Lemma 8.8 mit ABTR.
(2) aus (1) mit Kontraposition.

Abschließend zeigen wir, bei welchen mathematischen Schlußweisen diese Gesetze auftauchen:

Beispiel 9.33: Wie beweist man, daß eine Abbildung $g: N \longrightarrow M$ surjektiv ist, falls $g \circ h = \text{id}_M$ gilt, wobei $h: M \longrightarrow N$ eine beliebige Abbildung ist?

$$g \text{ surjektiv} :\Longleftrightarrow \forall x (x \in M \longrightarrow \exists y (y \in N \wedge g(y) = x))$$

Wenn wir die Voraussetzung $g \circ h = \text{id}_M$ mit A formalisieren und die Behauptung: g ist surjektiv mit $\forall x B$, wobei B also $x \in M \longrightarrow \exists y (y \in N \wedge g(y) = x)$ ist, lautet die insgesamt behauptete Tatsache

$$A \longrightarrow \forall x B \in \text{ag}_\Sigma$$

wobei Σ irgendeine Struktur sei, in der man Mengenlehre treiben kann, deren nähere Gestalt uns hier nicht interessiert.

Um diesen Satz zu beweisen, sagt der Mathematiker unter Voraussetzung von A:

„Es sei $x \in M$ beliebig" und zeigt: $\exists y (y \in N \wedge g(y) = x)$,

d. h. er zeigt nur

$$A \longrightarrow B \in \text{ag}_\Sigma$$

und ist sicher (obwohl er i. a. kaum formale Logik kann), daß er damit die Ausgangsbehauptung bewiesen hat.

Offensichtlich läßt sich A so formalisieren, daß $x \notin \text{Fr}(A)$ gilt, so daß wir hier insgesamt ein Beispiel für die Anwendung der hinteren Generalisierung Gh haben.

9.4. Normalformen

Wir interessieren uns in diesem Abschnitt für die Möglichkeit, zu *jeder* Formel $A \in \mathsf{FO}^B$ effektiv eine Formel A' herzustellen, die ein gewisses regelmäßiges, leicht zu testendes Aussehen hat, z. B. eine bestimmte Quantorenverteilung oder einen regelmäßigen Aufbau bezüglich „$\neg$" und „$\vee$". Solche Formeln sollen Normalformeln (eines bestimmten Typs) heißen. Ist darüber hinaus gesichert, daß

$$A \longleftrightarrow A' \in \mathsf{ag}$$

oder eine schwächere Behauptung gilt (etwa die Erfüllbarkeitsgleichheit), so soll A' eine Normalform von A heißen.

Diese Normalformen sind von besonderem Interesse, da sie bei schwierigen Beweisen ein o.B.d.A. liefern für die Ausgangsformel, deren Eigenschaften man zu beweisen hat. Es gibt viele Normalformtypen, wir werden drei behandeln, die im weiteren Verlauf bei Entscheidbarkeitsfragen und beim maschinellen Beweisen Verwendung finden werden.

9.4.1. Pränexe Normalformeln

Die Quantorenverschiebungsgesetze bringen uns in die Lage, Quantoren innerhalb einer Formel an den Anfang der Formel zu bewegen, so daß hinter den Quantifizierungen eine quantorenfreie Restformel bleibt.

Definition 9.34: (1) Eine Formel $A' \in \mathsf{FO}$ heißt eine *pränexe Normalformel* (PNFO), wenn gilt:
(a) $A' \equiv Q^1 x_1 \ldots Q^n x_n M$ mit $n \geq 0$ und $Q^i \in \{\forall, \exists\}$ für $i=1,\ldots,n$
(b) $\{x_1, \ldots, x_n\} \subset \mathsf{Fr}(M)$
(c) M ist eine quantorenfreie Formel
M heißt *Matrix* und $Q^1 x_1 \ldots Q^n x_n$ *Präfix* von A'

(2) Eine PNFO A' heißt eine *pränexe Normalform* (PNF) einer Formel A, wenn gilt: $A \longleftrightarrow A' \in \mathsf{ag}$

Satz 9.35 *(Satz von der* PNF*)*:

Jede Formel hat eine effektiv herstellbare PNF.

Beweis: induktiv über den Aufbau der vorgelegten Formel A.

Vorbemerkung: Für diesen Beweis werde eine PNFO der Form $Q^1 x_1 \ldots Q^n x_n B'$ mit der Matrix B' als $\mathbf{Q} \times B'$ abgekürzt. Ersetzt man im Präfix dieser PNFO jeden

Quantor $\forall$ durch $\exists$ und $\exists$ durch $\forall$, so sei die entstehende PNFO durch $\mathbf{Q'xB'}$ symbolisiert.

(1) A sei atomar, dann ist A eine PNFO und mit $A' \equiv A$ gilt $A \longleftrightarrow A' \in \mathsf{ag}$.

(2) $A \equiv \neg B$ und n. Vor. ist $B \longleftrightarrow \mathbf{QxB'} \in \mathsf{ag}$. Also $\neg B \longleftrightarrow \neg \mathbf{QxB'} \in \mathsf{ag}$ (Lemma 8.6.1). Es sei $A' \equiv \mathbf{Q'x} \neg B'$. A' ist äquivalent zu $\neg \mathbf{QxB'}$ und ist eine PNFO, also $A \longleftrightarrow A' \in \mathsf{ag}$.

(3) $A \equiv B \vee C$ und n. Vor. ist $B \longleftrightarrow \mathbf{QxB'} \in \mathsf{ag}$ und $C \longleftrightarrow \mathbf{QyC'} \in \mathsf{ag}$. Nimm gebundene Umbenennungen in $\mathbf{QyC'}$ vor, daß keine Variable im Präfix $\mathbf{Qy}$ unter den Variablen im Präfix $\mathbf{Qx}$ vorkommt, wobei das Ergebnis $\mathbf{QzC''}$ sei. Dann ist $B \vee C \longleftrightarrow \mathbf{QxB'} \vee \mathbf{QzC''} \in \mathsf{ag}$ (Lemma 8.9, 9.18). Es sei $A' = \mathbf{QxQz}(B' \vee C'')$, dann ist A' eine PNFO und wegen Lemma 9.29 äquivalent zu $\mathbf{QxB'} \vee \mathbf{QzC''}$, woraus $A \longleftrightarrow A' \in \mathsf{ag}$ folgt.

(4) $A \equiv \exists xB$ und n. Vor. ist $B \longleftrightarrow \mathbf{QxB'} \in \mathsf{ag}$, also $\exists xB \longleftrightarrow \exists x\mathbf{QxB'} \in \mathsf{ag}$ (Lemma 8.16). Es sei $A' \equiv \mathbf{if}\ x \notin \mathsf{Fr}(B')\ \mathbf{then}\ \mathbf{QxB'}\ \mathbf{else}\ \exists x\mathbf{QxB'}$. Dann ist A' eine PNFO und $A \longleftrightarrow A' \in \mathsf{ag}$.

Dieser Beweis legt folgendes *Verfahren* zur Herstellung einer PNF nahe:

(1) Ersetze alle Teilformeln der vorgelegten Formel A, die die Form $\exists xB$ oder $\forall xB$ haben mit $x \notin \mathsf{Fr}(B)$, durch B.

(2) Ersetze alle Vorkommen von Junktoren „$\longrightarrow$" und „$\longleftrightarrow$" durch die Definitionen aus „$\neg$", „$\vee$" und „$\wedge$".

(3) Reduziere die Bereiche der Negationszeichen, d. h. ersetze abwechselnd alle Vorkommen von Teilformeln der Formen

(a) $\neg \exists xB$ durch (a') $\forall x \neg B$
(b) $\neg \forall xB$ durch (b') $\exists x \neg B$
(c) $\neg \neg B$ durch (c') B
(d) $\neg (B \vee C)$ durch (d') $\neg B \wedge \neg C$
(e) $\neg (B \wedge C)$ durch (e') $\neg B \vee \neg C$

bis keine Vorkommen der Formen (a) bis (e) mehr vorhanden sind.

(4) Nimm gebundene Umbenennungen vor, so daß jeder Quantor seine eigene bindende Variable hat.

(5) Bringe die Quantoren an den Anfang der Formel, d. h. ersetze alle Vorkommen von Teilformeln der Formen

$QxB * C$ durch $Qx(B * C)$, falls $x \notin \mathsf{Fr}(C)$ ist, und
$B * QxC$ durch $Qx(B * C)$, falls $x \notin \mathsf{Fr}(B)$ ist, wobei $Q \in \{\forall, \exists\}$ und
„$*$" einer der Junktoren „$\vee$" oder „$\wedge$" ist,

bis keine Vorkommen dieser Art mehr vorhanden sind.

Das Resultat dieser Ersetzungen ist eine PNF der Formel A (Beweis!)

Bemerkung: offensichtlich ist das Herstellen der PNF nicht eindeutig, so können insbesondere Quantorenvertauschungen vorkommen; aber alle entstehenden PNF sind äquivalent.

Betrachte $A \equiv \forall x(\forall y C \vee \exists z D)$ mit $y \notin \mathsf{Fr}(D)$ und $z \notin \mathsf{Fr}(C)$. Dann sind $P_1(A) \equiv \forall x \forall y \exists z(C \vee D)$ und $P_2(A) \equiv \forall x \exists z \forall y(C \vee D)$ zwei verschiedene, aber äquivalente PNF von A.

Beispiel 9.36: Es sei $A \equiv \forall y(\forall x \forall y P(x,y) \longrightarrow \exists x R(x,y))$
$A_1 \equiv \forall y(\neg \forall x \forall y P(x,y) \vee \exists x R(x,y))$ (Elimination von $\longrightarrow$)
$A_2 \equiv \forall y(\exists x \exists y \neg P(x,y) \vee \exists x R(x,y))$ (Reduktion der Bereiche der Negationen)
$A_3 \equiv \forall y(\exists x \exists z \neg P(x,z) \vee \exists v R(v,y))$ (gebundene Umbenennungen)
$A_4 \equiv \forall y \exists x \exists z \exists v(\neg P(x,z) \vee R(v,y))$ (Herausziehen der Quantoren)
A_4 ist eine PNF der Ausgangsformel A.

9.4.2. Universelle Normalformeln

Im fünften Kapitel wird die klassische Logik, also die bisher behandelte Logik, umformuliert, um effiziente Beweisverfahren zu ermöglichen. Die dort vorgenommene Umformulierung beruht zu einem Teil auf einer speziellen pränexen Normalformel, nämlich einer solchen, die im Präfix nur All-Quantoren hat. Betrachte

Lemma 9.20 und 9.25:
$\exists x A \in \mathsf{ag}_\Sigma \Longrightarrow$ Es gibt eine Erweiterung Σ^a (mit einem neuen nullstelligen Funktionssymbol a), so daß

$$\exists x A \longleftrightarrow A_x[a] \in \mathsf{ag}_{\Sigma^a}$$

Diese Eigenschaft kann man interpretieren als die Möglichkeit, einen äußeren Existenz-Quantor zu eliminieren. Diese Methode, neue Namen einzuführen, kann man so verallgemeinern, daß auch ein Existenz-Quantor eliminiert wird, der hinter All-Quantoren im Präfix einer PNFO vorkommt, also zum Beispiel in einer Formel wie

$$\forall x_1 ... \forall x_n \exists y A' \qquad (*)$$

Die Auswertung von $(*)$ ergibt: Zu jedem Tupel $(\xi_1, ..., \xi_n) \in I^n$ gibt es (mindestens) ein $\eta \in I$, das A' wahr macht.

Die in $(*)$ angedeutete Quantorenverteilung im Präfix weist also direkt auf einen Funktionszusammenhang im Individuenbereich hin, der nicht unbedingt in der Sprache eine Bezeichnung gefunden haben muß. Wir können also bezüglich $(*)$ ein *neues*, noch nicht verwendetes n-stelliges Funktionssymbol g in die Basis einführen, das als eine der Funktionen gedeutet wird, auf die das Präfix hinweist. In der erweiterten Struktur Σ^g müßte dann die Formel

$$\forall x_1 ... \forall x_n (A')_y [g x_1 ... x_n]$$

gelten, in der der Existenz-Quantor eliminiert ist.

Beispiel 9.37: Betrachte die Aussage
 Jedes Kind hat eine Mutter und einen Vater
Formalisiert über $B_3 = (\emptyset, \{K, M, V\})$ und gedeutet in $\Sigma_3 = (I, \omega)$ mit

$\omega(K)(\xi) = W :\Longleftrightarrow \xi$ ist Kind
$\omega(M)(\xi, \eta) = W :\Longleftrightarrow \xi$ ist Mutter von η
$\omega(V)(\xi, \eta) = W :\Longleftrightarrow \xi$ ist Vater von η

lautet die Aussage als PNFO

$$\forall x \exists y \exists z (K(x) \longrightarrow M(y,x) \wedge V(z,x)) \in \mathrm{ag}_{\Sigma_3},$$

wobei die Quantorenverteilung im Präfix auf zwei Mengen einstelliger Funktionen in I hinweist. Wir führen dafür als neue Funktionssymbole m und v ein und definieren eine Erweiterung $\Sigma_3^{\{m,v\}}$ von Σ_3 durch

$\omega_{\{m,v\}}(m)(\xi) = $ *die Mutter von* ξ
$\omega_{\{m,v\}}(v)(\xi) = $ *der Vater von* ξ

In unserem Beispiel wird tatsächlich nur jeweils auf eine Funktion hingewiesen wegen der (biologischen) Eindeutigkeit der Eltern eines Kindes.
Man erhält demnach eine UNFO über der Basis $B_3^{\{m,v\}} = (\{m,v\}, \{K, M, V\})$

$$\forall x (K(x) \longrightarrow M(m(x), x) \wedge V(v(x), x)) \in \mathrm{ag}_{\Sigma_3^{\{m,v\}}};$$

denn es ist offensichtlich, daß z. B. $M(m(x), x)$ unter den obigen Voraussetzungen wahr wird.
 Man nennt dieses Verfahren die *Skolem-Eliminierung von Existenz-Quantoren* und die verwendeten neuen Funktionssymbole *Skolem-Funktionssymbole*[4].

Definition 9.38: (1) Eine PNFO heißt eine *universelle Normalformel* (UNFO), wenn in ihrem Präfix keine Existenz-Quantoren vorkommen.
(2) Eine UNFO $U \in \mathrm{FO}^C$ heißt eine *universelle Normalform* (UNF) oder eine (verschärfte) Skolemsche Normalform einer PNFO $A \in \mathrm{FO}^B$, wenn gilt:
(a) U ist eine Aussage.
(b) Es gibt eine endliche Menge $E(A)$ von Funktionssymbolen, die in B nicht vorkommen, so daß $C = B^{E(A)}$ gilt, d. h. C ist eine Erweiterung von B.
(c) $A \in \mathrm{ef}^B \Longleftrightarrow U \in \mathrm{ef}^{B^{E(A)}}$
Wenn U eine UNF einer Formel A ist, schreiben wir auch $U = U(A)$.

---
[4] Thoralf Skolem, 1887—1963, norwegischer Logiker.

Satz 9.39 *(Satz von der* UNF*):*

Jede Formel hat eine effektiv herstellbare UNF.

Bemerkung: es gilt sogar $A \in \mathsf{ef}_\Sigma \iff U(A) \in \mathsf{ef}_{\Sigma E(A)}$

Beweis im Anhang Teil (D)

Aus dem Beweis lassen sich *Verfahren* zur Herstellung einer UNF für eine vorgelegte Formel A gewinnen. Das im folgenden beschriebene Verfahren wird in der Literatur über maschinelles Beweisen häufig verwendet, da es eine überflüssige Erhöhung der Stellenzahl der Skolem-Funktionssymbole vermeidet:

(1) Ersetze alle Teilformeln der vorgelegten Formel A, die die Form $\exists x B$ oder $\forall x B$ haben mit $x \notin \mathsf{Fr}(B)$, durch B.

(2) Ersetze alle Vorkommen von Junktoren „$\longrightarrow$" und „$\longleftrightarrow$" durch die Definitionen aus „$\neg$", „$\vee$" und „$\wedge$".

(3) Reduziere die Bereiche der Negationszeichen, d. h. ersetze abwechselnd alle Vorkommen von Teilformeln der Formen

(a) $\neg \exists x B$ durch   (a') $\forall x \neg B$
(b) $\neg \forall x B$ durch   (b') $\exists x \neg B$
(c) $\neg \neg B$ durch   (c') B
(d) $\neg (B \vee C)$ durch   (d') $\neg B \wedge \neg C$
(e) $\neg (B \wedge C)$ durch   (e') $\neg B \vee \neg C$

bis keine Vorkommen der Formen (a) bis (e) mehr vorhanden sind.

(4) Nimm gebundene Umbenennungen vor, so daß jeder Quantor seine eigene bindende Variable hat.

(5) Eliminiere die Existenz-Quantoren, d. h. ersetze jedes Vorkommen einer existentiell-quantifizierten Variablen durch den Term $g x_1 \ldots x_k$, wobei g ein k-stelliges, neues Funktionssymbol ist und $x_1, \ldots, x_k$ diejenigen Variablen, die durch All-Quantoren gebunden sind, in deren Bereichen der zu eliminierende Existenz-Quantor liegt.

(6) Bringe die All-Quantoren an den Anfang der Formel, d. h. ersetze alle Vorkommen von Teilformeln der Formen

$\forall x B * C$ durch $\forall x (B * C)$, falls $x \notin \mathsf{Fr}(C)$ ist, und
$B * \forall x C$ durch $\forall x (B * C)$, falls $x \notin \mathsf{Fr}(B)$ ist, wobei
„$*$" einer der Junktoren „$\vee$" oder „$\wedge$" ist,

bis keine Vorkommen dieser Art mehr vorhanden sind.

Das Resultat dieser Ersetzungen ist eine UNF der Formel A (Beweis!)

Bemerkung: offensichtlich ist das Herstellen einer UNF nicht eindeutig. Vgl. dieses Verfahren mit dem Verfahren zur Herstellung der PNF.

Betrachte $A \equiv \forall x(\forall y C \vee \exists z D)$ mit $y \notin \text{Fr}(D)$ und $z \notin \text{Fr}(C)$ aus der Bemerkung vor Beispiel 9.36. Dann sind $U_1(A) \equiv \forall x \forall y(C \vee D_z[g(x,y)])$ und $U_2(A) \equiv \forall x \forall y(C \vee D_z[h(x)])$ zwei verschiedene, aber erfüllbarkeitsgleiche UNF von A.

Beispiel 9.40: Betrachte $\forall x \forall y((P(x) \longrightarrow \neg R(x,y)) \longrightarrow \neg \forall x \exists z(Q(x,z) \wedge S(z)))$
1. *Schritt*: (Elimination von $\longrightarrow$)
   $\forall x \forall y(\neg(\neg P(x) \vee \neg R(x,y)) \vee \neg \forall x \exists z(Q(x,z) \wedge S(z)))$
2. *Schritt*: (Bereiche der Negationszeichen reduzieren)
   $\forall x \forall y((P(x) \wedge R(x,y)) \vee \exists x \forall z(\neg Q(x,z) \vee \neg S(z)))$
3. *Schritt*: (gebundene Umbenennung)
   $\forall x \forall y((P(x) \wedge R(x,y)) \vee \exists u \forall z(\neg Q(u,z) \vee \neg S(z)))$
4. *Schritt*: (Elimination der Existenz-Quantoren)
   $\forall x \forall y((P(x) \wedge R(x,y)) \vee \forall z(\neg Q(g(x,y),z) \vee \neg S(z)))$
5. *Schritt*: (All-Quantoren an den Anfang der Formel)
   $\forall x \forall y \forall z((P(x) \wedge R(x,y)) \vee (\neg Q(g(x,y),z) \vee \neg S(z)))$

9.4.3. Konjunktive Normalformeln

Beim Bilden von pränexen Normalformeln entstanden als Matrix quantorenfreie *Formeln* (QFF), deren Definition man erhält, wenn man in der Definition 6.6 der Formeln die Zeile (3) streicht, die die Quantoren betrifft (vgl. Abschnitt 8.4). Für QFF fallen die elementaren Formeln (Definition 8.23) mit den atomaren Formeln zusammen.

Als letzter Typ von Normalformeln wird jetzt eine Normalform für QFF behandelt.

Definition 9.41: (1) Eine Formel heißt ein *Literal*, wenn sie entweder eine atomare Formel ist oder eine negierte atomare Formel.

(2) Ein *positives* Literal ist eine atomare Formel, und ein *negatives* Literal ist eine negierte atomare Formel.

Definition 9.42: (1) Eine quantorenfreie Formel $M \in \text{FO}$ heißt eine *konjunktive Normalformel* (KNFO), wenn gilt:

$$M = \bigwedge_{i=1}^{k} \bigvee_{j=1}^{d_i} L_{ij},$$

wobei $\bigwedge_{i=1}^{k} A_i$ bzw. $\bigvee_{i=1}^{k} A_i$ Abkürzungen sind für $A_1 \wedge \ldots \wedge A_k$ bzw. $A_1 \vee \ldots \vee A_k$ und die L_{ij} beliebige Literale.

(2) Eine KNFO $K \in \text{FO}$ heißt eine *konjunktive Normalform* (KNF) einer QFF $M \in \text{FO}$, wenn gilt: $M \longleftrightarrow K \in \text{ag}$

Bemerkung: Dual dazu ist ein Typ Normalformeln, den wir hier nicht behandeln werden, die sog. *disjunktiven Normalformeln*, die Disjunktionen von Konjunktionen von Literalen sind, vgl. Ü 9.18.

Beispiel 9.43: Es sei $p \in \text{PS}_1$, $q \in \text{PS}_0$, $r \in \text{PS}_2$, $g \in \text{FS}_1$, $a \in \text{FS}_0$ und $x \in \text{VA}$, dann ist die folgende Formel eine KNFO

$$(p(a) \vee q) \wedge (\neg p(g(x)) \vee \neg q \vee r(x,a))$$

Satz 9.44 *(Satz von der KNF):*

Zu jeder quantorenfreien Formel kann man effektiv eine KNF herstellen.

Beweisskizze: Man beweist den Satz induktiv über den Aufbau von A, wobei beim Induktionsschritt $A \equiv \neg B$ gezeigt werden muß, daß die Negation einer KNFO eine KNF besitzt, und bei $A \equiv B \vee C$, daß die Alternative zweier KNFO ebenfalls eine KNF besitzt. Man beweist dies durch fortgesetzte Anwendung der Regeln von de Morgan, des Distributivgesetzes $(A \vee B) \wedge C \longleftrightarrow (A \wedge C) \vee (A \wedge C) \in \text{ag}$ und der Äquivalenz von $\neg \neg A$ und A.

Für die Herstellung einer KNF für eine vorgelegte QFF M betrachte man folgendes *Verfahren:*

(1) Ersetze alle Vorkommen von Junktoren „$\longrightarrow$" und „$\longleftrightarrow$" durch die Definitionen aus „$\neg$", „$\vee$" und „$\wedge$".

(2) Reduziere die Bereiche der Negationszeichen, d. h. ersetze abwechselnd alle Vorkommen von Teilformeln der Formen
(a) $\neg \neg B$ durch (a') B
(b) $\neg(B \vee C)$ durch (b') $\neg B \wedge \neg C$
(c) $\neg(B \wedge C)$ durch (c') $\neg B \vee \neg C$
bis keine Vorkommen der Formen (a) bis (c) mehr vorhanden sind.

(3) Ersetze alle Vorkommen von Teilformeln der Formen
(a) $B \vee (C \wedge D)$ durch (a') $(B \vee C) \wedge (B \vee D)$
(b) $(B \wedge C) \vee D$ durch (b') $(B \vee D) \wedge (C \vee D)$
bis keine Vorkommen der Formen (a) und (b) mehr vorhanden sind.

Das Resultat dieser Ersetzungen ist eine KNF der QFF M (Beweis!)

Beispiel 9.45: Betrachte die QFF

$$M \equiv (\neg p' t_1 \ldots t_n \longrightarrow r' t'_1 \ldots t'_m) \vee (p' t_1 \ldots t_n \wedge \neg q' t''_1 \ldots t''_s \longleftrightarrow r' t'_1 \ldots t'_m)$$

Es werde abgekürzt $p = p' t_1 \ldots t_n$, $q = q' t_1'' \ldots t_m''$, $r = r' t_1' \ldots t_s'$, und wir erhalten $M = (\neg p \longrightarrow r) \vee (p \wedge \neg q \longleftrightarrow r)$ und wandeln wie folgt um:

1. Schritt: (Elimination von „$\longrightarrow$" und „$\longleftrightarrow$")
$$M \equiv (\neg\neg p \vee r) \vee [(\neg(p \wedge \neg q) \vee r) \wedge (\neg r \vee (p \wedge \neg q))]$$

2. Schritt: (Elimination von $\neg(p \wedge \neg q)$)
$$M' \equiv (\neg\neg p \vee r) \vee [((\neg p \vee \neg\neg q) \vee r) \wedge (\neg r \vee (p \wedge \neg q))]$$
(Elimination von $\neg\neg$)
$$M'' \equiv (p \vee r) \vee [((\neg p \vee q) \vee r) \wedge (\neg r \vee (p \wedge \neg q))]$$

3. Schritt: (Distributivgesetze anwenden)
$$M_1''' \equiv [(p \vee r) \vee ((\neg p \vee q) \vee r)] \wedge [(p \vee r) \vee (\neg r \vee (p \wedge \neg q))]$$
$$M_2''' \equiv [(p \vee r) \vee ((\neg p \vee q) \vee r)] \wedge [(p \vee r) \vee ((\neg r \vee p) \wedge (\neg r \vee \neg q))]$$
$$M_3''' \equiv [(p \vee r) \vee ((\neg p \vee q) \vee r)] \wedge [((p \vee r) \vee (\neg r \vee p)) \wedge ((p \vee r) \vee (\neg r \vee \neg q))]$$
$$K = (p \vee r \vee \neg p \vee q \vee r) \wedge (p \vee r \vee \neg r \vee p) \wedge (p \vee r \vee \neg r \vee \neg q)$$

K ist eine konjunktive Normalform von M.

Übungen zu § 9

Ü 9.1: *Berechnen* Sie durch Rückgriff auf die Definition 9.1 die freien Variablen folgender Terme und Formeln.

(a) $g(h(a,x), y, k(y))$, $g(a, k(b), h(k(a), h(a,b)))$

(b) $p(g(a, k(b), h(k(a), h(a,b))), x)$, $\exists x\, q(x, h(k(a), h(a,b)))$

(c) $\forall x \exists y \forall z\, r(x, g(h(a,x), y, k(y)), y, z)$

Ü 9.2: Beweisen Sie, daß gilt:

(a) $B \longleftrightarrow \exists x B \in \text{ag}$
(b) $B \longleftrightarrow \forall x B \in \text{ag}$ falls $x \notin \mathsf{Fr}(B)$

Ü 9.3: Welche der folgenden Terme sind für x und y in der Formel

$$\forall u \exists v\, p(u, v, y) \longrightarrow \exists z\, q(z, v, x)$$

substituierbar?

(a) $h(a, x)$,   (b) $g(x, y, h(y, v))$,   (c) $k(z)$,   (d) $g(k(u), h(a, x), k(v))$

Geben Sie je eine gebundene Umbenennung an, so daß etwaige nicht substituierbare Terme substituierbar werden.

Ü 9.4: (1) Es seien zwei Substitutionen σ und τ gegeben mit

$$\sigma = \{k(y)|x, s(z)|y\} \quad \text{und} \quad \tau = \{k(s(z))|x, k(y)|y, s(x)|z\}$$

Berechnen Sie $A\sigma\tau$ und $A\tau\sigma$ für folgende Formeln A

(a) $r(x, y, z)$,   (b) $\exists x (p(x, y) \wedge p'(x)) \wedge \forall y (p(x, y) \longrightarrow p'(y))$

Beachten Sie, daß die Terme substituierbar sein müssen, nehmen Sie also, wenn nötig, geeignete gebundene Umbenennungen vor.
(2) Geben Sie Beispiele von Umbenennungen an. Ist ε eine Umbenennung?

Ü 9.5: Drücken Sie die anderen Gesetze des Lemmas 9.12 nach dem Muster der Bemerkung umgangssprachlich aus.

Ü 9.6: Betrachten Sie im Lemma 9.22 den Fall, daß die substituierten Terme Variablen sind.
(a) Machen Sie sich klar, was in diesem Fall die Forderung nach Substituierbarkeit (der Variablen) bedeutet.
(b) Warum heißt dieser Fall *freie Umbenennung*?
(c) Stellen Sie freie und (gebundene) Umbenennung gegenüber und studieren Sie die Unterschiede und die Verwendungsmöglichkeiten.

Ü 9.7: Suchen Sie eine Basis B und eine Struktur $\Sigma = (I, \omega)$ für B, so daß die Namen von B nicht alle Individuen von I ausschöpfen, d. h. zeigen Sie, daß gilt:

$$\{\text{wert}_\Sigma(t,f) \mid t \in \mathsf{TE} - \mathsf{VA} \text{ und } f: \mathsf{VA} \longrightarrow I\} \subsetneq I$$

Ü 9.8: Warum ist Satz 9.24 eine Verallgemeinerung von Satz 9.4?

Ü 9.9: Wir haben den All-Quantor als Abkürzung eingeführt, so daß $\forall x A$ zu $\neg \exists x \neg A$ äquivalent ist. Beweisen Sie $\exists x A \longleftrightarrow \neg \forall x \neg A \in \mathsf{ag}$

Ü 9.10:
(1) Es sei $\Sigma = (\{\xi_1, \xi_2\}, \omega)$ eine Struktur für eine Basis B, so daß $a_i \in \mathsf{FS}_0$ und $\omega(a_i) = \xi_i$ für $i = 1, 2$. Zeigen Sie für beliebige $B \in \mathsf{FO}^\mathsf{B}$
  (1.1) $\exists x B \longleftrightarrow B_x[a_1] \vee B_x[a_2] \in \mathsf{ag}_\Sigma$
  (1.2) $\forall x B \longleftrightarrow B_x[a_1] \wedge B_x[a_2] \in \mathsf{ag}_\Sigma$
Bemerkung: Diese Analogie von Existenz-Quantor und Alternative und von All-Quantor und Konjunktion hat die Schreibweise $\bigvee_x$ und $\bigwedge_x$ bzw. $\vee x$ und $\wedge x$ für die Quantoren motiviert (vgl. Abschnitt 4.6).
(2) Suchen Sie eine Analogie zwischen Lemma 8.21 und den Lemmata 9.31 und 9.32.

Ü 9.11:
(1) Beweisen Sie mit Ü 9.2 aus Lemma 9.28 das Lemma 9.29.
(2) Beweisen Sie aus Lemma 9.30.1b und 2b das Lemma 9.32 und überlegen Sie, woran es liegt, daß in Lemma 9.32 die Umkehrungen nicht gelten, so daß dieses

Lemma also nur ein Quantoren-Einführungsgesetz ist und kein Beseitigungsgesetz.
(3) Finden Sie analog Beispiel 9.33 auch für Gv, Ph und Pv einfache Anwendungen.

Ü 9.12: Betrachten Sie folgende Sätze der Umgangssprache:
(A) Es gibt einen Mann, der schlägt, wenn er betrunken ist, seine Frau.
(B) Unter allen Männern, die betrunken sind, gibt es einen, der seine Frau schlägt.
Formalisieren Sie (A) und (B) und überlegen Sie, ob (A) und (B) äquivalent sind.

Ü 9.13: Bringen Sie die Definition von
(1) (a) $X \in \mathsf{EF}$ (Def. 7.9)   (b) $X \subset \mathsf{ef}$ (Def. 7.2) bzw.
(2) (a) $X \in \mathsf{EF}_\Sigma$ (Def. 7.8)   (b) $X \subset \mathsf{ef}_\Sigma$ (Def. 7.1)
auf die Form   (a) $\exists x \forall y A$ und   (b) $\forall y \exists x A$.
D. h. lösen Sie die Übung am Ende von § 7 erneut unter Benutzung eines geeigneten Quantorengesetzes. Welche Zusammenhänge gelten, wenn X eine Menge von Aussagen ist?

Ü 9.14: Überführen Sie die Formel

$$A = \forall x \forall y (\forall x \forall y P(x,y) \longrightarrow \neg(\forall x P(x,y) \longrightarrow \exists y P(x,y)))$$

in eine PNF.

Ü 9.15:
(1) Überführen Sie die Formel A aus Übung Ü 9.14 in eine UNF.
(2) Überführen Sie bitte die Formel

$$B = \forall x (P(x) \longrightarrow (\forall y (P(y) \longrightarrow P(g(x,y))) \land \neg \forall y (Q(x,y) \longrightarrow P(y))))$$

in eine UNF.

Ü 9.16: Überführen Sie bitte die Matrix der UNF von A und B aus der Übung Ü 9.15 in eine KNF.

Ü 9.17: Wir haben im Abschnitt 9.4.3 konjunktive Normalformeln für quantorenfreie Formeln behandelt. Überlegen Sie sich, wie Sie für *beliebige* Formeln eine KNF definieren können, und verwenden Sie dabei das Lemma 8.24. Wie sehen bei dieser KNF die L_{ij} aus?

Ü 9.18: In der Bemerkung zu Definition 9.42 sind die disjunktiven Normalformeln (DNFO) erwähnt worden. Definieren Sie diese Normalform und entwickeln Sie analog zum Abschnitt 9.4.3 deren Eigenschaften, d. h. „schreiben" Sie einen Abschnitt 9.4.4 Disjunktive Normalformeln.

§ 10. Logisches Schließen als „Rechnen": Folgern — Ableiten

10.1. Problemstellung

Es ist zu Beginn mehrmals betont worden, daß nach moderner Auffassung die Logik nicht von den absoluten Wahrheiten handelt und nicht von der Art und Weise, die Wahrheit einer Behauptung festzustellen, sondern es werden in der Logik die Beziehungen *zwischen* Aussagen studiert. Wichtigste Beziehung ist die Frage: Wann *folgt* eine Aussage aus gegebenen Voraussetzungen?

Andere Bezeichnungsweisen für diese Fragestellung sind: *logisches* oder *inhaltliches* oder *semantisches Folgern* oder *Schließen;* in der älteren Literatur wird Schließen mit *Denken* schlechthin gleichgesetzt.

Beim intuitiven Schließen geht es oft sehr informell zu und man macht — Fehler, gewichtige Fehler manchmal. Ob die Fehlschlüsse logischer Natur sind oder etwa in mangelhafter Beobachtung oder vorschneller Verallgemeinerung oder in einer spezifischen Voreingenommenheit des Schließenden etc. ihre Ursache haben, sei hier außer Betracht gelassen; aber diese Fehler sind Grundlage für manchen wissenschaftlichen Streit und historisch gesehen, mag die Unsicherheit etwa bei einer philosophischen Beweisführung, einem Gottesbeweis z. B., einer der äußeren Anstöße für eine Verbesserung des Schließens gewesen sein. Anhand einiger Textstellen soll verdeutlicht werden, wie sich Logiker die Abhilfe vorstellen.

Leibniz empfindet Denken (speziell das Finden neuer Erkenntnisse) als Aufenthalt in einem Labyrinth und schreibt 1686 als einer der ersten über das Problem der Bewältigung wissenschaftlicher Streitfragen:

> Ich habe gemerkt, daß der Grund, warum wir uns außerhalb der Mathematik so leicht täuschen, und die Geometer in ihren Schlußfolgerungen so glücklich sind, nur der ist, daß man in der Geometrie und den anderen Teilen der abstrakten Mathematik Proben oder fortlaufende Beweise ausführen kann, und zwar nicht nur über den Schlußsatz, sondern auch noch in jedem Augenblick und bei jedem Schritt, den man von den Prämissen aus tut, indem man das Ganze auf Zahlen zurückführt. In der Physik jedoch widerstreitet nach vielen Schlußfolgerungen die Erfahrung oft dem Schlußsatz; indessen berichtigt sie diese Schlußfolgerungen nicht und bezeichnet nicht die Stelle, wo man sich getäuscht hat. In der Metaphysik und der Ethik ist dies viel schlimmer: Oft könnte man hier Erfahrungen über die Schlußsätze nur auf eine sehr unbestimmte Art machen, und bei den Gegenständen der Metaphysik ist die Erfahrung manchmal in diesem Leben ganz unmöglich.
> Das einzige Mittel, unsere Schlußfolgerungen zu verbessern, ist, sie ebenso anschaulich zu machen, wie es die der Mathematiker sind, derart, daß man seinen Irrtum mit den Augen findet und, wenn es Streitigkeiten unter Leuten gibt, man nur zu sagen braucht: „Rechnen wir!" ohne eine weitere Förmlichkeit, um zu sehen, wer recht hat (zitiert nach [LT 71], S. 4).

Er nennt an anderer Stelle gewisse Dinge, durch welche die gegenseitigen Beziehungen von Dingen dargestellt werden, *Charaktere,* wobei die Behandlung der Charaktere leichter ist als die der dargestellten Dinge (vgl. [Can III], S. 33 f.) und präzisiert sein Ziel:

Eine *Charakteristik* (=System von Charakteren — Anm. d. Verf.) *der Vernunft*, kraft derer die Wahrheiten der Vernunft gewissermaßen durch einen Kalkül, wie in der Arithmetik und in der Algebra, so in jedem anderen Bereich, soweit er der Schlußfolgerung unterworfen ist, erreichbar würden (aus einem Brief von 1708, zitiert nach [Bo 62]).

Frege, der 1879 den Plan Leibnizens zu dem uns heute vorliegenden Abschluß gebracht hat, berichtet über seine Ziele:

Das Schließen geht nun in meiner Begriffsschrift nach Art einer Rechnung vor sich. Ich meine dies nicht in dem engen Sinne, als ob dabei ein Algorithmus herrschte, gleich oder ähnlich dem des gewöhnlichen Addierens und Multiplizierens, sondern in dem Sinne, daß überhaupt ein Algorithmus da ist, d. h. ein Ganzes von Regeln, die den Übergang von einem Satze oder von zweien zu einem neuen beherrschen, so daß nichts geschieht, was nicht diesen Regeln gemäß wäre. Meine Absicht ist also auf lückenlose Strenge der Beweisführung und größte logische Genauigkeit gerichtet, daneben auf Übersichtlichkeit und Kürze (zitiert nach [Bo 62]).

Pasch stellt in seinen Vorlesungen über „Neuere Geometrie" (1882) den von Leibniz gerühmten Vorteil der Geometer so dar:

Es muß in der That, wenn anders die Geometrie wirklich deductiv sein soll, der Process des Folgerns überall unabhängig sein vom *Sinn* der geometrischen Begriffe, wie er unabhängig sein muß von den Figuren; nur die in den benutzten Sätzen, beziehungsweise Definitionen niedergelegten *Beziehungen* zwischen den geometrischen Begriffen dürfen in Betracht kommen. Während der Deduction ist es zwar statthaft und nützlich, aber *keineswegs nöthig*, an die Bedeutung der auftretenden geometrischen Begriffe zu denken; so dass geradezu, wenn dies nöthig wird, daraus die Lückenhaftigkeit der Deduction und (wenn sich die Lücke nicht durch Abänderung des Raisonnements beseitigen lässt) die Unzulänglichkeit der als Beweismittel vorausgeschickten Sätze hervorgeht (zitiert nach [Jø 31], S. 146).

In jüngerer Zeit schreiben *Hilbert* und *Bernays* in ihren „Grundlagen der Mathematik" (1934) unter der Kapitelüberschrift: „Die Formalisierung des logischen Schließens":

Das logische Schließen soll nachgebildet werden durch ein äußeres Handeln nach bestimmten Regeln... (Wir schalten) die inhaltliche Bedeutung der logischen Verknüpfungen und der Schlußfolgerungen aus und ziehen nur deren formale Struktur in Betracht ([HB I], S. 45).

Der Mitverfasser der „Principia Mathematica" *Whitehead* geht schließlich soweit, zu behaupten:

Denkvorgänge sind wie Kavallerie-Attacken in einer Schlacht: sie sind in ihrer Häufigkeit streng beschränkt, sie erfordern frische Pferde und dürfen nur in entscheidenden Momenten gemacht werden... Die Zivilisation schreitet voran, indem sie die Anzahl der wichtigen Operationen ausdehnt, die man ausführen kann, ohne über sie nachzudenken ([Wh 58], S. 35f.).

Um die von Whitehead angesprochene Tendenz zu verdeutlichen, geben wir ein Beispiel dafür an, wie weitgehend inhaltliches Denken heutzutage durch formales Operieren ersetzt werden kann:

§ 10. Logisches Schließen als „Rechnen": Folgern — Ableiten

Die Gleichung $\frac{-1}{1} = \frac{1}{-1}$ wurde von Leibniz inhaltlich verworfen, formal aber als nützliche Identität für die Mathematik angesehen, wie alle „imaginären Größen" schlechthin.

Woher speist sich diese für uns nicht mehr nachvollziehbare Haltung?

Man argumentierte damals: -1 ist kleiner als 1, also kann sich ein Kleineres zu einem Größeren, nämlich $\frac{-1}{1}$, nicht genauso verhalten wie ein Größeres zu einem Kleineren, nämlich $\frac{1}{-1}$ (vgl. dazu [Can III], S. 367).

Mindestens seit dem ausgehenden 17. Jahrhundert plant man also, das intuitive Schließen durch äußerliche, formale Regeln adäquat zu ersetzen.

Andere Sprechweisen dafür sind: *syntaktisches* oder *mechanisches* Folgern oder *Ableiten* oder *Deduzieren* oder Beweisen.

Die mathematische Logik war lange Zeit auf das Problem eines mechanischen Explikats[5] des intuitiven Schließens ausgerichtet. Erst um 1930 herum hat man sich an ein inhaltliches Explikat herangewagt, weil dieser Bereich als hochphilosophisch verschrien war und er sich „daher" einer Präzisierung widersetzen würde. Tarski hat um diese Zeit eine *Definition* der „Wahrheit" gegeben und das Folgern präzisiert, als eine unabhängige Nachentdeckung einer Formulierung von Bolzano (ca. 1810).

Heute geht man in Darstellungen der Logik meist so vor, daß man das inhaltliche und mechanische Explikat des Schließens nebeneinander einführt und die gegenseitigen Beziehungen untersucht.

Wir werden im nächsten Abschnitt (10.2.) den inhaltlichen Folgerungsbegriff präzisieren, danach Schließen als „Rechnen" (Abschnitt 10.3.). Wenn man ausschließlich „Rechen"-Regeln betrachtet, ist ein Kriterium für die Sinnhaftigkeit eines so gewonnenen Kalküls nötig, die sog. (syntaktische) Widerspruchsfreiheit, die im Abschnitt 10.4. kurz betrachtet wird.

10.2. Der semantische Folgerungsbegriff

Wir wenden uns nun der vorerst wichtigsten Frage zu, deren Kontext im vorigen Abschnitt behandelt wurde:

Unter welchen Umständen folgt eine Behauptung $A \in \mathsf{FO}$ aus einer Menge von Voraussetzungen $X \subset \mathsf{FO}$?

Wir können diese Fragestellung mit den schon bereitgestellten logischen Mitteln angehen und untersuchen dazu einige typische Schlußweisen von Mathematikern.

---

[5] Mit *Explikation* bezeichnet man die Bemühung, einen recht allgemeinen, aber vage und intuitiv vorliegenden Begriff adäquat in mathematische Begriffe zu fassen. Das (mathematische) Ergebnis dieser Bemühung heißt *Explikat*. Beispiele: Was ist eine *Zahl*? Was heißt *berechenbar*? Was ist *Stetigkeit* bei Funktionen?

10.2.1. Wir beginnen mit dem

Beispiel 10.1: Als Aussagen über ganze Zahlen wird ein Mathematiker folgendes anerkennen:

(F1')   Aus $X = \{(x \cdot y \text{ teilt } z)\}$ folgt $A = (x \text{ teilt } z \text{ und } y \text{ teilt } z)$
(F2')   Aus $X = \{(x + y = y + x)\}$ folgt $A = (3 + 5 = 5 + 3)$

Bei genauer Betrachtung wird man wie folgt definieren müssen:

(F1) A folgt 1 aus X in Σ : $\iff$ Für alle Zustände $f: \mathsf{VA} \longrightarrow I$ gilt:
$$(\text{Wert}_\Sigma(B, f) = \mathsf{W} \text{ für alle } B \in X$$
$$\implies \text{Wert}_\Sigma(A, f) = \mathsf{W})$$
(F2) A folgt 2 aus X in Σ : $\iff (X \subset \mathsf{ag}_\Sigma \implies A \in \mathsf{ag}_\Sigma)$

Und wann würden wir von einer *logischen* Folgerung reden? Doch dann, wenn die Folgerungsbeziehung zwischen X und A *nicht* aus Verhältnissen heraus besteht, die, wie oben, einer speziellen Struktur Σ zuzuschreiben sind, sondern wenn sie stets gilt, d. h. in allen Strukturen Σ besteht.

(F) A folgt logisch aus X : $\iff$ Für alle Strukturen Σ folgt A aus X in Σ, wobei hier einer der beiden oben definierten Folgerungsbegriffe für Σ stehen kann.

Wir werden nicht beide Möglichkeiten der Präzisierung weiter behandeln, sondern machen (F2) zur Grundlage. In [He 72] wird der Folgerungsbegriff gemäß (F1) als Ausgangspunkt genommen. Wir wollen die Gründe für die Auswahl hier nicht darlegen, sondern verweisen auf die Übung Ü 10.6, in der der Folgerungsbegriff (F1) näher betrachtet wird.

Da mit dem Folgerungsbegriff (F2) ein neuer Gesichtspunkt des bereits Behandelten in den Vordergrund gestellt wird, führt man dafür in der Logik-Literatur eigene Namen ein.

Definition 10.2: Eine Struktur Σ heißt ein *Modell* einer Formelmenge X, wenn die Formelmenge X in Σ gilt, d. h. $X \subset \mathsf{ag}_\Sigma$,
in Zeichen: $\Sigma \in \text{Mod}(X)$
Bemerkung: (i) $\text{Mod}(X) \subset \mathsf{St}^\mathsf{B}$ ist also die Klasse der Modelle von X
  (ii) Anstelle von $\text{Mod}(\{A\})$ schreiben wir kürzer $\text{Mod}(A)$
  (iii) $\text{Mod}: 2^{\mathsf{FO}^\mathsf{B}} \longrightarrow 2^{\mathsf{St}^\mathsf{B}}$ ist eine Abbildung

Mit dem Modell-Begriff schreibt sich (F):

A folgt logisch aus $X \iff \text{Mod}(X) \subset \text{Mod}(A)$
und man legt fest:

Definition 10.3: Eine Formel A heißt eine *logische Folgerung* aus einer Formelmenge X, wenn alle Modelle von X auch Modelle von A sind,
in Zeichen: $A \in \mathsf{Fl}(X)$, in der Literatur auch häufig: $X \vDash A$ oder $X \Vdash A$
Bemerkung: (i) $\mathsf{Fl}(X) \subset \mathsf{FO}$ heißt *Folgerungsmenge* von X
  (ii) Anstelle von $\mathsf{Fl}(\{A\})$ schreiben wir kürzer $\mathsf{Fl}(A)$

§10. Logisches Schließen als „Rechnen": Folgern — Ableiten

(iii) Fl: $2^{FO} \longrightarrow 2^{FO}$ ist eine Abbildung
(iv) Es gilt: $Y \subset Fl(X) \Longleftrightarrow Mod(X) \subset Mod(Y)$

Beispiel 10.4: (1) B folgt logisch aus $\{A \longrightarrow B, A, \neg B\}$
 in Zeichen: $B \in Fl(\{A \longrightarrow B, A, \neg B\})$
(2) $\neg A \in Fl(\{A \longrightarrow B, A, \neg B\})$
(3) $A_x[t] \in Fl(A)$ für alle $t \in TE$
Der Leser überlege sich die Begründungen für diese Behauptungen.

10.2.2. Wir werden nun die bisherigen Ergebnisse in diese neue Sprechweise umdeuten und elementare Eigenschaften des Folgerns herausstellen, wobei dem Leser die Beweise aus vorhandenen Sätzen überlassen bleiben.

Lemma 10.5: (1) *Jede Struktur ist Modell der leeren Menge, d. h.* $St^B = Mod(\emptyset)$.
(2) *Für jede Struktur Σ ist Σ ein Modell der in Σ gültigen Formeln, d. h.* $\Sigma \in Mod(ag_\Sigma)$.
Es gibt also überhaupt Mengen, die ein Modell haben.
(3) *Eine Formel ist genau dann allgemeingültig, wenn jede Struktur ein Modell dieser Formel ist, d. h.* $A \in ag \Longleftrightarrow St^B = Mod(A)$.

Lemma 10.6: (1) $Mod(A \wedge B) = Mod(A) \cap Mod(B)$ *für* $A, B \in FO$
(2) *Es seien A und B Aussagen, dann gilt:*
 $Mod(A \vee B) = Mod(A) \cup Mod(B)$
(3) *Es sei A eine Aussage, dann gilt*
 $Mod(\neg A) = St^B - Mod(A)$
 d. h. $Mod(A) \cap Mod(\neg A) = \emptyset$
 $Mod(A) \cup Mod(\neg A) = St^B$
(4) *Es seien X und Y Mengen von Formeln, dann gilt:*
 $Mod(X \cup Y) = Mod(X) \cap Mod(Y)$

Beweis: mit Lemma 8.13, 9.7.1, 8.1, Def. von Mod

Lemma 10.7: *Die kleinere Menge Formeln hat die größere Menge von Modellen, d. h.*
 $X \subset Y \Longrightarrow Mod(Y) \subset Mod(X)$
Bemerkung: (i) Man nennt Abbildungen mit der obigen Eigenschaft *antiton* bezüglich $\subset$, also ist Mod eine antitone Abbildung.
(ii) Andere Fassungen von Lemma 10.7 sind:
— Jedes Modell einer Obermenge von X ist auch ein Modell von X
— Hat eine Menge Y ein Modell, so hat auch jede Teilmenge von Y ein Modell
— $Mod(Z \cup X) \subset Mod(X)$ für alle $X, Z \subset FO$

Beweis: Def. von Mod

Lemma 10.8: *Die allgemeingültigen Formeln sind genau die Formeln, die voraussetzungslos logisch gefolgert werden können, d. h.* $\text{ag} = \text{Fl}(\emptyset)$

Beweis mit Lemma 10.5.1

Lemma 10.9: (1) *Alle Voraussetzungen können gefolgert werden.*

$$X \subset \text{Fl}(X)$$

(2) *Eine größere Menge Voraussetzungen hat eine größere Menge Folgerungen*

$$X \subset Y \implies \text{Fl}(X) \subset \text{Fl}(Y)$$

Beweis: exemplarisch für (2)

Es sei $X \subset Y$ und $A \in \text{Fl}(X)$. Nach Def. der Folgerungen ist also jedes Modell von X auch ein Modell von A. Wegen Lemma 10.7 und der Vor. $X \subset Y$ hat Y weniger Modelle als X. Also sind alle Modelle von Y erst recht Modelle von A, mithin $A \in \text{Fl}(Y)$.

Wir haben diesen Beweis absichtlich in der Umgangssprache geführt, um den Vorteil der hier verwendeten Symbolisierung deutlicher werden zu lassen; ein Beweis in der hier verwendeten Symbolik lautet wie folgt:

$$A \in \text{Fl}(X) :\iff \text{Mod}(X) \subset \text{Mod}(A)$$
$$\implies \frac{\text{Mod}(Y) \subset \text{Mod}(X)}{\text{Mod}(Y) \subset \text{Mod}(A)} \quad \text{(mit Lemma 10.7, weil } X \subset Y\text{)}$$
$$\iff A \in \text{Fl}(Y)$$

Die Beweise der folgenden Lemmata seien als Übung empfohlen.

Lemma 10.10: *Die Modelle von X sind genau die Modelle der Folgerungsmenge von X*

$$\text{Mod}(X) = \text{Mod}(\text{Fl}(X))$$

Lemma 10.11: *Aus der Menge aller Folgerungen aus Voraussetzungen können keine neuen Folgerungen gezogen werden*

$$\text{Fl}(\text{Fl}(X)) \subset \text{Fl}(X)$$

Korollar: $\text{Fl}(\text{Fl}(X)) = \text{Fl}(X)$

Für Abbildungen $G: 2^M \longrightarrow 2^M$ heißt die Eigenschaft
(1) $X \subset G(X)$ *Extensivität* (nicht Extensionalität!)
(2) $X \subset Y \implies G(X) \subset G(Y)$ *Isotonie*
(3) $G(G(X)) = G(X)$ *Idempotenz*

Extensive, isotone und idempotente Abbildungen heißen *Hüllenoperatoren*[6], und wir können wegen Lemma 10.9 und 10.11 sagen, daß Fl ein Hüllenoperator ist.

Lemma 10.12: *Die in einer Struktur Σ gültigen Formeln stimmen mit ihrer Folgerungsmenge überein, d. h.* $\text{ag}_\Sigma = \text{Fl}(\text{ag}_\Sigma)$

Beweis mit Lemma 10.5.2, 10.9.1

Lemma 10.13: *Die Folgerungsmenge von X ist die größte Menge, die die gleichen Modelle wie X hat, d. h.*
(1) $\text{Mod}(X) = \text{Mod}(\text{Fl}(X))$
(2) $\text{Mod}(X) = \text{Mod}(Y) \Longrightarrow Y \subset \text{Fl}(X)$

Die beiden nun folgenden Lemmata zeigen, daß die in der Kunstsprache vorgenommene *Formalisierung* des Schließens („$\longrightarrow$") verträglich ist mit der semantischen *Präzisierung* auf der Meta-Ebene („Fl"):

Lemma 10.14: *Ist aus einer Formelmenge eine Implikation $A \longrightarrow B$ folgerbar, so ist unter der zusätzlichen Voraussetzung von A auch B folgerbar:*

$$A \longrightarrow B \in \text{Fl}(X) \Longrightarrow B \in \text{Fl}(X \cup \{A\})$$

Ist $X = \emptyset$, so gilt also $A \longrightarrow B \in \text{ag} \Longrightarrow B \in \text{Fl}(A)$

Beweis: Def. von Fl und ABTR

Lemma 10.15: *Ist aus einer Formelmenge unter zusätzlicher Voraussetzung einer Aussage A die Formel B folgerbar, so ist aus der Ausgangsmenge allein die Implikation $A \longrightarrow B$ folgerbar:*

$$B \in \text{Fl}(X \cup \{A\}) \Longrightarrow A \longrightarrow B \in \text{Fl}(X) \quad \text{wobei } A \text{ eine Aussage ist.}$$

Ist $X = \emptyset$, so gilt also $B \in \text{Fl}(A) \Longrightarrow A \longrightarrow B \in \text{ag}$

Der nicht sehr schwierige *Beweis* kann im Anhang Teil (E) nachgelesen werden.

10.2.3. Der Leser überzeuge sich, daß folgende „Kette" gilt:

(F1) $A \longrightarrow B \in \text{ag} \Longrightarrow$ (F2) $\begin{Bmatrix} \text{Für alle } \Sigma \in \text{St}^B \text{ ist} \\ (A \in \text{ag}_\Sigma \Longrightarrow B \in \text{ag}_\Sigma) \end{Bmatrix} \Longrightarrow$ (F3) $(A \in \text{ag} \Longrightarrow B \in \text{ag})$

wobei (F1) $\Longleftrightarrow$ (F2) gilt, falls A eine *Aussage* ist (vgl. auch Ü 10.6), und die Umkehrung (F3) $\Longrightarrow$ (F2) i. a. falsch ist.

---

[6] Hüllenoperatoren treten in vielen Gebieten der Mathematik auf und sind schon ausführlich studiert worden, vgl. [Bi 67], chapter V.

Diese Kette sagt etwas über die Art und Weise aus, *wie* man aus A als Voraussetzung die Formel B beweisen kann, nämlich: es sei $\text{Wert}_\Sigma(A,f)=\text{W}$

(F1) sagt: man kann B beweisen unter Beibehaltung von Σ und f, also $\text{Wert}_\Sigma(B,f)=\text{W}$ gilt.

(F2) sagt: man kann B beweisen mit dem gleichen Σ, aber mit einem neuen Zustand f', also $\text{Wert}_\Sigma(B,f')=\text{W}$ gilt.

(F3) sagt: man braucht für den Beweis von B eine neue Struktur Σ' und einen Zustand f', also $\text{Wert}_{\Sigma'}(B,f')=\text{W}$ gilt.

Beispiel 10.16:

(F1): $(A \longrightarrow B) \wedge (B \longrightarrow C) \longrightarrow (A \longrightarrow C) \in \text{ag}$ (Lemma 8.8)

(F2): $A \in \text{ag}_\Sigma \Longrightarrow A_x[t] \in \text{ag}_\Sigma$ (Lemma 9.22)

(F3): Wenn man den Satz von der universellen Normalform (Satz 9.39) negiert, erhält man:

$$A \in \text{ag} \iff \neg U(\neg A) \in \text{ag},$$

wobei die Negation einer UNFO eine sog. existenzielle Normalform ist, die im Präfix nur Existenz-Quantoren enthält (vgl. [Sh 67]).

Bemerkung: Wenn A in Σ gilt, dann $\neg U(\neg A)$ in einer Erweiterung Σ^E.

Die eingangs betrachtete Schlußkette gibt also eine Übersicht über die Stärke der jeweils erzielten Resultate.

Wir schreiben nun ein einfach zu beweisendes Lemma auf, das es erlaubt, Ergebnisse, die vorher für ag bzw. ag_Σ bewiesen worden sind, auf Mod und Fl zu übertragen, wovon wir laufend stillschweigend Gebrauch machen werden.

Lemma 10.17: *Folgende drei Aussagen sind äquivalent:*

(F2) $(A \in \text{ag}_\Sigma \Longrightarrow B \in \text{ag}_\Sigma)$ *für alle Strukturen Σ*

(2) $\text{Mod}(A) \subset \text{Mod}(B)$,   d. h. $B \in \text{Fl}(A)$

(3) $(A \in \text{Fl}(X) \Longrightarrow B \in \text{Fl}(X))$ *für alle Mengen $X \subset \text{FO}$*

Beweis: Übung für den Leser

Beispiel 10.18: Man erhält aus Lemma 9.21
   (a) $\text{Mod}(A) = \text{Mod}(\forall x A)$
   (b) $\text{Fl}(A) = \text{Fl}(\forall x A)$;
aus Lemma 8.13 erhält man
   $A \in \text{Fl}(X)$ und $B \in \text{Fl}(X) \iff A \wedge B \in \text{Fl}(X)$
usw.

10.2.4. Ein anderer Präzisierungsversuch des logischen Folgerns stammt aus der gleichen Zeit wie der hier behandelte. Carnap definiert:

(C) A folgt logisch aus $X :\Longleftrightarrow X \cup \{\neg A\}$ ist „widersprüchlich"

Wir wollen hier nicht darauf eingehen, wie Carnap „widersprüchlich" definiert hat[7], sondern wollen den Versuch unternehmen, mit unseren Mitteln diesen Begriff zu charakterisieren:

Intuitiv nennt man doch eine Menge von Formeln „widersprüchlich", wenn sie selbst einen Widerspruch enthält oder aus ihr ein Widerspruch gefolgert werden kann, also

$$X \text{ „widersprüchlich"} :\Longleftrightarrow \text{ Es gibt ein } A \in \text{FO mit } A \wedge \neg A \in \text{Fl}(X)$$

Es gilt aber: $A \wedge \neg A \in \text{Fl}(X) \Longleftrightarrow \text{Mod}(X) \subset \text{Mod}(A \wedge \neg A)$, wobei $\text{Mod}(A \wedge \neg A) = \text{Mod}(A) \cap \text{Mod}(\neg A) = \emptyset$, also $\text{Mod}(X) = \emptyset$. X ist demnach genau dann „widersprüchlich", wenn X kein Modell hat.

Definition 10.19: Eine Menge X von Formeln, heißt *semantisch widerspruchsfrei*, wenn für alle Formeln A gilt:

$$A \wedge \neg A \notin \text{Fl}(X)$$

Für *nicht semantisch widerspruchsfrei* sagen wir auch *semantisch widerspruchsvoll*.

Satz 10.20: *Folgende Aussagen sind äquivalent:*
(1) X ist semantisch widerspruchsfrei
(2) X hat ein Modell: $\text{Mod}(X) \neq \emptyset$
(3) Nicht jede Formel ist aus X folgerbar: $\text{Fl}(X) \subsetneq \text{FO}$
(4) Ist eine Formel aus X folgerbar, dann ist die Negation dieser Formel nicht aus X folgerbar: $B \in \text{Fl}(X) \Longrightarrow \neg B \notin \text{Fl}(X)$ für alle $B \in \text{FO}$

Beweis: (1) $\Longleftrightarrow$ (4) Lemma 8.13   (1) $\Longleftrightarrow$ (2) Vorspann,
(1) $\Longrightarrow$ (3) klar   (3) $\Longrightarrow$ (2) Def. von Fl

Carnaps Definitionsversuch (C) auf unsere Verhältnisse übertragen lautet:

Lemma 10.21: *Für alle Aussagen A gilt:*

$$A \in \text{Fl}(X) \Longleftrightarrow X \cup \{\neg A\} \text{ ist semantisch widerspruchsvoll}$$

---

[7] Tarski hat Carnaps Definition kritisiert und als Verbesserungsvorschlag die Folgerung gemäß unserer Definition 10.3 eingeführt, vgl. [Ta 36b].

88 Kapitel 4. Eigenschaften der Prädikatenlogik

Beweis: mit Lemma 10.6.4 und, weil wegen $\text{Mod}(A) \cap \text{Mod}(\neg A) = \emptyset$, gilt:

$$\text{Mod}(X) \subset \text{Mod}(A) \iff \text{Mod}(X) \cap \text{Mod}(\neg A) = \emptyset$$

10.2.5. Wir haben bisher die Mengen von Formeln, die beim Folgern als Voraussetzungen dienen, noch nicht genauer betrachtet.

Ausgangspunkt dazu sei ein Lemma, das die Folgerungsmenge, die Modellmenge und Mengen von in Strukturen gültigen Formeln in Beziehung setzt.

Lemma 10.22: $\text{Fl}(X) = \bigcap_{\Sigma \in \text{Mod}(X)} \text{ag}_\Sigma$ *für alle* $X \subset \text{FO}$

d.h. die Folgerungsmenge von X enthält genau die Formeln (= Gesetze), die in allen Strukturen gelten, die Modell von X sind.

Beweis: $\text{Mod}(X) \subset \text{Mod}(A) \iff$ für alle $\Sigma \in \text{Mod}(X)$ ist $A \in \text{ag}_\Sigma$

Es ist eine bekannte Feststellung, daß es sehr elegant, logisch befriedigend und effizient ist, wenn es gelingt, alle in einer Struktur Σ gültigen Sätze ag_Σ als folgerbar aus einer einfachen Menge X von Formeln darzustellen, also

$$\text{Fl}(X) = \text{ag}_\Sigma$$

Gesucht ist also z. B. eine Menge X von Formeln, aus der *alle* in den reellen Zahlen gültigen Gesetze folgerbar sind.

Trivialerweise ist ag_Σ solch ein X, denn es gilt $\text{Fl}(\text{ag}_\Sigma) = \text{ag}_\Sigma$. Man wird also im konkreten Studium eines Bereichs so lange nach einfachen Teilmengen X von ag_Σ suchen, bis man eine hinreichend einfache Menge gefunden hat, die man als kompakt ausgedrückten Inhalt von ag_Σ auffassen kann.

Betrachtet man nicht eine einzelne Struktur (wie etwa „die" reellen Zahlen), sondern eine ganze Klasse von Strukturen $\mathfrak{A} \subset \text{St}^B$ (etwa alle Gruppen, alle Verbände etc.), so sucht man in Anbetracht von Lemma 10.22 eine Menge X von Formeln so, daß X gerade $\mathfrak{A}$ als Modellmenge hat, daß also $\text{Mod}(X) = \mathfrak{A}$ gilt. Denn dann enthält $\text{Fl}(X)$ genau die Formeln, die in *allen* Strukturen der Klasse $\mathfrak{A}$ gelten, so daß X quasi das Gemeinsame der Strukturen in $\mathfrak{A}$ darstellt. Man nennt solche Mengen von Formeln Axiomensysteme oder kurz Axiome.

Definition 10.23: Eine entscheidbare[8] Menge von Formeln X heißt ein *Axiomensystem* für eine Klasse $\mathfrak{A} \subset \text{St}^B$ von Strukturen, wenn $\text{Mod}(X) = \mathfrak{A}$ gilt.

---

[8] Eine Menge soll im (intuitiven) Sinne entscheidbar heißen, wenn für jedes Objekt eines gegebenen Bereichs in endlich vielen Handlungsschritten beantwortet werden kann, ob es zu dieser Menge gehört oder nicht.

§ 10. Logisches Schließen als „Rechnen": Folgern — Ableiten 89

Bemerkung: (i) Ist X ein Axiomensystem für $\mathfrak{A}$, dann ist

$$\text{Fl}(X) = \bigcap_{\Sigma \in \mathfrak{A}} \text{ag}_\Sigma$$

(ii) X ist Axiomensystem für $\text{Mod}(X)$

Beispiel 10.24: Studieren Sie bitte in einem beliebigen Analysis-Lehrbuch die Axiome für „die" reellen Zahlen.

10.2.6. Zusammenfassend sei das Verhältnis der eingeführten Begriffe zueinander an der folgenden Skizze verdeutlicht:

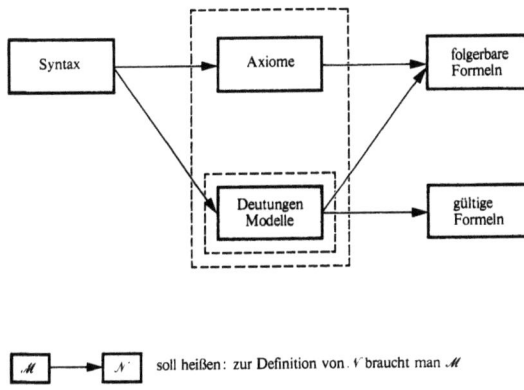

$\boxed{\mathcal{M}} \longrightarrow \boxed{\mathcal{N}}$ soll heißen: zur Definition von $\mathcal{N}$ braucht man $\mathcal{M}$

10.3. Das syntaktische Ableiten

10.3.1. Einführung

Als Abhilfe für Fehler, die man beim Schließen machen kann, ist, wie in Abschnitt 10.1 berichtet, vorgeschlagen worden, den Übergang von Voraussetzungen zu Folgerungen *nicht* von inhaltlichen Eigenschaften der beteiligten Formeln abhängig zu machen, wie das in Abschnitt 10.2 geschehen ist, sondern allein von deren äußerer Form, der Gestalt der Zeichen, aus denen sie gebildet sind.

Man könnte beliebige Äußerlichkeiten auswählen, z. B. wäre als ein „erlaubter" Übergang denkbar:
(N) Hat man eine Formel der Gestalt $A \vee B$ schon erhalten, wobei A und B beliebige Formeln sein dürfen, so kann man zu der Formel $\neg A$ übergehen.

Nun will man aber mit dieser Maßnahme das inhaltliche Schließen ersetzen, also darf man keine Übergänge zulassen, die inhaltlich betrachtet keine logischen Schlüsse sind. Wir haben demnach die Aufgabe
(a) die Folgerungsmengen Fl(X) mechanisch durch Äußerlichkeiten zu erfassen und können dabei
(b) all jene Gesetze der Logik verwenden, die wir bisher semantisch bewiesen haben.

Beispiel 10.25:

(1) Von $A \longrightarrow B$ und A kann man übergehen auf B (wegen ABTR)
(2) Von $A \longrightarrow B$ kann man übergehen zu $\forall x A \longrightarrow B$ (wegen Gv)

Was bisher als „zulässiger (mechanischer) Übergang" bezeichnet wurde, wird in der folgenden Definition präzisiert:

Definition 10.26: Eine Abbildung R: $FO^n \longrightarrow \{W, F\}$ heißt eine *Ableitungsregel*, wenn gilt:
(1) $n \geqslant 2$
(2) R ist berechenbar[9]
Ist $R(A_1, ..., A_{n-1}, B) = W$, so sprechen wir von einer *erlaubten Anwendung der Regel* R auf die sog. *Prämissen* $A_1, ..., A_{n-1}$ mit dem Resultat *(Konklusion)* B. $A_1, ..., A_{n-1}$ heißen die *Vorgänger* von B. B heißt *Nachfolger* von $A_1, ..., A_{n-1}$.

Beispiel 10.27:

(1) $\qquad R': (FO \times FO) \times FO \longrightarrow \{W, F\}$

mit $R'(M, N, O) = W :\Longleftrightarrow M = A \longrightarrow B, N = A, O = B$ (für $A, B \in FO$)

(2) $\qquad R'': FO \times FO \longrightarrow \{W, F\}$

mit $R''(M, N) = W :\Longleftrightarrow M = A \longrightarrow B, N = \forall x A \longrightarrow B$ (für $A, B \in FO$)

Wenn man Ableitungsregeln formal als Operationen auf Zeichenreihen definiert, ist jeglicher Zusammenhang mit *semantischen* Eigenschaften verloren. Da wir aber diese syntaktischen Operationen für semantische Zwecke brauchen, wollen wir sagen, daß eine solche Ableitungsregel korrekt heißt, wenn sie aus folgerbaren Formeln wieder eine folgerbare Formel liefert, was gleichbedeutend damit ist, daß die Konklusion einer korrekten Regel eine logische Folgerung aus den Prämissen ist.

---
[9] Genaueres siehe Abschnitt 12.4.

§10. Logisches Schließen als „Rechnen": Folgern — Ableiten

Definition 10.28: Es sei $R: FO^n \longrightarrow \{W, F\}$ eine Ableitungsregel. R heißt *korrekt* (engl. sound), wenn für alle $X \subset FO$ und alle $A_1, \ldots, A_{n-1}, B \in FO$ gilt:

$$R(A_1, \ldots, A_{n-1}, B) = W \text{ und } A_1, \ldots, A_{n-1} \in Fl(X) \implies B \in Fl(X)$$

Lemma 10.29: R *korrekt* $\iff$ *Für alle* $A_1, \ldots, A_{n-1}, B \in FO$ *mit* $R(A_1, \ldots, A_{n-1}, B) = W$
gilt: $B \in Fl(\{A_1, \ldots, A_{n-1}\})$

Beweis: Übung für den Leser

Bemerkung: Die Regeln R' und R'' aus den Beispielen 10.25 und 10.27 sind korrekt, (N) ist nicht korrekt.

Wir wollen Folgerungsmengen $Fl(X)$ durch mechanisches Ableiten beschreiben und werden natürlich nicht alle möglichen Ableitungsregeln betrachten, sondern einige wenige *geeignet* auswählen; darüber hinaus wird man die Ausgangsvoraussetzungen, aus denen abgeleitet werden soll, möglichst einfach gestalten wollen. Im nächsten Unterabschnitt werden wir beides angeben, wobei sich die Auswahl der vorauszusetzenden Formeln (= Axiome) und erlaubten Regeln vom Ende des §11 (Vollständigkeitssatz) her motiviert, d.h. sie muß jetzt noch willkürlich erscheinen. Die wichtigsten Fragen, die sich stellen:

(1) Sind alle abgeleiteten Formeln gültig?
    (kann man schon jetzt beantworten: wenn die Ausgangsmenge gültig, die Regeln korrekt sind, sind die abgeleiteten Formeln gültig (siehe Satz 10.31)).
(2) Kann man alle gültigen Formeln auch ableiten?
    (der Beantwortung dieser schwierigen Frage ist der gesamte §11 gewidmet)

Wenn man sich die Definition 10.28 der Korrektheit einer Ableitungsregel anschaut, wird man sagen, daß damit *logische* Korrektheit definiert ist und außer Acht gelassen ist, daß es Regeln gibt, die nur in einer bestimmten Struktur Σ gelten, die also nicht allgemeingültig, sondern „theoriespezifisch" sind. Um also ag_Σ mechanisch zu beschreiben, muß man diese Ableitungsregeln unbedingt dabeihaben, weil sie ja gerade die speziellen Eigenschaften von Σ wiedergeben. Eine einfache Überlegung zeigt jedoch, daß jede dieser Regeln in ein Axiom dieser Theorie verwandelt werden kann, so daß die erzeugte Formelmenge unverändert bleibt:
Es sei $R: FO^n \longrightarrow \{W, F\}$ eine in Σ korrekte Ableitungsregel, das heißt

$$R(A_1, \ldots, A_{n-1}, B) = W \text{ und } A_1, \ldots, A_{n-1} \in ag_\Sigma \implies B \in ag_\Sigma$$

Dann erzielt man den gleichen Effekt, wenn man die Formel $A_1 \longrightarrow (A_2 \longrightarrow \ldots \longrightarrow (A_{n-1} \longrightarrow B) \ldots)$ zu den Axiomen hinzunimmt; denn hat man $A_1, \ldots, A_{n-1}$ schon abgeleitet, so kann man durch $(n-1)$-malige Anwendung der Regel R' aus Beispiel 10.27.1 auch B ableiten. Das heißt man kann bei geeigneter Wahl von (logisch) korrekten Regeln und Axiomen die Wirkung von theoriespezifischen Regeln simulieren. Wir haben also die einfache Situation, daß *eine* Menge von Ableitungsregeln für alle Theorien ausreicht.

10.3.2. Ableitungsregeln und eine Axiomenmenge für die Prädikatenlogik

Wir definieren nun genau, was es heißt, mit Ableitungsregeln aus einer Anfangsmenge neue Formeln abzuleiten.

Definition 10.30: Es sei eine Menge $\mathcal{R}$ von Ableitungsregeln gegeben. Dann sei eine Abbildung $\text{Ab}_\mathcal{R}: 2^{\text{FO}} \longrightarrow 2^{\text{FO}}$ wie folgt definiert:
Es sei $X \subset \text{FO}$ beliebig.
$\text{Ab}_\mathcal{R}(X)$ ist die kleinste Menge Y, für die gilt:
(1) $X \subset Y$
   (d.h. die Ausgangsmenge ist ableitbar)
(2) Es seien $A_1, \ldots, A_{n-1} \in Y$ und $R(A_1, \ldots, A_{n-1}, B) = W$ für eine Ableitungsregel $R \in \mathcal{R}$.
   Dann gilt: $B \in Y$
   (d.h. sind $A_1, \ldots, A_{n-1}$ schon abgeleitet und sind dies zusammen mit B erlaubte Argumente für eine Regel aus $\mathcal{R}$, so kann B abgeleitet werden).
$\text{Ab}_\mathcal{R}(X)$ heißt *Menge der aus X durch $\mathcal{R}$ ableitbaren Formeln* und $\text{Ab}_\mathcal{R}$ *Ableitungsoperator*.

Satz 10.31 *(Korrektheit von $\text{Ab}_\mathcal{R}$):*
Es sei $Y \subset \text{ag}$ und $X \subset \text{FO}$, ferner $\mathcal{R}$ eine Menge korrekter Ableitungsregeln. Dann gilt:

$$\text{Ab}_\mathcal{R}(Y \cup X) \subset \text{Fl}(X)$$

(d.h. alle Formeln, die aus einer Menge von allgemeingültigen Formeln Y und einer Menge X ableitbar sind, sind auch logische Folgerungen aus X)

Beweis: induktiv über die Definition von $\text{Ab}_\mathcal{R}$
Es sei $B \in \text{Ab}_\mathcal{R}(Y \cup X)$
(1) $B \in Y \cup X$:
   (1.1) $B \in Y \Longrightarrow B \in \text{ag} \Longrightarrow B \in \text{Fl}(\emptyset) \Longrightarrow B \in \text{Fl}(X)$ (Isotonie von Fl)
   (1.2) $B \in X \Longrightarrow B \in \text{Fl}(X)$ (Extensivität von Fl)
(2) Es sei B aus $A_1, \ldots, A_{n-1}$ über eine Regel $R \in \mathcal{R}$ abgeleitet, d.h. es gilt:
   $R(A_1, \ldots, A_{n-1}, B) = W$ und $A_1, \ldots, A_{n-1} \in \text{Ab}_\mathcal{R}(Y \cup X)$.
Als Induktionsvoraussetzung werde angenommen, daß für die A_i die Beh. schon gelte:

$$A_i \in \text{Ab}_\mathcal{R}(Y \cup X) \Longrightarrow A_i \in \text{Fl}(X) \quad \text{für } 1 \leq i \leq n-1$$

Da nach Voraussetzung alle $R \in \mathcal{R}$ korrekt sind, kann man aus den obigen Voraussetzungen $B \in \text{Fl}(X)$ schließen.

§ 10. Logisches Schließen als „Rechnen": Folgern — Ableiten

Wir haben für den weiteren Verlauf eine Menge von Ableitungsregeln und eine Axiomenmenge ausgesucht, die in [Sh 67] Verwendung gefunden haben. Wir weisen erneut darauf hin, daß die Auswahl von Regeln und von Axiomen einer gewissen Willkür unterliegt, da man z.B. viele Axiome und wenige Regeln, wenige Axiome und viele Regeln usw. wählen und dennoch das Ziel erreichen kann, das in der positiven Beantwortung der Frage (2) besteht, die im Anschluß an die Definition 10.28 gestellt wurde.

Definition 10.32: Es sei $\mathcal{R}_0 = \{R_1, \ldots, R_5\}$ mit R_i: FO × FO $\longrightarrow$ {W, F} ($i = 1, 2, 3, 4$) und R_5: FO × FO × FO $\longrightarrow$ {W, F}
(1) $R_1(M, N) = W :\Longleftrightarrow M = A \vee A,\ N = A$
   (R_1 heißt *Kontraktionsregel*)
(2) $R_2(M, N) = W :\Longleftrightarrow M = A,\ N = B \vee A$
   (R_2 heißt *Expansionsregel*)
(3) $R_3(M, N) = W :\Longleftrightarrow M = A \vee (B \vee C),\ N = (A \vee B) \vee C$
   (R_3 heißt *Assoziativregel*)
(4) $R_4(M, N) = W :\Longleftrightarrow M = A \longrightarrow B,\ N = \exists x A \longrightarrow B$ und $x \notin \text{Fr}(B)$
   (R_4 heißt *Pv-Regel*)
(5) $R_5(M, N, O) = W :\Longleftrightarrow M = A \vee B,\ N = \neg A \vee C,\ O = B \vee C$
   (R_5 heißt *Schnittregel*)

Definition 10.33: Es sei AX ⊂ FO folgende Menge:

$$\text{AX} = \{\neg A \vee A \mid A \in \text{FO}\} \cup \{A_x[t] \longrightarrow \exists x A \mid A \in \text{FO},\ x \in \text{VA},\ t \in \text{TE}\}$$

Es handelt sich hier um zwei sog. *Schemata* oder Schemamengen, die unsere Axiome liefern. Wenn wir später die Gleichheit als Kalkülsymbol mitbetrachten, kommen noch Axiome für die Gleichheit dazu.

Lemma 10.34: $\mathcal{R}_0$ *ist eine Menge korrekter Regeln*

Beweis: Übung

Lemma 10.35: *Die Axiome sind allgemeingültig, d.h.* AX ⊂ ag

Beweis: Lemma 8.1 und 9.20

Korollar *aus Satz 10.31:*
   Für alle Formelmengen $X \subset \text{FO}$ *gilt:* $\text{Ab}_{\mathcal{R}_0}(\text{AX} \cup X) \subset \text{Fl}(X)$

Beweis: klar

Betrachtet man für eine spezielle Theorie zusätzliche Axiome X, die sog. *theoriespezifischen Axiome*, so wird man i. a. nicht an einer expliziten Kennzeichnung der sog. *logischen Axiome* AX interessiert sein, so daß sich anbietet zu vereinbaren:

Definition 10.36: $\mathsf{Th}(X) = \mathsf{Ab}_{\mathscr{R}_0}(\mathsf{AX} \cup X)$

(i) $\mathsf{Th}(X)$ heißt die *Theoremmenge* von X
(ii) Anstelle von $\mathsf{Th}(\{A\})$ schreiben wir kürzer $\mathsf{Th}(A)$
(iii) $\mathsf{Th}: 2^{\mathsf{FO}} \longrightarrow 2^{\mathsf{FO}}$ ist eine Abbildung
(iv) $A \in \mathsf{Th}(X)$ wird in der Literatur häufig $X \vdash A$ geschrieben.
(v) Da die Menge der Regeln nicht gewechselt wird, haben wir sie bei Th nicht mitnotiert.

Man stellt fest, daß Th genau wie Fl ein Hüllenoperator ist, also

Lemma 10.37: (1) *Alle Voraussetzungen sind ableitbar:*

$X \subset \mathsf{Th}(X)$

(2) *Die größere Menge Voraussetzungen hat die größere Menge ableitbarer Formeln:*

$X \subset Y \implies \mathsf{Th}(X) \subset \mathsf{Th}(Y)$

(3) *Aus der Menge aller ableitbaren Formeln einer Menge X sind keine neuen Formeln ableitbar:*

$\mathsf{Th}(\mathsf{Th}(X)) \subset \mathsf{Th}(X)$

Beweis: induktiv über die Definition von Th

Im Gegensatz zum inhaltlichen Folgern ist das syntaktische Ableiten induktiv definiert, d.h. wir haben dadurch eine *direkte* Möglichkeit über die Hülleneigenschaften hinaus eine wichtige Eigenschaft des Ableitungsoperators zu beweisen, deren Analogon für den Folgerungsoperator mit unseren Mitteln nicht direkt beweisbar ist:

Satz 10.38 *(Endlichkeitssatz für Th):*
Wenn eine Formel A aus einer Menge X ableitbar ist, dann ist A schon aus einer endlichen Teilmenge T von X ableitbar:

$A \in \mathsf{Th}(X) \implies$ *Es gibt ein endliches* $T \subset X$ *mit* $A \in \mathsf{Th}(T)$

Eine äquivalente Formulierung ist: $\mathsf{Th}(X) = \bigcup_{\substack{T \subseteq X \\ T\,endlich}} \mathsf{Th}(T)$

Beweis: als Übung für den Leser

10.3.3. Exkurs: Theorien

Es wird dem Leser aufgefallen sein, daß wir von einer semantisch motivierten Definition von Axiomensystemen (Definition 10.23) in eine verflachte Auffassung hineingerutscht sind dergestalt, daß jede Formelmenge, die als Argument für Fl und Th benützt wird, als *Axiomenmenge* bezeichnet wurde. Wir werden diese letztere Auffassung beibehalten.

Wir haben bisher von *Theorien* geredet, ohne zu präzisieren, was damit gemeint ist.

Wir wollen in Zukunft unter einer Theorie $\mathcal{T}$ ein Tripel

$$\mathcal{T} = (\mathsf{B}, \mathsf{FO}^\mathsf{B}, \mathsf{TH})$$

verstehen mit

(1) $\mathsf{B} = (\mathsf{FS}, \mathsf{PS})$ ist eine *Basis*,

(2) $\mathsf{FO}^\mathsf{B} \subsetneq (\mathscr{F} \cup \mathscr{P} \cup \mathscr{V} \cup \{\neg, \vee, \exists\})^{*\,10}$ sind die mit Methoden des Abschnitts 6.1 ausgesonderten *Formeln*, wobei $\mathscr{F}$, $\mathscr{P}$ und $\mathscr{V}$ endliche Mengen seien, aus denen man die Namen (!) für die Funktionssymbole, die Prädikatensymbole und Variablen herstellen kann, also $\mathsf{FS} \subset \mathscr{F}^*$, $\mathsf{PS} \subset \mathscr{P}^*$ und $\mathsf{VA} \subset \mathscr{V}^*$, vgl. dazu den Anhang Teil (I)

(3) $\mathsf{TH} \subsetneq \mathsf{FO}^\mathsf{B}$ ist die Menge der *Theoreme*

Die Theoreme kann man auf zwei Arten aussondern:

(a) *semantisch:*

(a1) $\mathsf{TH} = \bigcap\limits_{\Sigma \in \mathfrak{A}} \mathsf{ag}_\Sigma$

  (die Theoreme sind gerade die in einer Klasse $\mathfrak{A} \subset \mathsf{St}^\mathsf{B}$ von Strukturen gültigen Formeln)

(a2) $\mathsf{TH} = \mathsf{Fl}(X)$

  (es ist eine Axiomenmenge $X \subset \mathsf{FO}^\mathsf{B}$ vorgegeben und die Theoreme sind gerade die logischen Folgerungen aus X)

(b) *syntaktisch:*

  $\mathsf{TH} = \mathsf{Th}(X)$

  (es ist eine Axiomenmenge $X \subset \mathsf{FO}^\mathsf{B}$ vorgegeben und die Theoreme sind gerade die aus X ableitbaren Formeln)

---

[10] Zur Erinnerung: M^* ist die Menge aller Wörter über M, vgl. § 2.

Beispiel 10.39:

(zu a): Betrachte als Struktur Σ die natürlichen Zahlen mit Addition und Multiplikation.

Die Elemente von $TH = ag_\Sigma$ sind die Theoreme der elementaren *Arithmetik*

(zu b): Es sei $B = (\{\cdot\}, \{=\})$ eine Basis mit $\cdot \in FS_2$ und $= \in PS_2$. X sei die Vereinigung folgender drei Mengen:

$$G1 = \{(x \cdot y) \cdot z = x \cdot (y \cdot z) \mid x, y, z \in VA\}$$
$$G2 = \{\forall x \forall z \exists y (x \cdot y = z) \mid x, y, z \in VA\}$$
$$G3 = \{\forall y \forall z \exists x (x \cdot y = z) \mid x, y, z \in VA\}$$

Die Elemente von $TH = Th(X)$ sind die Theoreme der elementaren *Gruppentheorie*.

Je nachdem, wie die Theoremmenge eingeführt wird, ergeben sich für das Studium dieser Theoremmenge verschiedene Fragestellungen.

Ist die Theoremmenge *semantisch* eingeführt:

(A)   Gibt es sog. *Axiomatisierungen*?
$\left(\text{Gesucht } Y \subset FO \text{ mit } Fl(X) = Th(Y) \text{ bzw. } \bigcap_{\Sigma \in \mathfrak{A}} ag_\Sigma = Th(Y)\right)$

Ist die Theoremmenge *syntaktisch* eingeführt:

(B)   Wie sehen *Modelle* aus?
$\left(\text{Gesucht ist eine Klasse von Strukturen } \mathfrak{A} \text{ mit } Th(X) \subset \bigcap_{\Sigma \in \mathfrak{A}} ag_\Sigma \text{ bzw. } Th(X) = \bigcap_{\Sigma \in \mathfrak{A}} ag_\Sigma\right)$

Klassisches Beispiel für (B) ist die syntaktische Einführung des „imaginären" i als Lösung der Gleichung $x^2 + 1 = 0$ durch formale Adjunktion zu den reellen Zahlen, ohne Kenntnis darüber, welche „Zahlen" dadurch entstanden waren. Erst Wessel, Gauß u. a. gaben anschauliche Modelle für diese neuen Zahlen an.

10.3.4. Skizze zum Verhältnis der eingeführten Begriffe zueinander

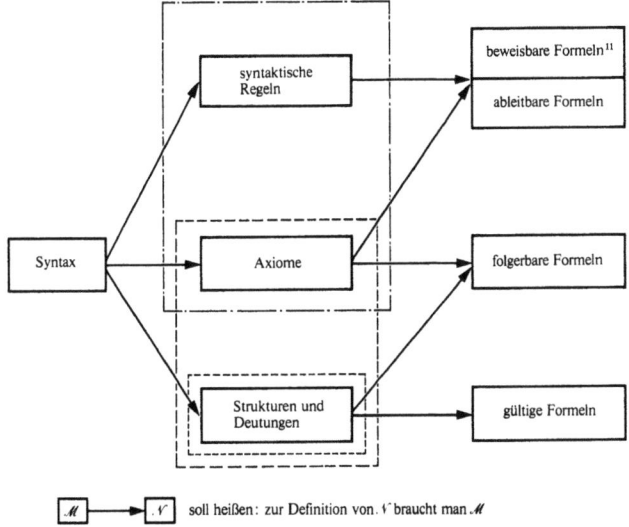

$\boxed{\mathscr{M}} \longrightarrow \boxed{\mathscr{N}}$ soll heißen: zur Definition von $\mathscr{N}$ braucht man $\mathscr{M}$

10.3.5. Gesetze über ableitbare Formeln

Ausgangspunkt unserer Betrachtungen waren Anstrengungen, Fehler beim intuitiven Schließen offenkundig zu machen. Dazu gab es zwei Ansätze: einen semantisch orientierten, der mit Hilfe von Modellen das sog. logische Folgern präzisierte, und einen syntaktisch orientierten, der mit Hilfe von formalen Regeln das sog. Ableiten begründete. Beide Ansätze haben das Ziel, Teile des informellen intuitiven Schließens adäquat wiederzugeben.

Ein Hauptergebnis der modernen mathematischen Logik besteht nun darin, diese beiden Ansätze miteinander in Beziehung zu setzen und sogar deren Äquivalenz zu beweisen.

Eine einfache Beziehung zwischen Folgern und Ableiten ist schon im Korollar zu Satz 10.31 bewiesen worden, nämlich

(K)   Jede ableitbare Formel ist folgerbar, d.h. für alle Formelmengen $X \subset \text{FO}$ gilt $\text{Th}(X) \subset \text{Fl}(X)$. Wir sagen dazu: Th ist *korrekt*.

Für die Äquivalenz beider Begriffe braucht man den Beweis der Umkehrung

(V)   Jede folgerbare Formel ist ableitbar, d.h. für alle Formelmengen $X \subset \text{FO}$ gilt $\text{Fl}(X) \subset \text{Th}(X)$. Wir sagen dazu: Th ist *vollständig*.

Hat man (V) und (K) bewiesen, kann man sagen, daß das Ableiten adäquat relativ zum Folgern ist (zum Problem der *Adäquatheit* vgl. § 21).

---

[11] *Beweisbare* Formeln werden im Abschnitt 10.3.6 eingeführt.

Der Beweis von (V), der sog. *Vollständigkeitssatz der Prädikatenlogik*, ist das inhaltliche Kernstück der hier behandelten Logik, weil aus dem Beweis wichtige Konsequenzen gezogen werden können in Hinblick auf Fragen aus § 5. Doch bevor wir im nächsten Paragraphen den Beweis beginnen, müssen wir noch sehr viel mehr über die Mengen von ableitbaren Formeln wissen, denn unsere bisherigen Kenntnisse beziehen sich weitgehend auf die *semantisch* definierten Konzepte wie Gültigkeit und logische Folgerung. Wir wissen z.B. zwar, daß für alle Strukturen Σ gilt: $A \vee B \in \mathrm{ag}_\Sigma \iff B \vee A \in \mathrm{ag}_\Sigma$. Gilt jedoch $A \vee B \in \mathrm{Th}(X) \iff B \vee A \in \mathrm{Th}(X)$?

Wir werden schrittweise all jene Gesetze, die wir im Abschnitt 10.2. für die Folgerungen gezeigt haben, nun auch für Th beweisen, wobei der charakteristische Unterschied zwischen einer semantischen und einer syntaktischen Begründung herausgearbeitet werden soll.

Alle Ergebnisse sind in der aufgeführten Reihenfolge *direkt* beweisbar, d.h. man kann eine Folge von Regelanwendungen auf Axiome angeben, die das gewünschte Resultat liefern. Es gibt darüber hinaus für Formeln mit aussagenlogischem Aufbau einen theoretisch eleganteren Weg über den sog. *Tautologiesatz* (von E. Post), der besagt, daß jede Formel, die mit den Mitteln des § 8 als folgerbar aus einer Formelmenge erkannt ist, auch ableitbar ist. Wir beschreiten diesen Weg des Aufwands an neuer Begrifflichkeit wegen nicht und verweisen den interessierten Leser an [Sh 67].

Es sei an den Leser appelliert, die nun folgenden Gesetze nicht als unwillkommene Verdopplung der Gesetze aus den Paragraphen 8 bis 10.2 aufzufassen; sondern wir weisen erneut darauf hin, daß sorgfältig der Unterschied in der Technik bei einer semantischen Beweisführung und einer syntaktischen aufgespürt werden sollte.

Zur Einführung in die neue Beweistechnik sind die ersten Schritte (Lemma 10.40 bis Lemma 10.45) lückenlos bewiesen.

Lemma 10.40: *$A \vee B$ ist genau dann eine ableitbare Formel, wenn $B \vee A$ ableitbar ist, d.h.*

$$A \vee B \in \mathrm{Th}(X) \iff B \vee A \in \mathrm{Th}(X) \quad \text{für alle } X \subset \mathrm{FO}$$

Beweis: aus Symmetriegründen genügt eine Richtung „$\Longrightarrow$"

$\neg A \vee A \in \mathrm{Th}(X)$ (Axiom)
$A \vee B \in \mathrm{Th}(X)$ (n. V.)
also: $B \vee A \in \mathrm{Th}(X)$ (Schnittregel)

Bemerkung: Der Leser lasse sich nicht von der Leichtigkeit täuschen, mit der das Lemma 10.40 bewiesen worden ist. Ausgehend von der Formel $A \vee B$ oder rückwärtsgehend vom Resultat $B \vee A$ besteht eine kombinatorische Explosion an Möglichkeiten für Regelanwendungen, so daß es recht schwierig ist, derartige

Beweise (mechanisch maschinell) zu finden. Das fünfte Kapitel wird sich mit diesem Problem befassen.

Lemma 10.41: $A \vee (B \vee C) \in \text{Th}(X) \iff (A \vee B) \vee C \in \text{Th}(X)$

Beweis: „$\Longrightarrow$" (R_3)
„$\Longleftarrow$" $(A \vee B) \vee C \in \text{Th}(X)$ (n. V.)
        $C \vee (A \vee B) \in \text{Th}(X)$ (Lemma 10.40)
        $(C \vee A) \vee B \in \text{Th}(X)$ (R_3)
        $B \vee (C \vee A) \in \text{Th}(X)$ (Lemma 10.40)
        $(B \vee C) \vee A \in \text{Th}(X)$ (R_3)
        $A \vee (B \vee C) \in \text{Th}(X)$ (Lemma 10.40)

Lemma 10.42 (*Abtrennungsregel:* Abtr):

$$A \longrightarrow B \in \text{Th}(X) \Longrightarrow (A \in \text{Th}(X) \Longrightarrow B \in \text{Th}(X))$$

Beweis: (i): $A \in \text{Th}(X)$ (n. V.)
            $\Longrightarrow B \vee A \in \text{Th}(X)$ (R_2)
            $\Longrightarrow A \vee B \in \text{Th}(X)$ (Lemma 10.40)
     (ii): $\neg A \vee B \in \text{Th}(X)$ (n. V.)
     (iii): $B \vee B \in \text{Th}(X)$ (R_5 auf (i) und (ii))
            $\Longrightarrow B \in \text{Th}(X)$ (R_1)

Lemma 10.43: (1) $A \wedge B \longrightarrow A \in \text{Th}(X)$
             (2) $A \wedge B \longrightarrow B \in \text{Th}(X)$

Beweis:
(zu 1): *zeigen:* $\neg\neg(\neg A \vee \neg B) \vee A \in \text{Th}(X)$
     (i) $\neg\neg(\neg A \vee \neg B) \vee \neg(\neg A \vee \neg B) \in \text{Th}(X)$ (Axiom)
         $\Longrightarrow \neg(\neg A \vee \neg B) \vee \neg\neg(\neg A \vee \neg B) \in \text{Th}(X)$ (Lemma 10.40)
     (ii) $\neg A \vee A \in \text{Th}(X)$ (Axiom)
         $\Longrightarrow A \vee \neg A \in \text{Th}(X)$ (Lemma 10.40)
         $\Longrightarrow \neg B \vee (A \vee \neg A) \in \text{Th}(X)$ (R_2)
         $\Longrightarrow (A \vee \neg A) \vee \neg B \in \text{Th}(X)$ (Lemma 10.40)
         $\Longrightarrow A \vee (\neg A \vee \neg B) \in \text{Th}(X)$ (Lemma 10.41)
         $\Longrightarrow (\neg A \vee \neg B) \vee A \in \text{Th}(X)$ (Lemma 10.40)
     (iii) aus (i) und (ii) folgt mit R_5 und Lemma 10.40 die Beh. (1)
(zu 2): analog.

Lemma 10.44: (1) $A \in \text{Th}(X)$ oder $B \in \text{Th}(X) \Longrightarrow A \vee B \in \text{Th}(X)$
             (2) $A \in \text{Th}(X)$ und $B \in \text{Th}(X) \iff A \wedge B \in \text{Th}(X)$

Beweis:
(zu 1): (i) $A \in \text{Th}(X) \Longrightarrow B \vee A \in \text{Th}(X)$ (R_2)
              $\Longrightarrow A \vee B \in \text{Th}(X)$ (Lemma 10.40)
     (ii) $B \in \text{Th}(X) \Longrightarrow A \vee B \in \text{Th}(X)$ (R_2)

(zu 2): „$\Longrightarrow$"

$\neg(\neg A \vee \neg B) \vee (\neg A \vee \neg B) \in \text{Th}(X)$ (Axiom)
$\Longrightarrow (\neg A \vee \neg B) \vee \neg(\neg A \vee \neg B) \in \text{Th}(X)$ (Lemma 10.40)
$\Longrightarrow \neg A \vee (\neg B \vee \neg(\neg A \vee \neg B)) \in \text{Th}(X)$ (Lemma 10.41)
d. h. $A \longrightarrow (B \longrightarrow A \wedge B) \in \text{Th}(X)$ gilt.
(a) $A \in \text{Th}(X)$ (n. V.)
also: $B \longrightarrow A \wedge B \in \text{Th}(X)$ (Abtr)
(b) $B \in \text{Th}(X)$ (n. V.)
also: $A \wedge B \in \text{Th}(X)$ (Abtr)

„$\Longleftarrow$"

(Lemma 10.43 und Abtr)

Lemma 10.45: $A \longleftrightarrow \neg\neg A \in \text{Th}(X)$

Beweis: wegen Lemma 10.44.2 (!) zeigen wir:
(a) $A \longrightarrow \neg\neg A \in \text{Th}(X)$ und
(b) $\neg\neg A \longrightarrow A \in \text{Th}(X)$

(zu a) $\neg\neg A \vee \neg A \in \text{Th}(X)$ (Axiom)
$\Longrightarrow$ Beh. mit Lemma 10.40

(zu b) (i) $\neg\neg\neg A \vee \neg\neg A \in \text{Th}(X)$ (Axiom)
$\neg\neg A \vee \neg\neg\neg\neg A \in \text{Th}(X)$ (Lemma 10.40)
(ii) $\neg A \vee A \in \text{Th}(X)$ (Axiom)
(iii) $A \vee \neg\neg\neg A \in \text{Th}(X)$ (R_5)
$\Longrightarrow$ Beh. mit Lemma 10.40

Der Leser mache sich klar, welcher Aufwand zu treiben war, um die *Ableitbarkeit* von $A \longleftrightarrow \neg\neg A$ zu zeigen.

Der *semantische* Beweis ist dagegen sehr einfach:

$$A \longleftrightarrow B \in \text{ag}_\Sigma \iff \text{Wert}_\Sigma(A, f) = \text{Wert}_\Sigma(B, f) \quad \text{für alle}$$
$$\Sigma \in \text{St}^\text{B} \quad \text{und alle} \quad f: \text{VA} \longrightarrow I$$

ist direkte Konsequenz aus der Definition der Äquivalenz (Lemma 8.2.1), d. h. die simple Vergewisserung, daß $\text{Wert}_\Sigma(A, f) = \text{Wert}_\Sigma(\neg\neg A, f)$ für alle Σ und alle f gilt, liefert mit der einfachen Tatsache $\text{ag} \subset \text{Fl}(X)$ das semantische Analogon zu Lemma 10.45.

Zur Vertiefung sei dem Leser angeraten, bei den folgenden Lemmata die Ableitbarkeit selbständig zu beweisen und den jeweiligen semantischen Beweis als Kontrast mitzubetrachten.

Lemma 10.46: $A \longrightarrow B \in \text{Th}(X)$ *und* $B \longrightarrow C \in \text{Th}(X) \Longrightarrow A \longrightarrow C \in \text{Th}(X)$

§ 10. Logisches Schließen als „Rechnen": Folgern — Ableiten

hilft beim Ableiten von

Lemma 10.47: $A \longrightarrow B \in \mathsf{Th}(X) \implies A \longrightarrow \exists x B \in \mathsf{Th}(X)$ (Ph)

Das folgende

Lemma 10.48: $A \longrightarrow B \in \mathsf{Th}(X) \iff \neg B \longrightarrow \neg A \in \mathsf{Th}(X)$

wird unter Voraussetzung von (Pv) und (Ph) benützt beim Ableiten von

Lemma 10.49: *Es sei* $A \longrightarrow B \in \mathsf{Th}(X)$. *Dann gilt:*
(1) $\forall x A \longrightarrow B \in \mathsf{Th}(X)$ (Gv)
(2) $A \longrightarrow \forall x B \in \mathsf{Th}(X)$, *falls* $x \notin \mathsf{Fr}(A)$ (Gh)

was wiederum verwendet wird bei

Lemma 10.50: *Es sei* $A \longrightarrow B \in \mathsf{Th}(X)$. *Dann gilt:*
(1) $\exists x A \longrightarrow \exists x B \in \mathsf{Th}(X)$
(2) $\forall x A \longrightarrow \forall x B \in \mathsf{Th}(X)$

Das folgende Lemma ist das letzte, das noch benötigt wird, um das syntaktische Analogon zum Ersetzbarkeitstheorem zu beweisen:

Lemma 10.51: *Es sei* $A \longrightarrow B \in \mathsf{Th}(X)$. *Dann gilt:*
(1) $A \vee C \longrightarrow B \vee C \in \mathsf{Th}(X)$
(2) $C \vee A \longrightarrow C \vee B \in \mathsf{Th}(X)$

Korollar: $A \longrightarrow B \in \mathsf{Th}(X)$ *und* $C \longrightarrow D \in \mathsf{Th}(X)$
Dann gilt: $A \vee C \longrightarrow B \vee D \in \mathsf{Th}(X)$

Satz 10.52 (*Ersetzbarkeitstheorem:* Ers):
Gilt $\mathsf{Ers}(A, T, B, C)$ und $T \longleftrightarrow B \in \mathsf{Th}(X)$, dann ist $A \longleftrightarrow C \in \mathsf{Th}(X)$

Beweis: induktiv über den Aufbau von A

Wir haben hier, verglichen mit § 8, zum größten Teil schwächere Gesetze abgeleitet: z.B. $A \vee B \in \mathsf{Th}(X) \iff B \vee A \in \mathsf{Th}(X)$ und nicht $A \vee B \longleftrightarrow B \vee A \in \mathsf{Th}(X)$. Der Leser überlege sich die nicht einfachen Beweise für die Verschärfungen der Lemmata, so daß mit dem Ersetzbarkeitstheorem die folgenden Gesetze und deren Verschärfungen bewiesen werden können, wobei zur Illustration bei Lemma 10.57 ein Beweis angegeben ist.

Lemma 10.53: $A \wedge B \in \text{Th}(X) \iff B \wedge A \in \text{Th}(X)$

Lemma 10.54: $(A \wedge B) \wedge C \in \text{Th}(X) \iff A \wedge (B \wedge C) \in \text{Th}(X)$

Lemma 10.55: (1) $\neg(A \wedge B) \in \text{Th}(X) \iff \neg A \vee \neg B \in \text{Th}(X)$
   (2) $\neg(A \vee B) \in \text{Th}(X) \iff \neg A \wedge \neg B \in \text{Th}(X)$

Lemma 10.56: (1) $A \wedge (A \vee B) \in \text{Th}(X) \iff A \in \text{Th}(X)$
   (2) $A \vee (A \wedge B) \in \text{Th}(X) \iff A \in \text{Th}(X)$

Lemma 10.57: (1) $(A \wedge B) \vee C \in \text{Th}(X) \iff (A \vee C) \wedge (B \vee C) \in \text{Th}(X)$
   (2) $(A \vee B) \wedge C \in \text{Th}(X) \iff (A \wedge C) \vee (B \wedge C) \in \text{Th}(X)$

Beweis:
(zu 1): „$\Longrightarrow$" wegen Lemma 10.44.2 reicht es aus, zu zeigen:
   $A \vee C \in \text{Th}(X)$ und $B \vee C \in \text{Th}(X)$
   (i) $(A \wedge B) \vee C \in \text{Th}(X)$ (n. V.)
   d.h. $\neg(\neg A \vee \neg B) \vee C \in \text{Th}(X)$
   (ii) $\neg A \vee A \in \text{Th}(X)$ (Axiom)
   $\neg B \vee (\neg A \vee A) \in \text{Th}(X)$ (R_2)
   $(\neg B \vee \neg A) \vee A \in \text{Th}(X)$ (Lemma 10.41)
   $(\neg A \vee \neg B) \vee A \in \text{Th}(X)$ (Ers und verschärftes Lemma 10.40)
   (iii) $A \vee C \in \text{Th}(X)$ $(R_5$ auf (i), (ii))
   (iv) $\neg B \vee B \in \text{Th}(X)$ (Axiom)
   $\neg A \vee (\neg B \vee B) \in \text{Th}(X)$ (R_2)
   $(\neg A \vee \neg B) \vee B \in \text{Th}(X)$ (Lemma 10.41)
   (v) $B \vee C \in \text{Th}(X)$ $(R_5$ auf (i) und (iv))
„$\Longleftarrow$" (Anwendungen des Ersetzbarkeitstheorems und von Lemma 10.40
   sind nicht mehr angegeben)
   $(A \vee C) \wedge (B \vee C) \in \text{Th}(X)$ (n. V.)
d.h. $\neg(\neg(A \vee C) \vee \neg(B \vee C)) \in \text{Th}(X)$
$\Longrightarrow \neg((\neg A \wedge \neg C) \vee (\neg B \wedge \neg C)) \in \text{Th}(X)$ (de Morgan)
$\Longrightarrow \neg((\neg A \vee (\neg B \wedge \neg C)) \wedge (\neg C \vee (\neg B \wedge \neg C))) \in \text{Th}(X)$
   („$\Longrightarrow$" von Lemma 10.57.1 (!))
$\Longrightarrow \neg((\neg A \vee (\neg B \wedge \neg C)) \wedge \neg C) \in \text{Th}(X)$ (Lemma 10.56.2)
$\Longrightarrow \neg(((\neg A \vee \neg B) \wedge (\neg A \vee \neg C)) \wedge \neg C) \in \text{Th}(X)$ („$\Longrightarrow$" Lemma 10.57.1)
$\Longrightarrow \neg((\neg A \vee \neg B) \wedge ((\neg A \vee \neg C) \wedge \neg C)) \in \text{Th}(X)$ (Lemma 10.54)
$\Longrightarrow \neg((\neg A \vee \neg B) \wedge \neg C) \in \text{Th}(X)$ (Lemma 10.56.1)
$\Longrightarrow \neg(\neg(A \wedge B) \wedge \neg C) \in \text{Th}(X)$ (de Morgan)
$\Longrightarrow \neg\neg((A \wedge B) \vee C) \in \text{Th}(X)$ (de Morgan)
$\Longrightarrow (A \wedge B) \vee C \in \text{Th}(X)$ (Lemma 10.45)

(zu 2): wegen $(A \vee B) \wedge C = \neg(\neg(A \vee B) \vee \neg C)$
und $\neg(\neg(A \vee B) \vee \neg C) \in \text{Th}(X) \iff \neg((\neg A \wedge \neg B) \vee \neg C) \in \text{Th}(X)$
folgt die Beh. aus Lemma 10.57.1

Lemma 10.58: (1) $A \in \text{Th}(X) \iff \forall x A \in \text{Th}(X)$
(2) $A \in \text{Th}(X) \iff \text{Gen}(A) \in \text{Th}(X)$

Lemma 10.59: $A \in \text{Th}(X) \implies A\sigma \in \text{Th}(X)$ *für alle Substitutionen* σ

Lemma 10.60: *Es sei* $y \notin \text{Fr}(B)$, *dann gilt*:

$$\exists x B \longleftrightarrow \exists y B_x[y] \in \text{Th}(X)$$

Lemma 10.61: $A \longrightarrow B \in \text{Th}(X) \implies B \in \text{Th}(X \cup \{A\})$

Beweis: Anwendung der Abtrennungsregel auf $A \longrightarrow B \in \text{Th}(X \cup \{A\})$

Satz 10.62 (*Deduktionstheorem für* Th):

Es sei $A \in \text{FO}^-$ *eine Aussage. Dann gilt*: $B \in \text{Th}(X \cup \{A\}) \implies A \longrightarrow B \in \text{Th}(X)$

Beweis: induktiv über die Definition von Th, wobei für jede der fünf Ableitungsregeln der Beweis extra geführt werden muß. Der Leser findet diesen also etwas aufwendigen Beweis im Anhang Teil (E), wo er dem semantischen Analogon (Lemma 10.15) gegenübergestellt wird.

Abschließend mit Beweis das syntaktische Analogon zu Lemma 9.27

Lemma 10.63: (1) $\forall x \forall y A \longleftrightarrow \forall y \forall x A \in \text{Th}(X)$
(2) $\exists x \exists y A \longleftrightarrow \exists y \exists x A \in \text{Th}(X)$
(3) $\exists x \forall y A \longrightarrow \forall y \exists x A \in \text{Th}(X)$

Beweis: exemplarisch für (1)
Wegen Lemma 10.44.2 und aus Symmetriegründen genügt es, $\forall x \forall y A \longrightarrow \forall y \forall x A \in \text{Th}(X)$ zu zeigen:

$ A \longrightarrow A \in \text{Th}(X)$ (Axiom)
$\implies \forall y A \longrightarrow A \in \text{Th}(X)$ (Gv)
$\implies \forall x \forall y A \longrightarrow A \in \text{Th}(X)$ (Gv)
$\implies \forall x \forall y A \longrightarrow \forall x A \in \text{Th}(X)$ (Gh, $x \notin \text{Fr}(\forall x \forall y A)$)
$\implies \forall x \forall y A \longrightarrow \forall y \forall x A \in \text{Th}(X)$ (Gh, $y \notin \text{Fr}(\forall x \forall y A)$)

(2) und (3) analog

10.3.6. Eine Präzisierung des informellen Beweisens

Wir haben in den vorigen Unterabschnitten die Ableitbarkeit von gewissen Formeln gezeigt, indem wir auf der Meta-Ebene informell mathematisch vorgegangen sind: wir haben Axiome geeignet ausgewählt, haben Ableitungsregeln erlaubt angewandt, haben uns Hilfssätze verschafft und verwendet usw. Mit unseren Mitteln ist es möglich, dieses Konzept des *Beweisens* selbst noch zu formalisieren.

Ein mathematischer Beweis entspricht, wenn man die Verhältnisse idealisiert, einer endlichen Folge von hintereinander geschriebenen mathematischen Aussagen (eigentlich: untereinander geschriebenen Aussagen). Dabei sind die ersten Aussagen in dieser Folge Axiome, die man voraussetzt, und die letzte Aussage dieser Folge ist die zu beweisende Aussage.

Jede Aussage A in der Folge muß, wenn sie kein Axiom ist, so gewählt sein, daß sie Resultat einer erlaubten Regelanwendung auf Prämissen ist, die in der Folge *vor* der Aussage A zu finden sind.

Definition 10.64: Es sei $\mathscr{R}$ eine Menge korrekter Regeln und $Y \subset \mathsf{ag}$ eine Menge allgemeingültiger Formeln. Eine endliche Folge $A_1 \ldots A_m$ von Formeln ($m \geq 1$) heißt eine *Ableitung* durch $\mathscr{R}$ unter der Voraussetzung einer Menge von Formeln $X \subset \mathsf{FO}$, wenn gilt:
Für jedes i mit $1 \leq i \leq m$ ist:
  (1) $A_i \in Y \cup X$
oder (2) Es gibt ein $\mathsf{R} \in \mathscr{R}$ und Indizes $i_1, \ldots, i_{n-1} < i$, so daß $\mathsf{R}(A_{i_1}, \ldots, A_{i_{n-1}}, A_i) = \mathsf{W}$ ist,
in Zeichen: $A_1 \ldots A_m \in \mathsf{AB}_{\mathscr{R}}(Y \cup X)$

Bemerkung: Es ist $\mathsf{AB}_{\mathscr{R}}(Z)$ von $\mathsf{Ab}_{\mathscr{R}}(Z)$ zu unterscheiden, d. h. Ableitungen vs. ableitbare Formeln.

Definition 10.65: Eine Formel $B \in \mathsf{FO}$ heißt *beweisbar* durch $\mathscr{R}$ unter der Voraussetzung einer Formelmenge $X \subset \mathsf{FO}$ und $Y \subset \mathsf{ag}$, wenn es eine Ableitung unter Voraussetzung von X gibt, so daß B die letzte Formel der Ableitung ist, d. h. es gibt $A_1 \ldots A_m \in \mathsf{AB}_{\mathscr{R}}(Y \cup X)$ mit $A_m \equiv B$,
in Zeichen: $B \in \mathsf{Bw}_{\mathscr{R}}(Y \cup X)$

Satz 10.66: *Die beweisbaren Formeln sind genau die ableitbaren Formeln, d. h. für alle $X \subset \mathsf{FO}$ ist* $\mathsf{Bw}_{\mathscr{R}}(Y \cup X) = \mathsf{Ab}_{\mathscr{R}}(Y \cup X)$

Beweis: elementar, aber sehr lang. Eine stark abgekürzte Version findet sich in [Sh 67].

Wir brauchen also im folgenden nicht zwischen beweisbaren (Def. 10.65) und ableitbaren Formeln (Def. 10.30) zu unterscheiden und werden die Formeln, die

§ 10. Logisches Schließen als „Rechnen": Folgern — Ableiten

in Ableitungen als letzte stehen, auch als ableitbare Formeln bezeichnen und Ableitungen $A_1 \ldots A_m$ als *Ableitungen für* die Formel A_m (oder von A_m).

Im Anhang Teil (F) findet sich ein Beispiel für eine längere Ableitung im Sinne der Definition 10.64, außerdem als Anwendung die Ableitung für das syntaktische Analogon zum Theorem über neue Konstanten (Lemma 9.26).

10.4. Die syntaktische Widerspruchsfreiheit

Wenn man Axiome auswählt, taucht das Problem auf, daß man sichern muß,

daß dieselben untereinander widerspruchslos sind, d. h. daß man auf Grund derselben mittels einer endlichen Anzahl von logischen Schlüssen niemals zu Resultaten gelangen kann, die miteinander in Widerspruch stehen (D. Hilbert, 1900 in einem Vortrag, zitiert nach [LT 71]).

Warum sind Axiome unbedingt unzulässig, wenn z. B. eine Formel A und ihre Negation $\neg A$ aus ihnen ableitbar wäre?

Es gilt: $\quad A \longrightarrow (\neg A \longrightarrow B) \in \mathsf{Th}(X)$ für jede Formel B
(Beweis als Übungsaufgabe)

Aus $A \in \mathsf{Th}(X)$ und $\neg A \in \mathsf{Th}(X)$ würde durch zweimalige Anwendung von Abtr jede beliebige Formel B ableitbar sein, d. h. solche Mengen von Axiomen X wären wertlos für die Beschreibung von Theorien, denn es könnte *jede* Aussage abgeleitet werden.

Wir wollen nicht darauf eingehen, wie solche Beweise der Widerspruchsfreiheit zu führen sind, sondern behandeln in Analogie zu Abschnitt 10.2.4 die wichtigsten Eigenschaften für die *syntaktische* Widerspruchsfreiheit, deren Beweise dem Leser überlassen seien.

Definition 10.67: Eine Menge von Formeln X heißt *syntaktisch widerspruchsfrei* (engl. (syntactical) consistent), wenn für alle Formeln A der Widerspruch $A \wedge \neg A$ nicht aus X ableitbar ist: $A \wedge \neg A \notin \mathsf{Th}(X)$ für alle $A \in \mathsf{FO}$.
Für *nicht syntaktisch widerspruchsfrei* sagen wir auch *syntaktisch widerspruchsvoll*.

Satz 10.68: *Folgende Aussagen sind äquivalent:*
(1) *X ist syntaktisch widerspruchsfrei*
(2) *Nicht jede Formel ist aus X ableitbar:* $\mathsf{Th}(X) \subsetneq \mathsf{FO}$
(3) *Ist eine Formel A aus X ableitbar, dann ist ihre Negation $\neg A$ nicht aus X ableitbar:* $A \in \mathsf{Th}(X) \Longrightarrow \neg A \notin \mathsf{Th}(X)$ *für alle $A \in \mathsf{FO}$*

Lemma 10.69: *Für alle Aussagen A gilt:*

$A \in \text{Th}(X) \iff X \cup \{\neg A\}$ *ist syntaktisch widerspruchsvoll*

Teilmengen syntaktisch widerspruchsfreier Mengen sind widerspruchsfrei, und es gilt sogar die verschärfte Umkehrung, daß eine Menge syntaktisch widerspruchsfrei ist, wenn alle ihre *endlichen* Teilmengen syntaktisch widerspruchsfrei sind:

Lemma 10.70: *Es sei X syntaktisch widerspruchsfrei und $T \subset X$. Dann ist auch T syntaktisch widerspruchsfrei.*

Satz 10.71 *(Endlichkeitssatz der syntaktischen Widerspruchsfreiheit)*: *Es seien alle endlichen Teilmengen T einer Menge X syntaktisch widerspruchsfrei. Dann ist auch X syntaktisch widerspruchsfrei.*

Beweis: indirekt mit dem Endlichkeitssatz für Th

Obermengen Z syntaktisch widerspruchsfreier Formelmengen X sind i. a. nicht wieder widerspruchsfrei, da selbst für syntaktisch widerspruchsfreies $Z - X$ gelten kann, daß es eine Formel $A \in \text{Th}(X)$ gibt, so daß $\neg A \in \text{Th}(Z - X)$ gilt, also $A \wedge \neg A \in \text{Th}(Z)$. Die Frage nach weiteren Möglichkeiten, wie die Vereinigung syntaktisch widerspruchsfreier Formelmengen X und Y syntaktisch widerspruchsvoll wird, läßt sich einfach beantworten, denn es gibt keine weitere Möglichkeit als die gerade geschilderte. Aber der Beweis verlangt Hilfsmittel, die weit über den Rahmen dieses elementaren Textes hinausgehen. Wir haben dieses Resultat wegen der Einfachheit der Problemformulierung dennoch erwähnt:

Satz 10.72 *(joint consistency theorem)*:
$X \cup Y$ *ist syntaktisch widerspruchsvoll* $\iff$ *Es gibt eine Aussage A mit* $A \in \text{Th}(X)$ *und* $\neg A \in \text{Th}(Y)$

Übungen zu § 10

Ü 10.1:
(1) Beweisen Sie die Bemerkung (iv) bei Def. 10.3: $Y \subset \text{Fl}(X) \iff \text{Mod}(X) \subset \text{Mod}(Y)$ und geben Sie an, welche Eigenschaft von Mod Sie dabei ausnutzen.
(2) Beweisen Sie: $A \in \text{Fl}(X)$ und $X \subset \text{Fl}(Y) \implies A \in \text{Fl}(Y)$ und formulieren Sie dieses Gesetz umgangssprachlich.
(3) Beweisen Sie: $A \in \text{Fl}(X)$ und $B \in \text{Fl}(Y) \implies A \wedge B \in \text{Fl}(X \cup Y)$.
(4) Welches Gesetz liegt folgender Behauptung zugrunde?
   Beh.: $B \in \text{Fl}(X \cup \{A\})$ und $x \notin \text{Fr}(X \cup \{B\}) \implies B \in \text{Fl}(X \cup \{\exists x A\})$
   Beweisen Sie die Beh.

Ü 10.2: Übertragen Sie analog zum Beispiel 10.18 das Lemma 9.27.3.

§10. Logisches Schließen als „Rechnen": Folgern — Ableiten

Ü 10.3: Es seien A und B Aussagen. Drücken Sie (a) $\text{Mod}(A \longrightarrow B)$ und (b) $\text{Mod}(A \longleftrightarrow B)$ nur durch St^B, $\text{Mod}(A)$ und $\text{Mod}(B)$ aus und formulieren Sie das gefundene Ergebnis umgangssprachlich.

Ü 10.4: Definieren Sie die Gruppen einmal semantisch als Klasse $\mathfrak{A} \subset \text{St}^B$ von Strukturen und zum anderen syntaktisch (zur Begriffsbildung vgl. Abschnitt 10.2.5.).

Ü 10.5: Beweisen Sie Lemma 7.5 mit Hilfe von Lemma 10.22 und geben Sie lückenlos *alle* dabei verwendeten Hilfssätze an.

Ü 10.6: Es sei nun der in Abschnitt 10.2.1. erwähnte Folgerungsbegriff (F1) in Ansätzen entwickelt:

(F1) A *folgt1 aus X in Σ* $:\Longleftrightarrow$ Für alle Zustände f gilt:
$(\text{Wert}_\Sigma(B, f) = W$ für alle $B \in X$
$\Longrightarrow \text{Wert}_\Sigma(A, f) = W)$.

Definition Ü 10.1: $A \in \text{ef}_{(\Sigma, f)} :\Longleftrightarrow \text{Wert}_\Sigma(A, f) = W$.

Lemma Ü 10.2: $X \in \text{EF}_\Sigma \Longleftrightarrow$ *Für alle Zustände f gilt:* $X \subset \text{ef}_{(\Sigma, f)}$.

Definition Ü 10.3: $(\Sigma, f) \in \text{MOD}(X) :\Longleftrightarrow X \subset \text{ef}_{(\Sigma, f)}$.

Definition Ü 10.4: $A \in \text{Fl}1(X) :\Longleftrightarrow \text{MOD}(X) \subset \text{MOD}(A)$.

Lemma Ü 10.5: A *folgt1 aus X in Σ* $\Longleftrightarrow$ *Für alle Zustände f gilt:*
$(\Sigma, f) \in \text{MOD}(X) \Longrightarrow (\Sigma, f) \in \text{MOD}(A)$.

Lemma Ü 10.6: $A \in \text{Fl}1(X) \Longleftrightarrow A$ *folgt1 aus X in Σ für alle* $\Sigma \in \text{St}^B$.

Der Leser beweise:
(1) die hier neu eingeführten Lemmata
(2) Es sei $X = \{A_1, \ldots, A_n\}$ endlich. Dann gilt:

$$A \in \text{Fl}1(X) \Longleftrightarrow A_1 \wedge \ldots \wedge A_n \longrightarrow A \in \text{ag}$$

Bemerkung: Diese Interpretation der Formeln mit aussagenlogischem Aufbau haben wir im § 8 in den Beispielen stillschweigend verwendet (vgl. auch die folgende Aufgabe (4))

(3) Es sei $x \in Fr(A)$. Dann ist $A_x[t] \notin Fl\,1(A)$, aber $A_x[t] \in Fl(A)$

(4) Es sei X eine Menge von *Aussagen*, dann gilt $Fl\,1(X) = Fl(X)$

Ü 10.7: Es sei $R: FO \times FO \longrightarrow \{W, F\}$ mit $R(M, N) = W :\Longleftrightarrow M = \forall x A$ und $N = \exists x A$ eine Ableitungsregel. Ist R korrekt?

Ü 10.8: Beweisen Sie die Hülleneigenschaften des Ableitungsoperators Th einmal induktiv über die Definition von Th, zum anderen mit Hilfe von Ableitungen im Sinne der Definition 10.64.

Ü 10.9:

(1) Entwickeln Sie aus dem Beweis für Lemma 10.57 „$\Longrightarrow$" eine Ableitung im Sinne der Definition 10.64

(2) Worin liegt in der Definition der Ableitung eine Idealisierung gegenüber dem informellen mathematischen Beweisen?

Ü 10.10:

(1) Beim induktiven Beweis des Ersetzbarkeitstheorems Ers braucht man für den Fall, daß A atomar ist mit $A \not\equiv T$, die Eigenschaft, daß $A \longleftrightarrow A$ ableitbar ist. Beweisen Sie also $A \longleftrightarrow A \in Th(X)$ mit Hilfsmitteln, die noch nicht Ers benützt haben.

(2) Beweisen Sie Ers und legen Sie Rechenschaft über die verwendeten Beweismittel ab; beweisen Sie die Lemmata, die Sie benützt haben, deren Beweis aber bisher noch nicht erbracht wurde.

(3) Beweisen Sie $A \longrightarrow (\neg A \longrightarrow B) \in Th(X)$

(4) Finden Sie eine Ableitung für die Verschärfung der Kontraktionsregel, d. h. beweisen Sie $A \vee A \longrightarrow A \in Th(X)$

Ü 10.11: Beweisen Sie Satz 10.68, Lemma 10.69, Lemma 10.70 und Satz 10.71.

Ü 10.12: Das Deduktionstheorem lautet in einer anderen Formulierung:

Satz Ü 10.7: $B \in Th(X) \Longrightarrow$ *Es gibt Aussagen* $A_1, \ldots, A_k \in \{Gen(A) | A \in X\}$, *so daß*
$$A_1 \longrightarrow (A_2 \longrightarrow \ldots (A_k \longrightarrow B) \ldots) \in Th(\emptyset)$$

Zeigen Sie, daß gilt: Satz Ü 10.7 $\Longleftrightarrow$ Satz 10.62 und Satz 10.38.

§ 11. Der Vollständigkeitssatz

In der Einleitung zu Abschnitt 10.3.5 ist bereits darauf hingewiesen worden, daß der Satz, daß jede folgerbare Formel auch ableitbar ist, das Kernstück der hier zu behandelnden Logik ist. Um die Sprechweise zu vereinfachen, legen wir fest

Definition 11.1: (1) Der Ableitungsoperator Th heißt *korrekt* (oder widerspruchsfrei), wenn für alle $X \subset \mathsf{FO}$ gilt: $\mathsf{Th}(X) \subset \mathsf{Fl}(X)$
(2) Der Ableitungsoperator Th heißt *vollständig*, wenn für alle $X \subset \mathsf{FO}$ gilt: $\mathsf{Fl}(X) \subset \mathsf{Th}(X)$

Wir zeigen also in diesem Paragraphen die Vollständigkeit von Th, die Korrektheit folgt aus Satz 10.31. Es ist offensichtlich, daß aus

(V) Für alle $A \in \mathsf{Fl}(X)$ folgt $A \in \mathsf{Th}(X)$

keine direkte Methode für einen Beweis dieser Behauptung abzulesen ist, so daß man sich um äquivalente Umformulierungen von (V) kümmern muß, die einen Beweis leichter zulassen.

11.1. Herausarbeiten der wesentlichen Schwierigkeiten des Beweises

11.1.1. Bei der Umformulierung von (V) geht man von folgender einfachen Beobachtung aus:

(1) Gilt $\mathsf{Fl}(X) \subset \mathsf{Th}(X)$ (Th vollständig)
    und $\mathsf{Th}(X) \subsetneq \mathsf{FO}$ (X synt. widerspruchsfrei)

    so folgt $\mathsf{Fl}(X) \subsetneq \mathsf{FO}$ (X sem. widerspruchsfrei)

(2) Gilt $\mathsf{Th}(X) \subset \mathsf{Fl}(X)$ (Th korrekt)
    und $\mathsf{Fl}(X) \subsetneq \mathsf{FO}$ (X sem. widerspruchsfrei)

    so folgt $\mathsf{Th}(X) \subsetneq \mathsf{FO}$ (X synt. widerspruchsfrei)

Man gewinnt also

Lemma 11.2: (1) Th *vollständig* $\Longrightarrow$ *Für alle Mengen* $X \subset \mathsf{FO}$ *gilt:*
  (X synt. widerspruchsfrei
  $\Longrightarrow$ *X sem. widerspruchsfrei)*

(2) Th *korrekt* $\Longrightarrow$ *Für alle Mengen* $X \subset \mathsf{FO}$ *gilt:*
  (X sem. widerspruchsfrei
  $\Longrightarrow$ *X synt. widerspruchsfrei)*

Man kann auch die Umkehrungen zeigen:

Lemma 11.3: (1) Th *vollständig* $\iff$ *Für alle Mengen* $X \subset \mathsf{FO}$ *gilt:*
$\qquad\qquad\qquad\qquad\qquad\quad$ *(X synt. widerspruchsfrei*
$\qquad\qquad\qquad\qquad\qquad\quad$ $\implies X$ *sem. widerspruchsfrei)*
$\qquad\qquad$ (2) Th *korrekt* $\iff$ *Für alle Mengen* $X \subset \mathsf{FO}$ *gilt:*
$\qquad\qquad\qquad\qquad\qquad\quad$ *(X sem. widerspruchsfrei*
$\qquad\qquad\qquad\qquad\qquad\quad$ $\implies X$ *synt. widerspruchsfrei)*

Beweis: „$\implies$" Lemma 11.2
„$\impliedby$" (1) n. V. für alle $X \subset \mathsf{FO}$: X synt. widerspruchsfrei $\implies X$ sem. widerspruchsfrei,
$\qquad$ also erst recht für alle $X \subset \mathsf{FO}$ und alle $A \in \mathsf{FO}$:
$\qquad X \cup \{\neg \mathrm{Gen}(A)\}$ synt. widerspruchsfrei $\implies X \cup \{\neg \mathrm{Gen}(A)\}$ sem. widerspruchsfrei
$\qquad \implies$ für alle $X \subset \mathsf{FO}$ und $A \in \mathsf{FO}$: $\mathrm{Gen}(A) \notin \mathsf{Th}(X) \implies \mathrm{Gen}(A) \notin \mathsf{Fl}(X)$
$\qquad\qquad\qquad\qquad\qquad\qquad\qquad\qquad\qquad\qquad$ (Lemma 10.21, 10.69)
$\qquad \implies$ für alle $X \subset \mathsf{FO}$ und $A \in \mathsf{FO}$: $A \in \mathsf{Fl}(X) \implies A \in \mathsf{Th}(X)$
(2) analog.

Wir merken noch an

Lemma 11.4: Th *korrekt* $\iff$ *Für alle* $\Sigma \in \mathsf{St}^\mathsf{B}$ *gilt:* $\mathsf{Fl}(\mathsf{ag}_\Sigma) = \mathsf{Th}(\mathsf{ag}_\Sigma) = \mathsf{ag}_\Sigma$

Beweis: „$\implies$" $\mathsf{ag}_\Sigma \subset \mathsf{Th}(\mathsf{ag}_\Sigma) \subset \mathsf{Fl}(\mathsf{ag}_\Sigma) = \mathsf{ag}_\Sigma$
„$\impliedby$" Übung für den Leser

Wenn wir nun Lemma 11.3.1 mit Hilfe der Äquivalenzen aus Satz 10.20 umformen, kommen wir zu

Satz 11.5: Th *vollständig* $\iff$ *jede syntaktisch widerspruchsfreie Menge* $X \subset \mathsf{FO}$
$\qquad\qquad\qquad\qquad\qquad\quad$ *hat ein Modell*

Damit ist auch eine Anweisung für eine Beweisführung gegeben, nämlich: *für eine beliebig vorgegebene syntaktisch widerspruchsfreie Menge X ist ein Modell zu konstruieren.*

11.1.2. Ist $X = \emptyset$, so ist keine Konstruktion nötig wegen $\mathrm{Mod}(\emptyset) = \mathsf{St}^\mathsf{B}$, also sei im folgenden stets $X \neq \emptyset$.

11.1.3. Es sei also eine beliebige syntaktisch widerspruchsfreie Menge X von Formeln vorgegeben. Um ein Modell für X, d. h. eine geeignete Struktur $\Sigma = (I, \omega)$

zu bestimmen, ist es elegant, nur das vorhandene syntaktische „Material", die Terme, Formeln, X und die Ableitungsmenge $\mathsf{Th}(X)$ zu verwenden und nicht noch zusätzliche „Dinge" heranzuziehen, etwa z. B. natürliche Zahlen etc., was möglich wäre.

11.1.3.1. Als erstes brauchen wir einen Individuenbereich $I \neq \emptyset$. Wir erinnern uns: die Terme dienen in der Sprache als *Namen* für die Individuen des Individuenbereichs, in den gedeutet wird. Man kann nun versuchen, einen Individuenbereich aus diesen Namen zu bilden. Die Definition enthält neben der Forderung $I \neq \emptyset$ keinerlei Beschränkung für Individuenbereiche, so daß das ein erlaubter Vorschlag ist. Wenn wir nur *variablenfreie Terme* aus TE^- als Individuen zulassen, vereinfachen wir uns das Leben dadurch, daß diese für alle Zustände das gleiche Individuum bezeichnen. Wir definieren also

$$I = \mathsf{TE}^-$$

und müssen annehmen, daß in unserer syntaktischen Basis $\mathsf{B} = (\mathsf{FS}, \mathsf{PS})$ mindestens ein nullstelliges Funktionssymbol existiert, damit $I \neq \emptyset$ ist.

11.1.3.2. Als nächstes brauchen wir eine Zuordnung von Funktionen $\omega(g) \colon I^n \longrightarrow I$ zu Funktionssymbolen $g \in \mathsf{FS}_n$, hier: $\omega(g) \colon (\mathsf{TE}^-)^n \longrightarrow \mathsf{TE}^-$; d. h.: gegeben n variablenfreie Terme $t_1, \ldots, t_n$, so ist für

$$\omega(g)(t_1, \ldots, t_n) = ?$$

ein neuer variablenfreier Term als Bild zu definieren. Welcher?

Die Beobachtung

Sind $t_1, \ldots, t_n$ variablenfreie Terme, so ist $g t_1 \ldots t_n$ ein variablenfreier Term

liefert eine Antwort: $\omega(g)(t_1, \ldots, t_n) = g t_1 \ldots t_n$ für alle $g \in \mathsf{FS}_n$.

Wir halten an dieser Stelle eine wichtige Konsequenz dieser Definition fest:

Lemma 11.6: *Es sei $\Sigma = (\mathsf{TE}, \omega)$ eine Struktur mit allen Termen als Individuenbereich und ω für Funktionssymbole wie oben definiert; für Prädikatensymbole sei ω beliebig. Dann gilt für alle Terme $t \in \mathsf{TE}$ mit $\mathsf{Fr}(t) \subset \{x_1, \ldots, x_m\}$ und alle Zustände $f \colon \mathsf{VA} \longrightarrow \mathsf{TE}$*

$$\mathrm{wert}_\Sigma(t, f) = t_{x_1 \ldots x_m}[f(x_1), \ldots, f(x_m)]$$

Beweis: induktiv über den Aufbau von t als Übung für den Leser

Korollar: *Ist t variablenfrei, dann gilt für alle $f \colon \mathsf{VA} \longrightarrow \mathsf{TE}$*

$$\mathrm{wert}_\Sigma(t, f) = t$$

11.1.3.3. Wie ist nun für ein $p \in \mathsf{PS}_n$ das Prädikat $\omega(p): (\mathsf{TE}^-)^n \longrightarrow \{\mathsf{W}, \mathsf{F}\}$ zu definieren?

Wir haben kennengelernt, daß die Festlegung der Wahrheitswerte für die atomaren Formeln $pt_1 \ldots t_n$ durch die *eindeutige* Fortsetzung dieser Festlegung auf alle Formeln den Wahrheitswert für alle Formeln bestimmt.

Ziel ist, ein $\Sigma \in \mathrm{Mod}(X)$ zu finden, d. h. $X \subset \mathsf{ag}_\Sigma$ soll gelten, deswegen müssen auf jeden Fall die in X enthaltenen atomaren Formeln in der zu definierenden Struktur Σ gültig sein.

Nach Definition der Deutung ist:

$$\mathrm{Wert}_\Sigma(pt_1 \ldots t_n, f) = \omega(p)(\mathrm{wert}_\Sigma(t_1, f), \ldots, \mathrm{wert}_\Sigma(t_n, f))$$
$$= \omega(p)(t_1, \ldots, t_n) \quad \text{(Korollar aus Lemma 11.6)}$$

Speziell soll gelten: $pt_1 \ldots t_n \in X \Longrightarrow pt_1 \ldots t_n \in \mathsf{ag}_\Sigma$, also muß man setzen:

$$\omega(p)(t_1, \ldots, t_n) = \mathsf{W} :\Longleftrightarrow pt_1 \ldots t_n \in X$$

Bemerkung: damit ist man nur sicher, daß die variablenfreien atomaren Formeln aus X in ag_Σ liegen werden.

11.1.3.4.

Definition 11.7: Es sei $\mathsf{B} = (\mathsf{FS}, \mathsf{PS})$ eine Basis mit $\mathsf{FS}_0 \neq \emptyset$ und $X \subset \mathsf{FO}^\mathsf{B}$. Eine Struktur $\Sigma = (I, \omega_X)$ mit
(1) $I = \mathsf{TE}^-$
(2) $\omega_X(g)(t_1, \ldots, t_n) = g t_1 \ldots t_n$ für alle $g \in \mathsf{FS}_n$ und $t_1, \ldots, t_n \in \mathsf{TE}^-$
(3) $\omega_X(p)(t_1, \ldots, t_n) = \mathsf{W} :\Longleftrightarrow pt_1 \ldots t_n \in X$ für alle $p \in \mathsf{PS}_n$ und alle $t_1, \ldots, t_n \in \mathsf{TE}^-$

heißt eine *freie Struktur* (bezüglich X) oder kanonische Struktur. Wir schreiben für Σ prägnanter Σ_X.
Die zugehörige Deutung heißt eine freie Interpretation oder freie Deutung.
Individuenbereiche, die aus Termen (gleichgültig, welcher Art) gebildet sind, heißen *Herbrand-Individuenbereiche*[12].

11.1.3.5. Wir werden jetzt im einzelnen beweisend nachprüfen, ob gilt:

$\quad \mathrm{ZIEL}_0: \quad X \subset \mathsf{ag}_\Sigma$ für die freie Struktur Σ.

Dazu sei eine technische Vereinfachung diskutiert, ob es vielleicht ausreicht, nur die *Aussagen* in X zu betrachten. Es sei

$\quad \mathrm{ZIEL}_1: \quad$ Für alle Aussagen A gilt: $A \in X \Longrightarrow A \in \mathsf{ag}_\Sigma$

---
[12] Jacques Herbrand, 1908—1931, französischer Logiker.

§ 11. Der Vollständigkeitssatz   113

Wenn also diese Vereinfachung möglich sein soll, haben wir zu zeigen:

$$\text{ZIEL}_1 \implies \text{ZIEL}_0$$

Beweisversuch: Es sei $B \in X$ beliebig, dann ist $B \in \text{Th}(X)$. Der Übergang zu einer Generalisierten von B liefert $\text{Gen}(B) \in \text{Th}(X)$. Um aber die Voraussetzung anwenden zu können, bräuchten wir $\text{Gen}(B) \in X$. Das heißt wir könnten $\text{Th}(X) \subset X$ fordern, um das Beweisziel zu erreichen. Wir hätten dann $\text{Gen}(B) \in X \implies \text{Gen}(B) \in \text{ag}_\Sigma$ n. V. und $B \in \text{ag}_\Sigma$ nach dem Lemma über die Generalisierten.

Wir nehmen also für das folgende an, daß $\text{Th}(X) = X$ gilt, und prüfen, ob das eine schwerwiegende Belastung des Gesamtbeweises werden wird.

Wir versuchen nun gemäß unserer Vereinfachung das modifizierte ZIEL_1 zu beweisen, und zwar mit vollständiger Induktion über die Anzahl der Junktoren der vorgelegten Aussage A (vgl. Abschnitt 6.2).

11.1.3.6. A habe *Null Junktoren*, d. h. A ist eine atomare Aussage. Dann ist A von der Form $p t_1 \ldots t_n$ und die t_i sind variablenfreie Terme (o.B.).
Dann gilt: $p t_1 \ldots t_n \in X \iff p t_1 \ldots t_n \in \text{ag}_\Sigma$

Beweis: Übungsaufgabe

Damit ist der Induktionsanfang gezeigt.

Es sei nun als Induktionsvoraussetzung angenommen, daß ZIEL_1 schon für alle Formeln B mit höchstens $(n-1)$ Junktoren gilt;
zu zeigen: sie gilt für alle A mit genau n Junktoren.

11.1.3.7. *Es sei* $A \equiv \neg B$. Dann hat B $(n-1)$ Junktoren.
Induktionsvoraussetzung: $B \in X \implies B \in \text{ag}_\Sigma$
zu zeigen: $\neg B \in X \implies \neg B \in \text{ag}_\Sigma$
oder kontraponiert: $\neg B \notin \text{ag}_\Sigma \implies \neg B \notin X$
Ein „Beweis" könnte so zusammengebastelt werden:

$$\begin{aligned}
\neg B \notin \text{ag}_\Sigma &\iff B \in \text{ef}_\Sigma && \text{(Lemma 7.6.2)} \\
&\iff B \in \text{ag}_\Sigma && \text{(weil } \text{Fr}(B) = \emptyset \text{: Lemma 9.6.1)} \\
&\impliedby B \in X && \text{(Ind.vor, leider \textit{falsche Richtung})} \\
&\implies \neg B \notin X && \text{(n. V. } X \text{ syntaktisch widerspruchsfrei und} \\
&&& \text{Th}(X) = X\text{)}
\end{aligned}$$

d. h. wir müssen fordern:
(a) Neben der nichtverwendbaren Induktionsvoraussetzung $B \in X \implies B \in \text{ag}_\Sigma$ soll auch noch $B \in \text{ag}_\Sigma \implies B \in X$ gelten, also insgesamt: $B \in X \iff B \in \text{ag}_\Sigma$, d. h. nicht $X \subset \text{ag}_\Sigma$, sondern $X = \text{ag}_\Sigma$ ist das Beweisziel!

(b) Dann muß aber die Umkehrung $\neg B \notin \mathsf{Th}(X) \Longrightarrow B \in \mathsf{Th}(X)$ zusätzlich gelten.

Wir nehmen zu diesen Forderungen Stellung, wenn wir die weiteren Fälle probiert haben.

11.1.3.8. *Also nochmals von vorn!* Die neue Behauptung lautet:

ZIEL$_2$: Für alle Aussagen A gilt: $A \in X \iff A \in \mathsf{ag}_\Sigma$ für die freie Struktur Σ

Beweis mit Induktion über die Anzahl der Junktoren in A.

A habe Null Junktoren: 11.1.3.6 gilt unverändert

Es sei $A \equiv \neg B$ und A.habe genau n Junktoren

Der Abschnitt 11.1.3.7 liefert mit der neuen Induktionsvoraussetzung und (b) sofort die Behauptung.

11.1.3.9. *Es sei* $A \equiv B \vee C$ und A habe genau n Junktoren

Induktionsvoraussetzung: $D \in X \iff D \in \mathsf{ag}_\Sigma$ für alle $D \in \mathsf{FO}$ mit $\mathsf{Fr}(D) = \emptyset$ und D hat höchstens $n-1$ Junktoren.

Bemerkung: B und C haben höchstens $n-1$ Junktoren

zu zeigen: $B \vee C \in X \iff B \vee C \in \mathsf{ag}_\Sigma$

Versuch eines Beweises:

$B \vee C \in \mathsf{ag}_\Sigma \iff B \in \mathsf{ag}_\Sigma$ oder $C \in \mathsf{ag}_\Sigma$ (Lemma 9.7.1)

$\phantom{B \vee C \in \mathsf{ag}_\Sigma} \iff B \in X$ oder $C \in X$ (Ind.vor)

$\phantom{B \vee C \in \mathsf{ag}_\Sigma} (?) \iff B \vee C \in X$

Wir brauchen also: $B \in X$ oder $C \in X \iff B \vee C \in X$

Beweisversuch: „$\Longrightarrow$" $B \in X$ oder $C \in X \Longrightarrow B \in \mathsf{Th}(X)$ oder $C \in \mathsf{Th}(X)$

$\phantom{\text{Beweisversuch: „}\Longrightarrow\text{"}} \Longrightarrow B \vee C \in \mathsf{Th}(X)$ (Lemma 10.44.1)

$\phantom{\text{Beweisversuch: „}\Longrightarrow\text{"}} \Longrightarrow B \vee C \in X$

(wie in 11.1.3.7 ist auch hier die Forderung $\mathsf{Th}(X) = X$ äußerst nützlich)

„$\Longleftarrow$" $B \vee C \in X \Longrightarrow B \vee C \in \mathsf{Th}(X)$

$\phantom{\text{„}\Longleftarrow\text{"} B \vee C \in X} (?) \Longrightarrow B \in \mathsf{Th}(X)$ oder $C \in \mathsf{Th}(X)$

$\phantom{\text{„}\Longleftarrow\text{"} B \vee C \in X} \Longrightarrow B \in X$ oder $C \in X$ (mit $\mathsf{Th}(X) = X$)

Wir brauchen also: $B \vee C \in \mathsf{Th}(X) \Longrightarrow B \in \mathsf{Th}(X)$ oder $C \in \mathsf{Th}(X)$

Beweisversuch: Angenommen: $B \notin \mathsf{Th}(X)$ und $C \notin \mathsf{Th}(X)$

$\Longrightarrow \neg\neg B \notin \mathsf{Th}(X)$ und $\neg\neg C \notin \mathsf{Th}(X)$ (Lemma 10.45)

$\Longrightarrow \neg B \in \mathsf{Th}(X)$ und $\neg C \in \mathsf{Th}(X)$ (n. V. (b) in 11.1.3.7(!))

$\Longrightarrow \neg B \wedge \neg C \in \mathsf{Th}(X)$ (Lemma 10.44.2)

$\Longrightarrow \neg(B \vee C) \in \mathsf{Th}(X)$ (de Morgan)

also: $\neg(B \vee C) \in \mathsf{Th}(X)$ und $B \vee C \in \mathsf{Th}(X)$, d. h. X syntaktisch widerspruchsvoll, Widerspruch!

Insgesamt ist also 11.1.3.9 bewiesen ohne zusätzliche Voraussetzung.

§ 11. Der Vollständigkeitssatz   115

11.1.3.10. *Es sei* $A \equiv \exists x B$ *und* A *habe genau* n *Junktoren.*
Dann hat B $n-1$ Junktoren;
zu zeigen: $\exists x B \in X \iff \exists x B \in \text{ag}_\Sigma$

„$\Longleftarrow$"

$\exists x B \in \text{ag}_\Sigma \iff$ Für alle $f: \text{VA} \longrightarrow \text{TE}^-$ ist $\text{Wert}_\Sigma(\exists x B, f) = W$

$\iff$ Für alle $f: \text{VA} \longrightarrow \text{TE}^-$ gibt es ein $t \in \text{TE}^-$ mit
$$\text{Wert}_\Sigma\left(B, f\left\langle \begin{array}{c} x \\ t \end{array} \right\rangle \right) = W$$

$\iff$ Für alle $f: \text{VA} \longrightarrow \text{TE}^-$ gibt es ein $t \in \text{TE}^-$ mit
$$\text{Wert}_\Sigma\left(B, f\left\langle \begin{array}{c} x \\ \text{wert}_\Sigma(t,f) \end{array} \right\rangle \right) = W$$
(Korollar aus Lemma 11.6)

$\iff$ Für alle $f: \text{VA} \longrightarrow \text{TE}^-$ gibt es ein $t \in \text{TE}^-$ mit
$\text{Wert}_\Sigma(B_x[t], f) = W$ (ÜB)

$\iff B_x[t] \in \text{ag}_\Sigma$

B hat $n-1$ Junktoren, dann
hat $B_x[t]$ auch $n-1$ Junktoren, also gilt für $B_x[t]$ die
Ind.vor:

$\iff B_x[t] \in X$ (Ind.vor)
$\iff B_x[t] \in \text{Th}(X)$ ($\text{Th}(X) = X$)   (∗)

Nun gilt aber $B_x[t] \longrightarrow \exists x B \in \text{Th}(X)$ für alle $X \subset \text{FO}$ (Axiom)
also: $\exists x B \in \text{Th}(X)$ (Abtr und (∗))
mithin: $\exists x B \in X$ ($\text{Th}(X) = X$).

„$\Longrightarrow$"

$\exists x B \in X \Longrightarrow ?$
Wir rechnen rückwärts:

$B_x[t] \in \text{ag}_\Sigma \Longrightarrow \exists x B \in \text{ag}_\Sigma$ (Lemma 9.20 und ABTR)

$B_x[t] \in X \iff B_x[t] \in \text{ag}_\Sigma$ (Ind.vor)

$\exists x B \in X$ (n. V.)

$\exists x B \in X \Longrightarrow B_x[t] \in X$ fehlt

also ist zu fordern:

Für jedes $\exists x B \in X$ gibt es ein $t \in \text{TE}^-$ mit $B_x[t] \in X$

11.1.4. *Fazit:*
Der Versuch, für ein gegebenes $X \subset \text{FO}$ in einer sogenannten freien Struktur Σ (bezüglich X) zu beweisen, daß $\Sigma \in \text{Mod}(X)$ gilt, hat ergeben:

(1) Man muß $X = \text{ag}_\Sigma$ beweisen.
(2) $\text{Th}(X) = X$ muß gelten.
(3) Für Aussagen A muß gelten: $A \in \text{Th}(X) \iff \neg A \notin \text{Th}(X)$
(4) Für Aussagen $\exists x B \in X$ muß es ein $t \in \text{TE}^-$ geben, so daß $B_x[t] \in X$ gilt.

11.2. Exkurs: syntaktisch vollständige und maximal syntaktisch widerspruchsfreie Formelmengen

Wir wollen in diesem Abschnitt kurz bei den Forderungen verweilen, die aus der groben Analyse eines möglichen Beweises des Vollständigkeitssatzes herrühren.

Eine der Forderungen $\neg A \notin \text{Th}(X) \implies A \in \text{Th}(X)$ für Aussagen $A \in \text{FO}$ soll näher betrachtet werden:

$C \notin \text{Th}(X) \implies \neg\neg C \notin \text{Th}(X) \implies \neg C \in \text{Th}(X) \implies \neg C \vee B \in \text{Th}(X)$
für eine beliebige Formel $B \in \text{FO} \implies C \longrightarrow B \in \text{Th}(X)$
$\implies B \in \text{Th}(X \cup \{C\})$

d. h. wenn zu einer Menge X mit der obigen Eigenschaft eine aus X nicht ableitbare Formel C hinzugenommen wird, kann aus $X \cup \{C\}$ jede beliebige Formel B abgeleitet werden, d. h. $X \cup \{C\}$ ist syntaktisch widerspruchsvoll.

Diese Eigenschaft gibt Anlaß zu folgender Namensgebung

Definition 11.8: Eine Menge $X \subset \text{FO}$ heißt *syntaktisch vollständig*, wenn für alle Aussagen A gilt:

$A \notin \text{Th}(X) \implies X \cup \{A\}$ ist syntaktisch widerspruchsvoll.

Lemma 11.9:

$X \subset \text{FO}$ *syntaktisch vollständig* $\iff \begin{cases} \text{für alle Aussagen } A \text{ gilt} \\ (\neg A \notin \text{Th}(X) \implies A \in \text{Th}(X)) \end{cases}$

Beweis: „$\impliedby$" siehe oben
„$\implies$" $\neg A \notin \text{Th}(X) \implies \text{Th}(X \cup \{\neg A\}) = \text{FO}$ (n. V.)
$\implies A \in \text{Th}(X \cup \{\neg A\})$
$\implies \neg A \longrightarrow A \in \text{Th}(X)$ (Deduktionstheorem)
d. h. $\neg\neg A \vee A \in \text{Th}(X)$, also $A \in \text{Th}(X)$

Korollar:

X syntaktisch widerspruchsfrei und vollständig $\iff$ $\begin{cases} \text{für alle Aussagen } A \text{ ist} \\ A \in \mathsf{Th}(X) \iff \neg A \notin \mathsf{Th}(X) \end{cases}$

Aus der Definition der syntaktischen Vollständigkeit geht hervor, daß $\mathsf{Th}(X)$ eine *maximal syntaktisch widerspruchsfreie* Menge ist, wenn X synt. widerspruchsfrei ist; denn
(1) $\mathsf{Th}(X)$ ist syntaktisch widerspruchsfrei, wenn X syntaktisch widerspruchsfrei ist (wegen $\mathsf{Th}(\mathsf{Th}(X)) = \mathsf{Th}(X)$).
(2) Es sei $Y \subset \mathsf{FO}$ syntaktisch widerspruchsfrei und $\mathsf{Th}(X) \subset Y$. Dann gilt $\mathsf{Th}(X) = Y$.

Denn: (i) Es sei $A \in Y$ und angenommen $A \notin \mathsf{Th}(X)$
$\implies \mathsf{Th}(X \cup \{A\}) = \mathsf{FO}$ (n. V.)
(ii) $\mathsf{Th}(X \cup \{A\}) \subset \mathsf{Th}(Y)$; weil wegen $\mathsf{Th}(X) \subset Y$ auch $X \subset Y$ gilt, also $X \cup \{A\} \subset Y$, mithin $\mathsf{Th}(X \cup \{A\}) \subset \mathsf{Th}(Y)$
(iii) wegen (i) ist dann $\mathsf{Th}(Y) = \mathsf{FO}$, Widerspruch!
also $A \in \mathsf{Th}(X)$, insgesamt $Y \subset \mathsf{Th}(X)$.

Dieses Ergebnis liefert, daß X selber maximal syntaktisch widerspruchsfrei ist, wenn z. B. $X = \mathsf{Th}(X)$ ist. Das folgende Lemma zeigt, daß die Umkehrung auch gilt.

Definition 11.10: Eine Menge $X \subset \mathsf{FO}$ heißt *maximal syntaktisch widerspruchsfrei*, wenn gilt:
(1) X ist syntaktisch widerspruchsfrei
(2) Es sei Y syntaktisch widerspruchsfrei und $X \subset Y$. Dann folgt $X = Y$.

Lemma 11.11:

X maximal syntaktisch widerspruchsfrei $\iff$ $\begin{cases} \mathsf{Th}(X) = X \text{ und } X \text{ syntaktisch wider-} \\ \text{spruchsfrei und vollständig.} \end{cases}$

Beweis: „$\impliedby$" siehe oben
„$\implies$" (i) $X \subset \mathsf{Th}(X)$ und $\mathsf{Th}(X)$ syntaktisch widerspruchsfrei (s. o.)
$\implies X = \mathsf{Th}(X)$, weil X maximal ist.
(ii) X synt. widerspruchsfrei n. V.
(iii) *zu zeigen:* X ist vollständig.
Es sei also $A \notin \mathsf{Th}(X)$.
Angenommen: $\mathsf{Th}(X \cup \{A\}) \subsetneq \mathsf{FO}$.
Es ist $A \in \mathsf{Th}(X \cup \{A\})$, also: $\mathsf{Th}(X) \subsetneq \mathsf{Th}(X \cup \{A\}) \subsetneq \mathsf{FO}$,
d. h. X ist nicht maximal syntaktisch widerspruchsfrei. Widerspruch!

Wegen Lemma 11.4 und Satz 10.68 ist ag_Σ syntaktisch widerspruchsfrei. Im Abschnitt 11.1. war ursprünglich $X \subset \mathsf{ag}_\Sigma$ das Beweisziel. Nun hat sich aber ergeben, daß X maximal syntaktisch widerspruchsfrei sein müßte, wenn dieser Beweis gelingen soll. Da ag_Σ syntaktisch widerspruchsfrei ist, gilt also $X = \text{ag}_\Sigma$ wegen der Maximalität von X. Damit ist aufgeklärt, warum $X = \text{ag}_\Sigma$ gefordert werden mußte.

Abschließend noch ein Lemma, das in 11.1.3.9. bereits bewiesen wurde:

Lemma 11.12: *Es sei* $X \subset \text{FO}$ *maximal syntaktisch widerspruchsfrei. Dann gilt:*
(1) $A \in \text{Th}(X)$ *oder* $B \in \text{Th}(X) \iff A \vee B \in \text{Th}(X)$
(2) $A \longrightarrow B \in \text{Th}(X) \iff (A \in \text{Th}(X) \implies B \in \text{Th}(X))$.

Bemerkung: semantisch vollständige Mengen von Formeln kann man über Fl analog definieren.

11.3. Der Beweis

11.3.1. Mit den Begriffen aus dem vorigen Abschnitt können wir sagen: Die freie Struktur Σ_X ist ein Modell für X, wenn gilt:
(1) X ist *maximal syntaktisch widerspruchsfrei*
(2) X ist *henkinsch*, wenn wir Mengen X mit der Eigenschaft:

Für alle Aussagen $\exists x B \in X$ gibt es einen Term $t \in \text{TE}^-$, so daß $B_x[t] \in X$ gilt,

henkinsch nennen wollen (L. Henkin hat 1949 den Beweis in der vorliegenden Form geführt, der erste Beweis überhaupt stammt von K. Gödel, 1930).

Es gilt also der folgende

Satz 11.13: *Es sei* $X'' \subset \text{FO}^{B''}$ *eine henkinsche und maximal syntaktisch widerspruchsfreie Menge von Formeln. Dann ist* $\text{Mod}(X'') \neq \emptyset$, *weil die freie Struktur* $\Sigma_{X''}$ *Modell von* X'' *ist mit* $X'' = \text{ag}_{\Sigma_{X''}}$.

Beweis: die Ausführungen der Abschnitte 11.1 und 11.2.

Um zum Ziel zu gelangen, müßte also X maximal syntaktisch widerspruchsfrei und henkinsch sein.

11.3.2. In dieser Situation, in der eine weitgehend beliebige Menge X Eigenschaften haben soll, die sie im allgemeinen nicht hat, hilft das unscheinbare Lemma 10.7:

$$X \subset Y \implies \text{Mod}(Y) \subset \text{Mod}(X)$$

d. h. $\text{Mod}(X) \neq \emptyset$, falls $X \subset Y$ und $\text{Mod}(Y) \neq \emptyset$.

§ 11. Der Vollständigkeitssatz 119

Unser Problem läßt sich also lösen, wenn wir *Obermengen* von X suchen, die Modelle mit den Eigenschaften (1) und (2) haben.

Wir müssen also X zu einer maximal syntaktisch widerspruchsfreien Menge *vergrößern* und uns ein Verfahren ausdenken, wie wir Formelmengen henkinsch machen können.

Lemma 11.14 *(Lindenbaumscher Ergänzungssatz[13]): Zu jeder syntaktisch widerspruchsfreien Menge $X \subset$ FO gibt es eine maximal synt. widerspruchsfreie Menge X' mit $X \subset X' \subset$ FO.*

Beweisidee: Man definiert eine Folge von Formelmengen $(X_n)_{n \in \mathbb{N}_0}$ induktiv durch

$$X_{n+1} = \begin{cases} X_n \cup \{A_n\} & \text{falls } X_n \cup \{A_n\} \text{ synt. widerspruchsfrei} \\ X_n & \text{sonst} \end{cases}$$

und

$$X_0 = X,$$

wobei unterstellt ist, daß es eine Abzählung $(A_n)_{n \in \mathbb{N}_0}$ aller Formeln gibt.

Wesentliches Hilfsmittel für den Beweis von Lemma 11.14 ist dann das

Lemma 11.15: *Es sei $(X_i)_{i \in \mathbb{N}_0}$ eine Folge syntaktisch widerspruchsfreier Mengen von Formeln mit $X_n \subset X_{n+1}$ für alle $n \in \mathbb{N}_0$. Dann ist X' syntaktisch widerspruchsfrei, wobei*

$$X' = \bigcup_{n=0}^{\infty} X_n.$$

Die genauen *Beweise* von Lemma 11.14 und 11.15 finden sich im Anhang Teil (G 1).

Wir können also das vorgelegte X zu einer umfassenden maximal syntaktisch widerspruchsfreien Menge X' ergänzen.

11.3.3. Die Idee, die jeweils vorgelegte Menge von Formeln henkinsch zu machen, lautet wie folgt:

Um zu sichern, daß für jedes $\exists x B \in X'$ ein $t \in \mathsf{TE}^-$ existiert mit $B_x[t] \in X'$, adjungiert man geeignete $B_x[t]$ zu X'. D.h. man stellt wiederum eine Obermenge (von X') her, allerdings muß man diesmal die *syntaktische Basis erweitern*, um die geeigneten Terme zur Verfügung zu haben.

---

[13] Adolf Lindenbaum, 1905—1942, polnischer Logiker.

Lemma 11.16: *Es sei* $Y \subset \mathsf{FO}^B$ *eine syntaktisch widerspruchsfreie Menge. Dann gibt es eine Erweiterung* B^E *von* B *(vgl. Definition 9.23.1) und eine Menge* $Y'' \subset \mathsf{FO}^{B^E}$, *für die gilt:*

(1) E *ist eine (abzählbare) Menge von nullstelligen Funktionssymbolen*
(2) $Y \subset Y''$
(3) Y'' *ist syntaktisch widerspruchsfrei*
(4) *Für alle* $\exists x B \in Y$ *gibt es einen Term* $t \in \mathsf{TE}^{-\,14}$, *so daß* $B_x[t] \in Y''$.

Beweis:
(i) Wähle zu jedem der *abzählbar vielen* $\exists x B \in Y$ je ein nullstelliges Funktionssymbol $g_{\exists xB} \in E$, das von allen Funktionssymbolen, die in Y vorkommen, verschieden ist und verschieden ist von allen schon verwendeten „neuen" Funktionssymbolen.
(ii) $Y'' = Y \cup \{B_x[g_{\exists xB}] \mid \exists x B \in Y\}$
(iii) Es ist nun nachzuweisen, daß Y'' die Eigenschaften (1) bis (4) erfüllt:
   (1), (2) und (4) gelten nach Konstruktion.
(iv) Es fehlt nur noch der Nachweis der synt. Widerspruchsfreiheit von Y''.
   Wir verwenden den *Endlichkeitssatz der synt. Widerspruchsfreiheit* (Satz 10.71) und zeigen:
   Jede endliche Teilmenge $T \subset Y''$ ist synt. widerspruchsfrei.
   (a) Es sei $T \subset Y''$ endlich, dann gibt es eine endliche Menge N, so daß $T = N \,\dot\cup\, (T \cap Y)$, also $N = T - (T \cap Y)$.
   Es gilt $T \subset N \cup Y$. (∗)
   (b) Da jede Teilmenge einer syntaktisch widerspruchsfreien Menge synt. widerspruchsfrei ist (Lemma 10.70), genügt es wegen (∗) zu *zeigen:* $N \cup Y$ ist syntaktisch widerspruchsfrei für alle endlichen $N \subset Y'' - Y$.
   (c) *Nachweis* induktiv über die Anzahl der Elemente in N: $N = \emptyset \implies$ Beh., weil n. V. Y syntaktisch widerspruchsfrei ist. Die Behauptung gelte also für ein $Y \cup N$, wir haben zu zeigen, daß sie für $Y \cup N \,\dot\cup\, \{B_x[g_{\exists xB}]\}$ gilt, wobei $g_{\exists xB}$ nicht in N vorkommt.

Angenommen: $Y \cup N \cup \{B_x[g_{\exists xB}]\}$ ist synt. widerspruchsvoll
$\implies A \wedge \neg A \in \mathsf{Th}(Y \cup N \cup \{B_x[g_{\exists xB}]\})$
$\implies B_x[g_{\exists xB}] \longrightarrow (A \wedge \neg A) \in \mathsf{Th}(Y \cup N)$ (Deduktionstheorem)
$\implies (\neg A \vee A) \longrightarrow \neg B_x[g_{\exists xB}] \in \mathsf{Th}(Y \cup N)$ (Kontraposition)
$\implies \neg B_x[g_{\exists xB}] \in \mathsf{Th}(Y \cup N)$ (Abtr)
$\implies \forall x \neg B \in \mathsf{Th}(Y \cup N)$ (Korollar zum Theorem über neue Konstanten, Anhang Teil (F 2))
$\implies \neg \exists x B \in \mathsf{Th}(Y \cup N)$;
n. V. $\exists x B \in Y$, also $\exists x B \in \mathsf{Th}(Y \cup N)$;

---

[14] Wir schenken es uns, statt TE^- genau $(\mathsf{TE}^{B^E})^-$ zu schreiben.

also: $\exists x B \land \neg \exists x B \in \text{Th}(Y \cup N)$,
d. h. $Y \cup N$ ist synt. widerspruchsvoll, entgegen der Induktionsvoraussetzung. Widerspruch!

11.3.4. Mit den beiden Lemmata 11.14 und 11.16 sind wir schon ein schönes Stück weiter, es fehlt uns im wesentlichen, wenn wir ausgehend von X ein X' (Lemma 11.14) und aus X' ein X'' (Lemma 11.16) bestimmen, nur noch die synt. Vollständigkeit der erweiterten Menge. Ferner ist noch zu zeigen, daß Modelle der durch Syntaxerweiterung erhaltenen Formelmenge auch Modelle von Teilmengen von Formeln sind, die gemäß der Ausgangssyntax gebildet sind.

Wenn man ein syntaktisch widerspruchsfreies X zu einem maximal syntaktisch widerspruchsfreien X' ergänzt und dieses X' zu einem henkinschen X'' vergrößert, kann man nicht erwarten, daß X'' gleichzeitig auch maximal syntaktisch widerspruchsfrei ist. Man muß also den Prozeß des Ergänzens und Erweiterns so lange fortführen, bis das Resultat maximal syntaktisch widerspruchsfrei und henkinsch ist (vgl. Satz 11.17). Das geht nur über einen unendlichen Abschließungsprozeß (wie schon das Lindenbaumsche Ergänzen), d. h. der Beweis des Vollständigkeitssatzes ist nicht effektiv, er ist im besonderen also keine Methode, ein Modell zu konstruieren, sondern nur ein Existenzbeweis.

Satz 11.17: *Es sei $X \subset \text{FO}^\text{B}$ eine syntaktisch widerspruchsfreie Menge von Formeln. Dann gibt es eine Erweiterung B^E von B und eine Menge $X'' \subset \text{FO}^{\text{B}^E}$, so daß*
(1) $X \subset X''$
(2) X'' *maximal syntaktisch widerspruchsfrei*
(3) X'' *henkinsch*

Beweis: im Anhang Teil (G2).

Um den Vollständigkeitssatz lückenlos bewiesen zu haben, brauchen wir nur noch zu zeigen, daß die Modelle einer erweiterten Formelmenge X'' auch Modelle der Ausgangsmenge X sind:

Lemma 11.18: *Es sei B^E eine Erweiterung der Basis B und $X \subset \text{FO}^\text{B}$, ferner $Y, X'' \subset \text{FO}^{\text{B}^E}$ mit $X \subset X''$. Definiere $\text{Mod}^E(Y) = \{\Sigma^E \mid \Sigma \in \text{St}^\text{B} \text{ und } Y \subset \text{ag}_{\Sigma^E}\}$.*

Dann gilt: $\text{Mod}^E(X'') \subset \text{Mod}(X)$

Beweis: Eine Konsequenz aus dem verallgemeinerten Koinzidenztheorem (Satz 9.24.3) ist, daß die Modelle von $X \subset \text{FO}^\text{B}$ für die erweiterte Basis B^E auch Modelle von X sind für die Basis B, also gilt: $\text{Mod}^E(X) \subset \text{Mod}(X)$. Aus $X \subset X''$ folgt $\text{Mod}^E(X'') \subset \text{Mod}^E(X)$ (Antitonie), so daß insgesamt die Behauptung folgt.

Damit ist der Vollständigkeitssatz bewiesen, und wir können feststellen:

122 Kapitel 4. Eigenschaften der Prädikatenlogik

Satz 11.19 *(Vollständigkeitssatz der Prädikatenlogik)*:
Der Ableitungsoperator Th *ist vollständig.*

11.3.5. Abschließend sei nun der Beweisgang des Vollständigkeitssatzes überblicksartig zusammengefaßt:

(0) Th vollständig $\Longleftrightarrow$ Für alle $X \subset$ FO gilt: X synt. widerspruchsfrei $\Longrightarrow X$ sem. widerspruchsfrei (Lemma 11.3.1)
(1) VOR_0: $X \subset \text{FO}^B$ ist syntaktisch widerspruchsfrei
(2) ZIEL_0: $\text{Mod}(X) \neq \emptyset$, d.h. $X \subset \text{ag}_\Sigma$ gilt für eine freie Struktur Σ.
(3) *zu zeigen ist:* $\text{VOR}_0 \Longrightarrow \text{ZIEL}_0$ \hfill (V)
(4) Dann erfolgte eine Modifikation zu
 ZIEL_1: Für jede Aussage A gilt: $A \in X \Longrightarrow A \in \text{ag}_\Sigma$
 wobei aber gilt: $\text{ZIEL}_1 \Longrightarrow \text{ZIEL}_0$ \hfill (A)
(5) Die Beweisversuche im Abschnitt 11.1 ergaben:
 (a) *Es muß bewiesen werden:*
  ZIEL_2: Für jede Aussage A gilt: $A \in X \Longleftrightarrow A \in \text{ag}_\Sigma$
  Bemerkung: $\text{ZIEL}_2 \Longrightarrow \text{ZIEL}_1$ gilt \hfill (B)
 (b) *X muß an zusätzlichen Eigenschaften erfüllen:*
  VOR_1: (b1) $\text{Th}(X) = X$
   (b2) X ist synt. vollständig (Def. 11.8)
   (b3) X ist henkinsch (§ 11.3.1)
 (c) *Es gilt:* $\text{VOR}_1 \Longrightarrow \text{ZIEL}_2$ (Satz 11.13) \hfill (C)
(6) In einem Exkurs wurde gezeigt, daß gilt

$$\text{VOR}_0 \text{ und } \text{VOR}_1 \Longleftrightarrow \text{VOR}_2 \quad \text{(Lemma 11.11)} \tag{D}$$

wobei VOR_2: (6.1) X ist maximal syntaktisch widerspruchsfrei (Def. 11.10)
 (6.2) X ist henkinsch
(7) Mit Hilfe des Lindenbaumschen Ergänzungssatzes (Lemma 11.14) und der symbolischen Auflösung der Existenzformeln (Lemma 11.16) wurde schließlich gezeigt

$$\text{VOR}_0 \Longrightarrow \text{VOR}_2 \quad \text{(Satz 11.17)}. \tag{E}$$

(8) Die Implikationen (A) bis (E) ergeben dann den lückenlosen Vollständigkeitsbeweis (V).

11.3.6. Der Beweis, wie er hier geführt wurde, ist seit seiner ersten Formulierung mehrfach modifiziert worden, so daß er mathematisch eleganter wurde. All diese Modifikationen beseitigen jedoch nicht den schon erwähnten nichtkonstruktiven Charakter des Beweises (Existenzbeweis statt Konstruktion einer Ableitung für jede Folgerung bzw. eines Modells für jede syntaktisch widerspruchsfreie Formel-

§11. Der Vollständigkeitssatz

menge), sondern verschieben oder kontrahieren nur den nichtendlichen Teil des Beweises. Daß diese Eigenschaft des Beweises eine wesentliche ist, wird noch aus dem § 12 klar werden.

Wir wollen hier kurz einen Modifikationsvorschlag beschreiben, der von L. Henkin selber stammt (vgl. [Smu 68], S. 96):

Man kann in Lemma 11.14 die Ausgangsmenge $X \subset \mathsf{FO}$ zugleich maximal ergänzen und henkinsch machen, wobei wieder eine Abzählung $(A_n)_{n \in \mathbb{N}_0}$ der Formeln unterstellt ist. Induktiv wird eine Folge von Formelmengen $(X_n)_{n \in \mathbb{N}_0}$ wie folgt definiert:

$$X_{n+1} = \begin{cases} X_n \cup \{A_n\} & \text{falls } X_n \cup \{A_n\} \text{ synt. widerspruchsfrei und für alle } x \in \mathsf{VA}, A' \in \mathsf{FO} : A_n \not\equiv \exists x A' \\ X_n \cup \{\exists x A', A'_x[g_{\exists x A'}]\} & \text{falls } X_n \cup \{A_n\} \text{ synt. widerspruchsfrei und es } x \in \mathsf{VA}, A' \in \mathsf{FO} \text{ gibt mit } A_n \equiv \exists x A' \\ X_n & \text{falls } X_n \cup \{A_n\} \text{ synt. widerspruchsvoll} \end{cases}$$

und $X_0 = X$.

Lemma 11.20: $\bigcup_{n=0}^{\infty} X_n$ *is maximal syntaktisch widerspruchsfrei und henkinsch*

o. B.

11.4. Konzequenzen aus dem Vollständigkeitssatz

11.4.1. Die Korrektheit und Vollständigkeit unseres Ableitungsoperators liefert $\mathsf{Fl}(X) = \mathsf{Th}(X)$ für alle Formelmengen $X \subset \mathsf{FO}$. Damit können wir jene Sätze von Th auf Fl übertragen, die wegen der induktiven Definition von Th leicht, für Fl dagegen mit unseren Mitteln überhaupt nicht zu beweisen waren.

Satz 11.21 *(Kompaktheitssatz für* Fl*)*:
Wenn eine Formel aus einer Menge $X \subset \mathsf{FO}$ folgerbar ist, dann ist sie schon aus einer endlichen Teilmenge von X folgerbar, in Zeichen:

$$A \in \mathsf{Fl}(X) \Longrightarrow \text{ Es gibt eine endliche Teilmenge } T \subset X \text{ mit } A \in \mathsf{Fl}(T)$$

Beweis: Endlichkeitssatz für Th

Satz 11.22 *(Kompaktheitssatz für die sem. Widerspruchsfreiheit)*:
Es seien alle endlichen Teilmengen $T \subset X$ einer Formelmenge $X \subset \mathsf{FO}$ semantisch widerspruchsfrei. Dann ist auch X semantisch widerspruchsfrei.

Beweis: Endlichkeitssatz für die synt. Widerspruchsfreiheit

Satz 11.23 *(Kompaktheitssatz für Modelle)*:
Wenn alle endlichen Teilmengen $T \subset X$ einer Formelmenge $X \subset \mathsf{FO}$ je ein Modell haben, dann hat auch X ein Modell.

Beweis: Satz 11.22

Satz 11.24: *Eine Menge von Formeln $X \subset \mathsf{FO}$ ist genau dann semantisch widerspruchsfrei, wenn sie syntaktisch widerspruchsfrei ist.*

Beweis: Lemma 11.3

Man kann also unter Voraussetzung des Vollständigkeitsbeweises (und der Korrektheit von Th) von Widerspruchsfreiheit sprechen (ohne Adjektiv).

11.4.2. Abschließend wollen wir uns den Beweis des Vollständigkeitssatzes genauer anschauen. Dazu schreiben wir die freie Struktur als $\Sigma_0 = (\mathsf{TE}^-, \omega_0)$.

Es ist bemerkenswert, daß der Individuenbereich von Σ_0 abzählbar ist. Wir sind beim Beweis ausgegangen von einer syntaktisch widerspruchsfreien Menge $X \subset \mathsf{FO}^B$ und haben (bezüglich X) in der freien Struktur Σ_0 ein Modell für eine Erweiterungsmenge X'' von X gefunden, so daß $X \subset X'' = \mathsf{ag}_{\Sigma_0}$.

Nehmen wir an, eine Menge $X' \subset \mathsf{FO}^B$ habe ein Modell Σ, d. h. $X' \subset \mathsf{ag}_\Sigma$. Jedes ag_Σ ist syntaktisch widerspruchsfrei, also kann es als Ausgangsmenge dienen, für die ein freies Modell gemäß Vollständigkeitssatz gefunden wird: $X' \subset \mathsf{ag}_\Sigma \subset (\mathsf{ag}_\Sigma)'' = \mathsf{ag}_{\Sigma_0}$, d. h. hat eine Menge X' ein Modell, dann hat diese Menge auch ein freies Modell.

Satz 11.25 *(Satz von der freien Interpretation [Henkin])*:

$\mathrm{Mod}(X) \neq \emptyset \iff X$ *hat ein freies Modell.*

Satz 11.26 *(Löwenheim-Skolem[15])*:
Hat eine Menge X ein Modell, dann hat X auch ein Modell mit abzählbarem Individuenbereich.

11.5. Prädikatenlogik mit Gleichheit

11.5.1. Wir wollen uns nun mit einer Erweiterung der Ausdrucksmöglichkeiten unserer Kunstsprache befassen, nämlich mit der *Gleichheit* (Identität).

---

[15] Leopold Löwenheim, 1878—1940; zu Skolem vgl. Fußnote 4.

Beispiel 11.27: Es gibt höchstens zwei Dinge, die die Eigenschaft *P* haben. Dieser Satz ist in der Prädikatenlogik ohne Gleichheit nicht ausdrückbar. In der Prädikatenlogik mit Gleichheit lautet er:

$$\forall x \forall y \forall z ((P(x) \wedge P(y) \wedge P(z)) \longrightarrow (x=y \vee x=z \vee y=z)).$$

Bisher war das Symbol „=" als Kalkülzeichen zugelassen, konnte aber beliebig gedeutet werden. Legt man fest, daß das Zeichen „=" für alle Strukturen $\Sigma = (I, \omega)$ gleich gedeutet werden soll (also als *logisches* Zeichen und nicht als theoriespezifisches), so hat man eine Prädikatenlogik mit Gleichheit.

Es sei also für alle $\Sigma = (I, \omega)$ festgelegt $\omega(=)(\xi, \eta) = \mathsf{W} \Longleftrightarrow \xi = \eta$ für alle $\xi, \eta \in I$. Diese *logische* Behandlung der Gleichheit ist unter den Grundlagenforschern nicht unbestritten, da es Forderungen gibt, die Gleichheit *mathematisch* zu behandeln, also theoriespezifisch: Man solle die Theorien nicht innerhalb einer Prädikatenlogik mit Gleichheit spezifizieren, sondern in der (reinen) Prädikatenlogik und durch theoriespezifische Axiome die Gleichheitsverhältnisse in der Theorie wiedergeben; z. B. Extensionalitätsaxiom für die Gleichheit in der Mengenlehre. Es sei nun die Gleichheit logisch behandelt; in den Anwendungen werden wir, wenn nötig, gesondert auf die Gleichheitsverhältnisse eingehen. Im folgenden wird gezeigt, mit welchen Modifikationen der Vollständigkeitsbeweis für die Prädikatenlogik mit Gleichheit zu führen ist.

Einfache Eigenschaften:
Bevor man die bereits bekannten Sätze und Lemmata anwendet, muß man sich überzeugen, daß bei deren Beweis nicht unterstellt wurde, daß es ein Prädikatensymbol gibt, das als Gleichheit gedeutet wird. Der Beweis der folgenden Gesetze sei dem Leser überlassen.

Lemma 11.28: *Es sei Σ eine Struktur und $x, y, z \in \mathsf{VA}$. Dann gilt:*
(1) $x = x \in \mathsf{ag}_\Sigma$
(2) $x = y \longrightarrow (y = z \longrightarrow x = z) \in \mathsf{ag}_\Sigma$
(3) $x = y \longrightarrow y = x \in \mathsf{ag}_\Sigma$.

Lemma 11.29: *Es sei $g \in \mathsf{FS}_n$ und $p \in \mathsf{PS}_n$. Dann gilt*
(1) $x_1 = y_1 \longrightarrow (x_2 = y_2 \longrightarrow (\ldots \longrightarrow (x_n = y_n \longrightarrow g x_1 \ldots x_n = g y_1 \ldots y_n)..)) \in \mathsf{ag}_\Sigma$
(2) $x_1 = y_1 \longrightarrow (x_2 = y_2 \longrightarrow (\ldots \longrightarrow (x_n = y_n \longrightarrow (p x_1 \ldots x_n \longrightarrow p y_1 \ldots y_n))\ldots)) \in \mathsf{ag}_\Sigma$

Satz 11.30 *(Leibnizsches Ersetzbarkeitstheorem*[16]*):*
Es seien $A \in \mathsf{FO}$ und $t, t' \in \mathsf{TE}$. Dann gilt für alle Σ:

$$t = t' \longrightarrow (A_x[t] \longleftrightarrow A_x[t']) \in \mathsf{ag}_\Sigma.$$

Beweis: induktiv über den Aufbau von *A*.

---
[16] Gottfried Wilhelm Leibniz, 1646—1716, deutscher Universalgelehrter.

11.5.2. Wir versuchen nun, wie im Abschnitt 11.1, den Vollständigkeitsbeweis für die Prädikatenlogik mit Gleichheit zu führen. Es sei also eine maximal syntaktisch widerspruchsfreie Menge $X'' \subset \mathsf{FO}^{B''}$ vorgegeben.

Kann man TE^- (bezüglich B'') als Individuenbereich nehmen?

Betrachten wir zur Klärung das

Beispiel 11.31:
Es sei $B_1 = (\{..., \underline{-1}, \underline{0}, \underline{1}, ..., g, h\}, \{=\})$ die Basis aus Beispiel 6.3, ferner sei $X = \{\underline{2} = h(\underline{1}, \underline{2})\}$. Die Formel $\underline{2} = h(\underline{1}, \underline{2})$ geht bei Deutung in der Struktur $\Sigma_1 = (\mathbb{Z}, \omega)$ aus dem Beispiel 6.10 über in $2 = 1 \cdot 2$, sie ist also in Σ_1 gültig. Mithin ist X syntaktisch widerspruchsfrei als Teilmenge der syntaktisch widerspruchsfreien Menge ag_{Σ_1}.

Zu X finden wir also eine Obermenge X'' und eine freie Struktur $\Sigma_0 = (\mathsf{TE}^-, \omega)$, so daß $X \subset X'' = \mathsf{ag}_{\Sigma_0}$.

Aus dem Korollar zu Lemma 11.6 erhalten wir

$$\mathrm{wert}_{\Sigma_0}(\underline{2}, f) = \underline{2} \quad \text{und} \quad \mathrm{wert}_{\Sigma_0}(h(\underline{1}, \underline{2}), f) = h(\underline{1}, \underline{2}) \quad \text{für alle Zustände } f.$$

Da aber $\underline{2}$ und $h(\underline{1}, \underline{2})$ als Zeichenreihen verschieden sind, ist $\underline{2} = h(\underline{1}, \underline{2})$ in Σ_0 nicht gültig, im Widerspruch zu $X \subset \mathsf{ag}_{\Sigma_0}$.

Wir können also nicht einen einzelnen Term als Individuum nehmen, sondern müssen alle Terme, für die $t = t' \in X''$ gilt, in einer Klasse zusammenfassen, und diese *Klassen von Termen* sind die Individuen. Wir müssen also prüfen, ob in unserem syntaktischen Apparat die Gleichheit eine Klasseneinteilung auf TE^- liefert.

Exkurs: Zerlegung und Äquivalenzrelationen
Eine Relation $R \subset M \times M$ heißt *Äquivalenzrelation*,
wenn gilt: (1) $(x, x) \in R$ (Reflexivität)
          (2) $(x, y) \in R \iff (y, x) \in R$ (Symmetrie)
          (3) $(x, y) \in R$, $(y, z) \in R \implies (x, z) \in R$ (Transitivität)
Jede Äquivalenzrelation $R \subset M \times M$ liefert eine Zerlegung (Klasseneinteilung) von M in disjunkte nichtleere *Äquivalenzklassen*. Es ist $M = \bigcup_{s \in M} [s]$ mit $[s] = \{t \mid t \in M \text{ und } (s, t) \in R\}$ für alle $s \in M$.

$^M/_R = \{[s] \mid s \in M\}$ heißt *Quotientenmenge* von M bezüglich R. Für die Äquivalenzklasse $[s]$ heißt jedes $t \in M$ mit $(s, t) \in R$ ein *Repräsentant* von $[s]$.

Definition 11.32: Es sei eine Relation $\sim$ auf TE^- relativ zu einer maximal syntaktisch widerspruchsfreien Menge X'' von Formeln wie folgt definiert:

$$t \sim t' :\iff t = t' \in X'' \quad \text{für alle } t, t' \in \mathsf{TE}^- \quad {}^{16\mathrm{a}}$$

[16a] Will man ohne maximal syntaktisch widerspruchsfreie Menge die Relation $\sim$ definieren, so muß man setzen: $t \sim t' :\iff t = t' \in \mathsf{Th}(X)$ ($X \subset \mathsf{FO}$ beliebig).

§11. Der Vollständigkeitssatz

Wir müssen zeigen, daß „$\sim$" eine Äquivalenzrelation ist: Es gilt nach Anhang Teil (F 1): $t = t \in \text{Th}(\{x = x \mid x \in \text{VA}\})$. Das Lemma 11.28.1 bestätigt die Allgemeingültigkeit von $\{x = x \mid x \in \text{VA}\}$, so daß wir die Reflexivität von „$\sim$" haben, wenn wir als drittes Schema $\{x = x \mid x \in \text{VA}\}$ zu den Axiomen AX für eine Prädikatenlogik mit Gleichheit hinzunehmen, da n. V. $\text{Th}(X'') = X''$.

Wenn wir als viertes Schema

$$\{x_1 = y_1 \longrightarrow (x_2 = y_2 \longrightarrow (\ldots \longrightarrow (x_n = y_n \longrightarrow (p\,x_1\ldots x_n \longrightarrow p\,y_1\ldots y_n))\ldots))$$
$$\mid x_i, y_i \in \text{VA}, p \in \text{PS}_n, n \in \mathbb{N}_0\}$$

zu den Axiomen AX hinzunehmen (die Allgemeingültigkeit folgt aus Lemma 11.29.2), können wir wie folgt die Symmetrie und Transitivität von „$\sim$" beweisen, da $= \in \text{PS}_2$ ist.

(i) *zu zeigen:* $t = t' \in \text{Th}(X'') \Longleftrightarrow t' = t \in \text{Th}(X'')$ (aus Symmetriegründen genügt „$\Longrightarrow$").

$x = y \longrightarrow (x = x \longrightarrow (x = x \longrightarrow y = x)) \in \text{Th}(X'')$ (Axiom; $n = 2$; $x_1 = x$, $x_2 = x$, $y_1 = y$, $y_2 = x$)

$\Longrightarrow t = t' \longrightarrow (t = t \longrightarrow (t = t \longrightarrow t' = t)) \in \text{Th}(X'')$ (nach Lemma 10.59)

$\Longrightarrow t' = t \in \text{Th}(X'')$,   weil $t = t \in \text{Th}(X'')$ (s. o.)

(ii) *zu zeigen:* $t = t' \in \text{Th}(X'')$ und $t' = t'' \in \text{Th}(X'') \Longrightarrow t = t'' \in \text{Th}(X'')$.

$y = x \longrightarrow (z = z \longrightarrow (y = z \longrightarrow x = z)) \in \text{Th}(X'')$ (Axiom)

$\Longrightarrow t' = t \longrightarrow (t'' = t'' \longrightarrow (t' = t'' \longrightarrow t = t'')) \in \text{Th}(X'')$

n. V. $t = t' \in \text{Th}(X'') \Longrightarrow t' = t \in \text{Th}(X'')$ (nach (i))

$\Longrightarrow$ Beh. mit $t'' = t'' \in \text{Th}(X'')$ und $t' = t'' \in \text{Th}(X'')$.

Wir definieren also den Individuenbereich I zu $I = {}^{\text{TE}^-}/_\sim$ und müssen ω_0 festlegen:

(a) $\omega_0(g)([t_1], \ldots, [t_n]) = ?$ (für $t_1, \ldots, t_n \in \text{TE}^-$)
Am einfachsten ist: $\omega_0(g)([t_1], \ldots, [t_n]) = [g\,t_1\ldots t_n]$;
wir müssen jetzt aber zeigen, daß die Klasse $[g\,t_1\ldots t_n]$ unabhängig ist von der Wahl der Repräsentanten $t_1, \ldots, t_n$, d. h. es ist zu zeigen:
$t_i \sim t'_i$ für $i = 1, \ldots, n \Longrightarrow g\,t_1\ldots t_n \sim g\,t'_1\ldots t'_n$,
also zu zeigen: $t_i = t'_i \in \text{Th}(X'')$ für $i = 1, \ldots, n \Longrightarrow g\,t_1\ldots t_n = g\,t'_1\ldots t'_n \in \text{Th}(X'')$.
Dieser Beweis gelingt sofort, wenn wir als fünftes Schema

$$\{x_1 = y_1 \longrightarrow (x_2 = y_2 \longrightarrow (\ldots \longrightarrow (x_n = y_n \longrightarrow g\,x_1\ldots x_n = g\,y_1\ldots y_n)\ldots))$$
$$\mid x_i, y_i \in \text{VA}, g \in \text{FS}_n, n \in \mathbb{N}_0\}$$

zu den Axiomen AX hinzunehmen (die Allgemeingültigkeit folgt aus Lemma 11.29.1).

(b) $\omega_0(p)([t_1], \ldots, [t_n]) = \text{W} \Longleftrightarrow ?$
Naheliegend: $\omega_0(p)([t_1], \ldots, [t_n]) = \text{W} :\Longleftrightarrow p\,t_1\ldots t_n \in X''$.

Auch hier ist zu zeigen, daß der Wahrheitswert unabhängig von der Wahl der Repräsentanten $t_1,\ldots,t_n$ ist, d. h.

zu zeigen: $t_i \sim t'_i$ für $i=1,\ldots,n \implies (pt_1\ldots t_n \in X'' \iff pt'_1\ldots t'_n \in X'')$.

Beweis: folgt aus dem vierten Schema. (Übung)

Es sei $\Sigma_0 = (^{\mathsf{TE}^-}/_\sim, \omega_0)$ die gerade definierte freie Struktur. Dann gilt $A \in \mathsf{ag}_{\Sigma_0} \iff A \in X''$ (Beweis als Übung) und der Rest des Vollständigkeitsbeweises verläuft analog.

11.5.3. Zusammenfassend stellen wir fest: Betrachtet man eine *Prädikatenlogik mit Gleichheit*, so besteht die Menge der Axiome $\mathsf{AX}^=$ aus der Vereinigung folgender fünf Schema-Mengen:

Definition 11.33: $\mathsf{AX}^= = \mathsf{AX} \cup \mathsf{EQAX}$, wobei AX durch Definition 10.33 eingeführt ist und

$$\mathsf{EQAX} = \{x = x \mid x \in \mathsf{VA}\}$$
$$\cup \{x_1 = y_1 \longrightarrow (\ldots \longrightarrow (x_n = y_n \longrightarrow (px_1\ldots x_n \longrightarrow py_1\ldots y_n))\ldots)$$
$$\mid x_i, y_i \in \mathsf{VA}, n \in \mathbb{N}_0, p \in \mathsf{PS}_n\}$$
$$\cup \{x_1 = y_1 \longrightarrow (\ldots \longrightarrow (x_n = y_n \longrightarrow gx_1\ldots x_n = gy_1\ldots y_n)\ldots)$$
$$\mid x_i, y_i \in \mathsf{VA}, n \in \mathbb{N}_0, g \in \mathsf{FS}_n\}$$

Der übrige syntaktische Apparat bleibt unverändert (also $\mathscr{R}_0$, Ab, Th usw.).

Die Prädikatenlogik mit Gleichheit ist durch Th widerspruchsfrei und vollständig erfaßt, wobei beim Vollständigkeitsbeweis die freie Struktur $\Sigma_0 = (^{\mathsf{TE}^-}/_\sim, \omega_0)$ verwendet wird, in der der Individuenbereich aus Klassen von Termen besteht.

11.6. Spezielle Vollständigkeitsresultate

Zur Veranschaulichung seien nun Beispiele für spezielle Theorien betrachtet, für die Axiomatisierungen angegeben werden (zu den Begriffen vgl. Abschnitt 10.3.3), und zwar die Gleichheitstheorie, die quantorenfreien Formeln mit Gleichheit und Boolesche Algebren.

Dabei werde angenommen, daß wir eine Prädikatenlogik *mit Gleichheit* benützen. Als Regelmenge sei die einelementige Menge $\mathscr{R}_1$ betrachtet, die aus der *Abtrennungsregel R'* des Beispiels 10.27 besteht. Ferner sei mit QFF die Menge der quantorenfreien Formeln mit Gleichheit bezeichnet und mit $\mathsf{Fl}_Q(X) = \mathsf{Fl}(X) \cap \mathsf{QFF}$, und es sei $Z \subset \mathsf{QFF}$ beliebig.

§ 11. Der Vollständigkeitssatz

11.6.1. Man spricht von *Gleichheitstheorie*, wenn man Logik über der Basis $B = (\emptyset, \{=\})$ betreibt. Es seien GLAX die bekannten Axiome für Äquivalenzrelationen, also

$$GLAX = \{x = x \mid x \in VA\} \cup \{x = y \longrightarrow y = x \mid x, y \in VA\}$$
$$\cup \{x = y \wedge y = z \longrightarrow x = z \mid x, y, z \in VA\}$$

Dann gilt

Satz 11.34: $Fl_Q(Z) = Ab_{\mathscr{R}_1}(GLAX \cup Z)$.

11.6.2. Wir haben erwähnt, daß man den Vollständigkeitssatz der Prädikatenlogik für verschiedenste Auswahlen von Regeln und Axiomen beweisen kann, hier sei eine Variante für *quantorenfreie Formeln mit Gleichheit* angegeben, vgl. [Ch 56]. Es seien EQAX die Gleichheitsaxiome nach Definition 11.33 und PROPAX folgende Menge

$$PROPAX = \{A \longrightarrow (B \longrightarrow A) \mid A, B \in QFF\} \cup$$
$$\{(A \longrightarrow (B \longrightarrow C)) \longrightarrow ((A \longrightarrow B) \longrightarrow (A \longrightarrow B)) \mid A, B, C \in QFF\} \cup$$
$$\{(A \longrightarrow (B \longrightarrow C)) \longrightarrow (B \longrightarrow (A \longrightarrow C)) \mid A, B, C \in QFF\} \cup$$
$$\{A \longrightarrow \neg\neg A \mid A \in QFF\} \cup \{\neg\neg A \longrightarrow A \mid A \in QFF\} \cup$$
$$\{(A \longrightarrow B) \longrightarrow (\neg B \longrightarrow \neg A) \mid A, B \in QFF\}$$

Dann gilt

Satz 11.35: $Fl_Q(Z) = Ab_{\mathscr{R}_1}(EQAX \cup PROPAX \cup Z)$.

Zu weiteren Varianten vgl. [Ch 56].

11.6.3. Bekanntlich kann man *Boolesche Algebren* $V = (M, \vee, \wedge, ', I, O)$ als komplementäre distributive Verbände auffassen (zur Notation und Terminologie vgl. [Bi 67]). Es sei die Basis $\bar{B} = (\{\sim, +, \cdot, w, f\}, \{=, W, F\})$ betrachtet und folgende Klasse $\mathfrak{B}$ von Strukturen $\Sigma \in St^{\bar{B}}$

$\Sigma \in \mathfrak{B} :\Longleftrightarrow$ (1) $\Sigma = (M, \omega)$ und $(M, \vee, \wedge, ', I, O)$ ist eine Boolesche Algebra
  (2) $\omega(\sim)(\xi) = \xi'$, $\omega(+)(\xi, \eta) = \xi \wedge \eta$, $\omega(\cdot)(\xi, \eta) = \xi \wedge \eta$
    $\omega(w) = I$, $\omega(f) = O$.

Es sei ferner

$$Mod^{\mathfrak{B}}(Z) = Mod(Z) \cap \mathfrak{B} \quad \text{und}$$
$$A \in Fl^{\mathfrak{B}}(Z) :\Longleftrightarrow Mod^{\mathfrak{B}}(Z) \subset Mod^{\mathfrak{B}}(A) \text{ und } A \in QFF,$$

$$\text{BOOLAX} = \{t+t' = t'+t \,|\, t,t' \in \text{TE}\} \cup \{t \cdot t' = t' \cdot t \,|\, t,t' \in \text{TE}\} \cup$$
$$\{(t+t')+t'' = t+(t'+t'') \,|\, t,t',t'' \in \text{TE}\} \cup$$
$$\{(t \cdot t') \cdot t'' = t \cdot (t' \cdot t'') \,|\, t,t',t'' \in \text{TE}\} \cup$$
$$\{t+f = t \,|\, t \in \text{TE}\} \cup \{t \cdot w = t \,|\, t \in \text{TE}\} \cup$$
$$\{t + \sim t = w \,|\, t \in \text{TE}\} \cup \{t \cdot \sim t = f \,|\, t \in \text{TE}\} \cup$$
$$\{t \cdot (t'+t'') = (t \cdot t')+(t \cdot t'') \,|\, t,t',t'' \in \text{TE}\} \cup$$
$$\{t+(t' \cdot t'') = (t+t') \cdot (t+t'') \,|\, t,t',t'' \in \text{TE}\}$$

Dann gilt

Satz 11.36: (1) $\text{Mod}^{\mathfrak{B}}(Z) = \text{Mod}(\text{BOOLAX} \cup Z)$
  (2) $\text{Fl}^{\mathfrak{B}}(Z) = \text{Fl}_Q(\text{BOOLAX} \cup Z)$
  (3) $\text{Fl}^{\mathfrak{B}}(Z) = \text{Ab}_{\mathscr{R}_1}(\text{BOOLAX} \cup \text{EQAX} \cup \text{PROPAX} \cup Z)$.

Beweis: (1) es ist $\mathfrak{B} = \text{Mod}(\text{BOOLAX})$, siehe [Bi 67], dann folgt die Beh. mit Lemma 10.6.4
(2) n. Def. aus (1)
(3) mit Satz 11.35 und (2).

§ 12. Entscheidbarkeitsfragen

Durch den Beweis der Vollständigkeit wurden einige Fragen geklärt, die im § 5 als wesentliche Problemstellungen der mathematischen Logik benannt wurden.

Dieser Paragraph ist einer weiteren zentralen Frage gewidmet, die im Zusammenhang mit logischem Schließen in natürlicher Weise auftritt: Gibt es ein Verfahren, das für jede beliebige Menge X von Formeln und jede beliebige Formel A entscheidet, ob A eine logische Folgerung aus X ist oder nicht?

Wir deuten dieses sog. (allgemeine) *Entscheidungsproblem* durch

$$?A \in \text{Fl}(X)?$$

an und meinen mit „entscheiden", daß die gestellte Frage in prinzipiell endlich vielen (obwohl tatsächlich in meist unvorstellbar vielen) Rechenschritten beantwortet sein muß. Unter einer *Lösung* des Entscheidungsproblems wollen wir die Angabe eines Verfahrens verstehen (positiver Fall) oder den Nachweis, daß es ein Verfahren nicht geben kann (negativer Fall).

Wir kennen bis jetzt zwar viele Gesetze der Logik über Modelle, Folgerungen, Ableitungen usw., damit ist aber kein Verfahren gegeben, all die Gesetze in solch einer geschickten Auswahl zu verwenden, daß eine Entscheidung (eine Ableitung z. B.) für jedes X und jedes A herbeizuführen ist.

Zunächst sei aufgezeigt, daß die Betrachtung des Entscheidungsproblems für den Fall $X = \emptyset$, d. h. für die allgemeingültigen Formeln, ausreicht, um Aussagen über das allgemeine Entscheidungsproblem zu machen:

Satz 12.1: *Es seien* $X, Y \subset \mathsf{FO}$ *und* $A \in \mathsf{FO}$. *Dann gilt:*
$A \in \mathsf{Fl}(Y \cup X) \iff$ *Es gibt Formeln* $B_1, \ldots, B_n \in X$, *so daß*
$$\mathrm{Gen}(B_1) \longrightarrow (\mathrm{Gen}(B_2) \longrightarrow \ldots (\mathrm{Gen}(B_n) \longrightarrow A)\ldots) \in \mathsf{Fl}(Y).$$

Bemerkung: $\mathrm{Gen}(B_i)$ ist eine Generalisierte von B_i.

Der *Beweis* benützt den Kompaktheitssatz für Fl, Lemma 10.14 und Lemma 10.15.

Korollar:
$A \in \mathsf{Fl}(X) \iff$ *Es gibt* $B_1, \ldots, B_n \in X$, *so daß*
$$\mathrm{Gen}(B_1) \longrightarrow (\mathrm{Gen}(B_2) \longrightarrow \ldots (\mathrm{Gen}(B_n) \longrightarrow A)\ldots) \in \mathsf{ag}.$$

Beweis: $Y = \emptyset$

In einer kurzen Betrachtung wird nun grob das Wesentliche an der Entwicklung des Entscheidungsproblems nachvollzogen. Ausführliche Literatur dazu: [HB I], S. 130ff.; [Ch 56], sect. 46, 47, 49; [He 70]; [Sur 59]; [Ack 54]; [LT 71], Kap. X.

12.1. Bemerkungen zur Entwicklung des Entscheidungsproblems

Wir können hier keine systematische Darstellung der Geschichte des Entscheidungsproblems geben, sondern wollen nur über einige wesentliche Lösungsversuche und Ergebnisse berichten. Einzelheiten sind der angegebenen Literatur zu entnehmen.

Das Entscheidungsproblem fand historisch wohl seinen ersten Ausdruck im naiven „Rechnen wir!" von Leibniz (vgl. das Zitat im Abschnitt 10.1); naiv, denn größere Kalküle waren noch nicht geschrieben und die Schwierigkeiten der Lösung unbekannt. Nachdem im Zeitraum von 1850 bis 1900 die ersten größeren Kalküle entstanden waren, stellte sich die Beantwortung der Frage, ob ein „Rechnen wir!" im Bereich der Logik-Kalküle möglich ist, als ein ernsthaftes mathematisches Problem.

Zur Lösung beschritt man mehrere Wege, wobei den pränexen Normalformeln eine zentrale Bedeutung zukam:

(I) Schon 1915 bewies Löwenheim, später Skolem und Behmann, daß das Entscheidungsproblem (womit wir im folgenden stets $?A \in \mathsf{ag}?$ meinen) lösbar ist, wenn die zugrundegelegte Basis nur das Gleichheitszeichen und einstellige Prädikatensymbole, aber keine Funktionssymbole enthält.

(II) 1921 bewiesen Post, Łukasiewicz, Wittgenstein und Behmann, daß das Entscheidungsproblem lösbar für quantorenfreie Formeln ist (Aussagenlogik).

(III) Da man zu jeder Formel der Prädikatenlogik eine äquivalente pränexe Normalform herstellen kann, hat man untersucht, welche Quantorenverteilung im Präfix eine Entscheidung über die Allgemeingültigkeit zuläßt:

So haben Bernays und Schönfinkel 1928 gezeigt, daß für PNFO mit dem Präfixtyp $\forall^r \exists^s$ das Entscheidungsproblem lösbar ist (Q^r sei eine Abkürzung für das r-malige Hintereinanderauftreten des Quantors $Q \in \{\forall, \exists\}$ in einem Präfix). Ebenfalls 1928 ist von Ackermann, Skolem und Herbrand die Verteilung $\forall^r \exists \forall^s$ als entscheidbar erkannt worden und 1932/34 die Verteilung $\forall^r \exists^2 \forall^s$ (Gödel, Kalmár, Schütte). Bis auf die letzte bleiben diese Präfixklassen entscheidbar, wenn man das Gleichheitszeichen als logisches Symbol hinzunimmt, für das Präfix $\forall^r \exists^2 \forall^s$ ist das Problem ungelöst.

Zum anderen hat man versucht, das Entscheidungsproblem zu reduzieren, indem man Verfahren gesucht hat, alle Formeln der Prädikatenlogik unter Erhaltung der Allgemeingültigkeit effektiv in eine Formel umzuformen, die einer bestimmten Teilmenge von Formeln angehört. Diese Teilmengen heißen *Reduktionstypen*. Um das Entscheidungsproblem zu lösen, brauchte man also „nur" noch Entscheidungsverfahren für einen der Reduktionstypen zu suchen. Alle Formeln der Form $\exists^r \forall^s A$ für eine beliebige quantorenfreie Formel A sind z. B. ein Reduktionstyp (Skolem, 1920).

Über weitere lösbare Fälle und Reduktionstypen informiert die oben angegebene Literatur.

„Ob man für alle Formeln des Prädikatenkalküls der ersten Stufe mit Identität eine positive Lösung des Entscheidungsproblems erreichen kann, schien infolge einer Reihe positiver Teillösungen zunächst kein logisches Problem zu sein, das über eine mehr technische Frage hinausreicht. Eine Lösung für die ganze Prädikatenlogik der ersten Stufe mit Identität schien grundsätzlich möglich, obwohl man kein allgemeines Verfahren finden konnte" [LT 71].

Dieser Optimismus wurde durch den Nachweis der *Unentscheidbarkeit der Prädikatenlogik* zerstört (Church, 1936).

Wenn auch das allgemeine Entscheidungsproblem eine negative Lösung hat, so sind doch die sog. *speziellen* Entscheidungsprobleme für die einzelnen mathematischen Theorien (d. h. für spezielle Basen B und Axiomenmengen $X \subset FO^B$) von großem Interesse. Man hat bis heute für fast alle bekannten mathematischen Theorien das Entscheidungsproblem (positiv oder negativ) gelöst. Über entscheidbare und unentscheidbare mathematische Theorien informieren z. B. [Ly 66], [TMR 71], [Yas 71].

Wir werden in den folgenden Abschnitten einige dieser Ergebnisse genauer betrachten: in Abschnitt 12.2 die Entscheidbarkeit der quantorenfreien Formeln, dann in Abschnitt 12.3 die Unentscheidbarkeit der Prädikatenlogik. In Abschnitt 12.4 wird gezeigt, daß für die Prädikatenlogik ein schwächeres Ergebnis gilt: sie ist semi-entscheidbar. Aus diesem Ergebnis können zusammen mit dem Vollständigkeitssatz einige interessante Konsequenzen gezogen werden. Den Abschluß dieses Paragraphen bildet eine Anwendung von Ergebnissen aus (III) auf ein Problem der *Theorie der Programmierung*.

12.2. Die Entscheidbarkeit der quantorenfreien Formeln (Aussagenlogik)

Auch bei diesem Beweis kommt Normalformeln eine große Bedeutung zu; denn da es ja zu jeder quantorenfreien Formel eine äquivalente konjunktive Normalform gibt, reicht es aus, nur die Frage

$$?A' \in \mathsf{ag}?$$

zu beantworten für Formeln $A' = \bigwedge_{i=1}^{k} \bigvee_{j=1}^{d_i} L_{ij}$, wobei die L_{ij} Literale sind (vgl. Definition 9.41).

Lemma 12.2:

$$\bigwedge_{i=1}^{k} \bigvee_{j=1}^{d_i} L_{ij} \in \mathsf{ag} \iff \begin{cases} \text{In jeder Disjunktion } \bigvee_{j=1}^{d_i} L_{ij} \text{ gibt es zwei Literale} \\ L_{is} \text{ und } L_{is'}, \text{ die sich nur um ein Negationszeichen} \\ \text{unterscheiden, d.h. } \neg L_{is} \equiv L_{is'}. \end{cases}$$

Beweis: „$\Longleftarrow$" klar, denn bei jeder Struktur Σ und jedem $f: \mathsf{VA} \longrightarrow I$ wird jedes Konjunktionsglied von A' wahr.

„$\Longrightarrow$" (i) Angenommen, die rechte Seite gilt nicht, dann gibt es ein i' mit $1 \leq i' \leq k$ und für alle $1 \leq s, s' \leq d_{i'}$ gilt

$$\neg L_{i',s} \not\equiv L_{i',s'}.$$

(ii) Es sei o.B.d.A. das i'-te Konjunktionsglied $K_{i'}$ so angeordnet, daß gilt:

$$K_{i'} = L_{i',1} \vee \ldots \vee L_{i',p'} \vee L_{i',p'+1} \vee \ldots \vee L_{i',d_{i'}}$$

wobei die $L_{i',j}$ positive Literale sind für $j \leq p'$ und negative für $j > p'$.

(iii) Wir definieren nun eine Struktur $\Sigma = (I, \omega)$ und einen Zustand $f: \mathsf{VA} \longrightarrow I$, so daß $\mathsf{Wert}_\Sigma(K_{i'}, f) = \mathsf{F}$ gilt, woraus sich ein *Widerspruch* zur Voraussetzung $A' \in \mathsf{ag}$ ergibt.

(iv) Durchführung:
(a) Wir wählen eine freie Struktur mit der Menge aller Terme als Herbrand-Individuenbereich (vgl. Definition 11.7), also

$\Sigma = (\mathsf{TE}, \omega)$ mit $\omega(g)(t_1,\ldots,t_n) = g\,t_1\ldots t_n$ für $g \in \mathsf{FS}_n$
$\omega(p)(t_1,\ldots,t_1) = \mathsf{W} :\Longleftrightarrow$ es gibt ein $j > p'$ mit $\neg p\,t_1\ldots t_n \equiv L_{i',j}$

(b) Wir wählen als $f: \mathsf{VA} \longrightarrow \mathsf{TE}$ den identischen Zustand, also gilt $f(x) = x$ für alle $x \in \mathsf{VA}$. Zusammen mit Lemma 11.6 gilt dann für alle Terme $t \in \mathsf{TE}$

$\mathrm{wert}_\Sigma(t, f) = t$.

(c) Es gilt: $\mathrm{Wert}_\Sigma(L_{i',j}, f) = \mathsf{F}$ für alle $j > p'$ und
$\mathrm{Wert}_\Sigma(L_{i',j}, f) = \mathsf{F}$ für alle $j \leqslant p'$
weil n. Vor. für alle s, s' gilt $\neg L_{i',s} \not\equiv L_{i',s'}$

$\Longrightarrow$ (iii)

Lemma 12.3: *Für jede Formel* $A' = \bigwedge_{i=1}^{k} \bigvee_{j=1}^{d_i} L_{ij}$ *ist in endlich vielen Schritten entscheidbar, ob gilt: Für alle i mit $1 \leqslant i \leqslant k$ gibt es s, s' mit $1 \leqslant s, s' \leqslant d_i$, so daß* $\neg L_{is} \equiv L_{is'}$

Beweis: Durchmusterung der endlichlangen Zeichenreihe A'

Lemma 12.2 und Lemma 12.3 liefern das gewünschte Entscheidbarkeitsergebnis über die quantorenfreien Formeln

Bemerkung: (i) Im Beispiel 9.45 haben wir eine KNF für eine Formel hergestellt. Man kann an dieser KNFO sofort ablesen, daß die Ausgangsformel allgemeingültig ist.

(ii) Das Verfahren, das beim Beweis von Lemma 8.10 vorgeführt wurde, läßt sich zu einem Entscheidungsverfahren für quantorenfreie Formeln ausbauen, dem sog. *Test mit Wahrheitswerttafeln*, doch wachsen die zu bewältigenden Zeilen schnell mit größerwerdender Anzahl der voneinander verschiedenen beteiligten Teilformeln.

12.3. Die Unentscheidbarkeit der Prädikatenlogik

Wie in der Einführung (Abschnitt 12.1) erwähnt, ist 1936 bewiesen worden, daß die Prädikatenlogik der ersten Stufe nicht entscheidbar ist. Es war dies eines der ersten Unmöglichkeitsresultate, das im Bereich formaler Systeme erzielt wurde. Solche Resultate sind bemerkenswert, da sie eine Prognose auf die Zukunft mitenthalten, daß es nämlich bestimmte Verfahren *nie* geben wird. Inzwischen sind in den verschiedensten Zweigen von Logik, formalen Sprachen und Berechenbarkeit eine Reihe von Nichtentscheidbarkeitsresultaten erlangt worden.

In diesem Abschnitt soll skizziert werden, wie man die Frage ?$A \in$ ag? dadurch beantworten kann, daß man das Problem so umformuliert, daß es zum Problem einer anderen Theorie wird, von der man dann ein schon bekanntes Nichtentscheidbarkeitsresultat benützt.

Wir werden unser Problem in ein Teilgebiet der formalen Sprachen hineinverlegen, in die Theorie der sog. *Semi-Thue-Systeme*[17]. Dabei werden keine Details behandelt werden, sondern die Beweis*methode* soll im Vordergrund stehen. Einzelheiten des gesamten Beweises finden sich in [He 71].

Exkurs: Formale Sprachen

Definition 12.4: Semi-Thue-System (STS)

$T = (N, R)$ heißt ein STS, wenn gilt:

(1) N ist eine endliche Menge
(2) $R \subset N^* \times N^*$ ist endlich und nicht leer[18]

Definition 12.5: Es seien $w, w' \in N^*$

$$w \xmapsto{T} w' :\Longleftrightarrow \text{Es gibt } u, v \in N^* \text{ und } (d, d') \in R, \text{ so daß } w = u d v \text{ und } w' = u d' v.$$

lies: w' ist in T direkt aus w ableitbar.

Definition 12.6: $w \xmapsto{*}{T} w' :\Longleftrightarrow$ w' geht aus w durch eine endliche Kette von direkten Ableitungen aus w hervor oder ist gleich w.
lies: w' ist in T aus w ableitbar.

Beispiel 12.7: Betrachte als Alphabet $N = \{a, b, c, d, e\}$ und

$$R = \begin{Bmatrix} (ac, ca), (ad, da), (bc, cb), (bd, db), \\ (abac, abacc), (eca, ae), (edb, be) \end{Bmatrix}$$

Dann ist $T = (N, R)$ ein STS

---

[17] Axel Thue, 1863—1922, norwegischer Grundlagenforscher.
[18] Vgl. Fußnote 10.

Ferner gilt:
(a) $abcde \vdash_{T} acbde$
(b) $abcde \vdash_{T}^{*} cadbe$,
   weil $abcde \vdash_{T} acbde \vdash_{T} cabde \vdash_{T} cadbe$

Satz 12.8 *(Markov, Post, 1947)*:
Das sog. allgemeine Wortproblem für STS ist nicht entscheidbar, d.h. es gibt kein Verfahren, das für alle STS T und beliebige Wörter w,w' über dem Alphabet von T entscheidet, ob w' aus w in T ableitbar ist.

Die Anwendung dieses *Hauptsatzes* auf unser Problem verläuft folgendermaßen (vgl. [He 71], §§ 23—25):
(i) Es sei $T=(N,R)$ ein Semi-Thue-System und $w, w' \in N^*$
   Dann kann man dazu *effektiv* eine Formel der Prädikatenlogik $\mathscr{F}(T,w,w') \in \mathsf{FO}$ konstruieren.
(ii) $\mathscr{F}(T,w,w')$ ist so konstruiert, daß gilt:

$$\mathscr{F}(T,w,w') \in \mathsf{ag} \iff w \vdash_{T}^{*} w'$$

(iii) *Angenommen:* ?$A \in \mathsf{ag}$? wäre entscheidbar, dann wäre

$$?\mathscr{F}(T,w,w') \in \mathsf{ag}?$$

entscheidbar. Wegen (ii) wäre ?$w \vdash_{T}^{*} w'$? entscheidbar im *Widerspruch* zum Hauptsatz 12.8.
Also ist ?$A \in \mathsf{ag}$? nicht entscheidbar.

Bemerkung: Nimmt man im Beispiel 12.7 für das STS $T=(N,R)$ zu R noch alle inversen Paare $R^{-1} = \{(ca,ac),(da,ad),\ldots\}$ hinzu, so daß $T'=(N, R \cup R^{-1})$ entsteht, so gelangt man zu einem sog. *Thue-System*. Für dieses spezielle Thue-System hat der sowjetische Mathematiker Zeitin gezeigt, daß das sog. (spezielle) Wortproblem nicht lösbar ist, d.h. ?$w \vdash_{T'}^{*} w'$? ist unentscheidbar.

Die hier skizzierte Umformulierung läßt noch eine weitere Interpretation zu: Die Prädikatenlogik der ersten Stufe hat so reiche Ausdrucksmittel, daß man mit den Formeln FO und dem Folgerungsbegriff gewisse Erzeugungsmechanismen der formalen Sprachen (hier: STS) samt ihren Ableitbarkeitsbegriffen (hier: $\vdash_{T}^{*}$) kodiert beschreiben kann, wie das im Schritt (ii) geschehen ist.

12.4. Die Semi-Entscheidbarkeit der Ableitungsmengen

12.4.1. Zu jeder Menge X von Formeln haben wir die Menge $\text{Th}(X)$ der Theoreme von X definiert über den mechanisch ausführbaren Prozeß des Ableitens. Man kann diesen Vorgang auffassen als den Erzeugungsprozeß einer Menge von Zeichenreihen $\text{Th}(X)$ aus einer Menge von Zeichenreihen X. Es ist daher möglich, z.B. die Unentscheidbarkeit oder den Vollständigkeitssatz der Logik als ein Ergebnis der Theorie der formalen Sprachen oder der Theorie der Berechenbarkeit zu interpretieren und es einzuordnen in die Hierarchie der dort studierten Erzeugungsmechanismen. Wir werden das nur für den Vollständigkeitssatz tun und nehmen das Resultat vorweg:

Anstelle der Entscheidbarkeit gilt eine schwächere Eigenschaft, die *Semi-Entscheidbarkeit*, die Grundlage ist für die Beweisverfahren, die beim Theorem-Beweisen (siehe fünftes Kapitel) betrachtet werden. Diese Eigenschaft bedeutet, daß die Folgerungsmengen (bzw. die Mengen von ableitbaren Formeln) zu den kompliziertesten Mengen gehören, die mit mechanischen Erzeugungsverfahren überhaupt zu gewinnen sind.

12.4.2. Es gibt seit etwa 1935 den Terminus[19] *berechenbare Funktion* in zahlreichen Präzisierungen wie (allgemein) rekursive, μ-rekursive, Turing-berechenbare, etc. Funktion, der aus dem Bemühen heraus entwickelt worden ist, intuitive Konzepte wie *Algorithmus, Berechnungsmechanismus* usw. zu definieren. Wir können hier auf diese Explikation nicht eingehen, weil sie vom Umfang her den Rahmen dieses Textes sprengt, und verwenden *berechenbare Funktion* im intuitiven Sinne: Man stelle sich vor, daß für jedes Argument einer berechenbaren Funktion der Funktionswert in endlich vielen (Rechen)-Schritten mechanisch ermittelt werden kann.

Wir haben in Definition 10.26 für unsere Regeln $R: \text{FO}^n \longrightarrow \{W, F\}$ gefordert, daß sie berechenbar sein sollen. Man sieht, daß dann die Menge der Argumente für eine erlaubte Anwendung einer Regel

$$\{(A_1,...,A_n) \mid R(A_1,...,A_n) = W\}$$

entscheidbar ist (in dem bisherigen intuitiven Sinne).

Wir definieren also

Definition 12.9: (1) Eine Abbildung $\pi: M \longrightarrow \{W, F\}$ heißt *entscheidbares Prädikat*, wenn sie berechenbar ist.

---

[19] Ein Terminus (technicus) ist ein definierter Fachausdruck innerhalb eines Wissenschaftsgebietes mit eindeutiger Bedeutung.

(2) Eine Menge N mit $N \subset M$ heißt *entscheidbar*, wenn es ein entscheidbares Prädikat $\pi: M \longrightarrow \{W, F\}$ gibt, so daß $N = \{a \mid a \in M \text{ und } \pi(a) = W\}$

Bemerkung: (i) Wir nennen im folgenden Abbildungen $\pi: M \longrightarrow \{W, F\}$ *Prädikate*

(ii) Eine Menge N mit $N \subset M$ ist also genau dann entscheidbar, wenn für jedes $a \in M$ in endlich vielen (Rechen)-Schritten ermittelt werden kann, ob $a \in N$ gilt oder $a \notin N$.

(iii) Alle im folgenden betrachteten Mengen seien als Teilmengen von S^* realisiert (§ 2), also $M, N \subset S^*$ usw.

Lemma 12.10: (1) *Die Regeln $R_i (i = 1, \ldots, 5)$ sind entscheidbare Prädikate*

(2) *Es gibt ein entscheidbares Prädikat* $\tau: S^* \longrightarrow \{W, F\}$ *mit* $\tau(z) = W \iff z \in TE^B$

(3) *Es gibt ein entscheidbares Prädikat* $\varphi: S^* \longrightarrow \{W, F\}$ *mit* $\varphi(z) = W \iff z \in FO^B$

(4) *Es gibt ein entscheidbares Prädikat* $\alpha: FO \longrightarrow \{W, F\}$ *mit* $\alpha(A) = W \iff A \in AX \cup X$

Zum *Beweis* vgl. Ü 12.5

Daraus gewinnen wir als erstes Teilergebnis, daß die Menge der Ableitungen (nicht die Menge der ableitbaren Formeln!!) entscheidbar ist.

Satz 12.11: *Die Menge der Ableitungen aus $X \subset FO$ ist für alle X entscheidbar, d.h. $?D \in AB_{\mathcal{R}_0}(Y \cup X)?$ ist entscheidbar, dabei sei $Y \subset \text{ag}$ beliebig.*

Beweis:

(1) Wir müssen zeigen, daß es ein entscheidbares Prädikat

$$\beta: FO^* \longrightarrow \{W, F\}$$

gibt mit: $\beta(A_1 \ldots A_m) = W \iff A_1 \ldots A_m$ ist Ableitung unter Voraussetzung von $X \subset FO$

(2) Wir führen als Abkürzungen ein: Es seien die γ_i Prädikate und

$$\bigwedge_{i=1}^{k} \gamma_i(A_i) = W :\iff \gamma_1(A_1) = W \text{ und} \ldots \text{und } \gamma_k(A_k) = W$$

$$\bigvee_{i=1}^{k} \gamma_i(A_i) = W :\iff \gamma_1(A_1) = W \text{ oder} \ldots \text{oder } \gamma_k(A_k) = W$$

Bemerkung: wichtiger vorkommender Spezialfall ist $\gamma_i = \gamma$ für alle $1 \leq i \leq k$

(3) Es gilt:

$$AB_{\mathcal{R}_0}(AX \cup X) = \Biggl\{ A_1 \ldots A_m \Biggm| \bigwedge_{k=1}^{m} \varphi(A_k) = W$$

$$\bigwedge_{k=1}^{m} \Biggl(\alpha(A_k) = W$$

$$\bigvee_{j=1}^{k-1} R_1(A_j, A_k) = W \quad \text{oder}$$

...

$$\bigvee_{j=1}^{k-1} R_4(A_j, A_k) = W \quad \text{oder}$$

$$\bigvee_{i=1}^{k-1} \bigvee_{j=1}^{k-1} R_5(A_i, A_j, A_k) = W \Biggr) \Biggr\}$$

und

oder

(4) Mit Hilfe von Definition H1 und Satz H4 aus dem Anhang Teil (H1) erhalten wir aus (3) die Existenz des gesuchten entscheidbaren Prädikats β.

12.4.3. Um die recht abstrakte Herleitung der Entscheidbarkeit der Menge der Ableitungen anschaulicher zu machen, stelle man sich folgendes Verfahren vor:

(a) Man erzeugt nacheinander endliche Folgen von Formeln nach einer Methode, mit der alle überhaupt möglichen endlichen Folgen von Formeln erzeugt werden können,

z. B. man erzeugt nacheinander alle Folgen von Formeln mit einer festen Länge k ($k \geq 1$) und schreibt in die erste Zeile alle Folgen der Länge 1, darunter in die zweite Zeile die Folgen der Länge 2, usw. Mit einem Diagonalverfahren wählt man dann die Folgen aus, die als Voraussetzung für den Schritt (b) dienen.

(b) Man prüft in jeder vorgelegten endlichen Folge von Formeln von links nach rechts jede einzelne Formel, ob sie Axiom ist (entscheidbar) oder ob sie durch Regelanwendung auf Prämissen zu erhalten ist, die in der Folge vor der gerade zu testenden Formel liegen (entscheidbar).

(c) Haben alle Formeln der Folge diese Eigenschaft, handelt es sich um eine Ableitung, sonst nicht.

Wir haben also ein Entscheidungsverfahren für Ableitungen, aber mit diesem Verfahren können wir nicht entscheiden, ob eine vorgelegte Formel ableitbar ist; wir wissen jedoch:

(S) *Ist eine Formel ableitbar*, so kann ich mit dem Entscheidungsverfahren für die Ableitungen nacheinander Ableitungen erzeugen, und irgendwann einmal wird dann auch eine Ableitung dabei sein, in der die vorgelegte Formel letzte Formel ist.

Ist die Formel nicht ableitbar, so macht das Verfahren keine Aussage, weil man nämlich während der (Rechen)-Schritte des Verfahrens nicht entscheiden kann, ob es gerade auf dem Wege ist, eine Ableitung für die vorgelegte Formel zu finden, oder ob es unendlich lange laufen wird.

Bemerkung: Es ist entscheidbar, ob eine vorgelegte Formel letzte Formel einer Folge von Formeln ist, d.h. es gibt ein entscheidbares Prädikat

$$\lambda: \text{FO} \times \text{FO}^* \longrightarrow \{\text{W}, \text{F}\}$$

mit $\lambda(B, A_1 \ldots A_m) = \text{W} \iff A_m = B$ (o. B.)

(S) kann man umformulieren zu:
Wir haben ein Verfahren, das eine Formel als Eingabe annimmt, und wenn das Verfahren nach endlich vielen (Rechen)-Schritten anhält, ist man sicher, daß die eingegebene Formel ableitbar ist. Andernfalls kann man keine Aussage machen. Man nennt solche Verfahren *Semi-Entscheidungsverfahren*.

Definition 12.12: (1) Ein Prädikat $\pi: M \longrightarrow \{\text{W}, \text{F}\}$ heißt *semi-entscheidbar*, wenn es eine Menge T und ein entscheidbares Prädikat $\delta: M \times T \longrightarrow \{\text{W}, \text{F}\}$ gibt, so daß für alle $a \in M$ gilt:

$$\pi(a) = \text{W} \iff \textit{Es gibt ein } b \in T \textit{ mit } \delta(a, b) = \text{W}.$$

(2) Eine Menge N mit $N \subset M$ heißt *semi-entscheidbar*, wenn es ein semi-entscheidbares Prädikat $\pi: M \longrightarrow \{\text{W}, \text{F}\}$ gibt, so daß $N = \{a | a \in M \text{ und } \pi(a) = \text{W}\}$

Bemerkung: (i) Semi-entscheidbare Prädikate entstehen also durch unbeschränkte Existenz-Quantifizierung (=Suche in unendlichen Mengen nach einem bestimmten Element) eines entscheidbaren Prädikats.
(ii) Semi-entscheidbare Prädikate sind Beispiele für *nicht*-berechenbare Funktionen.

Satz 12.13: *Für alle Formelmengen $X \subset \text{FO}$ ist die Menge der ableitbaren Formeln $\text{Th}(X)$ semi-entscheidbar.*

Beweis: zu zeigen: es gibt ein semi-entscheidbares Prädikat $\sigma: \text{FO} \longrightarrow \{\text{W}, \text{F}\}$, so daß $\sigma(B) = \text{W} \iff B \in \text{Th}(X)$ für alle $B \in \text{FO}$.

§ 12. Entscheidbarkeitsfragen   141

(i) Es seien β und λ wie oben definiert und $\delta: \text{FO} \times \text{FO}^* \longrightarrow \{\text{W}, \text{F}\}$ wie folgt:

$$\delta(B, A_1 \ldots A_m) = \text{W} :\Longleftrightarrow \beta(A_1 \ldots A_m) = \text{W} \text{ und } \lambda(B, A_1 \ldots A_m) = \text{W}$$

Bemerkung: es gilt $\delta(B, A_1 \ldots A_m) = \text{W} \Longleftrightarrow B \in \text{Th}(X)$.

(ii) β und λ sind entscheidbar (siehe oben).
(iii) δ ist wegen Def. H2 und Satz H5 des Anhangs Teil (H1) entscheidbar, weil $\delta = \beta_{\text{FO}} \wedge \lambda$ gilt.
(iv) Es sei: $\sigma(B) = \text{W} :\Longleftrightarrow$ *Es gibt* ein $a \in \text{FO}^*$ und $\delta(B, a) = \text{W}$, also ist σ semi-entscheidbar und $\sigma(B) = \text{W} \Longleftrightarrow B \in \text{Th}(X)$.

Lemma 12.14: (1) *Jedes entscheidbare Prädikat ist auch semi-entscheidbar*
(2) *Jede entscheidbare Menge ist auch semi-entscheidbar*

Beweis: Es sei $\pi: M \longrightarrow \{\text{W}, \text{F}\}$ entscheidbar. Definiere $\delta: M \times M \longrightarrow \{\text{W}, \text{F}\}$ durch $\delta(a, b) = \text{W} :\Longleftrightarrow a = b$ und $\pi(a) = \text{W}$ (d. h. $T = M$)
Dann ist δ entscheidbar und es gilt:

$$\pi(a) = \text{W} \Longleftrightarrow \text{Es gibt ein } b \in M \text{ mit } \delta(a, b) = \text{W} \text{ (wähle } a \text{ als } b).$$

12.4.4. Mit diesem Ergebnis ist aber noch nicht direkt Anschluß gewonnen an einen zentralen Begriff der oben erwähnten Theorien, an die *Aufzählbarkeit von Mengen*.

Definition 12.15: Eine Menge $M \subset S^*$ heißt *aufzählbar*, wenn es eine berechenbare Funktion $\rho: \mathbb{N}_0 \longrightarrow S^*$ gibt mit

$$M = \{\rho(n) \mid n \in \mathbb{N}_0\},$$

d. h. die gesamte Menge M wird durch ρ mit natürlichen Zahlen indiziert, aber im Unterschied zu *abzählbaren* Mengen ist diese Indizierung in endlichvielen (Rechen-)Schritten je Argument herstellbar.

Die aufzählbaren Mengen sind die kompliziertesten Mengen, die sich mit mechanischen Erzeugungsverfahren etc. charakterisieren lassen. Entscheidbare Mengen sind nicht so kompliziert, sie sind stets aufzählbar.
Anschluß gewinnen wir mit dem folgenden

Satz 12.16: *Eine Menge ist genau dann aufzählbar, wenn sie semi-entscheidbar ist.*

Eine *Beweisskizze* findet sich im Anhang Teil (H2).

Korollar: *Für alle Formelmengen $X \subset \mathsf{FO}$ ist die Menge der aus X ableitbaren Formeln $\mathsf{Th}(X)$ aufzählbar, ebenso ist die Menge aller Folgerungen $\mathsf{Fl}(X)$ aufzählbar.*

Beweis: Satz 12.13, 12.16, 11.19

Das mechanische (syntaktische) Verfahren des Ableitens erzeugt also Mengen, die die größte Komplexität haben, die durch mechanische Verfahren überhaupt erreicht werden kann. Im Hinblick auf § 11, wo die Gleichwertigkeit von semantisch definiertem Folgern und syntaktisch definiertem Ableiten gezeigt wurde, heißt das, daß die Syntax unserer Prädikatenlogik zusammen mit der Semantik-Definition in ihrer Kompliziertheit im Rahmen mechanischer Erzeugungsverfahren von Mengen bleibt.

Das gilt jedoch nicht für alle Kunstsprachen und Semantiken, die in der mathematischen Logik betrachtet werden (z. B. nicht für die Prädikatenlogik der zweiten Stufe).

12.4.5. Es gibt in der Theorie der Berechenbarkeit den Satz:

Satz H 11: *Es sei $M \subset Y$ und Y entscheidbar. Dann gilt:*

$$M \text{ entscheidbar} \iff (M \text{ aufzählbar und } Y-M \text{ aufzählbar})$$

Wenn wir diesen Satz auf ein $\mathsf{Fl}(X)$ anwenden, so folgt die überraschende Tatsache, daß $\mathsf{Fl}(X)$ zwar aufzählbar ist, aber die aus X *nicht* folgerbaren Formeln $\mathsf{FO}-\mathsf{Fl}(X)$ i.a. nicht aufzählbar sind, da nach Abschnitt 12.3 $\mathsf{Fl}(X)$ i.a. nicht entscheidbar ist. Wir haben also in $\mathsf{Fl}(X)$ Beispiele für aufzählbare, aber nicht entscheidbare Mengen und in $\mathsf{FO}-\mathsf{Fl}(X)$ Beispiele für nicht aufzählbare Mengen; Mengen also, die mit mechanischen Verfahren nicht erzeugbar sind, also z.B. nicht mit Ableitungssystemen wie Th.

Betrachtet man die Allgemeingültigkeit ag (d.h. $\mathsf{Fl}(X)$ mit $X=\emptyset$), so kann man mit Hilfe von Lemma 7.6.3 ($A \in \mathsf{ag} \iff \neg A \notin \mathsf{ef}$) und Ergebnissen über Berechenbarkeit aus der Aufzählbarkeit von ag auf die Aufzählbarkeit der nichterfüllbaren Formeln schließen, was man ebenfalls als Grundlage für Beweisverfahren nehmen kann.

Satz 12.17: *Die Menge der nichterfüllbaren Formeln ist aufzählbar, d.h. $\mathsf{FO}-\mathsf{ef}$ ist aufzählbar.*

Beweis: siehe Anhang Teil (H3)

Analog wie für $\mathsf{Fl}(X)$ schließt man, daß die erfüllbaren Formeln nicht aufzählbar sind.

12.5. Ein Anwendungsbeispiel aus der Theorie der Programmierung[20]: das Terminationsproblem von Programmen

Bevor wir das angekündigte Beispiel abhandeln, scheint es angebracht, über ein Teilgebiet der Theorie der Programmierung, nämlich über die Semantik von Programmiersprachen, einige Bemerkungen als Orientierungshilfe voranzuschikken.

12.5.1. Exkurs zum Forschungsgebiet Semantik von Programmiersprachen

Programmiersprachen entstanden als Kommunikationsmittel mit den ab ca. 1951 für eine breitere Anwendung im nichtmilitärischen Bereich zugänglichen Computern. Anfangs legte man diese Sprachen informell fest und mußte deshalb mit Unzulänglichkeiten kämpfen, die aus der unterschiedlichen Auffassung der Implementierer über die jeweilige Sprache resultierten (so liefen z.B. Programme einer allgemein verwendeten Programmiersprache wegen der vielen Besonderheiten der jeweiligen Installierung nur auf genau diesem einen Rechner, waren also nicht transportabel zu anderen Anlagen gleichen Typs und zu anderen Rechnertypen); selbst Nachfolge-Rechner des gleichen Fabrikats akzeptierten u.U. Programme nicht auf die gleiche Weise wie ihre Vorgänger, weil eine starke Maschinenabhängigkeit der Sprachen üblich und z.T. nötig war. Nach und nach lernte man so die Vorzüge einer verbindlichen, maschinenunabhängigen, eindeutig auslegbaren Definition von Programmiersprachen schätzen und hatte auf dem Gebiet der formalen Definition der Syntax Erfolge, so daß die präzise Definition der syntaktisch zugelassenen Programme (meist mit Hilfe der Backus-Naur-Form, vgl. § 3) heute Standard ist. Die Einsicht, daß auch die Semantik über die Umgangssprache hinaus einer präzisen Definition bedarf, ist neueren Datums. Zu diesen Problemen vgl. [Ru 67] §§ 1—3 und [FLDL 66].

In diesem aktuellen Forschungsgebiet schälen sich Problemkreise heraus, die man folgendermaßen umreißen kann:

— bei der *Definition der Bedeutung* der syntaktisch zugelassenen Programme einer Sprache sucht man nach formalen Apparaten, die fähig und handlich genug sind, die gesamte Semantik einer ausgewachsenen Programmiersprache einheitlich zu beschreiben, und darüber hinaus auch leicht verständlich für Implementierer und Benützer; Ansätze dazu z.B. die Vienna definition language (VDL), vgl. den Übersichtsartikel [LLS 70], besser greifbar ist [Weg 72]; die axiomatische Definition von PASCAL und die dazugehörigen Arbeiten, z.B. [HW 73]; oder den Ansatz von Scott und Strachey, vgl. den Übersichtsartikel [Ten 76].

— man studiert die Bedeutung der konzeptionellen Bausteine von Programmiersprachen unabhängig von speziellen Formulierungen in den einzelnen Programmiersprachen, allein um ihrer *„inhärenten"* semantischen Probleme willen,

---

[20] In der englisch-sprachigen Literatur *theory of computation* genannt.

denn die Programmiersprachen enthalten eine Reihe von Konzepten, die nie zuvor Gegenstand mathematischer Studien waren, etwa die Fixpunktsemantik für Prozeduren, vgl. z.B. [Man 74] chapt. 5, oder die Forschungen über die Bedeutung von Wertzuweisungen, von Sprüngen etc. Vgl. z.B. einige der Beiträge in [SSAL 71].

— man sucht nach Beweisen für *Eigenschaften von Programmen*, etwa: wann ist ein Programm korrekt? Unter welchen Umständen erreicht ein Programm für alle Eingaben die vorgesehenen Haltepunkte (und verirrt sich nicht in einer „unendlichen" Schleife? Dabei hat man den Hintergedanken, irgendwann auch komplizierte Programme maschinell schreiben zu können. Vgl. dazu [Man 74], chapt. 3, *verification;* in den bibliographischen Hinweisen zu [Man 74], chapt. 3 die Ausführungen über *program synthesis;* ferner [Gr 75] und [Eng 74]: *schematology.*

Mit dieser Einteilung haben wir einerseits die mehr auf Software-Entwicklung orientierten Fragestellungen gegenüber den mehr formalsprachlichen Ausformungen des Gebiets stark herausgestellt und andererseits ignoriert, daß die Problemkreise starken Wechselbeziehungen unterliegen und die Grenzen zwischen ihnen nicht eindeutig verlaufen.

Die Semantik von Programmiersprachen als ein sehr junges, sich noch in Gärung befindendes Gebiet mit schwierigen offenen Problemen ist in seiner Abgrenzung und Einordnung, in seinen Begriffsbildungen und Methoden noch uneinheitlich, hat aber bisher einen Grundstock an Erkenntnissen hervorgebracht, der in der umfangreichen Spezialliteratur niedergelegt ist. Mangel herrscht dagegen an zufriedenstellenden Textbüchern. Der Leser konsultiere das schon zitierte [Man 74] und [BL 74].

Wir haben für dieses Buch aus den Problemkreisen (elementare) Beispiele ausgewählt in Hinsicht auf Verwendung von Logik oder deren Methoden und nicht unter Semantik-Gesichtspunkten, und zwar die Formalisierung von Wertzuweisungen in eingeschränkten Geradeaus-Programmen (§ 22), die Prädikatenlogik als Programmiersprache (§ 19) und die Termination von Programmen (in diesen Paragraphen).

12.5.2. Die Termination von Programmen

Unter dem Terminationsproblem für Programme wollen wir die Aufgabe verstehen, für möglichst große Klassen von Programmen Bedingungen dafür anzugeben, daß ein Programm aus der betrachteten Klasse für alle Eingaben eine *endliche* Folge von Berechnungsschritten definiert. Man weiß, daß dieses Problem unentscheidbar ist, sobald die Programme zwei oder mehr Programm-Variable verwenden, vgl. [LPP 67].

Wir werden hier eine Klasse von Programmen betrachten, für die man die Frage nach der Termination in prädikatenlogische Formeln übersetzen kann, so daß ein Problem der Programmierung in ein Problem der Logik verwandelt wird. Diese Methode, ein Problem geschickt in ein anderes Gebiet zu übersetzen, in dem man Hilfsmittel zur Verfügung hat, haben wir z. B. beim Nichtentscheidbarkeitsbeweis für die Prädikatenlogik schon kennengelernt, vgl. Abschnitt 12.3.

Beispiel 12.18: In Π_0 (geschrieben als Flußdiagramm) dienen die Variablen x und y als sog. *Eingabe-Variable* und x und z als sog. *Programm-Variable*, weil an x und z zugewiesen wird. Da über die Bedeutung der im Programm verwendeten Symbole noch nicht verfügt ist, heißen derartige Flußdiagramme *Programm-Schemata*.

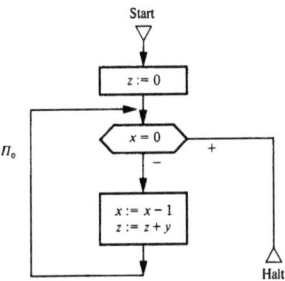

Das Terminationsproblem ist gelöst, wenn man für alle Eingaben Bedingungen angibt (bei Π_0 für alle geordneten Paare (ξ, η) ganzer Zahlen als Anfangswerte für die Variablen x und y), so daß die Berechnung jeweils vom Start-Punkt aus den Halt-Punkt erreicht.

12.5.2.1. Zunächst wird versucht, Programme und ihre Berechnungen mit Hilfe logischer Formeln zu beschreiben; dazu einige Umformulierungen[21]:

Wir schreiben jedes Programm-Schema Π als gerichteten Graphen $G(\Pi)$ auf und bewerten seine Kanten mit einer quantorenfreien Formel (zur Beschreibung der Kontrollstruktur des Programms) und einem n-Tupel von Termen (zur Beschreibung der Wertzuweisungen), wobei n der Anzahl der verschiedenen Programm-Variablen entspricht.

Beispiel 12.19: Das Programm-Schema Π_0 aus Beispiel 12.18 hat folgenden Graphen $G(\Pi_0)$, wobei W ein nullstelliges Prädikatensymbol ist (zu W und F vgl. Def. 6.9.4). Ferner ist aus beweistechnischen Gründen in Π_0 eine Initialisierung $x := x'$ hinzugefügt worden, damit Eingabe- und Programm-Variable disjunkt sind. Es sind also x' und y Eingabe-Variable und x und z Programm-Variable.

---
[21] Zu den graphentheoretischen Begriffen vgl. z. B. [Sa 70].

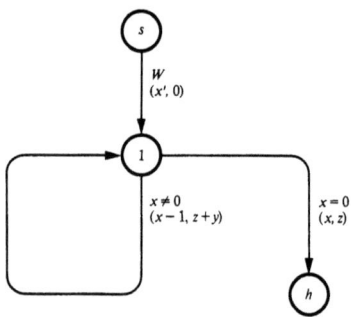

Definition 12.20: $G(\Pi) = (E(\Pi), K(\Pi))$ heißt *Graph eines Programm-Schemas* Π mit n verschiedenen Programm-Variablen $\mathbf{x} = (x_1, \ldots, x_n) \in \mathsf{VA}^n$, wenn gilt:
(1) $E(\Pi)$ ist eine endliche Menge (von *Knoten*).
(2) $K(\Pi) \subset E(\Pi) \times E(\Pi)$ ist die Menge der *Kanten*.
(3) Es gibt genau einen *Startknoten* $s \in E(\Pi)$, der keine hinführenden Kanten hat, und genau einen *Haltknoten* $h \in E(\Pi)$, der keine wegführenden Kanten hat.
(4) Jeder Knoten aus $E(\Pi)$ liegt auf einem Weg, der vom Start- zum Haltknoten führt.
(5) Jede Kante $(k, k') \in K(\Pi)$ ist mit einer QFF $\varphi_{kk'}$ und einem n-Tupel von Termen $\mathbf{t}_{kk'} = (t_{kk'}^{(1)}, \ldots, t_{kk'}^{(n)})$ bewertet, wobei in keinem $\varphi_{sk'}$ und keinem $\mathbf{t}_{sk'}$ eine Programm-Variable vorkommen darf[22].
(6) Es seien $(k, k_1), \ldots, (k, k_r)$ die vom Knoten $k \in E(\Pi)$ ausgehenden Kanten. Dann gibt es für jede Struktur Σ und jeden Zustand f ein $1 \leq j \leq r$, so daß $\mathrm{Wert}_\Sigma(\varphi_{kk_j}, f) = \mathsf{W}$ ist und für alle $i \neq j$ $\mathrm{Wert}_\Sigma(\varphi_{kk_i}, f) = \mathsf{F}$.

Bemerkung:
(i) Die in allen $\varphi_{kk'}$ und $t_{kk'}^{(i)}$ vorkommenden und von den Programm-Variablen verschiedenen Variablen sind die *Eingabe-Variablen*.
(ii) Da später simultan substituiert wird, darf in den Termen von (5) nur der *simultane Anteil* notiert werden, so z. B. für eine Liste von Wertzuweisungen $(x := x + y; y := x + y)$ das geordnete Paar $(x + y, x + 2 \cdot y)$.
(iii) In (6) liefert für den Fall $r = 1$ $\varphi_{kk_1} = \mathsf{W}$ diese Eigenschaft und für den Fall $r = 2$ z. B. $\varphi_{kk_1} = \neg \varphi_{kk_2}$.

Wir verschaffen uns als Hilfsmittel sog. Ausführungsfolgen, um damit zu präzisieren, was es heißt, ein Programm berechnet mit bestimmten Eingaben Resultate. Es sei $\Sigma = (I, \omega)$ eine Struktur und Π ein Programm-Schema. Dann heiße (Π, Σ) ein *Programm*.

---

[22] Diese Nebenbedingung sichert, daß alle Variablen korrekt initialisiert verwendet werden.

Definition 12.21: Es sei (Π, Σ) ein Programm und f ein Zustand. Die *Ausführungsfolge* (engl. execution sequence, Abk.: ES) für (Π, Σ, f) ist eine (u. U. unendlichlange) Zeichenreihe[23] der Form

$$(k_1, \xi_1)(k_2, \xi_2) \ldots (k_m, \xi_m) \ldots$$

in der jeder Buchstabe[23] (k_i, ξ_i) Element von $E(\Pi) \times I^n$ ist und die wie folgt gebildet wird:
(1) (k_1, ξ_1) ist erster Buchstabe der ES genau dann, wenn gilt: $(s, k_1) \in K(\Pi)$ und $\text{Wert}_\Sigma(\varphi_{sk_1}, f) = \mathsf{W}$ und $\xi_1 = \text{wert}_\Sigma(\mathbf{t}_{sk_1}, f)$ [24]
(2) $(k_i, \xi_i)(k_j, \xi_j)$ ist Teilwort der ES genau dann, wenn gilt: $(k_i, k_j) \in K(\Pi)$ und $\text{Wert}_\Sigma\left(\varphi_{k_i k_j}, f\left\langle \begin{matrix} \mathbf{x} \\ \boldsymbol{\xi} \end{matrix} \middle/ \xi_i \right\rangle\right) = \mathsf{W}$ und $\xi_j = \text{wert}_\Sigma\left(\mathbf{t}_{k_i k_j}, f\left\langle \begin{matrix} \mathbf{x} \\ \boldsymbol{\xi} \end{matrix} \middle/ \xi_i \right\rangle\right)$ [25]

Bemerkung:
(i) Die Eingabe erfolgt also mit f als (Initial)Zustand.
(ii) Kommt in der ES das Teilwort (k, ξ) bzw. $(k, \xi)(k', \xi')$ vor, so sagen wir, das Programm hat den Knoten k betreten bzw. hat die Kante (k, k') betreten.

Nun sind wir in der Lage, die Termination eines Programms zu definieren als das Betreten des Haltknotens:

Definition 12.22: Es sei (Π, Σ) ein Programm und f ein Zustand.
(1) Das Programm (Π, Σ) *terminiert bei f* (mit dem Resultat ξ) genau dann, wenn in der ES für (Π, Σ, f) der Buchstabe (h, ξ) vorkommt.
Bemerkung: die ES ist dann endlich und (h, ξ) ist letzter Buchstabe.
(2) Das Programm (Π, Σ) *terminiert* $:\Longleftrightarrow$ Für alle Zustände f terminiert (Π, Σ) bei f.
(3) Das Programm-Schema Π *terminiert* $:\Longleftrightarrow$ Für alle Strukturen Σ terminiert das Programm (Π, Σ).

Beispiel 12.23: Es seien $\Sigma = (\mathbb{Z}, \omega)$ die Struktur der ganzen Zahlen und f_1, f_2 zwei Zustände mit $f_1(y) = f_2(y) = 3$ und $f_1(x') = 2, f_2(x') = -2$ und beliebig sonst. Dann ist für das Programm-Schema Π_0 aus Beispiel 12.19

$(1, (2, 0))(1, (1, 3))(1, (0, 6))(h, (0, 6))$ die ES für (Π_0, Σ, f_1) und
$(1, (-2, 0))(1, (-3, 3)) \ldots (1, (-n, 3 \cdot (n-2))) \ldots$ die ES für (Π_0, Σ, f_2)

d. h. (Π_0, Σ) terminiert bei f_1; (Π_0, Σ) terminiert nicht bei f_2, damit terminiert (Π_0, Σ) nicht und mithin terminiert Π_0 nicht.

---

[23] Abweichend von § 2 haben wir hier ein nichtendliches Alphabet.
[24] Das sei die Kurzschreibweise für $\xi = (\text{wert}_\Sigma(t_{kk'}^{(1)}, f), \ldots, \text{wert}_\Sigma(t_{kk'}^{(n)}, f))$.
[25] $f\left\langle \begin{matrix} \mathbf{x} \\ \boldsymbol{\xi} \end{matrix} \right\rangle$ sei die Kurzschreibweise für $f\left\langle \begin{matrix} x_1 \ldots x_n \\ \xi_1 \ldots \xi_n \end{matrix} \right\rangle$, vgl. Def. A1 im Anhang Teil (A).

12.5.2.2. Wenn nun die ES noch als prädikatenlogische Formel gefaßt werden kann, ist die Übersetzung des Programmierungsproblems gelungen. Dazu verfährt man wie folgt:

Jeder Kante des Graphen $G(\Pi)$ wird eine weitere Formel zugeordnet, die aus den schon vorhandenen Bewertungen und neuen atomaren Formeln gebildet wird. Diese atomaren Formeln werden mögliche Berechnungszustände des Programms charakterisieren und sind als Bedingungen über die aktuellen Werte der Programm-Variablen aufzufassen. Aus den Formeln für die einzelnen Kanten bildet man dann eine Formel für das gesamte Programm-Schema.

Definition 12.24: Es sei $G(\Pi)$ der Graph eines Programm-Schemas mit $\mathbf{y}=(y_1,\ldots,y_m)$ als Eingabe-Variablen und $\mathbf{x}=(x_1,\ldots,x_n)$ als Programm-Variablen.
(1) Jedem Knoten $k \in E(\Pi) - \{s,h\}$ wird ein neues, noch nirgendwo verwendetes n-stelliges Prädikatensymbol q_k zugeordnet.
(2) Jeder Kante $(k,k') \in K(\Pi)$ mit $k \neq s$ und $k' \neq h$ wird die Formel

$$W_{kk'} \equiv \varphi_{kk'} \wedge q_k(x_1,\ldots,x_n) \longrightarrow q_{k'}(t_{kk'}^{(1)},\ldots,t_{kk'}^{(n)})$$

zugeordnet, die wir kürzer $\varphi_{kk'} \wedge q_k \mathbf{x} \longrightarrow q_{k'} \mathbf{t}_{kk'}$ schreiben.
(3) Es sei für $k' \neq h$ und $k \neq s$ $W_{sk'} \equiv \varphi_{sk'} \longrightarrow q_{k'} \mathbf{t}_{sk'}$, $W_{kh} \equiv \varphi_{kh} \wedge q_k \mathbf{x} \longrightarrow F$, ferner $W_{sh} \equiv \varphi_{sh} \longrightarrow F$.
(4) Es sei $K(\Pi) = \{\kappa_1,\ldots,\kappa_l\}$. Dann wird dem Programm-Schema Π die Formel $W_\Pi \equiv \forall x_1 \ldots \forall x_n (W_{\kappa_1} \wedge \ldots \wedge W_{\kappa_l})$ zugeordnet.

Bemerkung: $\{y_1,\ldots,y_m\} \subset \mathsf{Fr}(W_\Pi)$

Beispiel 12.25: Für Π_0 aus dem Beispiel 12.19 gilt

$$W_{\Pi_0} \equiv \forall x \forall z ((W \longrightarrow q_1(x',0)) \wedge (\neg x = 0 \wedge q_1(x,z) \longrightarrow q_1(x-1, z+y))$$
$$\wedge (x = 0 \wedge q_1(x,z) \longrightarrow F))$$

12.5.2.3. Die Übersetzung ist damit abgeschlossen, und es gilt folgender Zusammenhang, vgl. [Man 69]:

Satz 12.26: *Es sei Π ein Programm-Schema, dessen Graph r Knoten hat, die vom Start- und vom Haltknoten verschieden sind, und $\Sigma \in \mathsf{St}^\mathsf{B}$. Dann gilt:*
Das Programm (Π,Σ) terminiert $\iff$ In allen Erweiterungen $\Sigma^{\{q_1,\ldots,q_r\}}$ von Σ ist die dem Programm-Schema Π zugeordnete Formel nicht erfüllbar, d. h. $W_\Pi \notin \mathsf{ef}_{\Sigma^{\{q_1,\ldots,q_r\}}}$.

§ 12. Entscheidbarkeitsfragen

Beweis:
Vorbemerkung: Es sei $\Sigma' = \Sigma^{\{q_1,\ldots,q_r\}} = (I, \omega')$. Übergänge von Σ' zu Σ nach dem verallgemeinerten Koinzidenztheorem Satz 9.24 werden nicht explizit erwähnt. Wir beweisen durch Kontraposition:

(∗)   Für ein Σ' ist $W_{\Pi} \in \mathsf{ef}_{\Sigma'} \Longleftrightarrow (\Pi, \Sigma)$ terminiert nicht

Hilfssatz 1: Wert$_{\Sigma'}(W_{\Pi}, f) = \mathsf{W}$ genau dann, wenn für alle $\xi \in I^n$ und alle $k, k' \in E(\Pi)$ gilt:

(1) Wert$_{\Sigma'}(W_{sk'}, f) = \mathsf{W}$ (2) Wert$_{\Sigma'}\left(W_{kk'}, f\left\langle\dfrac{\mathbf{x}}{\xi}\right\rangle\right) = \mathsf{W}$

(3) Wert$_{\Sigma'}\left(W_{kh}, f\left\langle\dfrac{\mathbf{x}}{\xi}\right\rangle\right) = \mathsf{W}$ (4) Wert$_{\Sigma}(W_{sh}, f) = \mathsf{W}$

Nachweis mit Quantorengesetzen und Lemma 9.8.1

Hilfssatz 2: Es sei Wert$_{\Sigma'}(W_{\Pi}, f) = \mathsf{W}$ und $(k_1, \xi_1) \ldots (k_i, \xi_i) \ldots$ eine ES für (Π, Σ, f). Dann gilt für alle $i \geq 1$ $\omega'(q_{k_i})(\xi_i) = \mathsf{W}$
Nachweis induktiv über i als Aufgabe für den Leser.

Beweis von (∗):
„$\Longrightarrow$" Es sei also Wert$_{\Sigma'}(W_{\Pi}, f) = \mathsf{W}$ und angenommen, (Π, Σ) terminiert bei f. Dann kommt (h, ξ) in der ES für (Π, Σ, f) vor.
Fall 1: (h, ξ) ist erster Buchstabe in der ES für (Π, Σ, f).
Dann ist nach Def. der ES $(s, h) \in K(\Pi)$ und Wert$_{\Sigma}(\varphi_{sh}, f) = \mathsf{W}$, also Wert$_{\Sigma}(W_{sh}, f) = \mathsf{F}$ im Widerspruch zu Hilfssatz 1.4.
Fall 2: $(k, \xi)(h, \xi')$ ist Teilwort der ES für (Π, Σ, f).
Dann ist $(k, h) \in K(\Pi)$ und Wert$_{\Sigma}\left(\varphi_{kh}, f\left\langle\dfrac{\mathbf{x}}{\xi}\right\rangle\right) = \mathsf{W}$. Nach Hilfssatz 2 ist dann $\omega'(q_k)(\xi) = \mathsf{W}$, also Wert$_{\Sigma'}\left(q_k\mathbf{x}, f\left\langle\dfrac{\mathbf{x}}{\xi}\right\rangle\right) = \mathsf{W}$, mithin Wert$_{\Sigma'}\left(W_{kh}, f\left\langle\dfrac{\mathbf{x}}{\xi}\right\rangle\right) = \mathsf{F}$ im Widerspruch zu Hilfssatz 1.3.

„$\Longleftarrow$" Es sei $(k_1, \xi_1) \ldots (k_i, \xi_i) \ldots$ eine ES für (Π, Σ, f), in der n. V. der Buchstabe (h, ξ) für alle $\xi \in I^n$ nicht vorkommt. Wir definieren eine Erweiterung $\Sigma^+ = (I, \omega^+)$ wie folgt:

$$\omega^+(q_k)(\xi) = \mathsf{W} :\Longleftrightarrow (k, \xi) \text{ kommt in der ES für } (\Pi, \Sigma, f) \text{ als Buchstabe vor.}$$

Behauptung: Wert$_{\Sigma^+}(W_{\Pi}, f) = \mathsf{W}$

Nachweis:
Fall 1: Wir betrachten alle Kanten (k,k') die in der obigen ES nicht betreten werden, dann ist $\text{Wert}\left(\varphi_{kk'}, f\left\langle\begin{array}{c}\mathbf{x}\\\xi\end{array}\right\rangle\right) = \mathsf{F}$ für beliebige $\xi \in I^n$, mithin $\text{Wert}_{\Sigma'}\left(W_{kk'}, f\left\langle\begin{array}{c}\mathbf{x}\\\xi\end{array}\right\rangle\right) = \mathsf{W}$ für alle $\xi \in I^n$.
Bemerkung: alle Kanten (k,h) gehören n. V. zum Fall 1.

Fall 2: (a) Es sei (s,k) die betretene Anfangskante, d. h. $\text{Wert}_\Sigma(\varphi_{sk}, f) = \mathsf{W}$, also ist $(k, \text{wert}_\Sigma(\mathbf{t}_{sk}, f))$ der erste Buchstabe der ES, also $\omega^+(q_k)(\text{wert}_\Sigma(\mathbf{t}_{sk}, f)) = \mathsf{W}$, demnach $\text{Wert}_{\Sigma'}(q_k \mathbf{t}_{sk}, f) = \mathsf{W}$, mithin $\text{Wert}_{\Sigma'}(W_{sk}, f) = \mathsf{W}$.

(b) Es sei (k,k') eine betretene Kante, d. h. es sei $\xi \in I^n$ beliebig und $(k,\xi)(k',\xi')$ ist ein Teilwort der ES, dann ist $\text{Wert}_\Sigma\left(\varphi_{kk'}, f\left\langle\begin{array}{c}\mathbf{x}\\\xi\end{array}\right\rangle\right) = \mathsf{W}$ und $\xi' = \text{wert}_\Sigma\left(\mathbf{t}_{kk'}, f\left\langle\begin{array}{c}\mathbf{x}\\\xi\end{array}\right\rangle\right)$. Nach Definition von Σ' ist $\omega^+(q_k)(\xi) = \omega^+(q_{k'})(\xi') = \mathsf{W}$, also ist $\text{Wert}_{\Sigma'}\left(q_k \mathbf{x}, f\left\langle\begin{array}{c}\mathbf{x}\\\xi\end{array}\right\rangle\right) = \text{Wert}_{\Sigma'}\left(q_{k'}\mathbf{t}_{kk'}, f\left\langle\begin{array}{c}\mathbf{x}\\\xi\end{array}\right\rangle\right) = \mathsf{W}$, demnach ist für alle $\xi \in I^n$ $\text{Wert}_{\Sigma'}\left(W_{kk'}, f\left\langle\begin{array}{c}\mathbf{x}\\\xi\end{array}\right\rangle\right) = \mathsf{W}$.

Insgesamt folgt dann mit Hilfssatz 1 die Behauptung.

Dieser Satz zeigt also, daß der Test auf Erfüllbarkeit einer gewissen Klasse von Formeln eine Antwort auf die Frage nach der Termination von Programmen liefert.

Beispiel 12.27: In unserem Beispielprogramm (Π_0, Σ) kann man als Besonderheit sogar eine explizite Bedingung für die Termination angeben. Der Leser möge als Übung beweisen, daß in $\Sigma = (\mathbb{Z}, \omega)$ gilt:

$$(\Pi_0, \Sigma) \text{ terminiert bei } f \iff f(x) \geq 0$$

Zum Beweis benütze man neben Satz 12.26 die explizite Definition der Erweiterung als $\omega^+(q_1)(\xi, \eta) = \mathsf{W} :\iff \eta = (f(x) - \xi) \cdot f(y)$.
Bemerkung: Der naheliegende informelle (und sehr plausible) Nachweis der obigen Behauptung geht direkt vom Programm (Π_0, Σ) aus und benützt, daß je Schleifendurchlauf der Wert der Variablen x echt abnimmt, so daß im Falle eines nicht negativen Schleifenanfangswerts von x Null als Wert angenommen wird, während im Falle eines negativen Schleifenanfangswerts dieser Wert nie angenommen wird.

12.5.2.4. Da der Test auf Nichterfüllbarkeit äquivalent dem Test auf Allgemeingültigkeit von negierten Formeln ist, sind die Entscheidbarkeitsresultate für Teilklassen von Formeln aus dem Abschnitt 12.1. (III) verwendbar. Allerdings sind dann keine Aussagen über die Termination bestimmter Programme (Π, Σ) möglich, an denen man i. a. interessiert ist, sondern nur noch über Termination von Programm-Schemata gemäß Def. 12.22.3.

Satz 12.28: Π *terminiert* $\Longleftrightarrow \neg W_\Pi \in \text{ag}$

Beweis n. Def.

Beispiel 12.29: Es sei Π_1 ein Programm-Schema mit $G(\Pi_1)$ als Graph und $\mathbf{x}=(x_1,x_2)$ als Programm-Variable in einer Prädikatenlogik *ohne Gleichheit*, d. h. $p \in \text{PS}_2$ darf nicht als Gleichheit gedeutet werden. Dann ist

$$W_{\Pi_1} \equiv \forall x_1 \forall x_2 ((W \longrightarrow q_1(y,b)) \wedge (\neg p(g_3\mathbf{x},a) \wedge q_1\mathbf{x} \longrightarrow q_1(g_1\mathbf{x},g_2\mathbf{x})) \\ \wedge (p(g_3\mathbf{x},a) \wedge q_1\mathbf{x} \longrightarrow F))$$

die dem Programm-Schema Π_1 zugeordnete Formel. Die Bewertungen von $G(\Pi_1)$ sind so gewählt, daß man die g_i ($i=1,2,3$) als zweistellige Skolem-Funktionssym-

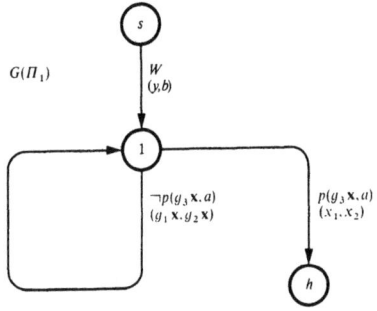

bole und a als nullstelliges Skolem-Funktionssymbol auffassen kann. W_{Π_1} ist dann eine universelle Normalform[26] der folgenden Formel U, wobei

$$U \equiv \exists u \forall x_1 \forall x_2 \exists z_1 \exists z_2 \exists z_3 ((W \longrightarrow q_1(y,b)) \wedge (\neg p(z_3,u) \wedge q_1\mathbf{x} \longrightarrow q_1(z_1,z_2)) \\ \wedge (p(z_3,u) \wedge q_1\mathbf{x} \longrightarrow F))$$

Insgesamt: $W_{\Pi_1} \in \text{ef} \Longleftrightarrow U \in \text{ef}$ (Satz von der UNF)
$\Longleftrightarrow \neg U \notin \text{ag}$

Nun hat aber $\neg U$ den Präfixtyp $\forall^r \exists^2 \forall^s$ (hier: $r=1, s=3$), so daß die Frage ?$\neg U \in \text{ag}$? entscheidbar ist.

Beliebige Programm-*Schemata*, die als Bewertungen ihrer Graphen Terme mit dem im Beispiel 12.29 geschilderten Aufbau benützen, lassen also wegen des Entscheidbarkeitsresultats für den Präfixtyp $\forall^r \exists^2 \forall^s$ eine Entscheidung über ihre Termination zu. Wir haben damit folgenden

---

[26] Die Eingabe-Variablen werden als Konstante aufgefaßt.

Satz 12.30: *Folgende Klassen von Programm-Schemata Π sind bezüglich der Termination entscheidbar:*
(1) *die Programm-Schemata Π enthalten nicht das Gleichheitssymbol und neben Vorkommen von zwei Variablen x_1 und x_2 und nullstelligen Funktionssymbolen nur Vorkommen von Termen der Form $g(x_1, x_2)$, wobei g beliebige zweistellige Funktionssymbole sind.*
(2) *die Programm-Schemata Π enthalten nur eine Variable x_1 und neben nullstelligen Funktionssymbolen nur Terme der Form $g(x_1)$, wobei g beliebige einstellige Funktionssymbole sind.*
(3) *die Programm-Schemata Π enthalten nur Variable und nullstellige Funktionssymbole.*

Beweis mit den Entscheidbarkeitsergebnissen für $\forall^r \exists^2 \forall^s$, $\forall^r \exists \forall^s$ und $\forall^r \exists^s$

Schlußbemerkungen:
(i) Man kann den Test auf Nichterfüllbarkeit mit Beweisverfahren, die das sog. Resolventenprinzip verwenden, automatisch durchführen, vgl. dazu das fünfte Kapitel.
(ii) Man hat die in Satz 12.30 zu verwendenden Entscheidungsverfahren in FORTRAN programmiert, allerdings mit der Einschränkung, daß nur zweistellige Prädikatensymbole in der Basis vorkommen, siehe [Fri 63a, b].

Übungen zu § 11 und § 12

Ü 12.1: Überlegen Sie sich mit Hilfe des Leibnizschen Ersetzbarkeitstheorems Satz 11.30, daß für alle $\Sigma \in \text{St}^B$ gilt:

$$t_1 = g(t_1, t_2) \in \text{ag}_\Sigma \quad \text{und} \quad t_2 = h(t_1) \in \text{ag}_\Sigma \Longrightarrow t_1 = g(t_1, h(t_1)) \in \text{ag}_\Sigma$$

Formulieren Sie diese Eigenschaft für den allgemeinen Fall.

Ü 12.2: Die Formel $H_1 \equiv \forall x_1 \forall x_2 (x_1 = x_2)$ der Prädikatenlogik mit Gleichheit, die im Vorspann zu Abschnitt 6.3 betrachtet wurde, sagt, daß es höchstens ein Element gibt. Beweisen Sie für beliebiges $\Sigma = (I, \omega)$
(1) $H_1 \in \text{ag}_\Sigma \iff I$ hat genau ein Element
Betrachten Sie als Verallgemeinerung für $n \geq 1$ die Formeln

$$H_n \equiv \forall x_1 \ldots \forall x_{n+1} \left(\bigvee_{1 \leq i < j \leq n+1} x_i = x_j \right)$$

Zur Veranschaulichung: $H_2 \equiv \forall x_1 \forall x_2 \forall x_3 (x_1 = x_2 \vee x_1 = x_3 \vee x_2 = x_3)$
Zeigen Sie für beliebiges $\Sigma = (I, \omega)$
(2) $H_n \in \text{ag}_\Sigma \iff I$ hat höchstens n Elemente

Definieren Sie analog Formeln M_n und G_n, für die gilt:

(3) $M_n \in \text{ag}_\Sigma \iff I$ hat mindestens n Elemente

(4) $G_n \in \text{ag}_\Sigma \iff I$ hat genau n Elemente

Ü 12.3: Im Vollständigkeitsbeweis, Abschnitt 11.3.3, wird im Lemma 11.16 im Beweisteil (iv) das Deduktionstheorem benützt. Zeigen Sie, daß die Voraussetzungen für die Anwendung dieses Satzes erfüllt sind.

Ü 12.4: Beweisen Sie mit Sätzen und Lemmata aus dem Abschnitt 12.4, daß entscheidbare Mengen aufzählbar sind, und versuchen Sie auch einen direkten Beweis.

Ü 12.5: Klären Sie, welche Voraussetzungen nötig sind, damit man Lemma 12.10 beweisen kann, insbesondere für welche Grund-Mengen man die Entscheidbarkeit voraussetzen muß.

Ü 12.6: Wir haben im Lemma 12.2 im Teil (iv)(a) eine Struktur definiert und behauptet, das sei eine freie Struktur im Sinne der Definition 11.7. Beweisen Sie diese Behauptung, indem Sie für diese Verwendung die zugehörige Formelmenge $X \subset \text{FO}$ angeben.

Ü 12.7: Es seien für $i = 1, 2$ zwei freie Strukturen $\Sigma_i = (\text{TE}^-, \omega_{X_i})$ bezüglich $X_i \subset \text{FO}$ gegeben. Zeigen Sie bitte, daß gilt:

(1) $\text{wert}_{\Sigma_1} = \text{wert}_{\Sigma_2}$

(2) $X_1 \cap \text{AF} = X_2 \cap \text{AF} \iff \text{Wert}_{\Sigma_1} = \text{Wert}_{\Sigma_2}$

(3) Formulieren Sie diese beiden Aussagen umgangssprachlich.

(4) Überlegen Sie, warum die Richtung „$\Longleftarrow$" von (2) nicht gilt, wenn Sie beliebige Terme als Individuen zulassen. Geben Sie also eine Menge $I \subset \text{TE}$, zwei Mengen $X_i \subset \text{FO}$ mit $i = 1, 2$ und eine atomare Formel $A \in \text{AF}$ so an, daß $A \in X_1$, $A \notin X_2$ ist, aber $\text{Wert}_{\Sigma_1} = \text{Wert}_{\Sigma_2}$.

Ü 12.8: Zeigen Sie mit Hilfe von freien Strukturen $\Sigma = (\text{TE}, \omega)$, daß gilt:

$$\{\text{Wert}_\Sigma(*, f) : \text{AF} \longrightarrow \{\text{W}, \text{F}\} \mid \Sigma \in \text{St}^B \text{ und } f \text{ Zustand}\} = \\ \{\beta : \text{AF} \longrightarrow \{\text{W}, \text{F}\} \mid \beta \text{ aussagenlogische Belegung}\}$$

Zur Problemstellung vgl. Abschnitt 8.4.

Ü 12.9:

(1) Zeigen Sie mit Hilfe von Lemma 11.4, daß gilt:

$$\text{Th korrekt} \iff \text{Für alle } X \subset \text{FO} \text{ und alle } \Sigma \in \text{St}^B \text{ ist:} \\ X \subset \text{ag}_\Sigma \text{ und } A \in \text{Th}(X) \Longrightarrow A \in \text{ag}_\Sigma$$

(2) Drücken Sie die Behauptung von (1) umgangssprachlich aus.

Ü 12.10: Wir haben in Abschnitt 12.2 ein Entscheidungsverfahren für quantorenfreie Formeln kennengelernt, das konjunktive Normalformeln ausnützte. In der Übung Ü 9.17 sind konjunktive Normalformeln für beliebige Formeln definiert worden. Orientieren Sie sich am Abschnitt 12.2 und überlegen Sie, woran es liegt, daß man derartige konjunktive Normalformeln *nicht* zu einem Entscheidungsverfahren für Formeln heranziehen kann, d. h. warum ein Analogon zu Lemma 12.2 nicht gilt.

Kapitel 5. Logische Grundlagen des maschinellen Beweisens (Resolventenprinzip)

§ 13. Einleitung

13.1. Aufgabe des maschinellen Beweisens ist die Suche nach *Verfahren*, die die Frage beantworten, ob eine Aussage *B* eine logische Folgerung aus einer gegebenen Menge *X* von Prämissen ist. Diese Aufgabe soll mit Hilfe der mathematischen Logik gelöst werden, deren Untersuchungsgegenstand ja gerade die logischen Beziehungen zwischen Aussagen sind, insbesondere die Folgerungsbeziehung. Wie aus den vorangehenden Kapiteln zu ersehen ist, kann die mathematische Logik zur Lösung des genannten Problems folgendes beitragen:

(1) eine *Präzisierung des Folgerungsbegriffs* mit Hilfe von Modellen (Abschnitt 10.2),

(2) eine *Syntaktisierung des Folgerns* durch „mechanisch anwendbare" Regeln (Abschnitt 10.3),

(3) *Resultate über den Folgerungsbegriff*: zur Beantwortung der Frage nach der logischen Folgerbarkeit gibt es kein Entscheidungsverfahren (Abschnitt 12.3), wohl aber Semi-Entscheidungsverfahren (Satz 12.16 und Korollar).

Die Suche nach allgemeinen Entscheidungsverfahren wird bereits seit dem ausgehenden 17. Jahrhundert unternommen (Abschnitt 10.1). Dieses Interesse war ursprünglich philosophischer und theoretischer Natur, seit der Existenz von Großrechnern liegt jedoch das Hauptinteresse in der Entwicklung *praktikabler* Verfahren, d. h. Verfahren, die einigermaßen schwierige Theoreme bei vorgegebenen Resourcen (Zeit, Speicherplatz) ableiten können. Die Erforschung der Semi-Entscheidungsverfahren der Prädikatenlogik hat also ein neues Gebiet hervorgebracht, das *maschinelle Beweisen* (engl. theorem proving), das als Teilgebiet der künstlichen Intelligenz gilt.

Die Hauptziele der künstlichen Intelligenz lassen sich wie folgt formulieren[1], [Sla 71]:

---

[1] Eine Präzisierung des Begriffs „künstliche Intelligenz" (engl. artificial intelligence) und eine Diskussion ihrer Zielsetzungen kann hier nicht geleistet werden. Es sei jedoch angemerkt:
Der heutige Stand der Mechanisierung der Handarbeit hat eine jahrhundertelange Entwicklung gebraucht. Die Mechanisierung der Kopfarbeit wird ebenfalls nicht von heute auf morgen — auch nicht innerhalb von wenigen Jahrzehnten — einen vergleichbaren Stand erreichen. Aufgaben und Möglichkeiten einer künstlichen Intelligenz sollten in diesem Sinne realistischer und bescheidener gesehen werden.

— Erkenntnisgewinnung über menschliche Intelligenz
— Schaffung eines Instruments, nämlich „künstlicher Intelligenz", zur Wissensvermittlung und zur Lösung (schwieriger) intellektueller Probleme.

Die zweite Zielsetzung soll durch die Möglichkeiten realisiert werden, die die Rechner bieten. Für das maschinelle Beweisen heißt das: man gibt sich — im Gegensatz zur mathematischen Logik — nicht damit zufrieden, daß Ableitungen *existieren* und daß sich die Existenz in endlich vielen Schritten nachweisen läßt, sondern man will diese Ableitungen effizient *vom Rechner herstellen lassen*. Es scheint so, als ob damit eine „angewandte Logik" im Entstehen begriffen ist: seit langem werden Teilgebiete der Mathematik als theoretische Hilfsmittel in den Ingenieur-Wissenschaften benützt, gleichzeitig werden aber auch Teilgebiete der Mathematik selbst zur Ingenieur-Wissenschaft. Das gilt z. B. für große Teile der numerischen Mathematik. Dort gibt man sich — im Gegensatz zur reinen Mathematik — nicht mit der bloßen *Existenz* von Lösungen zufrieden und auch nicht mit Verfahren, die *irgendwie* konvergieren, sondern man sucht stattdessen nach *praktikablen* Verfahren, deren Realisierungen (Tabellen, Vorschriften für Handrechenmaschinen, Software-Pakete) mit technischen Produkten der Ingenieur-Wissenschaften vergleichbar sind. Unter diesem Blickwinkel kann man sagen, daß durch die Forschung auf dem Gebiet des maschinellen Beweisens ein weiteres Teilgebiet der Mathematik, nämlich die Logik, auf dem Wege ist, eine *angewandte Wissenschaft* zu werden.

13.2. Fast alle Beweisverfahren beruhen auf dem *Satz von Herbrand* (1930), wobei als dessen direkte Anwendung die Herbrand-Prozeduren und ihre Verbesserungen zu nennen sind ([Gil 60], [Pra 60], [DP 60]). Ein wesentlicher Durchbruch in der Entwicklung praktikabler Verfahren wurde jedoch erst durch die Einführung des *Resolventenprinzips* durch J.A. Robinson erzielt ([Rob 65]). Es wurden gleichzeitig auch Verfahren unter Grundlage anderer Kalküle entwickelt, etwa des natürlichen Schließens und verwandter Systeme ([Bi 76a,b], [Ri 75]). Es läßt sich jedoch sagen, daß bis heute die am meisten erforschten und am besten verstandenen allgemeinen Methoden des maschinellen Beweisens auf dem Resolventenprinzip beruhen, was sich auch in z.Zt. greifbaren Lehrbüchern ([Ni 71], [CL 73], [Jac 74]) niederschlägt. Das folgende Kapitel befaßt sich ebenfalls ausschließlich mit dem Resolventenprinzip.

13.2.1. Als ein erster Schritt zur Entwicklung praktikabler Verfahren wird eine Umformulierung der klassischen Logik in die Klausellogik vorgenommen (§ 14), und zwar in einer mathematisch strengeren Form, als es üblich ist (etwa in [CL 73]). Wir meinen, daß es nur durch ein sorgfältiges Anknüpfen an den Logik-Apparat für den Anfänger (und nicht nur für den Anfänger!) möglich ist, die Begriffe und

Ergebnisse der mathematischen Logik ohne zusätzliche Mühe anzuwenden. Der Zusammenhang zu den in der Resolventheorie üblichen Begriffen ist dabei so weit hergestellt, daß ein großer Teil der Originalliteratur ohne weiteres gelesen werden kann. Die wesentlichen Schritte der Umformulierung sind in einem Diagramm auf Seite 196 wiedergegeben.

In der Darstellung des Resolventenprinzips (§ 16) haben wir uns u. a. bemüht, die meist etwas stiefmütterlich behandelten Beweise des Vereinheitlichungstheorems und des Lifting-Lemmas klarer zu durchdringen. In den Paragraphen 15 und 17 wird auf die Beweisverfahren eingegangen, die aus den Ergebnissen der Paragraphen 14 bzw. 16 herrühren, wobei Effizienzfragen im Vordergrund stehen. Bei der Darstellung der Beweisverfahren kommt es uns nur auf die wesentlichen Prinzipien an, sie bietet keinen Ersatz für das Studium der Originalliteratur.

13.2.2. Von den zahlreichen Anwendungen, die das maschinelle Beweisen gefunden hat, seien die wichtigsten zur Orientierung aufgeführt:
(1) *deduktive Frage-Antwort-Systeme* und *problemlösende Systeme*
Während bei reinen Fakten-Wiedergewinnungssystemen die gespeicherten Informationen nur ausgewählt und zusammengestellt werden, liefern deduktive Frage-Antwort-Systeme auch *logische Folgerungen* aus der vorgegebenen Information. Problemlösende Systeme zielen auf die zusätzliche Angabe von Lösungsschritten ab.
(2) *automatische Programmierung* und *automatisches Beweisen von Programm-Eigenschaften*
Auf dem Gebiet der Theorie der Programmierung (vgl. Abschnitt 12.5.1) befaßt sich das automatische Programmieren mit dem Problem, zu einer vorgegebenen Ein-Ausgabe-Relation ein Programm zu erstellen, das diese Relation realisiert. Das Beweisen von Programm-Eigenschaften hat das umgekehrte Problem als Aufgabenstellung: bei gegebenem Programm wird nach der realisierten Ein-Ausgabe-Relation gefragt und nach Eigenschaften wie Termination, Äquivalenz.
(3) die Interpretation der *Prädikatenlogik als Programmiersprache*

Der unter (3) genannte Ansatz wird in § 19 unter dem Aspekt einer Modellierung von Programmiersprachen behandelt. Wir werden auf die weiteren oben genannten Anwendungen selbst nicht eingehen, sondern nur auf die ihnen allen zugrundeliegende Tatsache, daß Ableitungen einen *konstruktiven Charakter* haben, insbesondere daß während des Ableitens Substitutionen berechnet werden, die sich als Rechenresultate interpretieren lassen. Ein darauf beruhendes Verfahren, Antworten aus Ableitungen zu gewinnen, ist unter dem Namen *Greenscher Antworten-Extraktionsprozeß* bekannt. § 18 bringt eine Beschreibung des Verfahrens und auch eine Begründung (Satz 18.11). Eine dieser Darstellung vergleichbare einfache und vollständige Behandlung des Greenschen Prozesses ist u. E. bisher in der Literatur nicht vorhanden.

13.2.3. Wir werden in diesem Kapitel eine Prädikatenlogik *ohne Gleichheit* betrachten, d. h. keines der vorkommenden Prädikatensymbole wird als Gleichheit gedeutet. Zur Behandlung der Gleichheit siehe z. B. [CL 73] (paramodulation).

Wir empfehlen dem Leser, vor der Lektüre dieses Kapitels einige Begriffe zu wiederholen und zu vertiefen, die nun gezielter als bisher verwendet werden, und zwar

Substitutionen (Abschnitt 9.2)
Normalformeln (Abschnitt 9.4)
freie Strukturen mit dem Satz von der freien Interpretation (Definition 11.7, Übungen Ü 12.6 bis Ü 12.8 und Abschnitt 11.4).

§ 14. Die Klauselform der Prädikatenlogik und Herbrand-Strukturen (eine Umformulierung der klassischen Logik)

Wir haben in Abschnitt 12.4.3 ein Semi-Entscheidungsverfahren für ableitbare Formeln kennengelernt. Wegen des Vollständigkeitssatzes 11.19 ist dieses Verfahren gleichzeitig ein Verfahren, mit dem das logische Folgern mechanisiert, d. h. die Frage

Ist $B \in \mathsf{Fl}(X)$?

für Formeln B und Formelmengen X untersucht werden kann.

Nehmen wir einmal an, es soll eine Ableitung der Länge 32 mit 32 verschiedenen Formeln gefunden werden (etwa das Beispiel im Anhang Teil (F1)). Selbst wenn das Erzeugungsverfahren für Ableitungen diese 32 Formeln schon vorher kennen sollte und auch nur Folgen von Formeln der Länge 32 bildet, dann gibt es bereits $32^{32} = 2^{160}$ verschiedene Folgen. Die unmittelbare Anwendung der klassischen Logik liefert also keine praktikablen Beweisverfahren — die Suche danach ist Aufgabe des Informatik-Gebiets *maschinelles Beweisen*.

Als erster Schritt auf dem Wege zur Verbesserung der Effizienz wird die klassische Logik umformuliert:

Die Folgerungsbeziehung wird durch die *Allgemeingültigkeit* bzw. die *Nichterfüllbarkeit* von Formeln ausgedrückt, wobei wir hier die Nichterfüllbarkeit verwenden (Abschnitt 14.1).

Es wird eine *Normierung der Syntax* mit Hilfe der universellen Normalform vorgenommen, wodurch wir die sog. *Klausellogik*, auch Klauselform der Prädikatenlogik genannt, erhalten (Abschnitt 14.3).

Es wird außerdem eine *Normierung der Semantik* mit Hilfe des Satzes von der freien Interpretation (Herbrand) vorgenommen, wodurch wir uns auf die Verwen-

§ 14. Die Klauselform der Prädikatenlogik und Herbrand-Strukturen

dung von sog. *Herbrand-Strukturen* beschränken können (Abschnitt 14.4). Der Satz von Herbrand wird hier in der umformulierten Logik dargestellt, zu den verschiedenen Formulierungen dieses Satzes vgl. [Bg 73].

14.1. Folgerungen und Nichterfüllbarkeit

Bei der Untersuchung der Frage nach der Folgerbarkeit einer Formel aus Prämissen werden wir uns stets auf Aussagen beschränken. Für Aussagen A gilt

$$A \in \text{ef}_\Sigma \iff A \in \text{ag}_\Sigma$$

und wir formulieren im gesamten Kapitel die Ergebnisse in Hinblick auf Erfüllbarkeit. Da wir ferner in den Anwendungen nur am Fall endlicher Prämissenmengen X interessiert sind, sei der Einfachheit halber bei der Betrachtung von $B \in \text{Fl}(X)$ stets die Endlichkeit von X unterstellt. Wir erhalten dann

Lemma 14.1: *Es sei* $X = \{A_1, \ldots, A_n\}$ *eine Menge von Aussagen und B eine Aussage. Dann gilt:*
(1) $B \in \text{Fl}(X) \iff \{A_1, \ldots, A_n, \neg B\} \notin \text{EF} \iff A_1 \wedge \ldots \wedge A_n \wedge \neg B \notin \text{ef}$
(2) $B \in \text{Fl}(X) \iff A_1 \wedge \ldots \wedge A_n \longrightarrow B \in \text{ag}$

Beweis:
(1) Lemma 10.21 und weil für Aussagen gilt:
$\text{Mod}(X \cup \{\neg B\}) = \emptyset \iff X \cup \{\neg B\} \notin \text{EF} \iff A_1 \wedge \ldots \wedge A_n \wedge \neg B \notin \text{ef}$
(2) mit (1) und Lemma 7.6.4, vgl. auch Ü 10.6

Für quantorenfreie Formeln lassen sich Allgemeingültigkeit und Nichterfüllbarkeit durch gewisse Eigenschaften von Normalformen charakterisieren:

$A \in \text{ag} \iff$ Jede Disjunktion einer konjunktiven Normalform von A enthält eine Tautologie, d. h. ein Vorkommen eines (positiven) Literals L und ein Vorkommen von $\neg L$

(Lemma 12.2 und Übung Ü 9.17)

Da eine Formel nicht erfüllbar ist genau dann, wenn ihre Negation allgemeingültig ist, ergibt sich mit den Gesetzen von de Morgan die duale Form:

$A \notin \text{ef} \iff$ Jede Konjunktion einer disjunktiven Normalform von A enthält einen Widerspruch, d. h. ein Vorkommen eines (positiven) Literals L und ein Vorkommen von $\neg L$

(Übung Ü 9.18)

Es wird sich zeigen, daß eine analoge Charakterisierung auch für die Formeln der Prädikatenlogik möglich ist, und zwar mit Hilfe des Satzes von Herbrand.

Der Satz von Herbrand läßt sich, wie die obigen Sätze der Aussagenlogik, in zwei zueinander dualen Fassungen formulieren, die jeweils allgemeingültige bzw. nichterfüllbare Formeln charakterisieren. Da in der Literatur weitgehend die Charakterisierung der nichterfüllbaren Formeln verwendet wird, was heißt, daß $B \in \text{Fl}(\{A_1,...,A_n\})$ durch die *Widerlegung* $A_1 \wedge ... \wedge A_n \wedge \neg B \notin \text{ef}$ bewiesen wird, werden wir im folgenden nur noch diese Formulierung benützen; zur dualen Methode vgl. z. B. [Küh 71], [Mas 71]. Wenn für eine Formelmenge $\{A_1,...,A_{n+1}\}$ die Formel $A_1 \wedge ... \wedge A_n \wedge \neg A_{n+1}$ auf Nichterfüllbarkeit untersucht wird, nennen wir A_{n+1} das *Theorem* von $\{A_1,...,A_{n+1}\}$.

14.2. Zur universellen Normalform

Bevor wir die Klausellogik einführen, fassen wir die Ergebnisse aus Abschnitt 9.4 über Normalformen zusammen und zeigen in Satz 14.3 die Unverträglichkeit der logischen Folgerung mit der UNF-Bildung. Diese Unverträglichkeit ist eine Konsequenz der Tatsache, daß die UNF einer Formel nicht zu dieser äquivalent, sondern lediglich erfüllbarkeitsgleich ist.

Der Satz von der UNF (Satz 9.39) besagt:
Jede Aussage $A \in \text{FO}^B$ hat eine effektiv herstellbare UNF $U(A) \in \text{FO}^{B^{E(A)}}$, und für alle $\Sigma \in \text{St}^B$ gilt:

$$A \in \text{ef}_\Sigma \iff U(A) \in \text{ef}_{\Sigma^{E(A)}} \tag{*}$$

Wenden wir den Satz von der KNF (Satz 9.44) auf die Matrix der UNF an, so hat $U(A)$ die folgende Gestalt:

$$\left. \begin{array}{l} U(A) = \forall x_1 ... \forall x_n (D_1 \wedge ... \wedge D_m) \quad \text{mit} \quad D_i = L_{i,1} \vee ... \vee L_{i,k_i} \quad \text{für} \quad i=1,...,m. \\ \text{Dabei sind die } L_{i,j} \text{ Literale und } \text{Fr}(\{D_1,...,D_m\}) = \{x_1,...,x_n\} \end{array} \right\} \tag{**}$$

Wir werden im folgenden stets voraussetzen, daß die Matrix einer UNF in KNF vorliegt. Ein Verfahren zur Herstellung einer UNF ist im Anschluß an den Satz 9.39 angegeben. Es ist zu ergänzen durch einen Schritt
(7) stelle die KNF der Matrix her, d. h. ersetze alle Vorkommen von Teilformeln der Formen

(a) $B \vee (C \wedge D)$ durch (a') $(B \vee C) \wedge (B \vee D)$
(b) $(B \wedge C) \vee D$ durch (b') $(B \vee D) \wedge (C \vee D)$
bis keine Vorkommen der Formen (a) und (b) mehr vorhanden sind.

Beispiel 14.2:
Es sei $A = \forall x(B(x) \longrightarrow \forall y(R(x,y) \longleftrightarrow \neg R(y,y)))$. Dann ist
$U(A) = \forall x \forall y((\neg B(x) \vee \neg R(x,y) \vee \neg R(y,y)) \wedge (\neg B(x) \vee R(x,y) \vee R(y,y)))$

In den KNF und PNF haben wir Normalformen kennengelernt, die zur Ausgangsformel äquivalent sind; also sind sie erst recht mit der Ausgangsformel erfüllbarkeitsgleich, ja sogar erfüllbarkeitsgleich „in der gleichen Struktur", während für die UNF nur (∗) gilt.

Fassen wir in (∗) A als eine Formel in der erweiterten Basis $\mathsf{B}^{E(A)}$ auf, so können wir über (∗) hinaus zeigen, daß $U(A) \longrightarrow A \in \mathsf{ag}$ gilt, während die Umkehrung i. a. falsch ist. Eine Konsequenz davon ist, daß beim Übergang zu universellen Normalformen Folgerungsbeziehungen verloren gehen.

Satz 14.3: *Es seien A und B Aussagen. Dann gilt:*
(1) $U(B) \in \mathsf{Fl}(U(A)) \Longrightarrow B \in \mathsf{Fl}(A)$
(2) *Die Umkehrung von (1) ist i. a. falsch.*

Beweis: Es seien $A, B \in \mathsf{FO}^\mathsf{B}$ und $E(A)$ und $E(B)$ die bei der Herstellung der universellen Normalformen $U(A)$ und $U(B)$ eingeführten Skolem-Funktionssymbole. Wir fassen $A, B, U(A)$ und $U(B)$ als Formeln in der erweiterten Basis

$$\mathsf{B}' = (\mathsf{B}^{E(A)})^{E(B)} = (\mathsf{B}^{E(B)})^{E(A)} = \mathsf{B}^{E(A) \cup E(B)}$$

auf.

(zu 1) wir zeigen: $\mathrm{Mod}(A) \subset \mathrm{Mod}(B)$
$\underline{\Sigma \in \mathrm{Mod}(A)} \Longrightarrow \Sigma' \in \mathrm{Mod}(U(A))$ (Satz von der UNF)
  wobei $\Sigma, \Sigma' \in \mathrm{St}^{\mathsf{B}'}$ übereinstimmen, bis auf die Deutung der Skolem-Funktionssymbole aus $E(A)$
$\Longrightarrow \Sigma' \in \mathrm{Mod}(U(B))$ (n. Vor.)
$\Longrightarrow \Sigma' \in \mathrm{Mod}(B)$ (Satz von der UNF)
$\Longrightarrow \underline{\Sigma \in \mathrm{Mod}(B)}$ (verallgemeinertes Koinzidenztheorem; Symbole aus $E(A) \cup E(B)$ kommen in B nicht vor)

(zu 2) Betrachte folgendes *Gegenbeispiel:*
Es sei $A = \exists y \forall x P(x,y)$. Dann ist $U(A) = \forall x P(x,a)$.
Es sei $B = \forall x \exists y P(x,y)$. Dann ist $U(B) = \forall x P(x,g(x))$.

Wie man leicht nachrechnet, gilt $B \in \mathsf{Fl}(A)$, aber es ist $U(B) \notin \mathsf{Fl}(U(A))$, vgl. Ü 14.1.

14.3. Die Klauselform der Prädikatenlogik

Wir können, wie in Abschnitt 14.1 gezeigt, die Frage nach der Folgerbarkeit einer Formel B aus einer Prämissenmenge $\{A_1,\ldots,A_n\}$ auf die Frage nach der Nichterfüllbarkeit der Formel $A_1 \wedge \ldots \wedge A_n \wedge \neg B$ zurückführen. Wenn wir uns nur für die Erfüllbarkeit von Formeln interessieren, können wir aufgrund des Satzes von der UNF davon ausgehen, daß dann alle Formeln in der speziellen Gestalt (**) aus Abschnitt 14.2 vorliegen.

14.3.1. Wir geben nun eine Syntax an, die nur Formeln der Gestalt (**) erzeugt, sog. Klauselmengen, und definieren die Semantik so, daß die Klauselmenge einer Formel die redundanzfreie Schreibweise ihrer UNF ist, d. h. wir nehmen nun — wie angekündigt — eine Normierung der Syntax vor.

Definition 14.4: (1) (a) Es sei $\mathsf{B}=(\mathsf{FS},\mathsf{PS})$ eine Basis. Wie üblich seien die *Terme* TE^B, die *atomaren Formeln* AF^B gemäß den Definitionen 6.4 und 6.5 gebildet. Mit LIT^B (kurz: LIT) wird die Menge aller *Literale* gemäß Definition 9.41 bezeichnet.

(b) Jede endliche Menge von Literalen heißt eine *Klausel*[2], wobei wir mit CL^B (kurz: CL) die Menge aller Klauseln abkürzen. Mit $\square$ wird die *leere Klausel*, die leere Menge von Literalen, bezeichnet.

(c) Terme und Literale sind die *Ausdrücke* der Klausellogik.

(2) (a) Wir definieren zwei syntaktische Operationen auf Literalen: wenn $L \in \mathsf{LIT}$ ein Literal ist, dann sei

$|L| =$ **if** es gibt $A \in \mathsf{AF}$ mit $L \equiv \neg A$ **then** A **else** L
$\sim L =$ **if** es gibt $A \in \mathsf{AF}$ mit $L \equiv \neg A$ **then** A **else** $\neg L$

Für Mengen von Literalen $N \subset \mathsf{LIT}$ sei $\sim N = \{\sim L \mid L \in N\}$

Bemerkung: $|L|$ ist die atomare Formel, aus der L gebildet ist, während $\sim L$ die Negation von L darstellt unter Berücksichtigung, daß $\neg\neg A$ und A logisch äquivalent sind.

(b) Es seien $C_1, C_2 \in \mathsf{CL}$ Klauseln und $S \subset \mathsf{CL}$ eine Klauselmenge. C_1 und C_2 heißen *standardisiert*, wenn sie keine gemeinsame Variable haben, wenn also $\mathrm{Fr}(C_1) \cap \mathrm{Fr}(C_2) = \varnothing$ gilt. S heißt *standardisiert*, wenn je zwei Klauseln aus S standardisiert sind.

(c) Es seien $C_1, C_2 \in \mathsf{CL}$ Klauseln. C_1 und C_2 heißen (alphabetische) *Varianten*, wenn es Substitutionen λ_1 und λ_2 gibt, so daß $C_1 = C_2 \lambda_1$ und $C_2 = C_1 \lambda_2$ gilt.

Ebenso heißen zwei Substitutionen θ_1 und θ_2 (alphabetische) *Varianten*, wenn es Substitutionen λ_1 und λ_2 gibt mit $\theta_1 = \theta_2 \lambda_1$ und $\theta_2 = \theta_1 \lambda_2$.

Bemerkung: Varianten unterscheiden sich nur durch Umbenennung der Variablen; zu Umbenennung vgl. die Ausführungen nach Lemma 9.18.

---

[2] Engl. clause. Die Übertragung dieses Begriffs ins Deutsche ist in der Literatur nicht einheitlich. Neben Klausel wird auch Clause oder unübersetzt clause verwendet.

§ 14. Die Klauselform der Prädikatenlogik und Herbrand-Strukturen 163

Zur Auswertung von Klauselmengen führen wir natürlich keinen neuen Semantik-Apparat ein, sondern verwenden die Semantik der Prädikatenlogik. Wir werden also Klauselmengen unter Erhaltung der Erfüllbarkeit rückübersetzen in prädikatenlogische Formeln; dazu in der nächsten Definition zwei syntaktische Operationen

$$F: 2^{(CL)} \longrightarrow FO \quad \text{und} \quad S: FO \longrightarrow 2^{(CL)}$$

($2^{(CL)}$ bezeichne die Menge aller endlichen Klauselmengen), mit deren Hilfe wir die Interpretation von Klauselmengen in der Prädikatenlogik formulieren werden.

Definition 14.5:

(1) Es sei $A \in FO$. Dann heißt $S(A) \subset CL$ eine *Klauselmenge von A*, wenn es eine UNF $U(A) = \forall x_1 \ldots \forall x_n (D_1 \wedge \ldots \wedge D_m)$ von A gibt mit $D_i = L_{i,1} \vee \ldots \vee L_{i,k_i}$ für $i = 1, \ldots, m$, so daß

$$S(A) = \{\{L_{1,1}, \ldots, L_{1,k_1}\}, \ldots, \{L_{m,1}, \ldots, L_{m,k_m}\}\}$$

(2) Es sei $S = \{C_1, \ldots, C_m\}$ mit $m \geq 1$ eine endliche Klauselmenge. Dann wird $F(S) \in FO$ induktiv über m wie folgt definiert:

$m=1$: $F(\{\square\}) = L \wedge \neg L$, wobei $L \in AF$ beliebig, aber fest ist (in einer Sprache mit $F \in FS_0$ und $\omega(F) = F$, kann man $F(\{\square\}) = F$ setzen).

$F(\{L_1, \ldots, L_p\}) = L_1 \vee \ldots \vee L_p$ für alle $p \geq 1$ und $L_i \in LIT$

Induktionsschritt: $F(S \cup \{C\}) = F(S) \wedge F(\{C\})$ für alle $S \subset CL$ und $C \in CL$

Für das obige $S(A)$ ist z.B. $F(S(A)) = (L_{1,1} \vee \ldots \vee L_{1,k_1}) \wedge \ldots \wedge (L_{m,1} \vee \ldots \vee L_{m,k_m})$

$F(S)$ heißt eine *Formel von S* (oder eine zu S gehörige Formel), und wir schreiben für $F(\{C\})$ kürzer $F(C)$.

(3) Es sei S eine endliche nichtleere Klauselmenge, dann heißt $Gen(F(S))$ eine *Aussage von S* (oder eine zu S gehörige Aussage), wobei $Gen(B)$ eine Generalisierte von B sei gemäß Abschnitt 9.3.2.

Bemerkung:

(i) Man sieht sofort, daß die Definition von $S(A)$ nur eindeutig bis auf Erfüllbarkeitsgleichheit ist und die von $F(S)$ und $Gen(F(S))$ bis auf Äquivalenz. In der Übung Ü 14.2 soll letzteres genauer ausgeführt werden.

(ii) Die strenge formale Unterscheidung z.B. zwischen der Klausel $\{L_1, \ldots, L_p\}$ und der Disjunktion $L_1 \vee \ldots \vee L_p$ ist nur zur exakten Definition der Semantik von Klauselmengen nötig und beim Beweis ihrer Eigenschaften, nicht aber beim aktuellen Gebrauch, so daß wir im laufenden Text, wenn möglich, $F(C)$ und C identifizieren, also statt $\{P(a), P(b)\}$ meist $P(a) \vee P(b)$ schreiben, insbesondere statt $\{P(a)\}$ auch $P(a)$. Bei Klauselmengen schenken wir uns die Mengenklammern und schreiben statt $\{C_1, ..., C_m\}$ auch $C_1, ..., C_m$ (vgl. im Beispiel 14.12 die Klauselmenge $S(A_2)$).

(iii) Für Substitutionen σ in der symbolischen Schreibweise aus Definition 9.15 ist für Mengen von Ausdrücken E die Menge der Beispiele bezüglich σ definiert als $E\sigma = \{A\sigma \mid A \in E\}$. Übertragen auf die Klauseln bedeutet das für eine Klausel $C = \{L_1, ..., L_p\}$, daß gilt $C\sigma = \{L_1\sigma, ..., L_p\sigma\}$, wobei einige der $L_i\sigma$ identisch sein können. Wir identifizieren die logisch äquivalenten $F(C\sigma)$ und $F(C)\sigma$, z. B. $P(a)$ und $(P(x) \lor P(y))\{a|x, a|y\}$.

(iv) Zu jeder Formel A gibt es eine UNF $U(A)$ und eine Aussage einer Klauselmenge $S(A)$ von A, so daß

$$U(A) = \text{Gen}(F(S(A)))$$

(v) *Wir unterstellen für das weitere, daß alle betrachteten Klauselmengen nicht leer sind.*

Beispiel 14.6: Betrachte eine Formel A, die in UNF vorliegt, z. B. $A = \forall x \forall z ((\neg Q(z) \lor P(x)) \land (\neg Q(z) \lor R(b)))$. Dann ist $S(A) = \{\{\neg Q(z), P(x)\}, \{\neg Q(z), R(b)\}\}$ eine Klauselmenge von A. Eine zu $S(A)$ gehörige Formel ist $F(S(A)) = (\neg Q(z) \lor P(x)) \land (\neg Q(z) \lor R(b))$ und eine zu $S(A)$ gehörige Aussage ist

$$\text{Gen}(F(S(A))) = \forall x \forall z ((\neg Q(z) \lor P(x)) \land (\neg Q(z) \lor R(b))) = U(A) = A$$

14.3.2. Wie angekündigt, definieren wir nun die Bedeutung von Klauselmengen durch Übersetzung von Klauselmengen in prädikatenlogische Formeln.

Definition 14.7 (Semantik der Klausellogik):
Es sei $S \subset \text{CL}$ eine Klauselmenge, $C \in \text{CL}$ eine Klausel und $\Sigma \in \text{St}^B$ eine Struktur.

(1) S heißt *erfüllbar in* Σ, wenn alle Aussagen, die zu Klauseln von S gehören, (simultan) in Σ erfüllbar sind, d. h. wenn gilt:

$$\{\text{Gen}(F(C)) \mid C \in S\} \in \text{EF}_\Sigma$$

in Zeichen: $S \in \text{EF}_\Sigma^K$.

(2) S heißt *erfüllbar*, wenn es ein $\Sigma \in \text{St}^B$ gibt, so daß $S \in \text{EF}_\Sigma^K$ gilt, in Zeichen: $S \in \text{EF}^K$.

(3) C heißt *erfüllbar in* Σ, wenn $\{C\}$ in Σ erfüllbar ist, in Zeichen: $C \in \text{ef}_\Sigma^K$. C heißt *erfüllbar*, wenn $\{C\}$ erfüllbar ist, in Zeichen: $C \in \text{ef}^K$.

(4) (a) Eine Klausel $C \in \text{CL}$ heißt eine *logische Folgerung* aus einer Klauselmenge $S \subset \text{CL}$, wenn eine zu C gehörige Aussage logische Folgerung aus der Menge von Aussagen der Klauseln von S ist, d. h. wenn gilt $\text{Gen}(F(C)) \in \text{Fl}(\{\text{Gen}(F(C')) \mid C' \in S\})$,
in Zeichen: $C \in \text{Fl}(S)$.

(b) Wir sagen, S hat ein *prädikatenlogisches Modell*, wenn $\text{Mod}(\{\text{Gen}(F(C)) \mid C \in S\}) \neq \emptyset$ gilt.

§ 14. Die Klauselform der Prädikatenlogik und Herbrand-Strukturen

(5) Anknüpfend an die Def. 8.25.3 und im Vorgriff auf § 18 sei für Klauselmengen die aussagenlogische Erfüllbarkeit definiert: S heißt *aussagenlogisch erfüllbar*, wenn alle *Formeln*, die zu Klauseln aus S gehören, aussagenlogisch erfüllbar sind, d. h. wenn $\{F(C)\,|\,C \in S\} \in \mathsf{EF}_a$ gilt,
in Zeichen: $S \in \mathsf{EF}_a^K$.

Lemma 14.8: Es seien $S \subset \mathsf{CL}, C \in \mathsf{CL}$ und $\Sigma \in \mathsf{St}^B$. Dann gilt:

(1) $\square \notin \mathsf{ef}^K$ *(Die leere Klausel ist nicht erfüllbar)*

(2) (a) $S \in \mathsf{EF}_\Sigma^K \iff \{\mathrm{Gen}(F(C))\,|\,C \in S\} \subset \mathsf{ef}_\Sigma \iff \{\mathrm{Gen}(F(C))\,|\,C \in S\} \subset \mathsf{ag}_\Sigma$
   (b) S endlich: $S \in \mathsf{EF}_\Sigma^K \iff \mathrm{Gen}(F(S)) \in \mathsf{ef}_\Sigma \iff \mathrm{Gen}(F(S)) \in \mathsf{ag}_\Sigma$

(3) $S \in \mathsf{EF}^K \iff \mathrm{Mod}(\{\mathrm{Gen}(F(C))\,|\,C \in S\}) \neq \emptyset$

(4) $C \in \mathsf{ef}_\Sigma^K \iff \mathrm{Gen}(F(C)) \in \mathsf{ef}_\Sigma \iff \mathrm{Gen}(F(C)) \in \mathsf{ag}_\Sigma$

(5) $S \in \mathsf{EF}_\Sigma^K \iff S \subset \mathsf{ef}_\Sigma^K$

(6) $C \in \mathsf{ef}^K \iff$ *es gibt ein* $\Sigma \in \mathsf{St}^B$ *mit* $C \in \mathsf{ef}_\Sigma^K$

(7) $C \in \mathsf{Fl}(S) \iff$ *für alle* $\Sigma \in \mathsf{St}^B$ *ist* $(S \in \mathsf{EF}_\Sigma^K \implies C \in \mathsf{ef}_\Sigma^K)$

(8) $\mathsf{Fl}: 2^{\mathsf{CL}} \longrightarrow 2^{\mathsf{CL}}$ *ist ein Hüllenoperator.*

(9) (a) $S \in \mathsf{EF}^K \iff \{\mathrm{Gen}(F(C))\,|\,C \in S\} \in \mathsf{EF}$
    (b) $S \in \mathsf{EF}_a^K \iff \{F(C)\,|\,C \in S\} \in \mathsf{EF}$

(10) (a) $S \in \mathsf{EF}^K \implies S \in \mathsf{EF}_a^K$
    (b) *Die Umkehrung von* (a) *ist i.a. falsch*

Beweis: n. Def.

Bemerkung: Aus Lemma 14.8.9a und 14.8.9b wird der Unterschied zwischen aussagenlogischer und allgemeiner Erfüllbarkeit in der Klausellogik deutlich. Je nachdem, ob Klauselmengen als Formeln oder als Aussagen interpretiert werden, handelt es sich um aussagenlogische oder um allgemeine Erfüllbarkeit. Für Klauseln ohne freie Variable (Grundklauseln im Sinne der späteren Definition 14.13) fallen beide Begriffe zusammen.

Definition 14.9: Zwei endliche Klauselmengen $S_1, S_2 \subset \mathsf{CL}$ heißen *äquivalent*, wenn ihre Aussagen äquivalent sind, d. h. wenn gilt

$$\mathrm{Gen}(F(S_1)) \longleftrightarrow \mathrm{Gen}(F(S_2)) \in \mathsf{ag}$$

Bemerkung: Es sei S_v eine endliche Menge von Varianten einer endlichen Klauselmenge S, dann sind S_v und S äquivalent.

Satz 14.10 *(Satz von der Klauselform)*:
Es sei A eine Formel und $S(A)$ eine Klauselmenge von A. Dann gilt:

$$A \in \mathsf{ef} \iff S(A) \in \mathsf{EF}^K$$

Beweis: $A \in \mathsf{ef} \iff U(A) \in \mathsf{ef}$ (Satz von der UNF)
$\iff \mathrm{Gen}(F(S(A))) \in \mathsf{ef}$ (Bemerkung (iv) zu Definition 14.5)
$\iff S(A) \in \mathsf{EF}^K$ (Lemma 14.8.2)

Wenn wir Mengen von Aussagen $X = \{A_1, \ldots, A_n\}$ auf Erfüllbarkeit prüfen wollen, so können wir wegen $X \in \mathsf{EF} \iff A_1 \wedge \ldots \wedge A_n \in \mathsf{ef}$ auch Satz 14.10 auf die Konjunktion der Aussagen A_i anwenden. Das folgende Lemma besagt, daß die Klauselmenge einer Konjunktion erfüllbarkeitsgleich der Vereinigung aus den Klauselmengen der einzelnen Konjunktionsglieder ist. Es ist i.a. einfacher und zweckmäßiger, Vereinigungen von Klauselmengen zu bilden, als eine Klauselmenge einer komplizierten Konjunktion; darüber hinaus bedeutet das folgende Lemma, daß zu gegebenen Prämissen stets neue Axiome hinzugefügt werden können, ohne daß die bereits vorhandenen berücksichtigt oder verändert werden müßten.

Lemma 14.11: *Es seien A_i Aussagen für $i = 1, \ldots, n$. Dann gilt:*

$$S(A_1 \wedge \ldots \wedge A_n) \in \mathsf{EF}^K \iff \bigcup_{i=1}^{n} S(A_i) \in \mathsf{EF}^K$$

Beweis: Die Konjunktion der universellen Normalformen der A_i ist erfüllbarkeitsgleich einer UNF der Konjunktion der A_i, also $U(A_1 \wedge \ldots \wedge A_n) \in \mathsf{ef} \iff U(A_1) \wedge \ldots \wedge U(A_n) \in \mathsf{ef}$

Korollar: $\{A_1, \ldots, A_n\} \in \mathsf{EF} \iff \bigcup_{i=1}^{n} S(A_i) \in \mathsf{EF}^K$

Beweis: Satz 14.10

Bemerkung: $S(X) = \bigcup_{i=1}^{n} S(A_i)$ heißt Klauselmenge von $X = \{A_1, \ldots, A_n\}$

Beispiel 14.12: Beim maschinellen Beweisen wird als klassisches Testbeispiel folgende Aussage der Algebra benützt:

In einem abgeschlossenen assoziativen System $(G, \cdot)$, in dem alle Gleichungen $x \cdot u = v$ und $u \cdot y = v$ Lösungen haben, gibt es eine Rechtseinheit.

Zur Formalisierung benützen wir ein Prädikatensymbol $P \in \mathsf{PS}_3$ und Strukturen $\Sigma = (G, \omega)$ mit $\omega(P)(u, v, w) = \mathsf{W} :\iff u \cdot v = w$

Um das Assoziativgesetz $(x \cdot y) \cdot z = x \cdot (y \cdot z)$ zu formalisieren, benützen wir Hilfsgrößen u, v, w, mit denen sich die Assoziativität wie folgt ausdrücken läßt:

$$x \cdot y = u \quad \text{und} \quad y \cdot z = v \implies (u \cdot z = w \iff x \cdot v = w)$$

§ 14. Die Klauselform der Prädikatenlogik und Herbrand-Strukturen

Für die Axiome (vgl. Beispiel 10.39) und die negierte Behauptung ergeben sich dann folgende Aussagen:

$A_1 = \forall x \forall y \exists z P(x,y,z)$ (Abgeschlossenheit)
$A_2 = \forall x \forall y \forall z \forall u \forall v \forall w (P(x,y,u) \land P(y,z,v) \longrightarrow (P(u,z,w) \longleftrightarrow P(x,v,w)))$
(Assoziativität)
$A_3 = \forall x \forall y \exists z P(z,x,y)$ (Es gibt eine Linkslösung)
$A_4 = \forall x \forall y \exists z P(x,z,y)$ (Es gibt eine Rechtslösung)
$\neg B = \forall z \exists x \neg P(x,z,x)$ (Es gibt keine Rechtseinheit)

Die Klauselmengen zu diesen Aussagen sind:

$S(A_1) = P(x,y,k(x,y))$
$S(A_2) = \neg P(x,y,u) \lor \neg P(y,z,v) \lor \neg P(u,z,w) \lor P(x,v,w),$
$\qquad\quad \neg P(x,y,u) \lor \neg P(y,z,v) \lor \neg P(x,v,w) \lor P(u,z,w)$
$S(A_3) = P(g(x,y),x,y)$
$S(A_4) = P(x,h(x,y),y)$
$S(\neg B) = \neg P(j(z),z,j(z))$ (k, g, h, j sind Skolem-Funktionssymbole)

Aufgrund der bisherigen Überlegungen wissen wir, daß die Aussage B (Es gibt eine Rechtseinheit) eine logische Folgerung der Aussagen $A_1,\ldots,A_4$ genau dann ist, wenn die Klauselmenge $S = \bigcup_{i=1}^{4} S(A_i) \cup S(\neg B)$ nicht erfüllbar ist. Bevor wir jedoch ein erstes Semi-Entscheidungsverfahren für dieses Problem angeben können, sind noch weitere grundsätzliche Überlegungen nötig.

14.4. Herbrand-Strukturen und der Satz von Herbrand

Wir haben in den vorigen Abschnitten gesehen, daß sich die Frage

   Ist $B \in \mathsf{Fl}(X)$?

zurückführen läßt auf die Frage nach der Nichterfüllbarkeit einer gewissen Klauselmenge S. Glücklicherweise brauchen wir bei der Untersuchung der Nichterfüllbarkeit nicht sämtliche Individuenbereiche zu betrachten, sondern aufgrund des Satzes von der freien Interpretation genügt es, einen speziellen Individuenbereich heranzuziehen, nämlich den sog. Herbrand-Individuenbereich der Klauselmenge S. Wir können also, wie zu Beginn von § 14 angekündigt, eine *Normierung der semantischen Objekte* vornehmen, indem wir uns auf die Verwendung von freien Strukturen beschränken. Wir werden freie Strukturen innerhalb der Klausellogik darstellen und dabei an die in der Literatur des maschinellen Beweisens üblichen Begriffe wie Herbrand-Belegung und Herbrand-Modell anknüpfen.

168 Kapitel 5. Logische Grundlagen des maschinellen Beweisens

Ferner werden wir den Satz von der freien Interpretation (Herbrand) in einer Fassung formulieren, in der aus dem Beweis für einfache erfüllbare Klauselmengen Herbrand-Modelle direkt zu erhalten sind. Daraus ergibt sich mit dem Kompaktheitssatz für Modelle der Satz von Herbrand, mit dem sich, wie in Abschnitt 14.1 bereits angedeutet, die Nichterfüllbarkeit von Klauselmengen charakterisieren läßt.

14.4.1. Es wird sich zeigen, daß man bei der Verwendung von freien Interpretationen bei Erfüllbarkeitsfragen von Klauseln zu Beispielen von Klauseln übergehen kann, die keine Variablen mehr enthalten. Wir verwenden dabei Substitutionen und die symbolische Schreibweise aus Definition 9.15.

Definition 14.13:

(1) Es sei $P \subset \mathsf{TE}^-$ eine Menge von variablenfreien Termen und $\sigma = \{t_1 | x_1, \ldots, t_n | x_n\}$ eine Substitution. Gilt $\{t_1, \ldots, t_n\} \subset P$, so heißt σ eine *Grundsubstitution über P* (abgekürzt: *G-Subst*).

(2) Es sei σ eine G-Subst über P und A ein Ausdruck bzw. E eine Menge von Ausdrücken mit $\mathsf{Fr}(A) \subset \{x_1, \ldots, x_n\}$ bzw. $\mathsf{Fr}(E) \subset \{x_1, \ldots, x_n\}$. Dann heißt $A\sigma$ bzw. $E\sigma$ ein *Grundbeispiel von A bzw. E über P* (abgekürzt: *G-Beispiel*). Grundbeispiele von Literalen, atomaren Formeln bzw. Klauseln heißen *Grundliterale, Grundatome* bzw. *Grundklauseln* (abgekürzt: *G-Literale, G-Atome* bzw. *G-Klauseln*).

Beispiel 14.14:
$\sigma = \{a | x, g(b) | y\}$ ist eine G-Subst über $P = \{a, g(b), c\}$
$C\sigma = P(a) \vee Q(g(b))$ ist ein G-Beispiel der Klausel C über P, wobei $C = P(x) \vee Q(y)$ ist; $C\sigma$ ist also eine G-Klausel.

Definition 14.15: Es sei $S \subset \mathsf{CL}$ eine Klauselmenge und $\mathsf{FS}(S)$ und $\mathsf{PS}(S)$ seien die verschiedenen in S vorkommenden Funktions- bzw. Prädikatensymbole. $\mathsf{B}(S) = (\mathsf{FS}'(S), \mathsf{PS}(S))$ heißt dann die *Basis der Klauselmenge S*, wobei gilt
$\mathsf{FS}'(S) = \begin{cases} \mathsf{FS}(S) & \text{falls es in } \mathsf{FS}(S) \text{ ein nullstelliges Funktionssymbol gibt.} \\ \mathsf{FS}(S) \cup \{a\} & \text{sonst, wobei } a \text{ ein neues nullstelliges Funktionssymbol ist.} \end{cases}$
Der gemäß Definition 11.7 gebildete Herbrand-Individuenbereich $(\mathsf{TE}^{\mathsf{B}(S)})^-$ heißt *Herbrand-Individuenbereich von S*, und wir schreiben kürzer $\mathsf{H} = (\mathsf{TE}^{\mathsf{B}(S)})^-$.

Beispiel 14.16:
(1) Es sei $S = \{R(a), R(z) \vee Q(b)\}$, dann ist $\mathsf{H} = \{a, b\}$
(2) Es sei $S = \{P(a), Q(g(x))\}$, dann ist $\mathsf{H} = \{a, g(a), g(g(a)), \ldots\}$
(3) Es sei $S = \{P(g(y), x, h(z))\}$, dann ist $\mathsf{H} = \{a, h(a), g(a), h(g(a)), g(h(a)), h(h(a)), g(g(a)), \ldots\}$

Definition 14.17:

(1) Es sei $S \subset \mathsf{CL}$ eine Menge von Klauseln und $P \subset \mathsf{H}$ eine Teilmenge des Herbrand-Individuenbereichs von S. Dann heißt die Menge aller Grundklauseln,

§14. Die Klauselform der Prädikatenlogik und Herbrand-Strukturen

die mit Klauseln aus S unter Benützung von G-Subst über P hergestellt werden können, *Sättigung von S über P* (engl. expansion oder saturation). Wir schreiben $P(S)$ für die Sättigung von S über P und es gilt: $P(S) = \{C\sigma | C \in S$ und σ G-Subst über $P\}$. $\mathsf{H}(S)$ heißt *Herbrand-Sättigung von S*.

(2) Die Menge der Grundbeispiele der atomaren Formeln aus S über H heißt *Herbrand-Basis von S* (oder Atommenge von S). Wir schreiben $\mathsf{HB}(S)$ für die Herbrand-Basis von S, und es gilt: $\mathsf{HB}(S) = \{|L|\sigma | L \in C$ und $C \in S$ und σ G-Subst über $\mathsf{H}\}$, (zu $|L|$ vgl. Def. 14.4.2a).

Beispiel 14.18:
(1) Es sei $S = \{\neg P(x) \vee Q(b), P(a), \neg Q(b)\}$. Dann ist
der Herbrand-Individuenbereich $\quad \mathsf{H} = \{a, b\}$,
die Herbrand-Sättigung $\qquad \mathsf{H}(S) = \{\neg P(a) \vee Q(b), \neg P(b) \vee Q(b), P(a), \neg Q(b)\}$
und die Herbrand-Basis $\qquad \mathsf{HB}(S) = \{P(a), P(b), Q(b)\}$.

(2) Es sei $S = \{\neg P(x) \vee Q(x), P(g(y)), \neg Q(g(z))\}$. Dann ist
$\mathsf{H} \quad = \{a, g(a), g(g(a)), \ldots\}$
$\mathsf{H}(S) \quad = \{\neg P(a) \vee Q(a), \neg P(g(a)) \vee Q(g(a)), \ldots, P(g(a)), P(g(g(a))), \ldots,$
$\qquad \neg Q(g(a)), \neg Q(g(g(a))), \ldots\}$
$\mathsf{HB}(S) = \{P(a), P(g(a)), P(g(g(a))), \ldots, Q(a), Q(g(a)), Q(g(g(a))), \ldots\}$.

(3) Es sei $S = \{P(a,b) \vee \neg Q(b), R(c), Q(b)\}$. Dann ist
$\mathsf{H} \quad = \{a, b, c\}$
$\mathsf{H}(S) \quad = S$
und $\mathsf{HB}(S) = \{P(a,b), Q(b), R(c)\}$.

Die Herbrand-Basis von S wird in der Literatur über maschinelles Beweisen manchmal anders als hier definiert, und zwar als Menge $\mathsf{HB}'(S)$ *aller* Grundatome bezüglich der Basis $\mathsf{B}(S)$ von S, d. h. es ist $\mathsf{HB}'(S) = \{pt_1 \ldots t_n | p \in \mathsf{PS}(S)$ und $t_1, \ldots, t_n \in \mathsf{H}\}$. Vgl. dazu [Ni 71] vs. [CL 73].

Im Beispiel 14.18 gilt dann:
(zu 1) $\mathsf{HB}'(S) = \{P(a), P(b), Q(a), Q(b)\}$
(zu 2) $\mathsf{HB}'(S) = \mathsf{HB}(S)$
(zu 3) $\mathsf{HB}'(S) = \{P(a,a), P(a,b), P(a,c), P(b,a), P(b,b), P(b,c), P(c,a), P(c,b), P(c,c),$
$\qquad Q(a), Q(b), Q(c), R(a), R(b), R(c)\}$

14.4.2. Wir knüpfen nun an die freien Strukturen aus §11 an und definieren freie Strukturen für Klauselmengen.

Definition 14.19: Es sei H der Herbrand-Individuenbereich einer Klauselmenge $S \subset \mathsf{CL}$, und es sei $X \subset \mathsf{LIT}$ eine Menge von Literalen. Dann heißt die freie Struktur $\Sigma = (\mathsf{H}, \omega_X)$ eine *Herbrand-Struktur von S*, wobei wir für Σ prägnanter Σ_X schreiben, analog Definition 11.7.

Da die Auswertung eines variablenfreien Terms in freien Strukturen wieder den Ausgangsterm liefert (vgl. Korollar zu Lemma 11.6), können wir bei Erfüllbarkeitsfragen bezüglich Herbrand-Strukturen zu *Mengen von Grundbeispielen* von Klauseln übergehen, wie das folgende Lemma und der daran anschließende Satz zeigen:

Lemma 14.20: *Es sei* $S \subset \mathsf{CL}$ *eine Klauselmenge,* Σ_X *eine Herbrand-Struktur von S und $C \in S$ eine Klausel. Dann gilt:*

$$C \in \mathsf{ef}^K_{\Sigma_X} \iff \text{Für alle G-Subst } \sigma \text{ über } \mathsf{H} \text{ ist } C\sigma \in \mathsf{ef}^K_{\Sigma_X}$$

Beweis: Es sei $C = \{L_1, \ldots, L_p\}$ eine Klausel aus S mit $\mathsf{Fr}(C) = \{x_1, \ldots, x_n\}$ und ferner $\sigma = \{t_1 | x_1, \ldots, t_n | x_n\}$ eine G-Subst über H.

Für alle G-Subst σ

ist $C\sigma \in \mathsf{ef}^K_{\Sigma_X}$ $\iff$ Für alle G-Subst σ ist $\mathsf{Gen}(F(C\sigma)) \in \mathsf{ag}_{\Sigma_X}$

$\iff$ Für alle G-Subst σ ist $F(C)\sigma \in \mathsf{ag}_{\Sigma_X}$

$\iff$ Für alle G-Subst σ und alle $f: \mathsf{VA} \longrightarrow \mathsf{H}$ ist

$\mathsf{Wert}_{\Sigma_X}(F(C)\sigma, f) = \mathsf{W}$

$\iff$ Für alle $t_1, \ldots, t_n \in \mathsf{H}$ und alle $f: \mathsf{VA} \longrightarrow \mathsf{H}$ ist

$\mathsf{Wert}_{\Sigma_X}\left(F(C), f\left\langle\begin{array}{c}x_1 \ldots x_n \\ t_1 \ldots t_n\end{array}\right\rangle\right) = \mathsf{W}$ (ÜB und Lemma 11.6)

$\iff$ Für alle $f: \mathsf{VA} \longrightarrow \mathsf{H}$ ist $\mathsf{Wert}_{\Sigma_X}(\mathsf{Gen}(F(C)), f) = \mathsf{W}$

$\iff \mathsf{Gen}(F(C)) \in \mathsf{ag}_{\Sigma_X}$

$\iff C \in \mathsf{ef}^K_{\Sigma_X}$

Satz 14.21: *Es sei* $S \subset \mathsf{CL}$ *eine Klauselmenge und* Σ_X *eine Herbrand-Struktur von S. Dann gilt:*

$$S \in \mathsf{EF}^K_{\Sigma_X} \iff \mathsf{H}(S) \in \mathsf{EF}^K_{\Sigma_X}$$

Bemerkung: da die Grundbeispiele aus $\mathsf{H}(S)$ mit ihren Generalisierten übereinstimmen, ist $\mathsf{H}(S)$ also aussagenlogisch erfüllbar im Sinne von Def. 14.7.5.

Beweis: Lemma 14.20

Eine Herbrand-Struktur Σ_X wird durch die Angabe einer Menge $X \subset \mathsf{LIT}$ von Literalen festgelegt. Wir wissen, daß zwei Herbrand-Strukturen Σ_X und $\Sigma_{X'}$ die gleichen Auswertungsprozeduren definieren, falls X und X' die gleichen atomaren Formeln enthalten (vgl. Ü 12.7), d.h. in unserem Falle, falls sie die gleichen G-Atome enthalten, also wenn $X \cap \mathsf{HB}'(S) = X' \cap \mathsf{HB}'(S)$. Bei der Auswertung von S kommt es jedoch nur auf die Werte derjenigen Grundatome an, die in $\mathsf{H}(S)$ vorkommen, d.h. wir können definieren:

§ 14. Die Klauseform der Prädikatenlogik und Herbrand-Strukturen

Definition 14.22: Zwei Herbrand-Strukturen Σ_X und $\Sigma_{X'}$ einer Klauselmenge S heißen *äquivalent*, wenn gilt: $X \cap \mathsf{HB}(S) = X' \cap \mathsf{HB}(S)$

Lemma 14.23: Sind Σ_X und $\Sigma_{X'}$ äquivalent, dann gilt $S \in \mathsf{EF}^K_{\Sigma_X} \iff S \in \mathsf{EF}^K_{\Sigma_{X'}}$.

Beweis: Ü 14.4

Beispiel 14.24: Betrachte die Klauselmenge S aus dem Beispiel 14.16.2. Dann ist $\mathsf{HB}(S) = \{P(a), Q(g(a)), Q(g(g(a))), \ldots\}$. Es seien $X = \{P(a), P(g(a)), Q(a), Q(g(a))\}$ und $X' = \{P(a), Q(g(a))\}$. Dann sind Σ_X und $\Sigma_{X'}$ äquivalent.

14.4.3. In der Literatur über maschinelles Beweisen ist es üblich, anstelle freier Strukturen spezielle Mengen $M \subset \mathsf{LIT}$ von Literalen zu benützen, um Wahrheitswerte festzulegen. Wir werden diese Mengen Herbrand-Belegungen nennen und darauf den in der Literatur üblichen Modell-Begriff aufbauen. Wenn man Mengen von Literalen als Modelle betrachtet, dann „vergißt" man die dadurch definierten freien Strukturen.

Definition 14.25: Es sei $S \subset \mathsf{CL}$ eine Klauselmenge und $\mathsf{HB}(S)$ die Herbrand-Basis für S. Eine Menge $M \subset \mathsf{LIT}$ von Literalen heißt eine *Herbrand-Belegung für S*, wenn es eine Zerlegung von $\mathsf{HB}(S)$ gibt in $\mathsf{HB}(S) = X \,\dot\cup\, Y$, so daß $M = X \cup \sim Y$ gilt.

Bemerkung: Für alle $A \in \mathsf{HB}(S)$ ist $A \in M \iff \neg A \notin M$.

Es sei $\Sigma_M = (\mathsf{H}, \omega_M)$ die durch eine Herbrand-Belegung M definierte Herbrand-Struktur, dann gilt offensichtlich für alle in $\mathsf{H}(S)$ vorkommenden G-Literale L: $\mathsf{Wert}_{\Sigma_M}(L, f) = \mathsf{W} \iff L \in M$.

Beispiel 14.26: Es sei $S = \{\neg Q(b) \vee P(a, x), R(b)\}$. Dann ist $\mathsf{H} = \{a, b\}$, $\mathsf{H}(S) = \{\neg Q(b) \vee P(a, a), \neg Q(b) \vee P(a, b), R(b)\}$ und $\mathsf{HB}(S) = \{Q(b), P(a, a), P(a, b), R(b)\}$. Ferner sind $M_1 = \{\neg Q(b), P(a, a), \neg P(a, b), R(b)\}$ und $M_2 = \{Q(b), \neg P(a, a), \neg P(a, b), \neg R(b)\}$ zwei Herbrand-Belegungen für S.

Definition 14.27: Eine Herbrand-Belegung M für eine Klauselmenge S heißt *äquivalent* einer Herbrand-Struktur Σ_X von S, wenn Σ_M und Σ_X äquivalent sind.

Bemerkung: M und Σ_M sind äquivalent.

Das folgende Lemma bringt eine nützliche Charakterisierung von Herbrand-Belegungen. Sie beruht auf der Tatsache, daß eine Menge von Disjunktionen, hier H(S), genau dann erfüllbar ist, wenn in jeder Disjunktion wenigstens ein Glied erfüllbar ist.

Lemma 14.28: *Es seien M eine Herbrand-Belegung für S und Σ_X eine zu M äquivalente Herbrand-Struktur von S. Dann gilt:*
(1) $S \in \mathsf{EF}^K_{\Sigma_X} \iff$ *In jeder G-Klausel C^0 aus H(S) gibt es ein Literal, das auch in M enthalten ist, d.h. für alle $C^0 \in$ H(S) gilt $M \cap C^0 \neq \emptyset$.*
(2) $S \notin \mathsf{EF}^K_{\Sigma_X} \iff$ *Es gibt eine G-Klausel $C^0 \in$ H(S), so daß $\sim C^0 \subset M$ (zu $\sim C^0$ vgl. Def. 14.4.2 a).*

Beweis:
(zu 1): $S \in \mathsf{EF}^K_{\Sigma_X} \iff$ Für alle $C^0 \in$ H(S) ist $C^0 \in \mathsf{ef}^K_{\Sigma_X}$ (Satz 14.21 und Lemma 14.8.5)
$\iff$ Für alle $C^0 \in$ H(S) ist $\mathrm{Wert}_{\Sigma_M}(C^0, f) = W$ (Def. 14.27)
$\iff M \cap C^0 \neq \emptyset$

(zu 2): mit Kontraposition aus (1)

Beispiel 14.29: Betrachte die Klauselmenge S und die Herbrand-Belegungen M_1 und M_2 aus Beispiel 14.26. Dann erhält man mit Lemma 14.28 sofort, daß gilt: $S \in \mathsf{EF}^K_{\Sigma_{M_1}}$ und $S \notin \mathsf{EF}^K_{\Sigma_{M_2}}$.

Dieses Lemma legt die folgende Definition nahe, mit der wir an den in der Literatur über maschinelles Beweisen häufig verwendeten Modell-Begriff anknüpfen (vgl. z.B. [Rob 65]).

Definition 14.30: Eine Herbrand-Belegung M einer Klauselmenge S mit der Eigenschaft, daß für alle $C^0 \in$ H(S) gilt $M \cap C^0 \neq \emptyset$, heißt ein *Herbrand-Modell von S*.

Korollar aus Lemma 14.28: *Eine Klauselmenge ist genau dann in einer Herbrand-Struktur erfüllbar, wenn sie ein Herbrand-Modell hat.*

14.4.4. Wir haben bisher für Klauselmengen S gezeigt:

(1) S ist erfüllbar $\iff$ S hat ein prädikatenlogisches Modell (Lemma 14.8.3)
(2) S ist erfüllbar in einer Herbrand-Struktur $\iff$ S hat ein Herbrand-Modell

Wenden wir den Satz von der freien Interpretation (Henkin), Satz 11.25, an:

(3) S hat ein prädikatenlogisches Modell $\iff$ S ist erfüllbar in einer Herbrand-Struktur.

§ 14. Die Klauselform der Prädikatenlogik und Herbrand-Strukturen

so gewinnen wir die Aussage, daß alle genannten Begriffe äquivalent sind. Wenn wir nun im folgenden beweisen, daß man aus einem prädikatenlogischen Modell ein Herbrand-Modell konstruieren kann, so ist das ein weiterer Äquivalenz-Beweis, aus dem man aber, wie die nachfolgenden Beispiele 14.32 zeigen werden, bei einfachen Klauselmengen ein Herbrand-Modell direkt ausrechnen kann.

Satz 14.31 *(Satz von der freien Interpretation [Herbrand]):*
Eine Klauselmenge S ist genau dann erfüllbar, wenn sie ein Herbrand-Modell hat,
d.h. $S \in \mathsf{EF}^K \iff$ *Es gibt ein Herbrand-Modell M, so daß* $S \in \mathsf{EF}^K_{\Sigma_M}$

Beweis: „$\Longleftarrow$" n. Def.

„$\Longrightarrow$"

$S \in \mathsf{EF}^K \Longrightarrow$ Es gibt wegen des verallgemeinerten Koinzidenztheorems o.B.d.A. ein $\Sigma \in \mathsf{St}^{B(S)}$ mit $\Sigma = (I, \omega)$ und $S \in \mathsf{EF}^K_\Sigma$ (zu $B(S)$ vgl. Def. 14.15). Es sei H der Herbrand-Individuenbereich von S. Wir definieren nun eine Herbrand-Belegung M durch eine Zerlegung der Herbrand-Basis $\mathsf{HB}(S) = X \cup Y$:
Es sei $f: \mathsf{VA} \longrightarrow I$ ein beliebiger Zustand und $p t_1 \ldots t_n \in \mathsf{HB}(S)$

$$p t_1 \ldots t_n \in X :\iff \omega(p)(\mathrm{wert}_\Sigma(t_1, f), \ldots, \mathrm{wert}_\Sigma(t_n, f)) = \mathsf{W}$$

Bemerkung: Weil die $t_i \in \mathsf{H}$ sind, ist die Definition unabhängig von f, ferner ist $M = X \cup \{\neg A \mid A \in Y\}$.

Beh. 1: $L \in M \iff \mathrm{Wert}_\Sigma(L, f) = \mathsf{W}$ für alle $L \in \mathsf{LIT}$, die in $\mathsf{H}(S)$ vorkommen

Beweis: Übung für den Leser

Beh. 2: M ist ein Herbrand-Modell von S

Beweis: Angenommen, M ist kein Herbrand-Modell von S, dann gibt es eine G-Klausel $C\sigma \in \mathsf{H}(S)$ mit $M \cap C\sigma = \emptyset$, d.h. für alle $L \in C$ ist $L\sigma \notin M$, also nach Beh. 1 $\mathrm{Wert}_\Sigma(L\sigma, f) = \mathsf{F}$ für alle $L \in C$, mithin $\mathrm{Wert}_\Sigma(F(C)\sigma, f) = \mathsf{F}$ für alle Zustände f, d.h. $F(C)\sigma \notin \mathsf{ag}_\Sigma$, also ist wegen der Substitutionsregel Lemma 9.22 $F(C) \notin \mathsf{ag}_\Sigma$. Es gibt demnach ein $C \in S$ mit $C \notin \mathsf{ef}^K_\Sigma$ im Widerspruch zu $S \in \mathsf{EF}^K_\Sigma$. Also ist M ein Herbrand-Modell von S.

Korollar: $S \in \mathsf{EF}^K \iff \mathsf{H}(S) \in \mathsf{EF}^K$

Beweis: Satz 14.21

Beispiel 14.32:
(1) Betrachte die Klauselmenge $S = \{G(x,a) \vee U(g(x))\}$ und die Struktur

$$\Sigma = (\mathbb{N}_0, \omega) \text{ mit } \omega(G)(\xi, \eta) = \mathsf{W} :\iff \xi + 2 \cdot \eta \text{ ist gerade}$$
$$\omega(U)(\xi) = \mathsf{W} :\iff \xi \text{ ist ungerade}$$
$$\omega(g)(\xi) = \xi^2 \text{ und } \omega(a) = 3$$

Behauptung: $S \in \mathsf{EF}_\Sigma^K$ (Beweis als Übung für den Leser)
Ferner ist $\mathsf{H} = \{a, g(a), g(g(a)), \ldots\}$,
$$\mathsf{HB}(S) = \{G(a,a), G(g(a),a), \ldots, U(g(a)), U(g(g(a))), \ldots\}.$$
Es gilt für alle $t \in \mathsf{H}$ (X gemäß Beweis von Satz 14.31):

$$G(t,a) \in X :\Longleftrightarrow \omega(G)(\mathrm{wert}_\Sigma(t,f),3) = \mathsf{W}$$
$$U(g(t)) \in X :\Longleftrightarrow \omega(U)(\mathrm{wert}_\Sigma(t,f) \cdot \mathrm{wert}_\Sigma(t,f)) = \mathsf{W},$$

also haben wir $G(t,a) \notin X$ und $U(g(t)) \in X$ für alle $t \in \mathsf{H}$, weil das Quadrat ungerader Zahlen ungerade ist und die Addition einer geraden und einer ungeraden Zahl ungerade ist. Wir haben also das Herbrand-Modell $M = \{U(g(a)), U(g(g(a))), \ldots\}$ $\cup \{\neg G(a,a), \neg G(g(a),a), \ldots\}$.

(2) Betrachte die Klauselmenge $S = \{P(x) \vee U(g(x))\}$ und die Struktur Σ aus dem Beispiel (1), wobei zusätzlich gelte $\omega(P)(\xi) = \mathsf{W} :\Longleftrightarrow \xi$ *ist gerade*.
Behauptung: $S \in \mathsf{EF}_\Sigma^K$ (Beweis als Übung für den Leser)
Ferner ist $\mathsf{H} = \{a, g(a), g(g(a)), \ldots\}$,
$$\mathsf{HB}(S) = \{P(a), P(g(a)), P(g(g(a))), \ldots, U(g(a)), U(g(g(a))), \ldots\}.$$
Für jede Erweiterung Σ^a von Σ gibt es nun ein Herbrand-Modell, z. B. $\Sigma_i^a = (\mathsf{H}, \omega_a^i)$ für $i = 1, 2$ mit $\omega_a^1(a) = 3$ und $\omega_a^2(a) = 4$
Dann sind M_1 und M_2 Herbrand-Modelle von S, wobei

$$M_1 = \{\neg P(a), \neg P(g(a)), \neg P(g(g(a))), \ldots, U(g(a)), U(g(g(a))), \ldots\},$$
$$M_2 = \{P(a), P(g(a)), P(g(g(a))), \ldots, \neg U(g(a)), \neg U(g(g(a))), \ldots\}.$$

Satz 14.33 *(Satz von Herbrand):*
Eine Klauselmenge S ist genau dann nicht erfüllbar, wenn eine endliche Menge von Grundbeispielen von S nicht erfüllbar ist, d.h.

$$S \notin \mathsf{EF}^K \Longleftrightarrow \text{ es gibt eine endliche Menge von G-Beispielen } P(S) \subset \mathsf{H}(S)$$
$$\text{mit } P(S) \notin \mathsf{EF}^K$$

Beweis:

„$\Longleftarrow$" Korollar zu Satz 14.31 und weil Obermengen nichterfüllbarer Formelmengen nichterfüllbar sind.

„$\Longrightarrow$" folgt aus dem Kompaktheitssatz für Modelle, Satz 11.23 und dem Korollar zu Satz 14.31.

Übungen zu § 14

Ü 14.1: Beweisen Sie den Satz 14.3.2.

Ü 14.2:
Zeigen Sie, daß für Mengen von Literalen $\{L_1, \ldots, L_p\}$ bzw. Mengen von Klauseln $\{C_1, \ldots, C_m\}$ alle Disjunktionen, die aus allen L_i in beliebiger Klammerung her-

gestellt werden können, bzw. alle Konjunktionen, die aus allen C_i in beliebiger Klammerung hergestellt werden können, logisch äquivalent sind.

Bemerkung: Dieser Tatbestand ist umgangssprachlich leicht zu formulieren, sein Beweis erfordert aber einigen notationellen Aufwand, vgl. als analoges Beispiel [Er 64], Kap. I, Abschn. 1.7.

Ü 14.3: Gegeben seien die folgenden Klauselmengen:
(1) $S = \neg P(x,b) \vee Q(x), P(a,y)$
(2) $S = R(g(y))$
(3) $S = R(g(y)) \vee R(y)$
Geben Sie für die Klauselmengen in (1), (2), (3) an:
(a) den Herbrand-Individuenbereich von S
(b) die Herbrand-Basis von S
(c) die Herbrand-Sättigung von S
(d) alle Herbrand-Modelle von S

Ü 14.4: Es seien Σ_X und $\Sigma_{X'}$ zwei äquivalente Herbrand-Strukturen. Zeigen Sie, daß gilt: $S \in \mathsf{EF}^K_{\Sigma_X} \Longleftrightarrow S \in \mathsf{EF}^K_{\Sigma_{X'}}$ für alle Klauselmengen S.

Ü 14.5: Zeigen Sie (mit Lemma 14.8.7 und Lemma 14.28):
$C \in \mathsf{Fl}(S) \Longrightarrow$ Jedes Herbrand-Modell von S ist ein Herbrand-Modell von C.

Ü 14.6: Es sei $S \in \mathsf{EF}^K_\Sigma$ und $\Sigma = (I, \omega)$ eine Struktur, deren Individuenbereich drei Elemente hat. Wieviele Herbrand-Modelle lassen sich aus Σ mit Hilfe des Verfahrens konstruieren, das zum Beweis von Satz 14.31 benutzt wurde? Unterscheiden Sie bei Ihren Überlegungen, ob $\mathsf{FS}(S)$ nullstellige Funktionssymbole enthält oder nicht.

§ 15. Herbrand-Prozeduren

Aufgrund der in §14 vorgenommenen Normierung der Syntax der klassischen Logik ist die Frage nach der Folgerbarkeit einer Formel B aus einer Menge von Prämissen X zurückgeführt auf die Frage nach der Nichterfüllbarkeit einer Klauselmenge von $X \cup \{\neg B\}$. Da wir ferner unter Verwendung des Satzes von der freien Interpretation (Herbrand) eine Normierung der Semantik vorgenommen haben, erhielten wir eine Charakterisierung von nichterfüllbaren Klauselmengen mit Hilfe des Satzes von Herbrand. Dieser Satz liefert uns direkt ein Semi-Entscheidungsverfahren.

15.1. Verfahren, die den Satz von Herbrand direkt anwenden, heißen *Herbrand-Prozeduren*. Bei den ersten auf diese Weise implementierten Verfahren, [Gil 60], wird folgendermaßen vorgegangen:

Es sei S die zu testende Klauselmenge, $B(S) = (FS'(S), PS(S))$ die Basis von S und $H = (TE^{B(S)})^-$ der Herbrand-Individuenbereich von S. Dann werden Teilmengen von H „stufenweise" angeordnet

$$H_0 \subset H_1 \subset H_2 \subset \ldots \subset \ldots \subset H,$$

dabei sei H_0 die Menge der nullstelligen Funktionssymbole in H und

$$H_{n+1} = \{g t_1 \ldots t_m \mid g \in FS'(S) \text{ und } t_i \in H_n \, (i=1,\ldots,m)\}.$$

Bemerkung: es ist $H = \bigcup_{n=0}^{\infty} H_n$.

Beispiel 15.1: Es sei $S = P(x) \wedge Q(g(x))$. Dann ist $FS'(S) = \{a, g\}$ und

$H_0 = \{a\}$
$H_1 = \{a, g(a)\}$
$H_2 = \{a, g(a), g(g(a))\}$
$\vdots$
$H \;= \{a, g(a), g(g(a)), \ldots\}$

Die Terme aus H_n haben also die maximale Verschachtelungstiefe n.

Dann werden nacheinander die Klauselmengen

$$H_0(S), \quad H_1(S), \quad H_2(S), \quad \ldots, \quad H_n(S), \quad \ldots$$

erzeugt und auf Nichterfüllbarkeit getestet. Aufgrund des Satzes von Herbrand gibt es eine endliche Teilmenge $P(S) \subset H(S)$, so daß $P(S) \notin EF^K$; daher terminiert dieses Verfahren, wenn die gegebene Klauselmenge S tatsächlich nichterfüllbar ist; denn wenn q die maximale Verschachtelungstiefe der Terme in P ist, so ist $P(S) \subset H_q(S)$ und daher $H_q(S) \notin EF^K$.

Bei diesem Verfahren treten zwei Probleme auf:

(1) Es sind effiziente Methoden der Aussagenlogik zu entwickeln zum Prüfen der Erfüllbarkeit von Mengen von Grundklauseln.

Das Verfahren von [Gil 60] wandelt die Mengen $H_i(S)$ von Klauseln (Konjunktionen von Disjunktionen) in die *disjunktive Normalform* um (Disjunktionen von Konjunktionen, vgl. Ü 9.18) und prüft, ob jedes Glied der Disjunktion einen

Widerspruch enthält. Dies erweist sich als effizienter als die übliche Wertetafelmethode, ist aber immer noch sehr aufwendig.

(2) Wenn $S'_0, S'_1, S'_2, \ldots, S'_n, \ldots$ eine Reihenfolge ist, in der nach gewissen Kriterien (z. B. Verschachtelungstiefe wie oben) Grundbeispiele erzeugt werden, so kann es sein, daß die erste nichterfüllbare Menge S'_n bereits so viele Elemente enthält, daß sie nicht hergestellt werden kann, während schon eine sehr kleine Teilmenge von S'_n nichterfüllbar ist (siehe unten). Mit dieser Methode wird also blind in der Potenzmenge von H(S) gesucht, wobei viel Redundantes erzeugt wird.

15.2. Wir werden anhand des Beispiels 14.12 und einer kurzen *numerischen* Überlegung zeigen, daß Herbrand-Prozeduren wegen der enormen Redundanz schon bei sehr einfachen Klauselmengen nicht anwendbar sind, [Rob 63].

Es sei $S = \{C_1, \ldots, C_m\}$ eine Klauselmenge. Die *Anzahl der Grundbeispiele* in $H_i(S)$ hängt von zwei Faktoren ab:
(a) der *Anzahl v_j der verschiedenen Variablen* in C_j ($j = 1, \ldots, m$)
(b) der *Anzahl h_i der verschiedenen Elemente* in H_i, die wiederum abhängen von der Anzahl u_k der Funktionssymbole mit der Stellenzahl k ($k = 0, \ldots, t$).

Lemma 15.2: *Es sei $|H_i(S)|$ die Anzahl der Elemente in $H_i(S)$. Dann gilt:*
(a) $|H_i(S)| = h_i^{v_1} + \ldots + h_i^{v_m}$
(b) $h_0 = u_0$ und $h_{n+1} = u_0 + u_1 h_n + u_2 h_n^2 + \ldots + u_t h_n^t$

Beweis: das Lemma gilt aus rein kombinatorischen Gründen.

Beispiel 15.3: Wir verwenden die Klauselmenge des gruppentheoretischen Problems aus Beispiel 14.12.
$C_1 = P(x, y, k(x, y))$
$C_2 = \neg P(x, y, u) \vee \neg P(y, z, v) \vee \neg P(u, z, w) \vee P(x, v, w)$
$C_3 = \neg P(x, y, u) \vee \neg P(y, z, v) \vee \neg P(x, v, w) \vee P(u, z, w)$
$C_4 = P(g(x, y), x, y)$
$C_5 = P(x, h(x, y), y)$
$C_6 = P(j(x), x, j(x))$

Wir haben dann $a, j, k, g, h \in \text{FS}$, wobei a nullstellig, j einstellig und k, g, h zweistellig sind. Ferner gilt:

$v_1 = 2$	$u_0 = 1$	$h_0 = 1$	$|H_0(S)| = 6$
$v_2 = 6$	$u_1 = 1$	$h_1 = 1 + 1 + 3 = 5$	$|H_1(S)| = 3 \cdot 5^2 + 2 \cdot 5^6 + 5 = 31330$
$v_3 = 6$	$u_2 = 3$	$h_2 = 1 + 5 + 3 \cdot 25 = 81$	$|H_2(S)| \approx 6 \cdot 10^{11}$
$v_4 = 2$		$h_3 = 19765$	
$v_5 = 2$	$t = 2$		
$v_6 = 1$			$|H_3(S)| \approx 10^{26}$

Definition 15.4: Es sei H der Herbrand-Individuenbereich einer nichterfüllbaren Klauselmenge S. Eine Menge $P' \subset H$ heißt *Beweismenge für S*, wenn gilt:

(1) $P'(S) \notin \mathsf{EF}^K$
(2) Für alle $P'' \subset H$ mit $P'' \subsetneq P'$ gilt $P''(S) \in \mathsf{EF}^K$

Es sei P' eine Beweismenge mit p Elementen, dann hat $P'(S)$ nach Lemma 15.2 $|P'(S)| = p^{v_1} + \ldots + p^{v_m}$ Elemente. Es sei q die maximale Verschachtelungstiefe der Terme in P'. Dann zeigt es sich, daß p i.a. sehr viel kleiner ist als h_q und daß $|H_i(S)|$ explosionsartig mit i wächst, so daß das Verfahren nur für sehr kleine i durchführbar ist. Wir verdeutlichen diesen Sachverhalt an Beispiel 15.3.

Beispiel 15.5: Die Beweismenge P' für die nichterfüllbare Klauselmenge aus Beispiel 15.3 ist

$$P' = \{a, h(a,a), j(h(a,a)), g(a,j(h(a,a)))\}$$

und hat die maximale Verschachtelungstiefe der Terme $q = 3$. Es ist

$p = 4$ klein gegenüber $h_3 \approx 20\,000$
$|P'(S)| \approx 8000$ klein gegenüber $|H_3(S)| \approx 10^{26}$.

Aber selbst bei der Kenntnis der Beweismenge würde immer noch sehr viel Redundantes erzeugt, denn von den $|P'(S)| \approx 8000$ Grundbeispielen werden nur 4 gebraucht, um die Nichterfüllbarkeit zu zeigen, nämlich:

$C'_3 = \neg P(g(a,j(h(a,a))),a,j(h(a,a))) \lor \neg P(a,h(a,a),a) \lor \neg P(g(a,j(h(a,a))),a,j(h(a,a)))$
$\qquad \lor P(j(h(a,a)),h(a,a),j(h(a,a)))$
$C'_4 = P(g(a,j(h(a,a))),a,j(h(a,a)))$
$C'_5 = P(a,h(a,a),a)$
$C'_6 = \neg P(j(h(a,a)),h(a,a),j(h(a,a)))$

Man sieht deutlich, daß schon das Generieren von Grundbeispielen von Klauseln ins Ausweglose führt, ohne daß dabei das erste Problem — nämlich das Prüfen von Mengen von Grundbeispielen auf Erfüllbarkeit — überhaupt betrachtet wurde.

15.3. Es gibt zwei Ansätze, die dieses Erzeugen von Grundbeispielen vermeiden. Der eine ist die von Prawitz entwickelte Methode, [Pra 60], die wir hier nicht behandeln werden, vgl. dazu [CL 73]. Der zweite Zugang ist das Resolventenprinzip von Robinson [Rob 65], mit dessen Grundlagen wir uns in den folgenden Paragraphen beschäftigen werden.

§ 16. Das Resolventenprinzip

Wir wenden uns nun der Frage zu, ob es für die Klausellogik Systeme von Regeln und Axiomen gibt, mit deren Hilfe man effizienter Widerlegungen für nichterfüllbare Klauselmengen S findet als etwa mit Herbrand-Prozeduren.

Wir haben: $S \notin EF^K \iff \text{Mod}(\{\text{Gen}(F(C)) \mid C \in S\}) = \emptyset$ (Lemma 14.8.3)
$\iff FO = FI(\{\text{Gen}(F(C)) \mid C \in S\})$ (Satz 10.20)
$\iff$ Es gibt ein Literal $L \in \text{LIT}$ mit
$L \wedge \sim L \in FI(\{\text{Gen}(F(C)) \mid C \in S\})$
$\iff F(\square) \in FI(\{\text{Gen}(F(C)) \mid C \in S\})$ (Def. 14.5.2)
$\iff \square \in FI(S)$ (Def. 14.7.4a)

Wir suchen also Systeme, die aus nichterfüllbaren Klauselmengen die leere Klausel abzuleiten gestatten. Bei der Auswahl der Systeme wird neben der Effizienz auch die Frage nach der Vollständigkeit mit im Vordergrund stehen.

16.1. Syntaktisches Ableiten in der Klausellogik

16.1.1. Wir können zum größten Teil auf Begriffe aus dem Abschnitt 10.3 zurückgreifen, die wir an einigen Stellen zu ergänzen haben. Grundsätzlich sind hier aber *Klauseln* als die syntaktischen Objekte zu betrachten und nicht die Formeln wie in Abschnitt 10.3. Wir übernehmen folgende Begriffe:

(1) Ableitungsregel (Definition 10.26)

$$R: CL^n \longrightarrow \{W, F\} \qquad (n \geq 2)$$

Wir werden beim maschinellen Beweisen nur Regeln verwenden, für die bei gegebenen Prämissen $C_1, \ldots, C_{n-1}$ die *Menge der Konklusionen*

$$\tilde{R}(C_1, \ldots, C_{n-1}) = \{C \mid C \in CL \text{ und } R(C_1, \ldots, C_{n-1}, C) = W\}$$

in endlich vielen Schritten herstellbar ist. Für die Menge der Konklusionen schreiben wir anstelle von $\tilde{R}(C_1, \ldots, C_{n-1})$ einfacher

$$R(C_1, \ldots, C_{n-1}).$$

(2) Ableitungsoperator
Es wird eine Modifikation der Definition 10.30 vorgenommen, die berücksichtigt, daß die Klauseln einer Klauselmenge umbenannt werden können,

ohne daß sich ihre Erfüllbarkeitseigenschaften ändern (vgl. die Bemerkung zu Def. 14.9).

$Ab_{\mathscr{R}}: 2^{CL} \longrightarrow 2^{CL}$, wobei $\mathscr{R}$ eine Menge von Ableitungsregeln ist, werde definiert durch

$C \in Ab_{\mathscr{R}}(S) :\Longleftrightarrow$ Es gibt eine Menge S_v von Varianten von S, so daß C aus S_v durch $\mathscr{R}$ ableitbar ist im Sinne von Definition 10.30

(3) Ableitung

Wir nehmen in Definition 10.64 die zu (2) analoge Modifikation vor:

$D \in AB_{\mathscr{R}}(S) :\Longleftrightarrow$ Es gibt eine Menge S_v von Varianten von S und eine Ableitung D aus S_v durch $\mathscr{R}$ im Sinne von Definition 10.64

Ableitungen mit Hilfe von Resolventenregeln benützen keine logischen Axiome, so daß in Definition 10.64 $Y = \emptyset$ zu setzen ist.

Wir vereinbaren:

(a) $D \in AB_{\mathscr{R}}(S, C) :\Longleftrightarrow$ Es gibt eine Ableitung $D \in AB_{\mathscr{R}}(S)$ mit $D = C_1 \ldots C_m C$
   Es gilt: $C \in Ab_{\mathscr{R}}(S) \Longleftrightarrow$ es gibt eine Ableitung $D \in AB_{\mathscr{R}}(S, C)$

(b) Ableitungen $D \in AB_{\mathscr{R}}(S, \square)$ heißen *Widerlegungen von S* (engl. refutations) oder auch *Beweise von S*.

Bemerkung: Anstelle von $Ab_{\{R\}}$, $AB_{\{R\}}$ schreiben wir kürzer Ab_R, AB_R.

(4) Korrektheit und Vollständigkeit eines Ableitungsoperators (Definition 11.1)
   Die Resolventenregeln $\mathscr{R}$, die wir benützen werden, sind stets korrekt, d.h. es gilt $Ab_{\mathscr{R}}(S) \subset Fl(S)$, sie sind aber *nicht vollständig*, d.h. es gibt Klauselmengen S und Klauseln C, so daß $C \in Fl(S)$, aber $C \notin Ab_{\mathscr{R}}(S)$[3]. Die Tatsache, daß die Resolventenregeln nicht alle logischen Folgerungen ableiten, trägt zur Effizienz der Verfahren bei, die auf ihnen beruhen. Diese Form der Vollständigkeit wird auch gar nicht benötigt, da man ja nur die Nichterfüllbarkeit durch Ableiten der leeren Klausel nachweisen will. Es genügt also, eine (eingeschränkte) Vollständigkeit für Widerlegungen zu betrachten, nämlich

$$\square \in Fl(S) \Longrightarrow \square \in Ab_{\mathscr{R}}(S)$$

Definition 16.1: Ein Ableitungsoperator $Ab_{\mathscr{R}}$ heißt *(widerlegungs)vollständig*, wenn für alle Klauselmengen $S \subset CL$ gilt:

$$S \notin EF^K \Longrightarrow \square \in Ab_{\mathscr{R}}(S) \quad (\Longleftrightarrow \text{Es gibt eine Ableitung } D \in AB_{\mathscr{R}}(S, \square))$$

---

[3] Zu Aussagen über das Ausmaß der Vollständigkeit bzw. Unvollständigkeit vgl. die Arbeit [SCL 69]. Darin wird folgendes Theorem bewiesen:

$C \in Fl(S) \Longrightarrow$ Es gibt eine Ableitung $D \in AB_{\mathscr{R}}(S, T)$ und eine Substitution σ mit $T\sigma \subset C$.

Man beachte, daß Vollständigkeitsergebnisse dieser Art *nicht* besagen, daß mit Resolventenverfahren logische Folgerungen von *Formeln* erzeugt werden können, siehe Satz 14.3.

§ 16. Das Resolventenprinzip

Die eingangs gestellte Frage nach Ableitungssystemen hat sich nun präzisiert: Gibt es eine Menge von Ableitungsregeln $\mathcal{R}$, so daß der Ableitungsoperator Ab$_\mathcal{R}$ (widerlegungs)vollständig und korrekt ist?

Wir werden sehen, daß einelementige Regelmengen das Verlangte leisten, nämlich verschiedene Versionen der von Robinson in [Rob 65] eingeführten vollen Resolventenregel. Wir werden in den Abschnitten 16.3 bis 16.5 eine Resolventenregel einführen und ihre Vollständigkeit beweisen, die sich für theoretische Zwecke gut eignet, während im Abschnitt 16.6.2 auf die ursprüngliche volle Regel von Robinson eingegangen wird, die sich für Beweisverfahren besser eignet (§ 17). Im Abschnitt 16.6.1 betrachten wir eine Modifikation, die implementierungsnäher ist, die sog. Split-Resolvente.

16.1.2. Die Resolventenregel ist im wesentlichen eine Kombination der Schnittregel (Definition 10.32) und der Substitutionsregel (Lemma 9.22), wobei sich sinngemäß die leere Klausel als Konklusion ergibt, wenn die Schnittregel auf A und $\neg A$ angewandt wird. Betrachten wir dazu das

Beispiel 16.2:
(1) Es sei $S = \{\neg P(a) \vee Q(b), P(a), \neg Q(b)\}$.
Die zweimalige Anwendung der Schnittregel ergibt die leere Klausel:

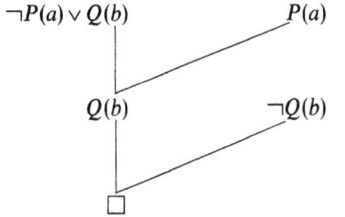

Das Besondere an der Resolventenregel besteht nun darin, daß nicht nur, wie in diesem einfachen Beispiel, allein die Schnittregel angewandt werden darf, sondern daß auch in den beiden ausgewählten Prämissen so substituiert werden kann, daß eine Anwendung der Schnittregel möglich wird. Dazu das nächste Beispiel:

(2) Es sollen also Substitutionen gefunden werden, die in den in Aussicht genommenen Prämissen Literalpaare der Form L und $\neg L$ erzeugen (komplementäre Literale).

(2.1) Es sei $S = \{\neg P(x) \vee Q(x), P(y)\}$.

---

[4] Wir verwenden hier und im folgenden für Ableitungen eine sich selbst erklärende Baumdarstellung.

182   Kapitel 5. Logische Grundlagen des maschinellen Beweisens

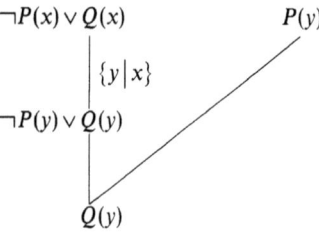

Die Substitution $\{y|x\}$ erzeugt aus $\neg P(x)$ und $P(y)$ die komplementären Literale $\neg P(y)$ und $P(y)$.

(2.2) Es sei $S = \{\neg P(x) \vee Q(x), P(y) \vee P(a)\}$.

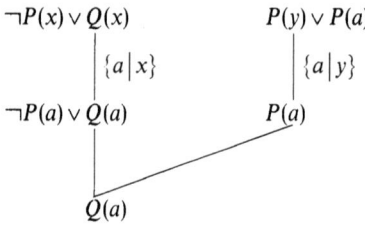

Die mit der Substitutionsregel kombinierte Schnittregel ist eine korrekte Regel.

Für die Vollständigkeit werden nicht *alle* Substitutionen benötigt, die komplementäre Literale erzeugen, sondern, wie wir zeigen werden, nur die sog. allgemeinsten Vereinheitlicher von Mengen von Ausdrücken. Das Finden solcher geeigneter Substitutionen bewerkstelligt der Vereinheitlichungsalgorithmus, auf dem das Resolventenprinzip beruht. Wir werden uns im nächsten Abschnitt (16.2) mit dem Algorithmus befassen und danach im Abschnitt 16.3 mit der Resolventenregel.

16.2. Der Vereinheitlichungsalgorithmus

Wir definieren nun allgemeinste Vereinheitlicher von Mengen von Ausdrücken und geben einen Algorithmus an, der zu einer vorgegebenen Menge von Ausdrücken einen allgemeinsten Vereinheitlicher berechnet, falls dieser existiert, und andernfalls meldet, daß die Ausgangsmenge keinen Vereinheitlicher besitzt.

Definition 16.3: Es sei E eine nichtleere Menge von Ausdrücken. Die *Differenz von E* (engl. disagreement set), in Zeichen: Diff(E), sei diejenige Menge aller Teil-

§ 16. Das Resolventenprinzip

ausdrücke der Ausdrücke aus E, die an der ersten Symbolposition beginnen, an der nicht alle Ausdrücke von E das gleiche Symbol besitzen.
Bemerkung: $\text{Diff}(E) = \emptyset \iff E$ ist einelementig

Beispiel 16.4:
(1) Es sei $E = \{P(x,g(y,z),z), P(x,g(a,z),x), P(x,h(k(x)),y)\}$
　　　　　　　　　　　　　↑　　　　　↑　　　　　　↑
Dann ist $\text{Diff}(E) = \{g(y,z), g(a,z), h(k(x))\}$
(2) Es sei $E = \{P(x), Q(a,x)\}$
Dann ist $\text{Diff}(E) = E$

Definition 16.5:
(1) Eine Menge E von Ausdrücken *läßt sich durch eine Substitution β vereinheitlichen*, wenn $\text{Diff}(E\beta) = \emptyset$ ist (d.h. wenn $E\beta$ einelementig ist). Läßt sich E durch β vereinheitlichen, so heißt β ein *Vereinheitlicher von E* (engl. unifier). E *läßt sich vereinheitlichen* (ist vereinheitlichbar), wenn E einen Vereinheitlicher hat.

(2) Ein Vereinheitlicher θ einer Menge von Ausdrücken E heißt ein *allgemeinster Vereinheitlicher von E* (engl. most general unifier), wenn gilt: Zu jedem Vereinheitlicher β von E gibt es eine Substitution λ mit $\beta = \theta\lambda$
Bemerkung: (i) $\theta\lambda$ ist die Komposition von Substitutionen, siehe Abschnitt 9.2.1.(III)
(ii) Wir kürzen allgemeinste Vereinheitlicher als *a.V.* ab.

Beispiel 16.6: Es sei $E = \{P(x,g(y)), P(x,g(b))\}$. Dann vereinheitlicht $\beta = \{a|x, b|y\}$ die Menge E zu $E\beta = \{P(a,g(b))\}$.
$\theta = \{b|y\}$ ist ein allgemeinster Vereinheitlicher von E (Beweis!) mit $E\theta = \{P(x,g(b))\}$. Für unser vorgelegtes β gilt: $\beta = \theta\lambda$ mit $\lambda = \{a|x\}$

Je zwei allgemeinste Vereinheitlicher (a.V.) einer Menge E von Ausdrücken sind Varianten und unterscheiden sich daher höchstens durch eine Umbenennung: so wird z.B. $E = \{P(x,y), P(u,v)\}$ durch die a.V. $\theta_i (i=1,...,4)$ vereinheitlicht, wobei $\theta_1 = \{u|x, v|y\}$, $\theta_2 = \{x|u, y|v\}$, $\theta_3 = \{x|u, v|y\}$ und $\theta_4 = \{u|x, y|v\}$ ist. Die $E\theta_i$ sind Varianten voneinander.

Definition 16.7 (Vereinheitlichungsalgorithmus):
Es sei E eine Menge von Ausdrücken. Der *Vereinheitlichungsalgorithmus* ist folgender Algorithmus:
STEP 0:　　Wenn $E \neq \emptyset$ ist, gehe nach STEP 1, sonst ERROR. HALT.
STEP 1:　　Es sei $k := 0$ und $\theta_k := \varepsilon$.
STEP 2:　　Falls $\text{Diff}(E\theta_k) = \emptyset$ gehe nach SUCCESS, sonst gehe nach STEP 3.
STEP 3:　　Falls es $x_k, t_k \in \text{Diff}(E\theta_k)$ gibt mit $x_k \neq t_k$, so daß $x_k \in \text{VA}$ und $x_k \notin \text{Fr}(t_k)$ gilt, gehe nach STEP 4, sonst gehe nach FAILURE.

184   Kapitel 5. Logische Grundlagen des maschinellen Beweisens

STEP 4:   Es sei $\theta_k := \theta_k \cdot \{t_k | x_k\}$ und $k := k+1$. Gehe nach STEP 2.
SUCCESS: Es sei $\theta := \theta_k$ und E hat a.V. θ. HALT.
FAILURE: *E läßt sich nicht vereinheitlichen.* HALT.

Bemerkung: Der Zähler k ist zur Sprechvereinfachung beim Beweis des Vereinheitlichungstheorems eingeführt worden.

Flußdiagramm des Vereinheitlichungsalgorithmus.
Es ist E eine Menge von Ausdrücken.

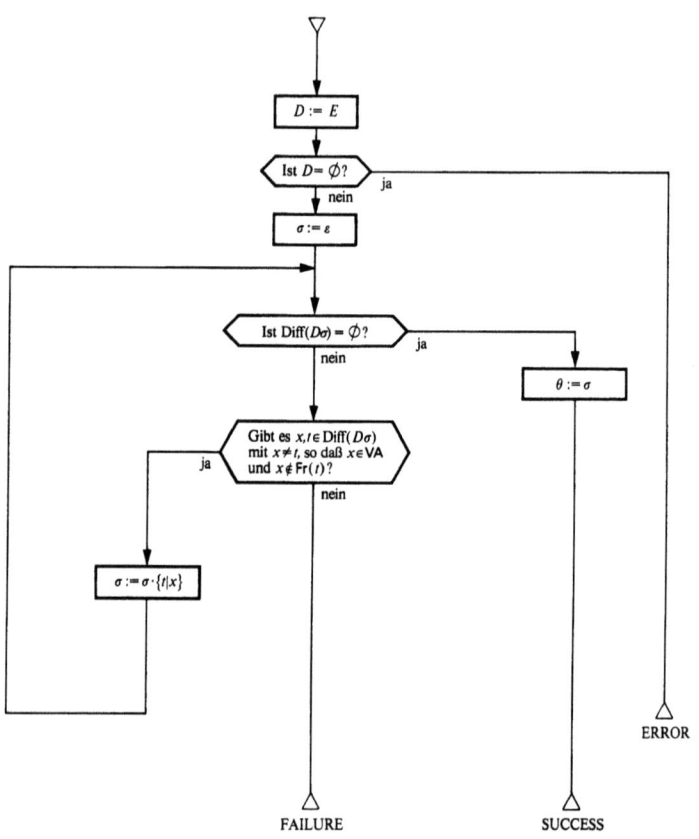

Satz 16.8 *(Vereinheitlichungstheorem)*:
Der Vereinheitlichungsalgorithmus (Def. 16.7) terminiert für jede Menge von Ausdrücken E. Läßt sich E vereinheitlichen, dann terminiert der Algorithmus bei SUCCESS *und sein abgeliefertes Resultat θ ist ein allgemeinster Vereinheitlicher von E.*

§ 16. Das Resolventenprinzip

Vorbemerkungen zum Beweis:
(i) Wir haben zu zeigen:
  (a) Der Algorithmus terminiert stets.
  (b) Wenn die Eingabe eine Menge von Ausdrücken ist, die sich vereinheitlichen läßt, terminiert der Algorithmus bei SUCCESS.
  (c) Wenn der Algorithmus bei SUCCESS terminiert, dann ist θ ein Vereinheitlicher.
  (d) Für jeden Vereinheitlicher β von E gibt es eine Substitution λ, so daß $\beta = \theta \lambda$.
(ii) Die Teilbehauptung (d) verschärfen wir und beweisen
  (d') Für jeden Vereinheitlicher β von E gilt $\beta = \theta \beta$.[5]

Beweis: Wesentlich für den gesamten Beweis ist der folgende

Hilfssatz 1: Für alle Substitutionskomponenten $t_k | x_k$, die der Algorithmus auswählt, gilt $t_k \beta = x_k \beta$ für jeden Vereinheitlicher β.
Beweisidee: Wäre das nicht der Fall, wäre β kein Vereinheitlicher der Ausgangsmenge E.

(zu a) Angenommen, der Algorithmus terminiert für eine beliebige Eingabe E nicht bei SUCCESS, d.h. für alle $k \geqslant 0$ ist $\mathrm{Diff}(E\theta_k) \neq \varnothing$. Wir zeigen dann, daß der Algorithmus bei FAILURE terminieren muß:
Nach Konstruktion ist für alle $k \geqslant 0$ (i) $\mathrm{Fr}(E\theta_k) \subset \mathrm{Fr}(E)$
                                               (ii) $x_k \in \mathrm{Fr}(E\theta_k)$
                                               (iii) $\mathrm{Fr}(t_k) \subset \mathrm{Fr}(E)$.
Wegen $x_k \notin \mathrm{Fr}(t_k)$ und $\theta_{k+1} = \theta_k \cdot \{t_k | x_k\}$ ist demnach $\mathrm{Fr}(E\theta_{k+1}) \subsetneqq \mathrm{Fr}(E\theta_k)$ für alle $k \geqslant 0$, woraus mit der Endlichkeit von $\mathrm{Fr}(E)$ folgt, daß es ein $k \geqslant 0$ geben muß, so daß $\mathrm{Fr}(E\theta_k) = \varnothing$ ist. Der Algorithmus terminiert also bei FAILURE.

(zu b) Es sei $\mathrm{Diff}(E\theta_k) \neq \varnothing$ für ein $k \geqslant 0$. Dann enthält $\mathrm{Diff}(E\theta_k)$ mindestens zwei Elemente. Angenommen, keines der Elemente von $\mathrm{Diff}(E\theta_k)$ sei eine Variable, dann ist E nicht zu vereinheitlichen (Beweis!). Widerspruch zur Voraussetzung. Also sei $x_k \in \mathrm{VA} \cap \mathrm{Diff}(E\theta_k)$ und $t_k \in \mathrm{Diff}(E\theta_k)$ mit $x_k \neq t_k$. Angenommen, $x_k \in \mathrm{Fr}(t_k)$; dann ist $x_k \beta$ ein echtes Teilwort von $t_k \beta$ (weil $x_k \neq t_k$). Widerspruch zu Hilfssatz 1, also ist $x_k \notin \mathrm{Fr}(t_k)$. D.h. für Mengen E, die sich vereinheitlichen lassen, terminiert der Algorithmus, wennimmer $\mathrm{Diff}(E\theta_k) \neq \varnothing$ für ein $k \geqslant 0$ ist, nicht bei FAILURE. Da er aber wegen (a) stets terminiert, muß er für Mengen, die sich vereinheitlichen lassen, bei SUCCESS terminieren.

(zu c) Wenn der Algorithmus bei SUCCESS terminiert, dann ist $\mathrm{Diff}(E\theta) = \varnothing$, also ist θ ein Vereinheitlicher von E.

---

[5] Auf diese Möglichkeit hat uns J. A. Robinson hingewiesen. Es sei θ ein Vereinheitlicher von E. Dann gilt: (d') $\Longleftrightarrow$ (d) und $\theta\theta = \theta$. Die Eigenschaft $\theta\theta = \theta$ (sog. Standardisierung) läßt sich aus der Definition 16.5 des a.V. direkt beweisen.

(zu d') *Hilfssatz 2:* Es sei $\theta_{k+1} = \theta_k \cdot \{t_k | x_k\}$ nach Konstr. des Algorithmus. Dann gilt $\{t_k | x_k\} \cdot \beta = \beta$ für jeden Vereinheitlicher β.

Vorbemerkung zum Nachweis:
Für Substitutionen $\sigma = \{t_1 | x_1, \ldots, t_n | x_n\}$ gilt für alle $1 \leq i \leq n$ $t_i = x_i \sigma$. Ferner definieren wir $\mathsf{VAR}\,\sigma = \{x_1, \ldots, x_n\}$.

Nachweis: Fall 1: $x_k \notin \mathsf{VAR}\,\beta$
Dann ist $x_k \beta = x_k$ und wegen Hilfssatz 1 gilt dann $x_k = t_k \beta$.

$$\{t_k | x_k\} \cdot \beta = \{t_k \beta | x_k\} \cup \beta \quad \text{(vgl. die Charakterisierung der Komposition im Anhang Teil (C2))}$$
$$= \beta \quad \text{(weil } t_k \beta = x_k\text{)}$$

Fall 2: $x_k \in \mathsf{VAR}\,\beta$
Dann hat β eine Substitutionskomponente $x_k \beta | x_k$ (vgl. Vorbemerkung)

$$\{t_k | x_k\} \cdot \beta = \{t_k \beta | x_k\} \cup (\beta - \{x_k \beta | x_k\})$$
$$= \{x_k \beta | x_k\} \cup (\beta - \{x_k \beta | x_k\}) \quad \text{(Hilfssatz 1)}$$
$$= \beta$$

Wir zeigen $\beta = \theta_k \beta$ induktiv für alle $k \geq 0$, so daß mit $\theta = \theta_k$ für ein $k \geq 0$ die Behauptung (d') folgt.

$k = 0$: klar, da $\theta_0 = \varepsilon$.

Induktionsschritt: $\beta = \theta_k \cdot \beta$ \quad (Ind.vor)
$$= \theta_k \cdot (\{t_k | x_k\} \cdot \beta) \quad \text{(Hilfssatz 2)}$$
$$= \theta_{k+1} \cdot \beta \quad \text{(n. Def.)}$$

Beispiel 16.9:
Wir kürzen für Eingaben E ab: $D_k = \text{Diff}(E \theta_k)$
(1) Es sei $E = \{P(x), P(g(x))\}$
Dann ist $D_0 = \{x, g(x)\}$, und der Algorithmus terminiert bei FAILURE
(2) Es sei $E = \{P(x, g(x), y), P(u, v, h(v))\}$
Dann ist

$D_0 = \{x, u\}$, \quad $\theta_1 = \{u | x\}$, \quad $E\theta_1 = \{P(u, g(u), y), P(u, v, h(v))\}$
$D_1 = \{g(u), v\}$, \quad $\theta_2 = \theta_1 \cdot \{g(u) | v\}$, \quad $E\theta_2 = \{P(u, g(u), y), P(u, g(u), h(g(u)))\}$
$D_2 = \{h(g(u)), y\}$, \quad $\theta_3 = \theta_2 \cdot \{h(g(u)) | y\}$, \quad $E\theta_3 = \{P(u, g(u), h(g(u)))\}$
$\theta = \theta_3 = \{u | x\} \cdot \{g(u) | v\} \cdot \{h(g(u)) | y\}$ ist ein a. V. von E (SUCCESS)

Der Vereinheitlichungsalgorithmus ist das Kernstück eines jeden Beweisprogramms, das auf dem Resolventenprinzip beruht, denn das Berechnen von Vereinheitlichern ist das „Addieren und Multiplizieren" des Ableitens, bzw. des Beweisfindens. Genauso wie man bei numerischen Berechnungen nach möglichst effizienten Realisierungen der arithmetischen Grund-Operationen sucht, lohnt es sich, den Vereinheitlichungsalgorithmus so effizient wie möglich zu implementieren.

Einen Beitrag zu diesem Problem bringt z. B. die Arbeit [Sti 73]. Es wird dort der Aufbau der Ausdrücke beim Vereinheitlichen analysiert, was zu sehr einfachen Bedingungen für die Existenz von sog. „schwachen" Substitutionen führt, die eine notwendige Voraussetzung für die Existenz eines Vereinheitlichers sind. Diese Bedingungen sind sehr viel schneller zu prüfen als das schrittweise Berechnen und Ausführen von Substitutionen. Testergebnisse haben gezeigt, daß man damit einen sehr wirksamen Filter hat, d.h. für Mengen, die sich nicht vereinheitlichen lassen, trifft in den meisten Fällen (70–90%) bereits eine schwache Bedingung nicht zu.

16.3. Die Resolventenregel

16.3.1.
Definition 16.10:

(1) Es sei eine Ableitungsregel $R: \mathsf{CL}^3 \longrightarrow \{\mathsf{W}, \mathsf{F}\}$, genannt *Resolventenregel*, definiert durch

$R(C_1, C_2, C) = \mathsf{W} :\Longleftrightarrow$ (a) C_1 und C_2 sind standardisiert (d. h. $\mathrm{Fr}(C_1) \cap \mathrm{Fr}(C_2) = \emptyset$).

                            (b) Es gibt nichtleere Teilmengen $N_i \subset C_i$ $(i=1,2)$, so daß sich $N_1 \cup \sim N_2$ mit allgemeinstem Vereinheitlicher θ vereinheitlichen läßt (zu $\sim N_2$ vgl. Def. 14.4.2 a)

                            (c) $C = (C_1 - N_1)\theta \cup (C_2 - N_2)\theta$

Ist $R(C_1, C_2, C) = \mathsf{W}$, so heißt C *Resolvente* von C_1 und C_2. Die $N_i \subset C_i$ heißen (Mengen der) in C *resolvierte(n) Literale*. θ heißt *allgemeinster Vereinheitlicher von* C. Sind C_1 und C_2 Grundklauseln, so heißt C *Grundresolvente* von C_1 und C_2 (kurz: G-Resolvente).

(2) Es sei eine Ableitungsregel $\bar{R}^a: \mathsf{CL}^3 \longrightarrow \{\mathsf{W}, \mathsf{F}\}$, genannt *aussagenlogische Resolventenregel* (oder verallgemeinerte Schnittregel), definiert durch

$\bar{R}^a(C_1, C_2, C) = \mathsf{W} :\Longleftrightarrow$ (a) Es gibt einelementige $N_i \subset C_i$ $(i=1,2)$ mit $N_1 = \sim N_2$ (d.h. ε ist a. V. von $N_1 \cup \sim N_2$)

                            (b) $C = (C_1 - N_1) \cup (C_2 - N_2)$

Ist $\bar{R}^a(C_1, C_2, C) = \mathsf{W}$, so heißt C *aussagenlogische Resolvente* von C_1 und C_2

(3) Eine Ableitung $D \in \mathsf{AB}_{\bar{R}^a}(S)$ heißt *aussagenlogische Ableitung* von S. Eine Ableitung $D \in \mathsf{AB}_{\mathscr{R}}(S)$, in der jede Resolvente eine Grundresolvente ist, heißt *Grundableitung* (kurz: G-Ableitung).

G-Resolventen sind aussagenlogische Resolventen, aber nicht umgekehrt (deshalb sind G-Ableitungen aussagenlogische Ableitungen, aber nicht umgekehrt). Aussagenlogische Resolventen sind keine Resolventen (diese Paradoxie löst sich nach Abschnitt 16.6: aussagenlogische Resolventen sind volle Resolventen).

Bemerkung: Da in der vorliegenden Definition der Resolventenregel standardisierte Prämissen vorausgesetzt werden, ist die Ergänzung in der Definition der

Ableitungen (siehe 16.1.1.3), die ein beliebiges Umbenennen der Variablen der Prämissen zuläßt, eine für die Vollständigkeit der Regel notwendige Maßnahme[6]. Sonst ließe sich nämlich z.B. aus der nichterfüllbaren Klauselmenge $S = \{P(x), \neg P(g(x))\}$ keine Resolvente ableiten.

Beispiel 16.11:
(1) $R(P(x,g(x),y), \neg P(u,v,h(v))) = \{\Box\}$ (vgl. Beispiel 16.9.2)
(2) Es seien $C_1 = Q(z) \vee P(x,g(x),z)$ und $C_2 = R(w) \vee \neg P(a,y,w) \vee \neg P(a,y,b)$
Wähle $N_1 = P(x,g(x),z)$ und $N_{21} = \neg P(a,y,w)$
$\qquad\qquad\qquad\qquad\qquad N_{22} = \neg P(a,y,b)$
$\qquad\qquad\qquad\qquad\qquad N_{23} = \neg P(a,y,w) \vee \neg P(a,y,b)$
Dann haben die entsprechenden Mengen $N_1 \cup \sim N_{2j}$ folgende a. V.
$\theta_1 = \{a|x, g(a)|y, w|z\}$ $\qquad\qquad C^1 = Q(w) \vee R(w) \vee \neg P(a,g(a),b)$
$\theta_2 = \{a|x, g(a)|y, b|z\}$ $\qquad\qquad C^2 = Q(b) \vee R(w) \vee \neg P(a,g(a),w)$
$\theta_3 = \{a|x, g(a)|y, b|w, b|z\}$ $\qquad C^3 = Q(b) \vee R(b)$
Die C^i ($i = 1, 2, 3$) sind Resolventen von C_1 und C_2.
(3) Es seien $C_1 = P(x,a) \vee P(a,a) \vee Q(x)$ und $C_2 = \neg P(a,a)$
Wähle $N_{11} = P(x,a)$ $\qquad\qquad$ und $N_2 = \neg P(a,a)$
$\qquad\quad N_{12} = P(a,a)$
$\qquad\quad N_{13} = P(x,a) \vee P(a,a)$
Dann sind die entsprechenden Vereinheitlicher $\theta_1 = \theta_3 = \{a|x\}$ und $\theta_2 = \varepsilon$.
$C^1 = P(a,a) \vee Q(a)$, $C^2 = P(x,a) \vee Q(x)$ und $C^3 = Q(a)$ sind die Resolventen von C_1 und C_2.
(4) $Q(z) \in \bar{R}^a(P(a,y), \neg P(a,y) \vee Q(z))$ ist eine aussagenlogische Resolvente, die keine G-Resolvente ist (und keine Resolvente nach Def. 16.10.1).

Lemma 16.12: *Die Resolventenregel ist korrekt.*

Beweis: zu zeigen ist: $R(C_1, C_2, C) = W \implies C \in \mathrm{Fl}(\{C_1, C_2\})$
(1) $C_i\theta - N_i\theta \subset (C_i - N_i)\theta$ gilt stets, also ist $(C_i - N_i)\theta \in \mathrm{Fl}(C_i\theta - N_i\theta)$ wegen der Korrektheit der Expansionsregel
(2) $(C_1\theta - N_1\theta) \cup (C_2\theta - N_2\theta) \in \mathrm{Fl}(\{C_1\theta, C_2\theta\})$, weil θ ein Vereinheitlicher von $N_1 \cup \sim N_2$ ist und die (verallg.) Schnittregel korrekt ist.
(3) $C_i\theta \in \mathrm{Fl}(C_i)$ wegen der Korrektheit der Substitutionsregel
(4) Dann folgt die Beh. aus (1) bis (3) mit Idempotenz und Isotonie von Fl.
Bemerkung: Zur Korrektheit von $\bar{R}^a$ vgl. Ü 16.7

16.3.2. Im Beispiel 16.2 haben wir schon Resolventenableitungen als *binäre Bäume* dargestellt. Wir werden dieses Mittel beibehalten, um damit Aussagen

---
[6] Diese Maßnahme kann entfallen, wenn man die Resolventenregel gemäß [Rob 65] mit Hilfe sog. Standardisierungssubstitutionen definiert wie in Abschnitt 16.6.2.

über Ableitungen zu beweisen, die man mit anderen Mitteln nur sehr schwer (besser: unanschaulich) beweisen könnte. Wir verzichten auf eine mathematische Definition binärer Bäume (vgl. z.B. [Sa 70]) und erläutern im folgenden Begriffe nur insoweit, als es zu ihrer Handhabung nötig ist.

16.3.2.1. Es sei $R: CL^3 \longrightarrow \{W, F\}$ eine Ableitungsregel. Eine *Baumdarstellung einer Ableitung aus S durch R* ist ein binärer Baum, dessen Ecken (Knoten) wie folgt mit Klauseln markiert sind: an den Blättern des Baums (diese Ecken haben keine hinführenden Kanten!) stehen Varianten von Klauseln der Prämissenmenge S. Weisen die beiden wegführenden Kanten zweier Ecken E_1 und E_2 auf eine Ecke E_3 und sind die E_i mit den Klauseln C_i ($i=1,2$) markiert, so ist E_3 mit einer Klausel C markiert, so daß $R(C_1, C_2, C) = W$.

Ist die Wurzel des Baumes (*die* Ecke, die zwei hinführende Kanten und keine wegführende Kante hat) mit der Klausel C markiert, so handelt es sich um eine Baumdarstellung einer Ableitung von C aus S durch R.

Wir denken uns im folgenden alle betrachteten Ableitungen $D \in AB_R(S)$ durch Baumdarstellungen realisiert, ohne diesen Umstand notationell besonders zu berücksichtigen.

Es sei eine Baumdarstellung einer Ableitung $D \in AB_R(S, C)$ gegeben. Die Menge der Klauseln, mit denen die Blätter des Baums für D markiert sind, heißt *Eingabe von D* und wird mit S_D bezeichnet. Klauseln $C \in S_D$ heißen *Eingabe-Klauseln*.

Beispiel 16.13: Betrachte $S = \{\neg P(x) \vee \neg P(a), P(y), R(z), P(x) \vee \neg R(y)\}$ und folgende Ableitungen $D, D' \in AB_R(S, \square)$:
$D = (\neg P(x) \vee \neg P(a))(P(y))(\neg P(x))(\square)$
$D' = (\neg P(z) \vee \neg P(a))(P(y))(\neg P(z))(R(u))(P(x) \vee \neg R(v))(P(x))(\square)$

Baumdarstellungen sind:

D:

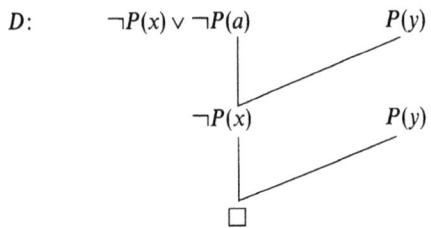

Die Eingabe von D ist $S_D = \{\neg P(x) \vee \neg P(a), P(y)\}$

D':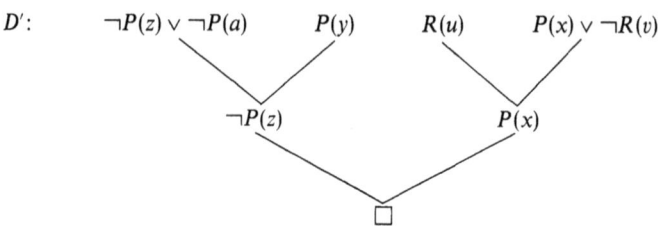

Die Eingabe von D' ist $S_{D'} = \{\neg P(z) \vee \neg P(a), P(y), P(x) \vee \neg R(v), R(u)\}$

16.3.2.2. Es sei $D \in AB_R(S,C)$ eine Ableitung und C_1 und C_2 die Vorgänger von C. Die Unterableitungen $D_i \in AB_R(S,C_i)$ für $i = 1, 2$, die aus den größten Unterbäumen von D bestehen, deren Wurzel C_i ist, heißen *unmittelbare Unterableitungen von D*, schematisch:

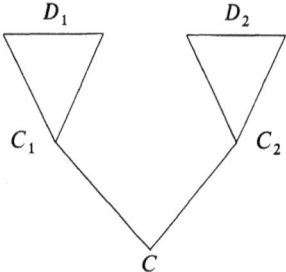

Die um 1 verminderte Zahl der Knoten auf einem maximalen Weg einer Ableitung D heißt *Höhe von D* (engl. level) und wird mit $l(D)$ bezeichnet. Ist $l(D) = n$, so gilt für die Höhen der unmittelbaren Unterableitungen von D $l(D_i) < n$ für $i = 1, 2$.

Von besonderem Interesse sind die sog. *standardisierten* Ableitungen $D \in AB_R(S)$, bei denen je zwei an den Blättern vorkommende Klauseln standardisiert sind. Ist eine Ableitung D standardisiert, dann ist die Eingabe S_D von D standardisiert, aber nicht umgekehrt.

Im Beispiel 16.13 ist D' standardisiert, D aber nicht, obgleich S_D standardisiert ist.

16.4. Das Liften

Um die Vollständigkeit der Resolventenregel R zu beweisen, verwenden wir eine ihrer wesentlichen Eigenschaften, nämlich daß man sie „liften" kann. Vergröbert ausgedrückt besteht das Liften darin, aussagenlogische Ableitungen in prädikatenlogische Ableitungen zu transformieren. Wir werden sehen, daß es dieser Übergang von aussagenlogischen zu prädikatenlogischen Ableitungen gestattet, den Vollständigkeitsbeweis für „liftbare" Regeln auf einen *aussagenlogischen Beweis* zu reduzieren.

Wir beschäftigen uns im nächsten Lemma mit dem Liften von Resolventen und übertragen dieses Ergebnis im darauffolgenden Satz auf Ableitungen. Diese Verallgemeinerung wird durch Induktion über die Höhe der Ableitung gezeigt, wobei es nur darauf ankommt, zu zeigen, daß die erforderlichen Standardisierungsmaßnahmen auch für Ableitungen einzuhalten sind. Die Beweisschwierigkeiten stecken also im Liften von Resolventen. Das folgende Lemma hat Robinson in [Rob 65] „Basic Lemma" genannt, inzwischen hat sich die Bezeichnung *Lifting-Lemma* eingebürgert.

In den späteren Anwendungen auf Vollständigkeitsbeweise wird das Lifting-Lemma nur für den Fall gebraucht, daß die zu liftende Resolvente eine *Grundresolvente* ist; wir bringen hier jedoch die allgemeinere Version, weil der Beweisaufwand dafür kaum größer ist.

Lemma 16.14 *(Lifting-Lemma)*:
Es sei $C' \in R(C'_1, C'_2)$ eine Resolvente, deren Vorgänger C'_i Beispiele zweier standardisierter Klauseln C_i sind, d.h. es gibt für $i = 1, 2$ Substitutionen β_i, so daß $C'_i = C_i \beta_i$ gilt.

Dann gibt es eine Resolvente $C \in R(C_1, C_2)$ und eine Substitution λ mit $C' = C\lambda$.

Beweis: Es sei $C' = (C'_1 - N'_1)\theta' \cup (C'_2 - N'_2)\theta'$ und o.B.d.A. kann angenommen werden, daß β_i nur Variable substituiert, die in C_i vorkommen (vgl. Lemma 9.12.2(b)). Da C_1 und C_2 standardisiert sind, sind die Variablen von β_1 und β_2 disjunkt, so daß $\beta_1 \cup \beta_2$ eine wohldefinierte Substitution ist, die wir α nennen wollen und für die gilt: $C'_i = C_i \alpha$.

Um die gesuchte Resolvente C zu definieren, geben wir die zu resolvierenden Literale $N_i \subset C_i$ an und einen a.V. θ von $N_1 \cup \sim N_2$.
Def.: $N_i = \{L \mid L \in C_i \text{ und } L\alpha \in N'_i\}$ $(i = 1, 2)$
Beh. 1: $N'_i = N_i \alpha$
Nachweis: n. Def. mit $C'_i = C_i \alpha$
Beh. 2: $(C_i - N_i)\alpha = C_i \alpha - N_i \alpha$
Nachweis: Übung für den Leser (allein aus den Abbildungseigenschaften von α)
Beh. 3: $C'_i - N'_i = (C_i - N_i)\alpha$
Nachweis: aus Beh. 2 mit $C'_i = C_i \alpha$

$\alpha \theta'$ ist ein Vereinheitlicher von $N_1 \cup \sim N_2$. Es sei θ ein a.V. von $N_1 \cup \sim N_2$, dann gibt es eine Substitution λ, so daß $\alpha \theta' = \theta \lambda$.

Def.: $C = (C_1 - N_1)\theta \cup (C_2 - N_2)\theta$ mit θ a.V. von $N_1 \cup \sim N_2$
Dann ist $C \in R(C_1, C_2)$, und es gilt
Beh. 4: $C\lambda = C'$

Nachweis: $C\lambda = (C_1 - N_1)\theta\lambda \cup (C_2 - N_2)\theta\lambda$
$ = (C_1 - N_1)\alpha\theta' \cup (C_2 - N_2)\alpha\theta'$
$ = (C_1' - N_1')\theta' \cup (C_2' - N_2')\theta'$ (Beh. 3)
$ = C'$

Wir können den im Lifting-Lemma bewiesenen Sachverhalt durch ein Diagramm verdeutlichen:

$$\begin{array}{ccc} \{C_1, C_2\} & \xdashrightarrow{\alpha} & \{C_1', C_2'\} \\ \theta \downarrow & & \downarrow \theta' \\ C & \xdashrightarrow{\lambda} & C' \end{array}$$

$C_i' = C_i\beta_i = C_i\alpha \quad (i=1,2)$
$\alpha = \beta_1 \cup \beta_2$
$\alpha\theta' = \theta\lambda$

(Die gestrichelten Pfeile stellen die Beispielbildung dar und die durchgezogenen die Resolventenbildung). Man sagt, die Resolvente C *liftet* die Resolvente C'.

Beispiel 16.15:

(1) $\{R(x,y) \vee P(y), \neg R(a,z)\} \xdashrightarrow{\alpha = \{b|y, b|z\}} \{R(x,b) \vee P(b), \neg R(a,b)\}$

$\theta = \{a|x, z|y\} \downarrow \downarrow \theta' = \{a|x\}$

$P(z) \xdashrightarrow{\lambda = \{b|z\}} P(b)$

(2) $\{P(x) \vee P(a), \neg P(a) \vee Q(y)\} \xdashrightarrow{\alpha = \{a|x, b|y\}} \{P(a), \neg P(a) \vee Q(b)\}$

$\theta = \{a|x\} \downarrow \downarrow \theta' = \varepsilon$

$Q(y) \xdashrightarrow{\lambda = \{b|y\}} Q(b)$

Satz 16.16 *(Lifting-Theorem):*
Es sei $D' \in \mathsf{AB}_R(S', C')$ eine Ableitung, deren Eingabe $S_{D'}'$ eine Menge von Beispielen von Klauseln einer Klauselmenge S ist. Dann gibt es eine (baumisomorphe) standardisierte Ableitung $D \in \mathsf{AB}_R(S, C)$ und eine Substitution λ, so daß $C' = C\lambda$ ist.

Beweis: induktiv über die Höhe von D'
$l(D') = 0$: Dann ist $C' = C\lambda$ und $C \in S$
Induktionsschritt: Die Behauptung gelte für Ableitungen D'' mit $0 < l(D'') < k$.
Es sei $l(D') = k$. Dann gilt $l(D_i') < k$ für die unmittelbaren Unterableitungen $D_i' \in \mathsf{AB}_R(S', C_i')$ von D'. Nach Induktionsvoraussetzung gibt es (baumisomorphe) standardisierte Ableitungen $D_i \in \mathsf{AB}_R(S, C_i)$ mit $C_i' = C_i\beta_i$. Wir können o.B.d.A.

annehmen, daß β_i nur Variable substituiert, die in C_i vorkommen. D_1 und D_2 sind n. Vor. standardisiert, und wir können ferner annehmen, daß die Variablen in S_{D_1} verschieden sind von den Variablen in S_{D_2}. Folglich sind C_1 und C_2 standardisiert. Mit dem Lifting-Lemma folgt dann die Behauptung.

Korollar: *Es sei* $D' \in \mathsf{AB}_R(S', \square)$ *eine Widerlegung, deren Eingabe* S'_D, *eine Menge von Beispielen einer Klauselmenge S ist. Dann gibt es eine Widerlegung* $D \in \mathsf{AB}_R(S, \square)$.

Für Grundableitungen ist das Korollar die übliche Version des Lifting-Theorems. Dieses Lifting-Theorem besagt, daß es eine Transformation auf Ableitungen gibt — Liften genannt — die zu einer aussagenlogischen Ableitung D^0 eine prädikatenlogische Ableitung D liefert, wobei zwischen D^0 und D eine *Beziehung* besteht: die beiden Ableitungen sind baumisomorph und jede Klausel in D^0 ist G-Beispiel der entsprechenden Klausel in D. Diese Beziehung läßt sich noch verschärfen, vgl. Diagramm zum Lifting-Lemma. Das Lifting-Theorem enthält wegen dieser Beziehung zwischen den Ableitungen mehr Information als eine Aussage über Vollständigkeit allein.

16.5. Die Vollständigkeit der Resolventenregel

16.5.1. Wir beweisen nun die (Widerlegungs)Vollständigkeit der Resolventenregel, dazu ist zu zeigen:

$$S \notin \mathsf{EF}^K \implies \text{es gibt eine Ableitung } D \in \mathsf{AB}_R(S, \square)$$

Wir werden den Beweis in zwei Teilen führen:

(1) Wir beweisen die Vollständigkeit für Mengen von *Grund*klauseln.
(2) Wir wenden den Satz von Herbrand an und „liften" den Beweis mit Hilfe des Lifting-Theorems für *beliebige* Klauseln.

Satz 16.17 *(Grund-Resolventensatz):*
Es sei S^0 eine endliche Menge von Grundklauseln. Dann gilt:

$$S^0 \notin \mathsf{EF}^K \implies \text{es gibt eine Ableitung } D^0 \in \mathsf{AB}_R(S^0, \square)$$

Beweis: induktiv über einen Parameter $k(S^0) \in \mathbb{N}_0$, den wir wie folgt definieren:

$$k(S^0) = \sum_{C \in S^0} |C| - |S^0|$$

wobei $|S^0|$ die Anzahl der Klauseln in S^0 und $|C|$ die Anzahl der Literale in der Klausel C ist.

Beispiel: $S^0 = \{\{L_1\}, \{L_1, L_2\}, \{L_1, L_2, L_3, L_4\}\}$. Dann ist $k(S^0) = 1 + 2 + 4 - 3 = 4$.

Wir nehmen o.B.d.A. an, daß $\square \notin S^0$ ist, so daß alle Klauseln in S^0 genau dann einelementig sind, wenn $k(S^0) = 0$ ist.

(a) Für das vorgelegte S^0 sei $k(S^0) = 0$. Dann besteht S^0 nur aus einelementigen Klauseln, und da $S^0 \notin \mathsf{EF}^K$, gibt es zwei komplementäre Grund-Literale L_1 und L_2, so daß $\{L_1\}, \{L_2\} \in S^0$, d. h. $\square \in R(\{L_1\}, \{L_2\})$ und somit $\square \in \mathsf{Ab}_R(S^0)$.

(b) Induktionsschritt: Es sei $k(S^0) > 0$.
Dann gibt es eine Klausel $C \in S^0$ mit $|C| \geq 2$. Wir zerlegen C und setzen $C = C_0 \cup \{L\}$, wobei $L \in \mathsf{LIT}$ und $C_0 \in \mathsf{CL}$ nicht die leere Klausel ist.
Def.: $S' = S^0 - \{C\}$, $S_1 = S' \cup \{C_0\}$, $S_2 = S' \cup \{\{L\}\}$
Beh. 1: $S_i \notin \mathsf{EF}^K$ $(i = 1, 2)$
Nachweis: Übung für den Leser
Beh. 2: $k(S_i) < k(S^0)$ $(i = 1, 2)$
Nachweis: Die S_i haben die gleiche Zahl von Klauseln wie S^0, aber die Gesamtzahl ihrer Literale ist um mindestens 1 kleiner.

Dann gilt nach Induktionsvoraussetzung $\square \in \mathsf{Ab}_R(S_i)$ für $i = 1, 2$.
Fall 1: $\square \in \mathsf{Ab}_R(S')$
wegen $S' \subset S^0$ folgt aus der Isotonie von Ab_R die Behauptung $\square \in \mathsf{Ab}_R(S^0)$.
Fall 2: $\square \notin \mathsf{Ab}_R(S')$
Dann ist wegen $\square \in \mathsf{Ab}_R(S_1)$ die Klausel C_0 Eingabe-Klausel jeder Ableitung $D_0 \in \mathsf{AB}_R(S_1, \square)$. Wir ersetzen jedes Vorkommen von C_0 in der Ableitung D_0 durch $C = C_0 \cup \{L\}$. Dadurch entsteht aus D_0 wieder eine Ableitung, und zwar $D \in \mathsf{AB}_R(S^0, C'')$. *D ist eine Grund-Ableitung*, deswegen tritt einer der beiden folgenden Fälle ein:
Fall 2.1: $C'' = \square$ (das tritt z. B. ein, wenn in D_0 das Literal L resolviert wurde)
Damit ist die Behauptung bewiesen.
Fall 2.2: $C'' = \{L\}$
Wir haben also $\{L\} \in \mathsf{Ab}_R(S^0)$, woraus mit $S' \subset S^0$ folgt: $S_2 \subset \mathsf{Ab}_R(S^0)$. Wegen $\square \in \mathsf{Ab}_R(S_2)$ und der Isotonie und Idempotenz von Ab_R folgt die Behauptung.

Satz 16.18 *(Resolventensatz)*:
Es sei S eine endliche Menge von Klauseln. Dann gilt:

$$S \notin \mathsf{EF}^K \Longrightarrow \text{es gibt eine Ableitung } D \in \mathsf{AB}_R(S, \square)$$

Beweis:

$S \notin \mathsf{EF}^K \Longrightarrow$ es gibt eine endliche Menge von Grundbeispielen $P(S) \subset H(S)$, so daß
 $P(S) \notin \mathsf{EF}^K$ (Satz von Herbrand)
 $\Longrightarrow$ es gibt eine Ableitung $D^0 \in \mathsf{AB}_R(P(S), \square)$ (Grund-Resolventensatz)
 $\Longrightarrow$ es gibt eine Ableitung $D \in \mathsf{AB}_R(S, \square)$ (Lifting-Theorem)

Bemerkungen:

(i) Vollständigkeitsbeweise für Ableitungsoperatoren $\mathsf{Ab}_\mathcal{R}$ des Resolventenprinzips lassen sich sehr häufig nach der oben benützten Methode erzielen:

    (a) Beweise die Vollständigkeit für Grundklauseln
    (b) „Lifte" den Beweis, d. h. zeige: wenn es eine Grund-Ableitung der leeren Klausel gibt, dann gibt es auch eine (prädikatenlogische) Ableitung.

Die Hauptarbeit steckt i. a. im Teil (a).

(ii) Die hier verwendete induktive Methode stammt von Anderson und Bledsoe, [AB 70], und läßt sich auf einige wichtige Ableitungsoperatoren übertragen.

In [Rob 65] wird dagegen ein semantischer Vollständigkeitsbeweis geführt: Ist für eine Menge von Grundklauseln die leere Klausel nicht ableitbar, dann läßt sich ein Herbrand-Modell dieser Klauselmenge angeben. Vgl. auch Ü 16.6.

(iii) Der Grund-Resolventensatz läßt sich auf aussagenlogische Ableitungen verallgemeinern, d. h. es gilt:

$$S \notin \mathsf{EF}_a^K \implies \text{es gibt eine aussagenlogische Ableitung } D \in \mathsf{AB}_{\bar{R}^a}(S, \square)$$

(iv) Vollständigkeitssätze für Resolventenregeln werden i. a. als Existenzaussagen formuliert und bewiesen. Sie lassen sich aber *verschärfen*, indem die Wirkung der während der Ableitung vorgenommenen Substitutionen auf die Variablen angegeben wird. Diese Terme repräsentieren dann die in der Ableitung enthaltenen „Rechenresultate". Genaueres § 18.

16.5.2. Das Diagramm auf Seite 196 zeigt schematisch, wie aus der Prädikatenlogik durch Normierung die Klausellogik hervorgeht, ferner den Stellenwert des Satzes von Herbrand und des Resolventensatzes.

16.6. Split-Resolventen und volle Resolventen

16.6.1. In der Literatur wird neben der hier definierten Resolventenregel, die sich z. B. auch in [Ni 71] findet, eine andere Version verwendet, z. B. in [CL 73]. Man spaltet die Regel auf in eine sog. *Faktorisierung* (Vereinheitlichen von Literalen innerhalb einer Klausel) mit anschließender sog. *binärer Resolventenbildung*, bei der aus jeder Klausel anstelle einer Menge von resolvierten Literalen nur ein einzelnes herangezogen wird. Diese Version wird aus Effizienzgründen bei Implementierungen angewandt, weil man durch diese Aufspaltung vermeidet, daß bei mehrfach benützten Klauseln gewisse Vereinheitlichungen mehrfach berechnet werden müssen. Wir werden diese Version nicht verwenden, weil unsere Def. 16.10.1 für theoretische Zwecke meist geeigneter ist, wollen jedoch den Bezug zur alternativen Definition herstellen.

196 Kapitel 5. Logische Grundlagen des maschinellen Beweisens

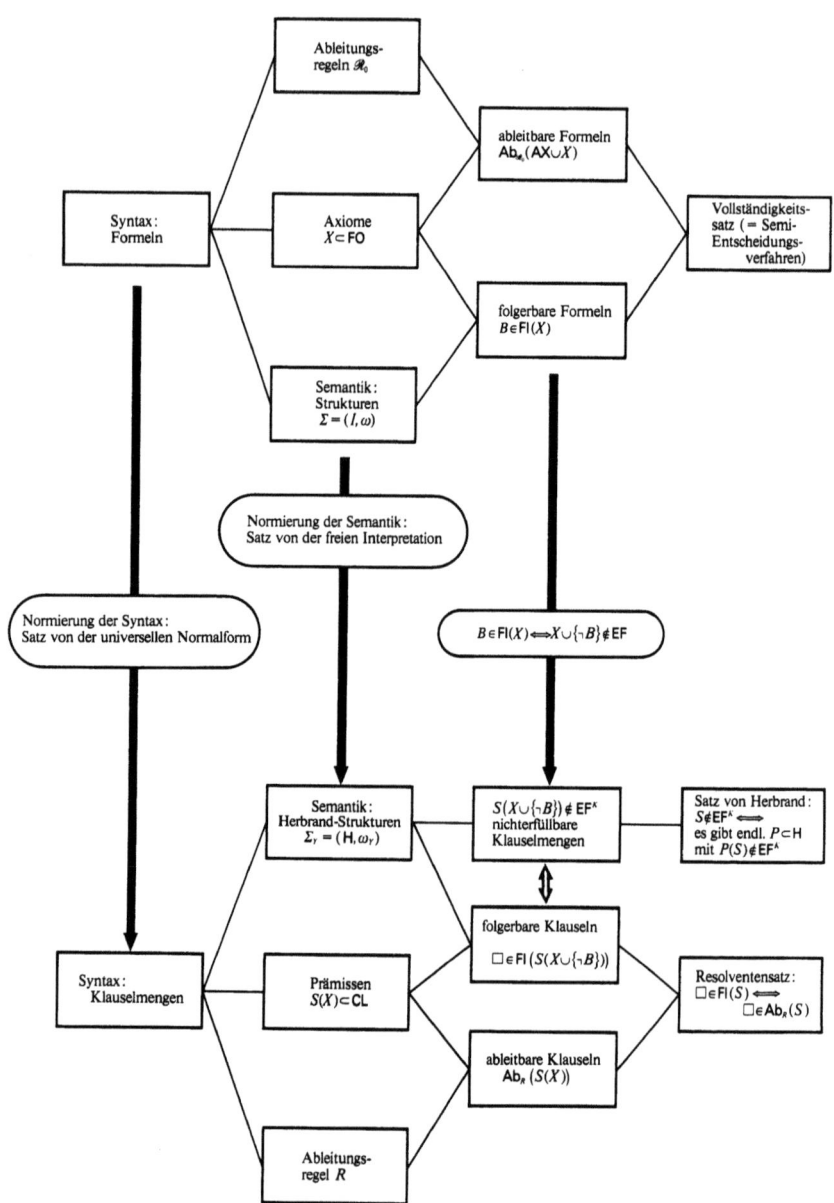

§ 16. Das Resolventenprinzip

Definition 16.19:

(1) Es sei eine Ableitungsregel $Fc: \mathsf{CL}^2 \longrightarrow \{\mathsf{W},\mathsf{F}\}$, genannt *Faktorregel*, definiert durch

$Fc(C_1, C) = \mathsf{W} :\Longleftrightarrow$ (a) Es gibt eine nichtleere Teilmenge $N_1 \subset C_1$, die sich vereinheitlichen läßt mit a. V. θ_1.

(b) $C = C_1 \theta_1$

Ist $Fc(C_1, C) = \mathsf{W}$, so heißt C ein *Faktor* von C_1.

(2) Es sei eine Ableitungsregel $R^{\text{bin}}: \mathsf{CL}^3 \longrightarrow \{\mathsf{W},\mathsf{F}\}$, genannt *binäre Resolventenregel*, definiert durch

$R^{\text{bin}}(C_1, C_2, C) = \mathsf{W} :\Longleftrightarrow$ Es gilt $R(C_1, C_2, C) = \mathsf{W}$ und die Mengen der resolvierten Literale von C sind einelementig.

Ist $R^{\text{bin}}(C_1, C_2, C) = \mathsf{W}$, so heißt C *binäre Resolvente* von C_1 und C_2.

Beispiel 16.20: Es seien $C_1 = P(x,y) \vee P(a,y) \vee R(x,y)$ und $C_2 = \neg P(a,a)$ und $N_1 = P(x,y) \vee P(a,y)$, $N_2 = \neg P(a,a)$.
Dann ist $\theta_1 = \{a|x\}$ ein a. V. von N_1 und $C_1 \theta_1 = P(a,y) \vee R(a,y)$ ein Faktor von C_1.
Ferner ist $\theta' = \{a|y\}$ ein a. V. von $N_1 \theta_1 \cup \sim N_2$ und $C = (C_1 \theta_1 - N_1 \theta_1) \theta' \cup (C_2 - N_2) \theta' = R(a,a)$ eine binäre Resolvente von $C_1 \theta_1$ und C_2.

Definition 16.21: Es sei eine Ableitungsregel $R^S: \mathsf{CL}^3 \longrightarrow \{\mathsf{W},\mathsf{F}\}$, genannt *Split-Resolventenregel*, definiert durch

$R^S(C_1, C_2, C) = \mathsf{W} :\Longleftrightarrow$ (a) C_1 und C_2 sind standardisiert

(b) Es gibt nichtleere Teilmengen $N_i \subset C_i$ mit a. V. θ_i ($i = 1, 2$), so daß sich $N_1 \theta_1 \cup \sim (N_2 \theta_2)$ vereinheitlichen läßt mit a. V. θ'

(c) $C = (C_1 \theta_1 - N_1 \theta_1) \theta' \cup (C_2 \theta_2 - N_2 \theta_2) \theta'$

Ist $R^S(C_1, C_2, C) = \mathsf{W}$, so heißt C eine *Split-Resolvente* von C_1 und C_2

Bemerkung: Zur Korrektheit von Fc, R^{bin} und R^S vgl. Ü 16.7.

Lemma 16.22:
$C \in R^S(C_1, C_2) \Longleftrightarrow$ *Es gibt für* $i = 1, 2$: $C_i \theta_i \in Fc(C_i)$, *so daß* $C \in R^{\text{bin}}(C_1 \theta_1, C_2 \theta_2)$

Beweis: Übung für den Leser

Wir zeigen im nächsten Lemma, daß jede Resolvente eine Split-Resolvente ist und umgekehrt. Für die erste Aussage benötigen wir eine zusätzliche Eigenschaft der Resolventen.

Lemma 16.23: (1) *Es sei* $C \in R(C_1, C_2)$ *mit resolvierten Literalen* N_1 *und* N_2 *und a. V. θ. Wenn für* $i = 1, 2$ *gilt* $(C_i - N_i) \theta = C_i \theta - N_i \theta$, *dann ist* $C \in R^S(C_1, C_2)$.
(2) $R^S(C_1, C_2) \subset R(C_1, C_2)$

Beweis: (1) Man muß zeigen, daß gilt $C = (C_1\theta_1 - N_1\theta_1)\theta' \cup (C_2\theta_2 - N_2\theta_2)\theta'$. Es sei θ ein a.V. von $N_1 \cup \sim N_2$. Dann kann θ zerlegt werden in $\theta = \theta_1\theta_2\theta'$, wobei θ_i a.V. von N_i $(i=1,2)$ ist und θ' a.V. von $N_1\theta_1 \cup \sim(N_2\theta_2)$ gemäß dem Zerlegungssatz für a.V. (siehe Anhang Teil (J)). Wegen der zusätzlichen Eigenschaft $(C_i - N_i)\theta_i = C_i\theta_i - N_i\theta_i$ folgt dann mit der Standardisierung von C_1 und C_2 die Behauptung.

(2) Übung für den Leser

Satz 16.24: *Die Split-Resolventenregel ist vollständig.*

Beweis: Die Version der Resolventenregel R mit $C = (C_1\theta - N_1\theta) \cup (C_2\theta - N_2\theta)$ (Definition 16.10.1 c) ist vollständig (o.B.). Mit Lemma 16.23 folgt dann die Behauptung.

Satz 16.25: *Die binäre Resolventenregel ist nicht vollständig.*

Beweis: Es sei $S = P(x) \vee P(y), \neg P(u) \vee \neg P(v)$. Dann ist $S \notin \mathsf{EF}^K$, aber es gibt keine Widerlegung $D \in \mathsf{AB}_{R^{\mathrm{bin}}}(S, \square)$ (Beweis!).

16.6.2. Wir führen jetzt die ursprüngliche Version der Resolventenregel ([Rob 65]) ein, die wir in § 17 für Beweisverfahren verwenden werden.

Definition 16.26: Es sei eine Ableitungsregel $\bar{R}: \mathsf{CL}^3 \longrightarrow \{\mathsf{W},\mathsf{F}\}$, genannt *volle Resolventenregel*, definiert durch
$\bar{R}(C_1, C_2, C) = \mathsf{W} :\Longleftrightarrow$ es gibt Umbenennungen μ_1, μ_2, so daß $R(C_1\mu_1, C_2\mu_2, C) = \mathsf{W}$.
Ist $\bar{R}(C_1, C_2, C) = \mathsf{W}$, so heißt C *volle Resolvente* von C_1 und C_2.
Bemerkung: zur Korrektheit von $\bar{R}$ vgl. Ü 16.7.

Lemma 16.27:
(1) $R(C_1, C_2) \subset \bar{R}(C_1, C_2)$
(2) *Es seien* C_i $(i=1,2)$ *G-Klauseln. Dann gilt* $R(C_1, C_2) = R^S(C_1, C_2) = \bar{R}(C_1, C_2)$.

Beweis: n. Def.

Lemma 16.28:
$\bar{R}(C_1, C_2, C) = \mathsf{W} \Longleftrightarrow$ (a) *Es gibt Umbenennungen μ_1, μ_2, so daß $C_1\mu_1$ und $C_2\mu_2$ standardisiert sind.*
(b) *Es gibt nichtleere Teilmengen $N_i \subset C_i$ $(i=1,2)$, so daß sich $N_1\mu_1 \cup \sim(N_2\mu_2)$ mit allgemeinstem Vereinheitlicher θ vereinheitlichen läßt.*
(c) $C = (C_1 - N_1)\mu_1\theta \cup (C_2 - N_2)\mu_2\theta$.

Beweis: Für Umbenennungen μ_i $(i=1,2)$ gilt $(C_i - N_i)\mu_i = C_i\mu_i - N_i\mu_i$ (Beweis!). Dann ist die Beweisrichtung „$\Longleftarrow$" klar und die Richtung „$\Longrightarrow$" folgt mit

$C = (C_1 \mu_1 - N'_1)\theta \cup (C_2 \mu_2 - N'_2)\theta$, wenn man $N_i = \{L_i \mid L_i \in C_i \text{ und } L_i \mu_i \in N'_i\}$ definiert.

Satz 16.29: *Die volle Resolventenregel ist vollständig.*

Beweis: Wegen Lemma 16.27.1 ist $\mathsf{Ab}_R(S) \subset \mathsf{Ab}_{\bar{R}}(S)$, so daß die Behauptung aus der Vollständigkeit von R folgt.

Verschärfung: Es gilt sogar:

$S \notin \mathsf{EF}^K \Longrightarrow$ es gibt eine Ableitung $D \in \mathsf{AB}_{\bar{R}}(S, \square)$ mit $S_D \subset S$ (vgl. (3) in 16.1.1).

Beweis: wie Satz 16.18 durch Liften von Grundableitungen mit entsprechend formuliertem Lifting-Theorem ([Rob 65]).

Bemerkungen: Bei Ableitungen durch die volle Resolventenregel $\bar{R}$ werden die notwendigen Standardisierungsmaßnahmen *innerhalb der Ableitung* durchgeführt, während bei Ableitungen, die durch die Resolventenregel R gewonnen werden, alle Standardisierungsmaßnahmen in die *Eingabe der Ableitung* verlegt sind. Das Ausschalten von Umbenennungen innerhalb der Ableitung und die Verwendung von standardisierten Ableitungen macht es zum Beispiel möglich, die Bedeutung der durch die allgemeinsten Vereinheitlicher der Ableitung vorgenommenen Substitutionen klarer zu erkennen und zu beschreiben (vgl. simultane Vereinheitlicher von Ableitungen, § 18). Außerdem lassen sich auch Transformationen wie das Liften besser darstellen (vgl. Diagramm zum Lifting-Lemma 16.14). Die Resolventenregel R ist also bei der Untersuchung von Eigenschaften von Ableitungen sehr geeignet. Darüber hinaus wird sie in Lehrbüchern einfach deshalb bevorzugt, weil sie sich einfacher formulieren läßt. Hier ist zusätzlich die volle Resolventenregel eingeführt worden, weil wir sie im nächsten Paragraphen für Beweisverfahren verwenden wollen.

Übungen zu § 16

Ü 16.1: Berechnen Sie einen allgemeinsten Vereinheitlicher θ der folgenden Mengen E von Ausdrücken und geben Sie $E\theta$ an.
(1) $\{P(x,z,y), P(u,v,a), P(w,u,a)\}$
(2) $\{P(x,y,u), P(x,z,v), P(g(y_1, y_2), y_1, y_2)\}$
(3) $\{P(g(u,v), u, v), P(g(x, j(w)), y, j(w))\}$

Ü 16.2: Zeigen Sie mit Hilfe der vollen Resolventenregel die Nichterfüllbarkeit der folgenden Klauselmengen, indem Sie Widerlegungen dieser Mengen angeben:

(1) $S_1 = \neg p \vee q \vee r, \neg q, p \vee r, \neg r$
(2) $S_2 = \neg V(x,y) \vee \neg V(y,z) \vee G(x,z), V(g(x),x), \neg G(x,y)$
(3) $S_3 = R(a,b), \neg R(x,y) \vee R(g(x),y), \neg R(x,y) \vee Q(y), \neg Q(b)$

Ü 16.3: Berechnen Sie alle Resolventen von

$$C_1 = \neg P(x,y,u) \vee \neg P(y,z,v) \vee \neg P(u,z,w) \vee P(x,v,w)$$
$$C_2 = P(g(x_1,x_2),x_1,x_2),$$

indem Sie die Resolventenregel benutzen (Definition 16.10.1) oder die Split-Resolventenregel (Definition 16.21).

Ü 16.4: Beweisen Sie das Quantorengesetz

$$A = ((\forall x P(x)) \longrightarrow Q(b)) \longleftrightarrow \exists x (P(x) \longrightarrow Q(b)) \in \mathsf{ag},$$

indem Sie eine Widerlegung von $S(\neg A)$ angeben.

Ü 16.5: Betrachten Sie das gruppentheoretische Problem S aus Beispiel 14.12. Finden Sie eine Widerlegung von S und geben Sie bei jeder Anwendung der vollen Resolventenregel $\bar{R}$ auf Klauseln C_1 und C_2 an:
(a) die resolvierten Literale $N_i \subset C_i$ $(i=1,2)$,
(b) den allgemeinsten Vereinheitlicher der Resolvente.
Zum Finden des Beweises orientieren Sie sich am Ausdruck des Beweisprogramms in Beispiel 17.11. Der Beweis dort hat vier Schritte, die Mengen N_i $(i=1,2)$ sind stets einelementig.

Ü 16.6: Beweisen Sie den Grund-Resolventensatz unter Verwendung des Modell-Begriffs (vgl. Satz 16.18 und Bemerkung (ii)).
Anleitung: Es sei S^0 eine endliche Menge von Grundklauseln und $\mathsf{HB} = \{A_1,\ldots,A_k\}$ die Herbrand-Basis von $\mathsf{Ab}_R(S^0)$. Es wird eine Herbrand-Belegung für $\mathsf{Ab}_R(S^0)$ wie folgt definiert: für $0 \leq j \leq k$ sei

$$M_0 = \emptyset$$
$$M_j = \begin{cases} M_{j-1} \cup \{A_j\} & \text{wenn es kein } C \in \mathsf{Ab}_R(S^0) \text{ gibt mit} \\ & \sim C \subset M_{j-1} \cup \{A_j\} \\ M_{j-1} \cup \{\neg A_j\} & \text{sonst} \end{cases}$$

Zu zeigen ist: $\square \notin \mathsf{Ab}_R(S^0) \Longrightarrow M_k$ ist ein Herbrand-Modell von $\mathsf{Ab}_R(S^0)$

Nach Konstruktion ist $M_0 \subset M_1 \subset \ldots \subset M_j \subset \ldots \subset M_k$. Wenn M_k kein Herbrand-Modell von $\mathsf{Ab}_R(S^0)$ ist, dann gibt es ein minimales j, $0 < j \leq k$, so daß $\sim C \subset M_j$ für ein $C \in \mathsf{Ab}_R(S^0)$ (mit Lemma 14.28.2!). Zeigen Sie, daß $A_j \in C$ und $\neg A_j \in C'$ für ein $C' \in \mathsf{Ab}_R(S^0)$ gilt und daß dies zu einem Widerspruch zur Minimalität von j und zur Voraussetzung $\square \notin \mathsf{Ab}_R(S^0)$ führt.

Ü 16.7: Zeigen Sie, daß die Regeln $\bar{R}^a$, R^{bin}, R^S, Fc, $\bar{R}$ korrekt sind. Tip: analysieren Sie den Korrektheitsbeweis für R, Lemma 16.12, um die Korrektheit von $\bar{R}$ zu beweisen.

§ 17. Beweisverfahren des Resolventenprinzips

Wir haben in den Paragraphen 14 und 16 die logischen Grundlagen des Resolventenprinzips kennengelernt. § 15 hat gezeigt, daß unmittelbare Anwendungen des Satzes von Herbrand in den sog. Herbrand-Prozeduren keine praktikablen Verfahren sind. Wir werden nun sehen, daß die auf dem Resolventenprinzip beruhenden Verfahren wesentliche Verbesserungen bringen (vgl. den Rechner-Ausdruck in Beispiel 17.8), daß aber die Frage nach effizienten Verfahren nach wie vor zentral die Forschungen bestimmt.

17.1. Beweisverfahren

Wir kennen zwar die Resolventenregel und wissen, was Widerlegungen sind, damit haben wir aber noch kein *Verfahren*, das aus einer nichterfüllbaren Klauselmenge in einer solch geschickten Reihenfolge Resolventen bildet, daß man eine Widerlegung findet. Wir werden nun solche Verfahren angeben und an einigen einfachen Strategien die zugrunde liegenden Prinzipien erläutern.

Wir werden in diesem Paragraphen die volle Resolventenregel $\bar{R}$ anstatt der Resolventenregel R verwenden, und zwar aus folgendem Grund: die Regel R setzt voraus, daß die notwendige Standardisierung vor Anwendung der Regel bereits geschehen ist. Ein Verfahren, das auf der Regel R beruht, muß dann während des Ableitens bei jedem neuen Gebrauch einer Klausel aus der Prämissenmenge diese mit neuen Variablen versehen und speichern. Um diesen aufwendigen Gebrauch von Variablen und Speicherplatz während des Suchens nach einer Widerlegung zu vermeiden, wird in Beweisverfahren die volle Resolventenregel verwendet. Der Übergang von der Regel R zur vollen Regel $\bar{R}$ wird meist stillschweigend vollzogen (vgl. z. B. [CL 73], [Ni 71]).

Wir werden deshalb jetzt nur noch solche Ableitungen $D \in \mathsf{AB}_\mathcal{R}(S)$ erzeugen, deren Eingabeklauseln S_D in S enthalten sind (vgl. die Verschärfung zu Satz 16.29). Für diese Menge von Ableitungen führen wir keine neue Symbolik ein, sondern bezeichnen sie in diesem Paragraphen ebenfalls mit $\mathsf{AB}_\mathcal{R}(S)$, das gleiche gilt für $\mathsf{Ab}_\mathcal{R}(S)$, in Übereinstimmung mit den Definitionen 10.30 und 10.64.

Definition 17.1: Ein Algorithmus $\mathscr{S}$, der für eine beliebige Klauselmenge $S \subset \mathsf{CL}$ und eine beliebige Menge von Ableitungsregeln $\mathcal{R}$ Ableitungen $D \in \mathsf{AB}_\mathcal{R}(S)$ aus

S durch $\mathscr{R}$ erzeugt, heißt eine *Suchstrategie*. Die Menge $AB_\mathscr{R}(S)$ nennen wir in diesem Zusammenhang *Suchraum*.

Bemerkung: Eine Suchstrategie bestimmt also die Reihenfolge, in der Ableitungen aus $AB_\mathscr{R}(S)$ erzeugt werden.

Definition 17.2: Ein Ableitungsoperator $Ab_\mathscr{R}$ zusammen mit einer Suchstrategie $\mathscr{S}$ heißt ein *Beweisverfahren*[7], bezeichnet als

$$\mathscr{B} = (Ab_\mathscr{R}, \mathscr{S}).$$

Wenn die Regelmenge $\mathscr{R}$ aus einer einzigen Regel besteht, wie etwa hier aus der vollen Resolventenregel $\bar{R}$ oder aus einer durch $\bar{R}$ definierte Regel (einer sog. Verfeinerung), dann läßt sich der Suchraum durch das sog. *stufenweise Suchen* erzeugen. Dazu das

Lemma 17.3: *Es sei S eine Klauselmenge*

$$\bar{R}(S) = \bar{R}^1(S) = S \cup \{C \mid C \in \bar{R}(C_1, C_2) \text{ und } C_1, C_2 \in S\} \quad \text{und}$$
$$\bar{R}^{n+1}(S) = \bar{R}(\bar{R}^n(S)) \quad \text{für} \quad n \geq 1.$$

Dann gilt: $Ab_{\bar{R}}(S) = \bigcup_{n=1}^{\infty} \bar{R}^n(S)$

Beweis: induktiv über den Aufbau von $Ab_{\bar{R}}$

Man erhält also alle aus S ableitbaren Klauseln, indem man nacheinander alle aus $\bar{R}^n(S)$ ableitbaren Klauseln erzeugt mit $n = 1, 2, \ldots$, wobei für eine Ableitung $D \in AB_{\bar{R}}(\bar{R}^n(S))$ gilt $l(D) \leq n$.

Definition 17.4: Es sei S eine Klauselmenge und $\mathscr{R} = \{\bar{R}\}$ oder $\mathscr{R} = \{R\}$.
(1) Zwei Ableitungen $D_1, D_2 \in AB_\mathscr{R}(S)$ heißen *äquivalent*, wenn gilt:
  (a) D_1 und D_2 sind baumisomorph.
  (b) Je zwei entsprechende Klauseln in den Ableitungen D_1 und D_2 sind Varianten.
  (c) Die Mengen resolvierter Literale in entsprechenden Klauseln sind Varianten.
  Bemerkung: Die Äquivalenz von Ableitungen ist eine Äquivalenzrelation.

---

[7] Die Trennung von Beweisverfahren in Ableitungsoperator und Suchstrategie stammt von Kowalski, [Kow 70a, b]. Nach diesem Vorschlag sollte der Ableitungsoperator die „logischen" Einschränkungen und die Suchstrategie die „heuristischen" enthalten. Diese Unterscheidung scheint natürlich, aber es ist nicht klar, wie sie definiert werden sollte.

(2) Eine Suchstrategie $\mathscr{S}$ heißt *vollständig*, wenn sie aus jeder Äquivalenzklasse von $AB_{\mathscr{R}}(S)$ wenigstens einen Repräsentanten erzeugt.

Eine Realisierung des stufenweisen Suchens ist durch die sog. Zwei-Zeiger-Methode gegeben:

Definition 17.5: Die *Zwei-Zeiger-Methode* ist eine Suchstrategie, bezeichnet mit $\mathscr{S}_Z$, die durch folgenden Algorithmus definiert ist:

STEP 1: Die Klauseln der vorgegebenen Klauselmenge S werden in einer festen Reihenfolge, sagen wir $C_1, \ldots, C_n$, angeordnet.

STEP 2: Erzeuge Klauseln gemäß folgendem Stück ALGOL-60-Programm
    for $j = 1$ **step** 1 **until** maxcl **do**
        for $i = 1$ **step** 1 **until** j **do** *erzeuge aus jeder Äquivalenzklasse von $\bar{R}(C_i, C_j)$ wenigstens einen Repräsentanten*

Dabei werden neu erzeugte Klauseln fortlaufend ab n mit $n+1, n+2$, usw. durchnumeriert und ihre Vorgänger i und j durch $\bar{R}(i,j)$ mitnotiert (vgl. die Schreibweise aus dem Anhang Teil (F 1)). *maxcl* ist die Maximalzahl der durch das Beweisprogramm generierbaren Klauseln.

Lemma 17.6: *Die Zwei-Zeiger-Methode ist vollständig.*

Beweis: mit Lemma 17.3

Beispiel 17.7: Wir verwenden das Beweisverfahren $\mathscr{B} = (Ab_{\bar{R}}, \mathscr{S}_Z)$, um Widerlegungen für die beiden folgenden Klauselmengen zu finden:

$S_1 = \{\neg p \vee q, q \vee \neg r, p \vee r, \neg q\}$
$S_2 = \{P(a,b), \neg P(x,y) \vee P(g(x),y), \neg P(x,y) \vee Q(y), \neg Q(b)\}$ (vgl. [Mel 75])

(a) Der Suchraum für S_1 bei zwei verschiedenen Anordnungen der Klauseln

1	$\neg p \vee q$		1	$\neg q$	
2	$q \vee \neg r$		2	$\neg p \vee q$	
3	$p \vee r$		3	$q \vee \neg r$	
4	$\neg q$		4	$p \vee r$	
Höhe 1: 5	$q \vee r$	$\bar{R}(1,3)$	5	$\neg p$	$\bar{R}(1,2)$
6	$p \vee q$	$\bar{R}(2,3)$	6	$\neg r$	$\bar{R}(1,3)$
7	$\neg p$	$\bar{R}(1,4)$	7	$q \vee r$	$\bar{R}(2,4)$
8	$\neg r$	$\bar{R}(2,4)$	8	$p \vee q$	$\bar{R}(3,4)$

Höhe 2:	9	q	$\bar{R}(2,5)$	9	r	$\bar{R}(4,5)$
	10	r	$\bar{R}(4,5)$	10	p	$\bar{R}(4,6)$
	11	q	$\bar{R}(1,6)$	11	r	$\bar{R}(1,7)$
	12	p	$\bar{R}(4,6)$	12	q	$\bar{R}(3,7)$
	13	r	$\bar{R}(3,7)$	13	q	$\bar{R}(6,7)$
	14	q	$\bar{R}(6,7)$	14	p	$\bar{R}(1,8)$
	15	p	$\bar{R}(3,8)$	15	q	$\bar{R}(2,8)$
	16	q	$\bar{R}(5,8)$	16	q	$\bar{R}(5,8)$
Höhe 3:	17	$\square$	$\bar{R}(4,9)$	17	q	$\bar{R}(3,9)$
⋮				18	$\square$	$\bar{R}(6,9)$
				⋮		

Bemerkung: für die bei Höhe k stehenden Klauseln C gibt es also eine Ableitung $D \in \mathsf{AB}_{\bar{R}}(S_1, C)$ mit $l(D) = k$. Man sieht, daß die Anordnung der Klauseln in S_1 die Reihenfolge der erzeugten Klauseln wesentlich ändert.

Aus den teilweise erzeugten Suchräumen kann man den Beweis extrahieren. Wir finden also folgende Widerlegungen:

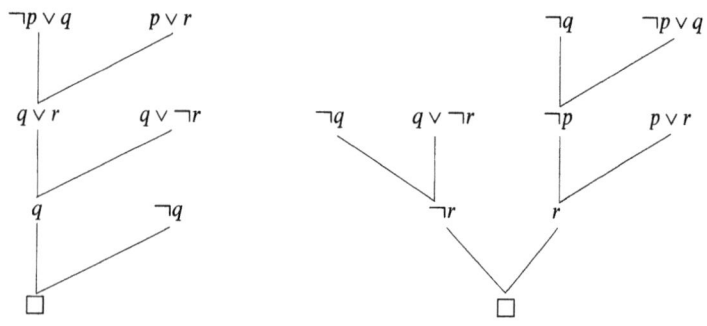

(b) Der Suchraum für S_2:

1	$P(a,b)$	
2	$\neg P(x,y) \vee P(g(x),y)$	
3	$\neg P(x,y) \vee Q(y)$	
4	$\neg Q(b)$	
Höhe 1: 5	$P(g(a),b)$	$\bar{R}(1,2)$
6	$\neg P(x,y) \vee P(g(g(x)),y)$	$\bar{R}(2,2)$
7	$Q(b)$	$\bar{R}(1,3)$
8	$\neg P(x,y) \vee Q(y)$	$\bar{R}(2,3)$
9	$\neg P(x,b)$	$\bar{R}(3,4)$

Höhe 2:	10	$P(g(g(a)),b)$	$\bar{R}(2,5)$
	11	$Q(b)$	$\bar{R}(3,5)$
	12	$P(g(g(a)),b)$	$\bar{R}(1,6)$
	13	$\neg P(x,y) \vee P(g(g(g(x))),y)$	$\bar{R}(2,6)$
	14	$\neg P(x,y) \vee P(g(g(g(x))),y)$	$\bar{R}(2,6)$
	15	$\neg P(x,y) \vee Q(y)$	$\bar{R}(3,6)$
	16	$P(g(g(g(a))),b)$	$\bar{R}(5,6)$
	17	$\square$	$\bar{R}(4,7)$

Bemerkung: Die Klauseln 13 und 14 werden auf zwei verschiedene Weisen aus den Klauseln 2 und 6 erzeugt!

Der gefundene Beweis:

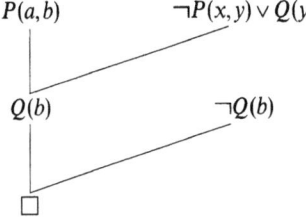

17.2. Zur Effizienz (Verfeinerungen der Resolventenregel)

17.2.1. Betrachtet man Ableitungen und Beweisverfahren, so muß man zwischen zwei Größen unterscheiden:

(a) der Anzahl der Resolventen in einem Beweis (in den Widerlegungen für S_1 und S_2 des vorigen Beispiels ist diese Anzahl 3 (und 4) bzw. 2) und

(b) der Anzahl der Resolventen, die von der Suchstrategie bis zum Finden der ersten leeren Klausel generiert wird (im vorigen Beispiel ist diese Anzahl 13 (und 14) bzw. 13).

Will man Beweisverfahren vergleichen, so muß man von der (relativen) Effizienz eines Verfahrens reden können, doch schon die Definition dieses Begriffs ist ein Problem, erst recht die Aufgabe, effiziente Verfahren zu entwickeln. Die Versuche, auf dem Gebiet des maschinellen Beweisens einen Effizienzbegriff einzuführen, ihn zu begründen und für Forschungen nutzbar zu machen, sind nicht sehr weit gediehen, so daß wir hier, um prinzipielle Probleme klarzumachen, mit einem ganz naiven Maß für Effizienz arbeiten werden, nämlich dem unter (b) genannten[8].

---

[8] Für Beweisprogramme (Theorem-Beweiser) fällt auch noch die Zahl der erfolglosen Vereinheitlichungsversuche ins Gewicht und ähnliche Rechenzeit und Speicherbelegung beeinflussende Faktoren.

Es sei $\text{Anz}_S(R, \mathscr{S})$ die Anzahl der von der Suchstrategie $\mathscr{S}$ mit Hilfe des Ableitungsoperators Ab_R aus der in einer bestimmten Reihenfolge angeordneten Klauselmenge S bis zum Finden der ersten leeren Klausel neu erzeugten Klauseln.

Es seien $\mathscr{B}_i = (\text{Ab}_{R_i}, \mathscr{S}_i)$ Beweisverfahren $(i=1, 2)$. Wir nennen $\mathscr{B}_1$ beim Beweisen von $S \subset \text{CL}$ *effizienter* als $\mathscr{B}_2$, wenn $\text{Anz}_S(R_1, \mathscr{S}_1) \leq \text{Anz}_S(R_2, \mathscr{S}_2)$ gilt.

17.2.2. In der bisherigen Entwicklung des maschinellen Beweisens hat man relativ wenig Aktivitäten in bezug auf Suchstrategien unternommen. Zunächst war nur das *stufenweise Suchen* (etwa $\mathscr{S}_Z$) bekannt und die *Einheiten-Präferenz-Strategie*, [WCR 64]; diese Strategie wählt zur Resolventenbildung einelementige Klauseln bevorzugt aus. Einen neuen Anstoß brachten Kowalskis Bemühungen um eine Explikation des Begriffs Suchstrategie, vgl. Fußnote 7, die mit der Entwicklung neuer Verfahren verbunden waren, [Kow 70 b], [Kow 73 a].

Beim sog. *Diagonalverfahren*, [Kow 70 b], werden Klauseln nach „Kosten" geordnet generiert, wobei sich Kosten z. B. nach der Höhe berechnen, in der die Klausel in der Ableitung auftritt, und nach der Anzahl ihrer Literale, vgl. Beispiel 17.11.

Eine Weiterentwicklung des Diagonalverfahrens ist der sog. *Q^*-Algorithmus*, der in einem deduktiven Frage-Antwort-System verwendet worden ist, das auf dem Resolventenprinzip beruht, [MFM 73].

17.2.3. Um die Verbesserung der Effizienz von Beweisverfahren zu erreichen, hat sich die Forschung meist mit der Entwicklung von Regelsystemen, speziell mit vollständigen Verfeinerungen der Resolventenregel beschäftigt.

Definition 17.8: Eine *Verfeinerung* der vollen Resolventenregel $\bar{R}$ ist eine Ableitungsregel $\bar{R}_v : \text{CL}^3 \longrightarrow \{W, F\}$, definiert durch

$$\bar{R}_v(C_1, C_2, C) = W :\Longleftrightarrow \bar{R}(C_1, C_2, C) = W \text{ und } P_v(C_1, C_2) = W$$

wobei $P_v : \text{CL}^2 \longrightarrow \{W, F\}$ ein Prädikat ist.

Definition 17.9: Es seien die Verfeinerungen $\bar{R}_E$, $\bar{R}_p$ und $\bar{R}_s$ der vollen Resolventenregel definiert durch Angabe der Prädikate P_E, P_p und P_s, dabei sei $C \in \bar{R}(C_1, C_2)$:

(1) *Einheiten-Regel* (engl. unit resolution):
$P_E(C_1, C_2) = W :\Longleftrightarrow C_1$ oder C_2 ist eine einelementige Klausel (Einheit).

(2) *p-Regel* (engl. p-deduction, [Rob 65a]):
$P_p(C_1, C_2) = W :\Longleftrightarrow C_1$ enthält nur positive Literale oder C_2 enthält nur positive Literale (man nennt solche Klauseln positiv), d. h. $C_1 \subset \text{AF}$ oder $C_2 \subset \text{AF}$

Eine andere Version dieser Regel ist die *m-Regel* mit
$P_m(C_1, C_2) = W :\Longleftrightarrow C_1$ ist negativ oder C_2 ist negativ, d. h. $C_1 \subset {\sim} AF$ oder $C_2 \subset {\sim} AF$

(3) *Stützmengen-Regel* (engl. set of support, [WCR 65]):
Es sei $K \subset S$ eine Teilmenge der Ausgangsklauselmenge S, so daß $S - K \in EF^K$.
K heißt Stützmenge.
$P_s(C_1, C_2) = W :\Longleftrightarrow (C_1 \in \bar{R}^n(S)$ für ein $n \geq 1$ oder $C_1 \in K)$ und C_2 beliebig (oder umgekehrt), d. h. entweder ist ein Vorgänger von C eine Resolvente oder, falls beide Vorgänger Eingabe-Klauseln sind, ist mindestens einer aus K.
Bemerkung: als K kann man z. B. die *Klauselmenge des negierten Theorems* nehmen.

Ist $\bar{R}_v$ eine Verfeinerung von $\bar{R}$, so gilt für die Suchräume

$AB_{\bar{R}_v}(S) \subset AB_{\bar{R}}(S)$ für alle $S \subset CL$.

Um diese Verkleinerung des Suchraums zu veranschaulichen, geben wir ein paar Zahlen an, die Henschen in [Hen 75] beim Testen eines einfachen gruppentheoretischen Theorems ermittelt hat.

Regel	neu erzeugte Klauseln des Suchraums mit	
	Höhe 1	Höhe 2
$\bar{R}$	148	mehrere Tausend
$\bar{R}_E$	74	397
$\bar{R}_s$	27	150

Die drei angeführten Prädikate sind leicht testbar, weswegen sich die zugehörigen Regeln gut für Implementierungen eignen. Die Einheiten-Regel hat darüber hinaus den Vorteil, daß sie stets kürzere Klauseln erzeugt. Durch die Stützmengen-Regel (mit der Klauselmenge des negierten Theorems als Stützmenge) will man vermeiden, viele Ableitungen aus den Prämissen *allein* zu bilden, da diese nicht relevant sind für das Theorem. Ableitungen nach der Stützmengen-Regel beginnen dann mit Resolventen, die mindestens einen Vorgänger aus der Klauselmenge des negierten Theorems haben.

Die Einheiten-Regel ist nicht vollständig, während *p*-Regel und Stützmengen-Regel vollständig sind, was man mit den Methoden aus dem § 16 zeigen kann (vgl.

[AB 70]). Eine große Klasse von Anwendungsbereichen, z.B. algebraische Theorien wie Gruppen, Ringe etc., läßt eine Axiomatisierung durch *Horn-Klauseln*[9] zu. Wendet man die Einheiten-Regel nur auf Mengen von Horn-Klauseln an, so ist sie vollständig, was unmittelbar aus der Vollständigkeit der *p*-Regel folgt (Beweis!).

Man kann Verfeinerungen kombinieren, indem man die Konjunktion der sie definierenden Prädikate als definierendes Prädikat der Kombination nimmt. Aus der Vollständigkeit der kombinierten Regeln folgt i. a. nicht die Vollständigkeit der Konjunktion, so sind z. B. $\bar{R}_E$ und $\bar{R}_s$ vollständig für Horn-Klauseln, nicht aber ihre Konjunktion, vgl. [He 76].

Die Verfeinerungen, die wir eingeführt haben, sind nur eine Auswahl aus den in der Literatur studierten; sie sind besonders einfach, aber wirksam, wie Testergebnisse gezeigt haben, vgl. [WM 76]. Als weitere Verfeinerungen seien genannt: hyper-resolution, [Rob 65a]; semantic resolution and *A*-ordering, [Sla 67]; linear resolution, [Lov 70]; model elimination, [Lov 68]; first-literal resolution, [KH 69]; SL-resolution, [KK 71]; locking, [Boy 71]. Ein großer Teil dieser Verfeinerungen ist im Lehrbuch [CL 73] ausführlich behandelt. Neue Verfeinerungen und Techniken findet der Leser in [IEEE 76].

Wir wollen nun anhand der Klauselmenge S_2 aus Beispiel 17.7 die Wirkung von Verfeinerungen veranschaulichen.

Beispiel 17.10: Nach Beispiel 17.7 ist $\text{Anz}_{S_2}(\bar{R}, \mathscr{S}_Z) = 13$

(1) $\mathscr{B} = (\text{Ab}_{\bar{R}_E}, \mathscr{S}_Z)$ erzeugt in der Numerierung von Beispiel 17.7 nur noch die Klauseln 5, 7, 9, 10, 11, 17, d. h. $\text{Anz}_{S_2}(\bar{R}_E, \mathscr{S}_Z) = 6$

(2) $\mathscr{B} = (\text{Ab}_{\bar{R}_P}, \mathscr{S}_Z)$ erzeugt die Klauseln: 5, 7, 10, 11, 17, also $\text{Anz}_{S_2}(\bar{R}_P, \mathscr{S}_Z) = 5$

(3) $\mathscr{B} = (\text{Ab}_{\bar{R}_s}, \mathscr{S}_Z)$ mit $K = \{\neg Q(b)\}$ erzeugt die Klauseln: 9 und aus 1 und 9 die leere Klausel, die in der Numerierung von Beispiel 17.7 die Nummer 23 trüge. Also gilt: $\text{Anz}_{S_2}(\bar{R}_s, \mathscr{S}_Z) = 2$.

Zu Beispiel 17.10, s. Ü 17.5.

Beispiel 17.11: Wir betrachten erneut das gruppentheoretische Problem *S* aus Beispiel 14.12, das bereits als Beispiel 15.3 zur Erläuterung der Herbrand-Prozeduren diente.

Es ist schon zu groß, als daß man es durch einfaches „Kopfrechnen" abhandeln könnte. Wir geben daher die Wirkung von Verfeinerungen und Suchstrategien als Ergebnisse eines Beweisprogramms ([THEO 74]) an. Es enthält:

(1) die *Suchstrategien:* $\mathscr{S}_Z, \mathscr{S}_{\text{diag}}$

$\mathscr{S}_Z$ ist das stufenweise Suchen nach einer Zwei-Zeiger-Methode und $\mathscr{S}_{\text{diag}}$ das oben

---

[9] Klauseln mit höchstens einem positiven Literal heißen Horn-Klauseln, vgl. dazu die Bibliographie in [BN 74].

§ 17. Beweisverfahren des Resolventenprinzips 209

angegebene Diagonalverfahren, bei dem sich die Kosten als Summe aus Höhe und Anzahl der Literale der Klauseln zusammensetzen.

(2) die *Regeln:* $\bar{R}, \bar{R}_s, \bar{R}_p, \bar{R}_m$.
$\bar{R}_s$ ist im Beispiel mit $K = \{\neg P(j(x), x, j(x))\}$ definiert.

Die nun folgende Tabelle gibt für die betrachteten Beweisverfahren die Anzahl der neu generierten Klauseln an, wobei der gefundene Beweis bei allen Verfahren in Höhe 4 gefunden wurde und jeweils 4 Resolventen enthält.

R	$\mathscr{S}$	$\text{Anz}_S(R, \mathscr{S})$
$\bar{R}$	$\mathscr{S}_Z$	kein Beweis
$\bar{R}$	$\mathscr{S}_{\text{diag}}$	411
$\bar{R}_p$	$\mathscr{S}_Z$	173
$\bar{R}_p$	$\mathscr{S}_{\text{diag}}$	173
$\bar{R}_s$	$\mathscr{S}_Z$	314
$\bar{R}_s$	$\mathscr{S}_{\text{diag}}$	38
$\bar{R}_m$	$\mathscr{S}_Z$	314
$\bar{R}_m$	$\mathscr{S}_{\text{diag}}$	28

(s. Ü 17.2, 17.3, 17.4)

Der Rechner-Ausdruck auf der folgenden Seite gibt den erzeugten Suchraum für $\mathscr{B} = (\text{Ab}_{\bar{R}_m}, \mathscr{S}_{\text{diag}})$ und den gefundenen Beweis an.

17.2.4. Bei Anwendung der uneingeschränkten Resolventenregel wird auch bei einfachen Problemen meist kein Beweis gefunden, weil das Beweisprogramm sehr schnell die Speicherkapazität des Rechners oder die vorgegebene Rechenzeit überschreitet. Deshalb sucht man nach Verfeinerungen, die so strikt sind, daß sie die Überschreitung der Rechnerressourcen verhindern, andererseits aber nicht so strikt, daß alle Beweise eliminiert werden, d. h. die Verfeinerung soll vollständig für die vorgegebene Klasse von Problemen bleiben. Ob durch die vielen Verfeinerungen, die in der Entwicklung des maschinellen Beweisens eingeführt wurden, tatsächlich eine Verbesserung der Effizienz herbeigeführt wird, ist keineswegs offensichtlich[10], denn eine Verfeinerung kann kürzeste Beweise eliminieren und die Suche nach den dann noch zugänglichen längeren Beweisen kann den gleichen oder sogar einen größeren Suchaufwand erfordern.

Eine *Theorie der Effizienz* von Beweisverfahren gibt es, wie schon angedeutet, bisher nur in Ansätzen, z. B. [Kow 70a], die aber nicht so entwickelt sind, daß sich mit ihrer Hilfe a priori Aussagen machen lassen über die Effizienz von Verfeinerun-

---

[10] Man lasse sich nicht durch die angegebenen Beispiele täuschen, denn diese sagen eben nur, daß sich die angegebenen Beweisverfahren für die betrachtete Klauselmenge brauchbar verhalten.

```
******** THEO  MV1.17 ********

 100, D, M, 10, 10,
1: P(X,Y,F(X,Y)),
2: ¬P(X,Y,U)*¬P(Y,Z,V)*¬P(U,Z,W)*P(X,V,W),
3: ¬P(X,Y,U)*¬P(Y,Z,V)*¬P(X,V,W)*P(U,Z,W),
4: P(G(X,Y),X,Y),
5: P(X,H(X,Y),Y)/
6: ¬P(J(X),Y,J(X)).
*** THEORY ACCEPTED ***

DIAGONAL= 1
LEVEL= 1
DIAGONAL= 2
LEVEL= 1
DIAGONAL= 3
LEVEL= 1
LEVEL= 2
DIAGONAL= 4
LEVEL= 1
7: ¬P (J  (S ),Y  ,U ) * ¬P (Y ,Z ,S ) * ¬P (U ,Z ,J (S )):    FROM 2 AND 6
8: ¬P (X  ,Y ,J (S )) * ¬P (Y ,S ,V ) * ¬P (X ,V ,J (S )):    FROM 3 AND 6
LEVEL= 2
9: ¬P (S1 ,Z ,S ) * ¬P (P (J (S ),S1 ),Z ,J (S )):    FROM 1 AND 7
10: ¬P (J (F (S1 ,Z )),S1 ,U ) * ¬P (U ,Z ,J (F (S1 ,Z ))):    FROM 1 AND 7
11: ¬P (S ,S1 ,J (S2 )) * ¬P (S ,F (S1 ,S2 ),J (S2 )):    FROM 1 AND 8
12: ¬P (J (S ),G (Z ,S ),U ) * ¬P (U ,Z ,J (S )):    FROM 4 AND 7
13: ¬P (J (S ),S1 ,G (Z ,J (S ))) * ¬P (S1 ,Z ,S ):    FROM 4 AND 7
14: ¬P (S1 ,S2 ,V ) * ¬P (G (S1 ,J (S2 )),V ,J (S2 )):    FROM 4 AND 8
15: ¬P (S ,G (S2 ,V ),J (S2 )) * ¬P (S ,V ,J (S2 )):    FROM 4 AND 8
16: ¬P (G (V ,J (S2 )),S1 ,J (S2 )) * ¬P (S1 ,S2 ,V ):    FROM 4 AND 8
17: ¬P (H (J (S ),U ),Z ,S ) * ¬P (U ,Z ,J (S )):    FROM 5 AND 7
18: ¬P (J (S ),S1 ,U ) * ¬P (U ,H (S1 ,S ),J (S )):    FROM 5 AND 7
19: ¬P (J (S ),S1 ,U ) * ¬P (S1 ,H (U ,J (S )),S ):    FROM 5 AND 7
20: ¬P (H (S ,J (S2 )),S2 ,V ) * ¬P (S ,V ,J (S2 )):    FROM 5 AND 8
21: ¬P (S ,S1 ,J (H (S1 ,V ))) * ¬P (S ,V ,J (H (S1 ,V ))):    FROM 5 AND 8
22: ¬P (S ,S1 ,J (S2 )) * ¬P (S1 ,S2 ,H (S ,J (S2 ))):    FROM 5 AND 8
LEVEL= 3
23: ¬P (F (J (F (S1 ,Z )),S1 ),Z ,J (F (S1 ,Z ))):    FROM 1 AND 9
24: ¬P (F (J (S ),G (Z ,S )),Z ,J (S )):    FROM 1 AND 12
25: ¬P (J (F (S1 ,Z )),S1 ,G (Z ,J (F (S1 ,Z )))):    FROM 1 AND 13
26: ¬P (G (S1 ,J (S2 )),F (S1 ,S2 ),J (S2 )):    FROM 1 AND 14
27: ¬P (G (F (S1 ,S2 ),J (S2 )),S1 ,J (S2 )):    FROM 1 AND 16
28: ¬P (F (J (S ),S1 ),H (S1 ,S ),J (S )):    FROM 1 AND 18
29: ¬P (S1 ,H (F (J (S ),S1 ),J (S )),S ):    FROM 1 AND 19
30: ¬P (S ,F (H (S ,J (S2 )),S2 ),J (S2 )):    FROM 1 AND 20
31: ¬P (J (S ),G (Z ,S ),G (Z ,J (S ))):    FROM 4 AND 12
32: ¬P (G (G (S2 ,V ),J (S2 )),V ,J (S2 )):    FROM 4 AND 14
33: ¬P (S1 ,S2 ,S1 ):    FROM 4 AND 16
LEVEL= 4
34: $:    FROM 5 AND 33

LEVEL= 4  PROOF TIME= 3

8: ¬P (S ,S1 ,J (S2 )) * ¬P (S1 ,S2 ,V ) * ¬P (S ,V ,J (S2 )):    FROM 6 AND 3
16: ¬P (G (V ,J (S2 )),S1 ,J (S2 )) * ¬P (S1 ,S2 ,V ):    FROM 8 AND 4
33: ¬P (S1 ,S2 ,S1 ):    FROM 16 AND 4
34: $:    FROM 33 AND 5

***** EXIT *****
```

gen. Man ist bislang so vorgegangen, daß man die Verfahren implementiert hat und experimentell Vergleiche anstellte, die meist ohne Aussage- oder Beweiskraft waren. *Systematische Experimente* liegen erst in neuester Zeit vor, z. B. [COW 76], [WM 76]. Experimente sind heute ein wesentliches Hilfsmittel für diese Forschungen. Ob sich allerdings bei gering entwickelter Theorie durch Experimente tatsächlich Ergebnisse erzielen lassen, ist umstritten, auf jeden Fall aber geben die aus den Experimenten rührenden Fragestellungen weiterführende Impulse.

[WM 76] enthält eine große Anzahl von Problemen aus Mathematik, Programm-Verifikation und der Welt der Roboter. Diese Probleme werden mit den wesentlichen Strategien getestet und verglichen. Eine entscheidende Schlußfolgerung ist, daß kein Verfahren gleichmäßig über alle Probleme hinweg das effizienteste ist.

Eine der Ursachen für mangelnde Effizienz von Beweisverfahren, die auf den Semi-Entscheidungsverfahren der Prädikatenlogik beruhen, liegt in ihrer *Universalität:* sie hängen nicht vom speziellen Anwendungsbereich ab, sondern sind flexibel in ihrer Anwendbarkeit. Dafür sind aber wirksame Verfeinerungen schwer zu finden. Deswegen geht man heute immer mehr dazu über, die Universalität der Verfahren einzuschränken, indem man problemabhängige Informationen in den Vereinheitlichungsalgorithmus, in die Ableitungsregel und in die Suchstrategie integriert.

Eine weitere Ursache für die mangelnde Effizienz ist darin zu sehen, daß die Verfahren *automatisch* ablaufen, d. h. ohne Hilfe des Benutzers arbeiten. Es wird in absehbarer Zeit nicht möglich sein, daß Rechner allein schwierige Probleme lösen. Man muß Möglichkeiten schaffen, mit deren Hilfe der Benutzer den Suchprozeß leiten kann, indem er seine Kenntnisse (über den Anwendungsbereich) einbringt. Dieses Einbringen von Kenntnissen kann zum Teil *interaktiv* geschehen. Beispiele für solch interaktive Systeme sind [Vee 71] und [AL 69][11]. Bei interaktivem Vorgehen entsteht das Problem, daß Klauseln und Resolventen als Zwischenergebnisse inhaltlich interpretiert werden müssen, was i. a. nicht gelingt. Als einen Ausweg kann man hier den Übergang zu anderen Kalkülen versuchen, z. B. zum natürlichen Schließen [Nev 72], auf dessen Grundlage bereits einige Systeme entwickelt worden sind.

Versuche mit Beweisprogrammen in [WM 76] zeigen außerdem, daß die Effizienz der Verfahren sehr wesentlich von der gewählten Formulierung der Axiome abhängt, die ja i. a. verschiedene Repräsentationen zulassen.

---

[11] Mit diesem System ist die Abhängigkeit eines Axiomensystems (Axiome der sogenannten ternären Booleschen Algebren, Grau 1947) nachgewiesen worden. Wir erwähnen dies, weil daran der Charakter der momentanen Leistungsfähigkeit von Beweisprogrammen des Resolventenprinzips deutlich wird: obgleich der Beweis nur zehn Schritte erforderte, ist die Abhängigkeit der Axiome zwanzig Jahre lang nicht entdeckt worden, dann in einer mathematischen Zeitschrift vermutet und schließlich mit einem Beweisprogramm gezeigt worden. Es handelt sich um einen Beweis, der einem Puzzle gleichkommt, die offensichtlich bei Mathematikern nicht sehr beliebt sind.

Forschungen der letzten Jahre, die sich damit befaßten, Prädikatenlogik als Programmiersprache zu entwickeln (dieser Ansatz wird in § 19 behandelt), können hier neue Erkenntnisse bringen, etwa über den *Stil*, in dem Axiome geschrieben werden müssen, oder über *Kontroll-Sprachen*, die man dem Benutzer zur Verfügung stellen kann.

Übungen zu § 17

Ü 17.1: Finden Sie einen Beweis von $S = \neg p \vee q \vee r$, $\neg q$, $p \vee r$, $\neg r$, und zwar, indem Sie die Beweisverfahren $\mathscr{B}_1 = (\mathsf{Ab}_{\bar{R}}, \mathscr{S}_Z)$ und $\mathscr{B}_2 = (\mathsf{Ab}_{\bar{R}}, \mathscr{S}_{\mathrm{diag}})$ verwenden. Notieren Sie den jeweils bis zum Finden der ersten leeren Klausel generierten Suchraum.

Ü 17.2: Zeigen Sie, daß für das gruppentheoretische Problem S aus Beispiel 17.11 gilt: $\mathsf{AB}_{\bar{R}_s}(S) = \mathsf{AB}_{\bar{R}_m}(S)$.

Ü 17.3: Die Tabelle in Beispiel 17.11 zeigt, daß die Verfahren $\mathscr{B}_3 = (\mathsf{Ab}_{\bar{R}_p}, \mathscr{S}_Z)$ und $\mathscr{B}_4 = (\mathsf{Ab}_{\bar{R}_p}, \mathscr{S}_{\mathrm{diag}})$ jeweils die gleiche Anzahl Klauseln generiert haben bis zum Finden des ersten Beweises. Geben Sie eine Erklärung für diesen Sachverhalt.

Ü 17.4: Untersuchen Sie die gleiche Fragestellung wie in Ü 17.3 für die Verfahren $\mathscr{B}_5 = (\mathsf{Ab}_{\bar{R}_s}, \mathscr{S}_Z)$ und $\mathscr{B}_6 = (\mathsf{Ab}_{\bar{R}_m}, \mathscr{S}_Z)$ unter Verwendung von Ü 17.2.

Ü 17.5: Betrachten Sie Beispiel 17.10. Warum werden die Klauseln 12 und 16 von den Beweisverfahren $\mathscr{B}_7 = (\mathsf{Ab}_{\bar{R}_E}, \mathscr{S}_Z)$ und $\mathscr{B}_3 = (\mathsf{Ab}_{\bar{R}_p}, \mathscr{S}_Z)$ nicht erzeugt?

§ 18. Der konstruktive Charakter von Resolventenableitungen (Greenscher Antworten-Extraktionsprozeß)

In diesen Paragraphen werden wir uns mit Anwendungen des Resolventenprinzips befassen, bzw. mit einem diesen Anwendungen zugrunde liegenden Verfahren (vgl. die Ausführungen in der Einleitung § 13).

Wir haben bereits im Anschluß an den Resolventensatz angeführt, daß sich dieser verschärfen läßt, indem der konstruktive Charakter von Ableitungen herausgestellt wird: Wenn z. B. eine Resolventenableitung für die Beantwortung der Frage nach der Folgerbarkeit einer Formel $\exists x P(x)$ aus der Prämissenmenge X hergestellt wird, d. h. wenn die Frage

Ist $\exists x P(x) \in \mathsf{Fl}(X)$?

§ 18. Der konstruktive Charakter von Resolventenableitungen

beantwortet wird, so liefern die beim Ableiten vorgenommenen Substitutionen Terme $t_1, \ldots, t_n$, so daß gilt

$$P(t_1) \vee \ldots \vee P(t_n) \in \mathsf{FI}(X).$$

Wir können diese Terme als *Rechenresultate* interpretieren, und es ist dadurch möglich, zusätzliche Informationen aus einer Ableitung zu gewinnen.

Diese Konstruktivität von Resolventenableitungen wurde zuerst von Green in deduktiven *Frage-Antwort-Systemen* und *problemlösenden Systemen* angewendet, [Gre 69a, b]. Der gleiche Gedanke liegt der Interpretation der *Prädikatenlogik als Programmiersprache* zugrunde, [Kow 74a], mit der wir uns in § 19 beschäftigen werden. Man kann beide Ansätze unter die Bemühungen um eine „logic for problem solving" einordnen.

Wir werden in diesem Paragraphen nicht auf die Anwendungen eingehen, die Greens Ansatz benützen[12] (der Leser sei dazu an die Originalarbeit von Green [Gre 69b] und die teilweise recht ausführlichen Darstellungen in [Ni 71], [CL 73] und [Jac 74] verwiesen), sondern wir konzentrieren uns auf die Grundlagen dieses sog. Greenschen Antworten-Extraktionsprozesses, der von Nilsson und Luckham fundiert und weiterentwickelt wurde, [LN 71]. Die Begründung für dieses Verfahren ist in [Gre 69b] und auch in [LN 71] sehr komplex; daher wird es z. B. in den oben genannten drei Lehrbüchern nur anhand von Beispielen abgehandelt, wobei manchmal selbst die Handhabung des Verfahrens nicht sehr einsichtig wird.

Beim Antworten-Extraktionsprozeß geht es um zwei Probleme:

(1) das Extrahieren von Termen für die existentiell quantifizierten Variablen des Theorems (bei [Gre 69b] mit Hilfe des sog. Antworten-Prädikats) und

(2) die Angabe eines Antworten-Statements (bei [LN 71] mit Hilfe des sog. Tautologien-Konvertierungsprozesses).

Wir werden in diesem Paragraphen als Hauptergebnis einen Satz über die *Resultate in Ableitungen* beweisen (Abschnitt 18.3), der als Grundlage für ein Verfahren dient, das die beiden oben genannten Probleme löst (Abschnitt 18.4.1). Das *Verfahren* wird anhand von Standard-Beispielen aus der Literatur ausführlich erläutert (Abschnitt 18.4.2). Für die Formulierung des Hauptergebnisses werden sog. *simultane Vereinheitlicher von Ableitungen* benützt (Abschnitt 18.2), wodurch eine vergleichsweise einfache Beschreibung und Begründung des Antworten-Extraktionsprozesses möglich wird. Der simultane Vereinheitlicher von Ableitungen setzt sich aus den allgemeinsten Vereinheitlichern der Resolventen der Ableitung zusammen und stellt die durch die Ableitung vorgenommenen Substitutionen dar.

---

[12] Z. B. im „problem solving": Roboter-Probleme, Affe und Banane (vgl. Ü 18.3), Türme von Hanoi etc., in der automatischen Programmierung und in deduktiven Frage-Antwort-Systemen (vgl. § 13).

214   Kapitel 5. Logische Grundlagen des maschinellen Beweisens

Die Definition von simultanen Vereinheitlichern von Ableitungen erfordert, daß die Ableitungen standardisiert sind; wir verwenden daher in diesem Paragraphen wieder die Resolventenregel R (vgl. die Bemerkung am Ende von § 16).

18.1. Motivation

Zunächst sei an drei kleinen Beispielen verdeutlicht, inwiefern den Variablen beim Ableiten Werte zugewiesen werden, die sich als „Resultate" interpretieren lassen.

Beispiel 18.1:
(1) Betrachte folgende Fragestellung: *Wenn John stets dort ist, wo Maria ist, und Maria in der Schule ist, wo ist dann John?*
In Formeln übersetzt lautet das Problem:

A_1: $\forall x(\text{IST}(Maria, x) \longrightarrow \text{IST}(John, x))$
A_2: $\text{IST}(Maria, Schule)$,
   wobei die Deutung des Prädikatensymbols IST offensichtlich ist.

Die Frage *Wo ist John?* wird als Existenzaussage formuliert

B: $\exists y \, \text{IST}(John, y)$

und beantwortet, indem zunächst gezeigt wird,

(a) daß es einen Ort gibt, wo John ist, d. h. daß gilt
$\exists y \, \text{IST}(John, y) \in \text{Fl}(\{A_1, A_2\})$, und dann,
(b) daß es einen Term gibt, der besagt, um welchen Ort es sich handelt.

Die Umformulierung in die Klausellogik ergibt:

$S(A_1)$: $\neg \text{IST}(Maria, x) \vee \text{IST}(John, x)$
$S(A_2)$: $\text{IST}(Maria, Schule)$
$S(\neg B)$: $\neg \text{IST}(John, y)$

Eine Widerlegung dieser Klauselmenge ist:

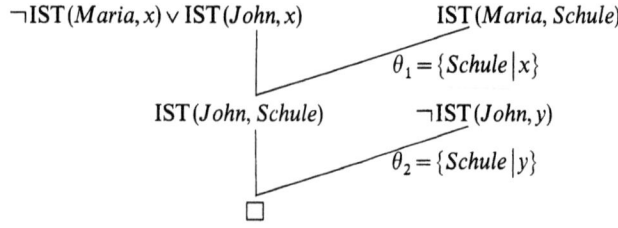

§18. Der konstruktive Charakter von Resolventenableitungen 215

Damit gibt es einen Ort, an dem sich John befindet. Eine in der Ableitung verwendete Substitution ist $\theta_2 = \{Schule\,|\,y\}$, woraus wir in diesem einfachen Beispiel den Ort, an dem sich John befindet, ermittelt haben. Es gilt

$$\text{IST}\,(John, y)\theta_2 \in \text{Fl}(\{A_1, A_2\}).$$

(2) Ein beliebtes Standard-Beispiel ist das folgende:

A_1: $\forall x \forall y \forall z (V(x,y) \wedge V(y,z) \longrightarrow G(x,z))$
(wenn x der Vater von y ist und y der Vater von z, dann ist x Großvater von z)

A_2: $\forall u \exists y\, V(y,u)$ (jeder hat einen Vater)

B: $\forall x \exists v\, G(v,x)$ (*wer ist der Großvater von x?* formuliert als: jeder hat einen Großvater)

Klauselformulierung:

$S(A_1)$: $\neg V(x,y) \vee \neg V(y,z) \vee G(x,z)$

$S(A_2)$: $V(g(u),u)$ (g ist Skolem-Funktionssymbol mit der in diesem Beispiel offensichtlichen Bedeutung $\omega(g)(\xi) = $*Vater von ξ*)

$S(\neg B)$: $\neg G(v,a)$ (a ist Skolem-Funktionssymbol als Name eines beliebigen, aber festen Individuums)

Eine standardisierte Widerlegung dieser Klauselmenge ist:

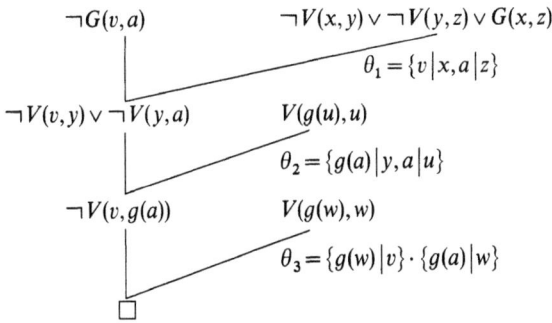

In dieser standardisierten Ableitung ist eine der berechneten Substitutionen $\theta_3 = \{g(g(a))\,|\,v, g(a)\,|\,w\}$, wir erhalten daraus

$$G(v,a)\theta_3 \in \text{Fl}(\{A_1, A_2\}),$$

woraus wir also schließen, daß für jedes x der Vater des Vaters von x der Großvater ist.

216 Kapitel 5. Logische Grundlagen des maschinellen Beweisens

(3) Wir betrachten nun eine soziologisch nicht uninteressante Variante von Beispiel (1):

A_1: $\quad \forall x(\text{IST}(Maria, x) \longrightarrow \text{IST}(John, x)) \vee \forall y(\text{IST}(Lucy, y) \longrightarrow \text{IST}(John, y))$
(John ist stets dort zu finden, wo Maria ist oder wo Lucy ist)
A_2: $\quad \text{IST}(Maria, Schule)$
A_3: $\quad \text{IST}(Lucy, Park)$
B: $\quad \exists z\, \text{IST}(John, z) \quad$ (wo ist John?)

Als Klauselmengen geschrieben:

$S(A_1)$: $\quad \neg\text{IST}(Maria, x) \vee \neg\text{IST}(Lucy, y) \vee \text{IST}(John, x) \vee \text{IST}(John, y)$
$S(A_2)$: $\quad \text{IST}(Maria, Schule)$
$S(A_3)$: $\quad \text{IST}(Lucy, Park)$
$S(\neg B)$: $\quad \neg\text{IST}(John, z)$

Eine standardisierte Widerlegung ist:

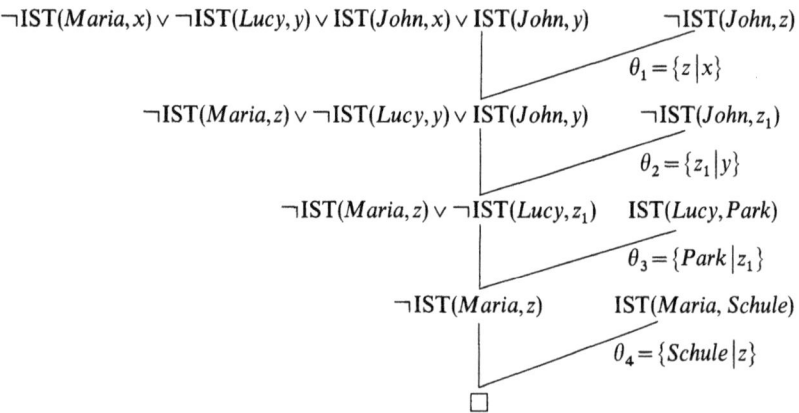

Wie lautet für diesen Fall die Antwort? Wir müssen dabei beachten, daß das negierte Theorem zweimal als Eingabe-Klausel in der Ableitung benützt wurde, so daß zwei Beispiele des Theorems, disjunktiv verknüpft, aus den Prämissen folgerbar sind:

$$\text{IST}(John, z)\theta_4 \vee \text{IST}(John, z_1)\theta_3 \in \text{Fl}(\{A_1, A_2, A_3\})$$

John ist also in der Schule, oder er ist im Park.

Daß die Antwort im Beispiel (3) eine Disjunktion ist, liegt nicht daran, daß wir eine standardisierte Ableitung erstellt haben. Falls man für dieses Beispiel eine nicht-standardisierte Ableitung benützt (Übung für den Leser), hat man für die

§ 18. Der konstruktive Charakter von Resolventenableitungen

Antwort zwei „konkurrierende" Teil-Substitutionen $\{Schule\,|\,y\}$ und $\{Park\,|\,y\}$ zur Verfügung.

Der Leser kann den Eindruck gewonnen haben, daß die Resultate durch geschicktes Wählen der Substitutionskomponenten in den allgemeinsten Vereinheitlichern der Resolventen entstanden sind; wir werden im folgenden sehen, daß jede Wahl der Substitutionen zu einem „vernünftigen" Resultat führt, d. h. insbesondere, daß je zwei verschiedene Resultate logisch äquivalent sind.

18.2. Eine Verschärfung des Resolventensatzes

Definition 18.2: Es sei $D \in \mathsf{AB}_R(S,C)$ eine standardisierte Ableitung. Dann sei ein *simultaner Vereinheitlicher* $\tilde{\theta}$ von D (abgekürzt: s.V.) induktiv über die Höhe $l(D)$ der Ableitung D wie folgt definiert:

$l(D)=0$: Dann sei $\tilde{\theta} = \varepsilon$

$l(D)>0$: Es seien D_1 und D_2 die unmittelbaren Unterableitungen von D mit simultanen Vereinheitlichern $\tilde{\theta}_1$ und $\tilde{\theta}_2$ und θ ein allgemeinster Vereinheitlicher von C. Dann sei

$$\tilde{\theta} = \tilde{\theta}_1 \tilde{\theta}_2 \theta$$

Bemerkung: $\tilde{\theta}$ ist unabhängig von der Reihenfolge der Verwendung der Unterableitungen, weil die $\tilde{\theta}_i$ ein Produkt von allgemeinsten Vereinheitlichern von Resolventen in D_i sind und D standardisiert ist. Die Variablen in $\tilde{\theta}_1$ sind dann verschieden von den Variablen in $\tilde{\theta}_2$, so daß $\tilde{\theta}_1 \tilde{\theta}_2 = \tilde{\theta}_2 \tilde{\theta}_1 = \tilde{\theta}_1 \cup \tilde{\theta}_2$ gilt.

Beispiel 18.3:

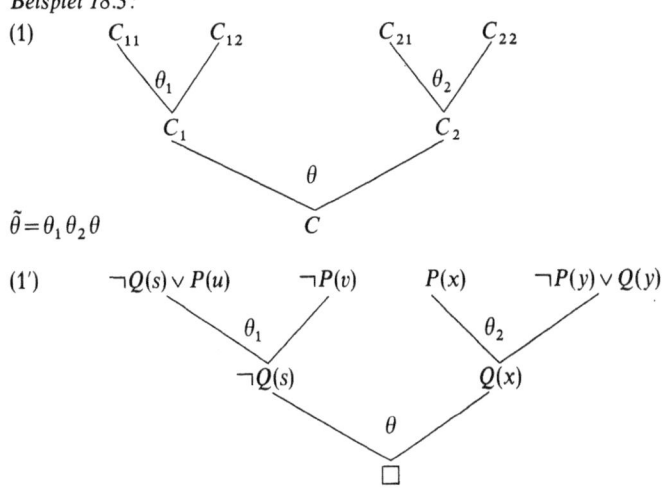

$\tilde{\theta} = \theta_1 \theta_2 \theta = \{v\,|\,u\} \cdot \{x\,|\,y\} \cdot \{s\,|\,x\} = \{v\,|\,u, s\,|\,y, s\,|\,x\}$

(2)

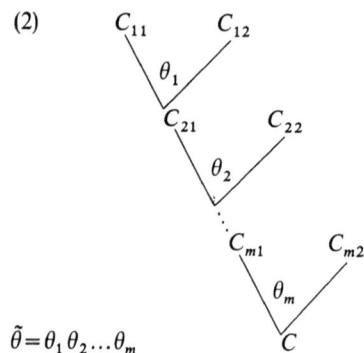

$\tilde{\theta} = \theta_1 \theta_2 \ldots \theta_m$

(2')

$$\begin{array}{ll} R(x,y) \vee P(y,z) & \neg R(a,u) \\ \quad \theta_1 & \\ P(u,z) & \neg P(b,v) \vee Q(v) \\ \quad \theta_2 & \\ Q(z) & \neg Q(a) \\ \quad \theta_3 & \\ \square & \end{array}$$

$\tilde{\theta} = \theta_1 \theta_2 \theta_3 = \{a|x, u|y\} \cdot \{b|u, z|v\} \cdot \{a|z\} = \{a|x, b|y, b|u, a|v, a|z\}$

Einige (intuitiv einsichtige) Eigenschaften von simultanen Vereinheitlichern von Ableitungen sind im folgenden Lemma zusammengestellt.

Lemma 18.4: *Es sei $\tilde{\theta}$ ein simultaner Vereinheitlicher einer Ableitung D. Dann gilt:*
(1) *$\tilde{\theta}\tilde{\theta} = \tilde{\theta}$ (d. h. $\tilde{\theta}$ ist eine Substitution, die ihre substituierten Variablen nicht wieder einführt)*
(2) *Je zwei simultane Vereinheitlicher einer Ableitung sind alphabetische Varianten.*
(3) *Je zwei simultane Vereinheitlicher äquivalenter Ableitungen mit gleicher Eingabe sind alphabetische Varianten.*
(4) *Wenn die Klausel $C \in \mathsf{CL}$ in D vorkommt, dann kann man die „lokale" Wirkung von $\tilde{\theta}$ auf C wie folgt beschreiben:*

$$C\tilde{\theta} = C\theta_i \theta_{i+1} \ldots \theta_m,$$

wobei $\theta_i, \ldots, \theta_m$ die allgemeinsten Vereinheitlicher der „Nachfolger" von C sind.

Beweis: siehe [No 76]

§ 18. Der konstruktive Charakter von Resolventenableitungen

Beispiel 18.5:
(1) Betrachte die Ableitung im Beispiel 18.3.1'. $\tilde{\theta}' = \{u|v,s|y,s|x\}$ ist ebenfalls ein s.V. dieser Ableitung.
(2) Betrachte die Ableitung im Beispiel 18.3.1' und darin die Klausel $P(x)$. Dann gilt $P(x)\tilde{\theta} = P(x)\theta_2 \theta$, denn Nachfolger von $P(x)$ sind die Klauseln $Q(x)$ und $\square$.
(3) Betrachte folgende Widerlegung D:

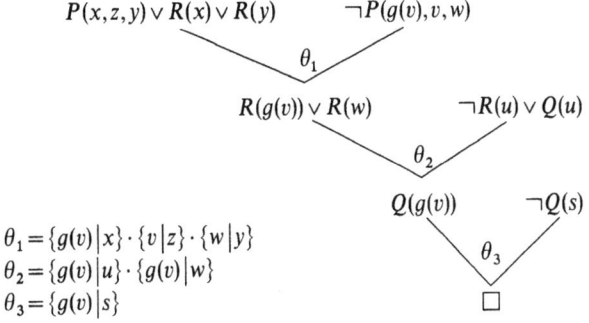

$\theta_1 = \{g(v)|x\} \cdot \{v|z\} \cdot \{w|y\}$
$\theta_2 = \{g(v)|u\} \cdot \{g(v)|w\}$
$\theta_3 = \{g(v)|s\}$

Wir erhalten aus D eine äquivalente Ableitung D' mit $S_D = S_{D'}$, indem wir die jeweiligen a.V. verschieden wählen:

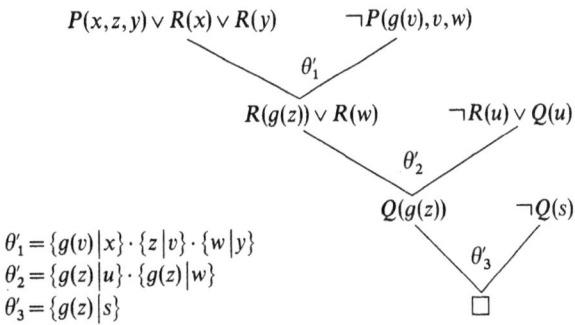

$\theta_1' = \{g(v)|x\} \cdot \{z|v\} \cdot \{w|y\}$
$\theta_2' = \{g(z)|u\} \cdot \{g(z)|w\}$
$\theta_3' = \{g(z)|s\}$

Es ist: $\tilde{\theta} = \{g(v)|x, v|z, g(v)|y, g(v)|u, g(v)|w, g(v)|s\}$,
$\tilde{\theta}' = \{g(z)|x, z|v, g(z)|y, g(z)|u, g(z)|w, g(z)|s\}$.

Wir haben bei den Beispielen 18.1 gesehen, daß aus Teil-Substitutionen, die während der Ableitung vorgenommen wurden, die Terme für die Beantwortung der Ausgangsfragen entnommen werden konnten. In Gestalt des simultanen Vereinheitlichers von Ableitungen haben wir ein Hilfsmittel, diese Rechenresultate aus einer Substitution zu entnehmen, die die *gesamte* Ableitung berücksichtigt. In einer Verschärfung des Resolventensatzes zeigen wir nun, daß der simultane Vereinheitlicher von Ableitungen tatsächlich zur Konstruktion der Antwort benutzt werden kann (die Antwort wird mittels Definition 18.7 und Satz 18.11 konstruiert werden).

Satz 18.6 *(verschärfter Resolventensatz)*:
Ist eine Klauselmenge S nicht erfüllbar, dann gibt es eine Widerlegung D von S, so daß die Menge der Beispiele der Eingabe von D unter einem simultanen Vereinheitlicher von D aussagenlogisch nicht erfüllbar ist, d.h. $S \notin \mathsf{EF}^K \Longrightarrow$ *es gibt ein* $D \in \mathsf{AB}_R(S, \square)$ *mit* $S_D \tilde{\theta} \notin \mathsf{EF}_a^K$, *wobei* $\tilde{\theta}$ *ein s.V. von D ist.*

Beweis: Der Beweis wird geführt, indem zu $D \in \mathsf{AB}_R(S, \square)$ eine aussagenlogische Ableitung (vgl. Def. 16.10.3) $D^0 \in \mathsf{AB}_{Ra}(S^0, \square)$ konstruiert wird mit $S_{D^0}^0 \subset S_D \tilde{\theta}$. Da nicht jede Ableitung ein baumisomorphes Gegenstück auf der aussagenlogischen Ebene hat, gibt es beim Beweis einige Komplikationen, deren Darstellung über den Rahmen des Buches hinausführt, siehe [No 76].

Der simultane Vereinheitlicher $\tilde{\theta}$ gibt also Terme an, für die die in S formulierte Folgerungsbeziehung gilt, denn mit der Nichterfüllbarkeit der Eingabe sind auch die Beispiele $S_D \tilde{\theta}$ aussagenlogisch nicht erfüllbar. Man beachte, daß Beweise, die mit Hilfe von Herbrand-Prozeduren gefunden werden, ebenfalls solche Terme liefern. Die Verschärfung des Resolventensatzes besagt also insbesondere, daß die konstruktiven Ergebnisse von Herbrand-Prozeduren durch den Übergang zu Resolventenableitungen nicht verloren gehen.

18.3. Resultate in Ableitungen

Wir konstruieren nun eine Aussage, die man als Antwort auf eine Frage auffassen kann, die durch das Theorem einer Formelmenge gestellt ist. Wir nennen diese Aussage *Resultat*, um anzudeuten, daß Ableitungen generell Rechenresultate enthalten. Wie eingangs angeführt und im Beispiel 18.1.3 erläutert, ist zu berücksichtigen, daß in der Antwort i. a. eine Disjunktion von Klauseln des Theorems auftreten kann.

Definition 18.7: Es sei $B \in \mathsf{Fl}(X)$, $S = S(X) \cup S(\neg B)$ eine entsprechende Klauselmenge und $D \in \mathsf{AB}_R(S, \square)$ eine standardisierte Widerlegung von S mit der Eingabe

$$S_D = S_v(X) \cup S_v(\neg B),$$

wobei $S_v(X)$, bzw. $S_v(\neg B)$, die Menge der aus $S(X)$, bzw. $S(\neg B)$, stammenden Varianten ist. Es sei $S_v(\neg B) = \{C_1, \ldots, C_q\}$ und $\tilde{\theta}$ ein simultaner Vereinheitlicher von D. Dann heißt die Aussage

$$\mathrm{Res}'(B, D, \tilde{\theta}) = \mathrm{Gen}((\neg F(C_1) \vee \ldots \vee \neg F(C_q))\tilde{\theta})$$

skolemisiertes Resultat von B in D.

§18. Der konstruktive Charakter von Resolventenableitungen

Es sei $M' = (\neg F(C_1) \vee \ldots \vee \neg F(C_q))\tilde{\theta}$. Ersetze in M' jedes Vorkommen eines Termes t_i $(i=1,\ldots,s)$, der mit einem aus $S(\neg B)$ stammenden Skolem-Funktionssymbol beginnt, durch eine neue, noch nirgends verwendete Variable y_i $(i=1,\ldots,s)$ und nenne die entstehende Formel M. Die Aussage

$$\operatorname{Res}(B,D,\tilde{\theta}) = \operatorname{Gen}(M)$$

heißt *Resultat von B in D*

Bemerkung:
(i) Es ist $M\delta = M'$ mit $\delta = \{t_1|y_1,\ldots,t_s|y_s\}$.
(ii) Es sei das Theorem B in PNF vorgelegt. Hat B keine All-Quantoren im Präfix, dann gilt $\operatorname{Res}'(B,D,\tilde{\theta}) = \operatorname{Res}(B,D,\tilde{\theta})$ für alle D und alle $\tilde{\theta}$.
(iii) Wir schreiben skolemisierte Resultate und Resultate, wenn möglich, ohne Angabe der s.V. als $\operatorname{Res}'(B,D)$ und $\operatorname{Res}(B,D)$.

Lemma 18.8: *Je zwei (skolemisierte) Resultate, die mit verschiedenen simultanen Vereinheitlichern konstruiert werden, sind logisch äquivalent:*
Es sei $B \in \mathsf{Fl}(X)$, $S = S(X) \cup S(\neg B)$ und D eine standardisierte Widerlegung von S mit s.V. $\tilde{\theta}$. Ferner sei D' eine zu D äquivalente Ableitung mit $S_D = S_{D'}$ und $\tilde{\theta}'$ ein s.V. von D'. Dann gilt:

(1) $\operatorname{Res}'(B,D,\tilde{\theta}) \longleftrightarrow \operatorname{Res}'(B,D',\tilde{\theta}') \in \mathsf{ag}$
(2) $\operatorname{Res}(B,D,\tilde{\theta}) \longleftrightarrow \operatorname{Res}(B,D',\tilde{\theta}') \in \mathsf{ag}$

Beweis: Lemma 18.4.3

Beispiel 18.9: Es sei $\neg B = \forall v \exists z \forall w \neg P(z,v,w)$ und D, D' seien die Widerlegungen aus Beispiel 18.5.3. Dann sind

$$\operatorname{Res}'(B,D,\tilde{\theta}) = \forall v\, P(g(v),v,g(v)) \quad \text{und}$$
$$\operatorname{Res}'(B,D',\tilde{\theta}') = \forall z\, P(g(z),z,g(z))$$

logisch äquivalent. Ebenso sind

$$\operatorname{Res}(B,D,\tilde{\theta}) = \forall v \forall u\, P(u,v,u) \quad \text{und}$$
$$\operatorname{Res}(B,D',\tilde{\theta}') = \forall z \forall u\, P(u,z,u)$$

äquivalent.

Lemma 18.10: *Es sei $B \in \mathsf{Fl}(X)$, $S = S(X) \cup S(\neg B)$ und D eine standardisierte Widerlegung von S. Dann gilt:*

$$\operatorname{Res}'(B,D) \in \mathsf{Fl}(X) \implies \operatorname{Res}(B,D) \in \mathsf{Fl}(X)$$

Beweis: wir verwenden die Bezeichnungen aus Def. 18.7, demnach ist $\mathrm{Res}'(B,D) = \mathrm{Gen}(M')$, $\mathrm{Res}(B,D) = \mathrm{Gen}(M)$ und $M\delta = M'$. Ferner sei E die Menge der Skolem-Funktionssymbole von $S(\neg B)$. Nach Vor. ist $\mathrm{Mod}^E(X) \subset \mathrm{Mod}^E(\mathrm{Gen}(M')) = \mathrm{Mod}^E(M')$, und wir zeigen: $\mathrm{Mod}(X) \subset \mathrm{Mod}(\mathrm{Gen}(M))$.

Es sei $X \subset \mathsf{ag}_\Sigma$. Dann ist $X \subset \mathsf{ag}_{\Sigma^E}$ für alle Erweiterungen Σ^E, weil kein Funktionssymbol aus E in X vorkommt. Also gilt n.V. $M' \in \mathsf{ag}_{\Sigma^E}$ für alle Erweiterungen Σ^E. Nach der Verallgemeinerung des Theorems über neue Konstanten (Lemma 9.26) gilt $M \in \mathsf{ag}_\Sigma$, also $\mathrm{Gen}(M) \in \mathsf{ag}_\Sigma$.

Satz 18.11: *Es sei $B \in \mathsf{Fl}(X)$ und $S = S(X) \cup S(\neg B)$, ferner $D \in \mathsf{AB}_R(S, \square)$ eine standardisierte Widerlegung von S. Dann gilt für das Resultat $\mathrm{Res}(B,D)$ von B in D*

(1) $\mathrm{Res}(B,D) \in \mathsf{Fl}(X)$ *und* (2) $B \in \mathsf{Fl}(\mathrm{Res}(B,D))$.

Beweis:
Beh. 1: $\mathrm{Res}'(B,D) \in \mathsf{Fl}(X)$
Nachweis: zu zeigen ist $S(X) \cup S(\neg \mathrm{Res}'(B,D)) \notin \mathsf{EF}^K$
$\mathrm{Res}'(B,D) = \mathrm{Gen}(M') = \forall x_1 \ldots \forall x_n ((\neg F(C_1) \vee \ldots \vee \neg F(C_q))\tilde{\theta})$, also ist
$U(\neg \mathrm{Res}'(B,D)) = (F(C_1) \wedge \ldots \wedge F(C_q))\tilde{\theta}\sigma$ mit $\sigma = \{a_1|x_1, \ldots, a_n|x_n\}$, wobei die a_i nullstellige Skolem-Funktionssymbole sind, d.h. insbesondere, sie sind paarweise verschieden und kommen sonst nirgendwo vor.

$$\text{Es gilt: } S(\neg \mathrm{Res}'(B,D)) = S_v(\neg B)\tilde{\theta}\sigma \qquad (*)$$

Wegen Satz 18.6 ist $S_D\tilde{\theta} \notin \mathsf{EF}_a^K$, also $S_D\tilde{\theta}\sigma \notin \mathsf{EF}_a^K$, weil die a_i Skolem-Funktionssymbole sind. Mit Lemma 14.8.10a hat man dann $S_D\tilde{\theta}\sigma \notin \mathsf{EF}^K$, also $S_v(X)\tilde{\theta}\sigma \cup S_v(\neg B)\tilde{\theta}\sigma \notin \mathsf{EF}^K$, mithin $S(X) \cup S(\neg \mathrm{Res}'(B,D)) \notin \mathsf{EF}^K$ (nach (*) und Substitutionsregel).

Beh. 2: $B \in \mathsf{Fl}(\mathrm{Res}'(B,D))$
Nachweis: aus (*) folgt mit der Substitutionsregel, der Def. 14.7.4a und $\mathrm{Gen}(F(S(A))) = U(A)$, daß gilt: $U(\neg \mathrm{Res}'(B,D)) \in \mathsf{Fl}(U(\neg B))$, also mit Satz 14.3 $\neg \mathrm{Res}'(B,D) \in \mathsf{Fl}(\neg B)$, woraus kontraponiert die Beh. folgt.

(1) folgt nach Lemma 18.10 aus Beh. 1. Nach Def. von $\mathrm{Res}'(B,D)$ und $\mathrm{Res}(B,D)$ folgt mit der Substitutionsregel $\mathrm{Res}'(B,D) \in \mathsf{Fl}(\mathrm{Res}(B,D))$, woraus (2) folgt mit der Beh. 2.

Der Satz 18.11 besagt, daß die Resultate eines Theorems allgemeiner sind als das Theorem selber und spezieller als die Prämissenmenge. Sie sind also interpolierende Aussagen und stellen damit sicher, daß die Resultate nicht trivial sind, d.h. daß z.B. nicht stets Tautologien berechnet werden.

§ 18. Der konstruktive Charakter von Resolventenableitungen

Das nun folgende Korollar 1 zeigt den Zusammenhang zwischen der Form des Theorems und des dazugehörigen Resultats. Wir betrachten o.B.d.A. Theoreme in PNF, deren Präfixe nur Existenz-Quantoren enthalten, damit zusätzliche Überlegungen zur Einführung von Skolem-Funktionssymbolen entfallen können. Das Korollar 2 bringt einen interessierenden Spezialfall, vgl. die Motivation zu § 18.

Korollar 1: *Es sei*

$$B = \exists x_1 \ldots \exists x_s (D_1 \vee \ldots \vee D_m),$$

wobei die D_i Konjunktionen von Literalen sind, $B \in \mathsf{Fl}(X)$, $S = S(X) \cup S(\neg B)$ und $D \in \mathsf{AB}_R(S, \square)$ eine standardisierte Widerlegung von S mit s. V. $\tilde{\theta}$. Ferner sei $S(\neg B) = \{C_1, \ldots, C_m\}$ mit $F(C_i) = \neg D_i$ und $S_v(\neg B) = \{C_{11}, \ldots, C_{1k_1}, \ldots, C_{m1}, \ldots, C_{mk_m}\}$ die in der Eingabe von D enthaltenen Varianten von $S(\neg B)$, wobei die C_{ij} ($j = 1, \ldots, k_i$) Varianten von C_i ($i = 1, \ldots, m$) sind. Dann ist

$$\mathrm{Res}(B, D) = \mathrm{Gen}\left(\left(\bigvee_{j=1}^{k_1} D_{1j} \vee \ldots \vee \bigvee_{j=1}^{k_m} D_{mj}\right)\tilde{\theta}\right),$$

wobei $D_{ij} = \neg F(C_{ij})$ gilt, so daß die D_{ij} ($j = 1, \ldots, k_i$) Varianten von D_i ($i = 1, \ldots, m$) sind.
(zur Anwendung vgl. Beispiel 18.14).

Korollar 2: *Wenn in Korollar 1 $m = 1$ ist und D_1 aus einem einzigen positiven Literal besteht, d. h. wenn*

$$B = \exists x_1 \ldots \exists x_s C \quad \text{mit} \quad C \in \mathsf{AF},$$

dann gilt

$$\mathrm{Res}(B, D) = \mathrm{Gen}((C_1 \vee \ldots \vee C_q)\tilde{\theta}),$$

wobei $\{\neg C_1, \ldots, \neg C_q\}$ die in der Eingabe von D enthaltenen Varianten von $\neg C$ sind.

Zusatz: Läßt $X \cup \{\neg B\}$ eine sog. *Horn-Formulierung* (siehe Fußnote 9) zu, d. h. die Klauseln in $S(X) \cup S(\neg B)$ enthalten je höchstens ein positives Literal, dann gilt unter den Voraussetzungen von Korollar 2 $q = 1$. Wir haben dann also

$$\mathrm{Res}(\exists x_1 \ldots \exists x_s C, D) = \mathrm{Gen}(C\tilde{\theta})$$

(o.B.).

Bemerkung: Unter den Voraussetzungen von Korollar 2 kann man, wenn die Interpretation unmißverständlich ist, auch die jeweiligen *Substitutionskomponenten* oder auch die *Terme* dieser Komponenten als Resultate angeben:

Also z. B. statt $\text{Res}(\exists x P(x), D) = P(a) \vee P(b)$ auch „$\{a \mid x \text{ oder } b \mid x\}$" bzw. „ANS($a$) oder ANS($b$)" mit dem Greenschen Antwortprädikat ANS, [Gre 69a, b].

18.4. Ein Verfahren zur Berechnung von Resultaten mit Beispielen für dessen Anwendung

18.4.1. Das Verfahren zur Herstellung eines Resultats für $B \in \text{Fl}(X)$ ergibt sich unmittelbar aus den Definitionen:

(1) Erstelle eine standardisierte Ableitung $D \in \text{AB}_R(S, \square)$ mit $S = S(X) \cup S(\neg B)$, wobei die dabei berechneten a.V. der Resolventen von D mitnotiert werden.
(2) Konstruiere das skolemisierte Resultat

$$\text{Res}'(B, D) = \text{Gen}((\neg F(C_1) \vee \ldots \vee \neg F(C_q))\tilde{\theta}),$$

wobei die C_i die Klauseln der Eingabe von D sind, die aus dem negierten Theorem stammen. Es ist zu beachten, daß wegen Lemma 18.4.4

$$F(C_i)\tilde{\theta} = F(C_i)\theta_{i_1} \cdot \ldots \cdot \theta_{i_{k_i}} \quad (i = 1, \ldots, q)$$

gilt, wobei $\theta_{i_1}, \ldots, \theta_{i_{k_i}}$ die a.V. der „Nachfolger" von C_i sind.
(3) Falls das Theorem B All-Quantoren im Präfix enthält, sind die bei der Bildung von $U(\neg B)$ eingeführten Skolem-Funktionssymbole zu eliminieren, d. h. es ist $\text{Res}(B, D)$ herzustellen.

Bemerkung: [LN 71] bringt eine Verallgemeinerung des Verfahrens bezüglich des Schritts 3: die Skolem-Funktionssymbole werden nicht nur im Ergebnis, sondern in der gesamten Ableitung eliminiert. Das dadurch entstehende Verfahren liefert allgemeinere Resultate, worauf wir hier nicht eingehen wollen.

18.4.2. Wir zeigen im folgenden anhand von Standard-Testbeispielen aus der Literatur konkrete Anwendungen des recht abstrakten Satzes 18.11 über die Resultate in Ableitungen.

Beispiel 18.12: Betrachte das Beispiel 14.12, das bereits als Beispiel 15.3 für die Herbrand-Prozeduren und als Beispiel 17.11 für Resolventenverfahren herangezogen wurde. Die Frage *Gibt es eine Rechtseinheit?* hat die Formalisierung

$$B = \exists w \forall y P(y, w, y).$$

§18. Der konstruktive Charakter von Resolventenableitungen

Wir geben nun eine Widerlegung an, wobei die Numerierung aus dem Rechner-Ausdruck aus Beispiel 17.8 stammt:

1    $P(x_1, x_2, k(x_1, x_2))$
3    $\neg P(y_1, y_2, y_4) \vee \neg P(y_2, y_3, y_5) \vee \neg P(y_1, y_5, y_6) \vee P(y_4, y_3, y_6)$
4    $P(g(z_1, z_2), z_1, z_2)$
4' $P(g(u_1, u_2), u_1, u_2)$
5    $P(v_1, h(v_1, v_2), v_2)$
6    $\neg P(j(w), w, j(w))$

---

8    $\neg P(y_1, y_2, j(w)) \vee \neg P(y_2, w, y_5) \vee \neg P(y_1, y_5, j(w))$ $R(6,3)$
     $\theta_1 = \{j(w) | y_4, w | y_3, j(w) | y_6\}$

16   $\neg P(y_2, w, y_5) \vee \neg P(g(y_2, j(w)), y_5, j(w))$ $R(8,4)$
     $\theta_2 = \{g(z_1, z_2) | y_1\} \cdot \{y_2 | z_1\} \cdot \{j(w) | z_2\}$

33   $\neg P(y_5, w, y_5)$ $R(16, 4')$
     $\theta_3 = \{y_2 | u_1, j(w) | u_2\} \cdot \{y_5 | y_2\}$

34   $\square$ $R(33, 5)$
     $\theta_4 = \{v_1 | y_5, h(v_1, v_2) | w\} \cdot \{v_1 | v_2\}$

Es ist $\{h(v_1, v_1) | w\} \subset \tilde{\theta}$ und $\mathrm{Res}'(B, D) = \forall v_1 \, P(j(h(v_1, v_1)), h(v_1, v_1), j(h(v_1, v_1)))$ also

$$\mathrm{Res}(B, D) = \forall v_1 \, \forall y \, P(y, h(v_1, v_1), y).$$

Ein Frage-Antwort-System kann neben dem Resultat auch die Formel ausgeben, von der das im Resultat enthaltene Skolem-Funktionssymbol herrührt:

A: $\forall v_1 \, \forall v_2 \, \exists v \, P(v_1, v, v_2)$ (es gibt eine Rechtslösung)
$S(A)$: $P(v_1, h(v_1, v_2), v_2)$

Der Benutzer weiß dann, daß $h(v_1, v_2)$ als Rechtslösung von v_1 und v_2 interpretiert werden kann. Das Resultat sagt ihm somit, daß für jede Variable v_1 das Element $h(v_1, v_1)$ eine Rechtseinheit ist. Wenn ein Benutzer den Anwendungsbereich gut kennt, kann er die Substitutionskomponente $\{h(v_1, v_1) | w\} \subset \tilde{\theta}$ unmittelbar interpretieren.

Beispiel 18.13: Gegeben sei ein sich veränderndes Objekt, das sich im Anfangszustand s_0 in der Position a befindet:

A_1: $AT(a, s_0)$

Wenn sich das Objekt in einem bestimmten Zustand s in der Position a befindet, dann kann es sich nach Position b bewegen, indem es die Aktion i ausführt, was gleichzeitig eine Veränderung seines Zustandes s in $i(s)$ hervorbringen soll, oder es kann sich nach Position c bewegen, indem es die Aktion h ausführt, was eine Veränderung des Zustandes s in $h(s)$ hervorbringen soll:

A_2: $\quad \forall s(AT(a,s) \longrightarrow AT(b,i(s)) \vee AT(c,h(s)))$

Das Objekt kann sich von b nach d und von c nach d bewegen, indem es die Aktion j bzw. k ausführt:

A_3: $\quad \forall s(AT(b,s) \longrightarrow AT(d,j(s))$
A_4: $\quad \forall s(AT(c,s) \longrightarrow AT(d,k(s))$

Gibt es, ausgehend vom Anfangszustand s_0 und der Position a, einen Zustand, in dem das Objekt die Position d erreicht?

B: $\quad \exists s\, AT(d,s)$

Wir erhalten folgende Widerlegung:

1 $\quad AT(a,s_0)$
2 $\quad \neg AT(a,x) \vee AT(b,i(x)) \vee AT(c,h(x))$
3 $\quad \neg AT(b,y) \vee AT(d,j(y))$
4 $\quad \neg AT(c,z) \vee AT(d,k(z))$
5 $\quad \neg AT(d,s)$
5' $\quad \neg AT(d,s')$

6	$\neg AT(b,y)$	$R(3,5)$ und $\theta_{11} = \{j(y)|s\}$
7	$\neg AT(c,z)$	$R(4,5')$ und $\theta_{22} = \{k(z)|s'\}$
8	$\neg AT(a,x) \vee AT(b,i(x))$	$R(7,2)$ und $\theta_{12} = \{h(x)|z\}$
9	$\neg AT(a,x)$	$R(6,8)$ und $\theta_1 = \{i(x)|y\}$
10	$\square$	$R(1,9)$ und $\theta = \{s_0|x\}$

Es ist $\tilde{\theta} = \theta_{22}\theta_{12}\theta_{11}\theta_1\theta$ und $\{j(i(s_0))|s, k(h(s_0))|s'\} \subset \tilde{\theta}$

Res$'(B,D) = $ Res$(B,D) = (AT(d,s) \vee AT(d,s'))\tilde{\theta} = AT(d,j(i(s_0))) \vee AT(d,k(h(s_0)))$

Gibt man direkt die Terme als Resultate an (vgl. die Bemerkung nach Korollar 2), so erhält man als Antwort:

$$ANS(j(i(s_0))) \quad \text{oder} \quad ANS(k(h(s_0))).$$

§18. Der konstruktive Charakter von Resolventenableitungen

Man hat also mit der Widerlegung D nicht nur gezeigt, daß es Zustände gibt, in denen das Objekt die Position d erreicht, sondern man hat darüber hinaus noch berechnet, *wie* man diese Position erreicht. Das Resultat gibt eine Folge von Lösungsschritten an, was typisch ist im „problem solving" (vgl. Ü 18.3).

Beispiel 18.14 ([Ni 71]):
Betrachte folgende Klauselmenge

1	$\neg A(x) \vee F(x) \vee G(k(x))$		
2	$\neg F(y_1) \vee B(y_1)$	2'	$\neg F(y_1') \vee B(y_1')$
3	$\neg F(z_1) \vee C(z_1)$	3'	$\neg F(z_1') \vee C(z_1')$
4	$\neg G(u) \vee B(u)$		
5	$\neg G(v) \vee D(v)$		
6	$A(g(w)) \vee F(h(w))$		

Ferner die folgende Frage $B = \exists z \, \exists y ((B(z) \wedge C(z)) \vee (B(y) \wedge D(y)))$, die negiert folgende Klauselmenge liefert:

7	$\neg B(z) \vee \neg C(z)$	7'	$\neg B(z') \wedge \neg C(z')$
8	$\neg B(y) \vee \neg D(y)$		

9	$\neg F(y_1) \vee \neg C(y_1)$		$R(2,7)$ und	$\theta_1 = \{y_1|z\}$
10	$\neg F(z_1)$		$R(3,9)$ und	$\theta_2 = \{z_1|y_1\}$
11	$\neg A(x) \vee G(k(x))$		$R(1,10)$ und	$\theta_3 = \{x|z_1\}$
12	$\neg G(v) \vee \neg B(v)$		$R(5,8)$ und	$\theta_4 = \{v|y\}$
13	$\neg G(u)$		$R(12,4)$ und	$\theta_5 = \{u|v\}$
14	$\neg A(x)$		$R(11,13)$ und	$\theta_6 = \{k(x)|u\}$
15	$F(h(w))$		$R(14,6)$ und	$\theta_7 = \{g(w)|x\}$
16	$\neg F(y_1') \vee \neg C(y_1')$	(9')	$R(2',7')$ und	$\theta_8 = \{y_1'|z'\}$
17	$\neg F(z_1')$	(10')	$R(3',16)$ und	$\theta_9 = \{z_1'|y_1'\}$
18	$\square$		$R(17,15)$ und	$\theta_{10} = \{h(w)|z_1'\}$

Zur Veranschaulichung vgl. die Widerlegung als Baum (S. 228 oben):

Es ist $\tilde{\theta} = \theta_1 \cdot \ldots \cdot \theta_{10}$. Zur Herstellung des Resultats braucht man nicht ganz $\tilde{\theta}$ zu berechnen, sondern nur die Wirkung von $\tilde{\theta}$ auf die (freien) Variablen $\{y, z, z'\}$, also:

$$y\tilde{\theta} = y\theta_4\theta_5\theta_6\theta_7\theta_{10} = y\theta_4\theta_5\theta_6\theta_7 = k(g(w)), \quad \text{mithin } \{k(g(w))|y\} \subset \tilde{\theta};$$
$$z\tilde{\theta} = z\theta_1\theta_2\theta_3\theta_6\theta_7\theta_{10} = z\theta_1\theta_2\theta_3\theta_7 = g(w), \quad \text{mithin } \{g(w)|z\} \subset \tilde{\theta};$$
$$z'\tilde{\theta} = z'\theta_8\theta_9\theta_{10} = h(w), \quad \text{mithin } \{h(w)|z'\} \subset \tilde{\theta}.$$

228 Kapitel 5. Logische Grundlagen des maschinellen Beweisens

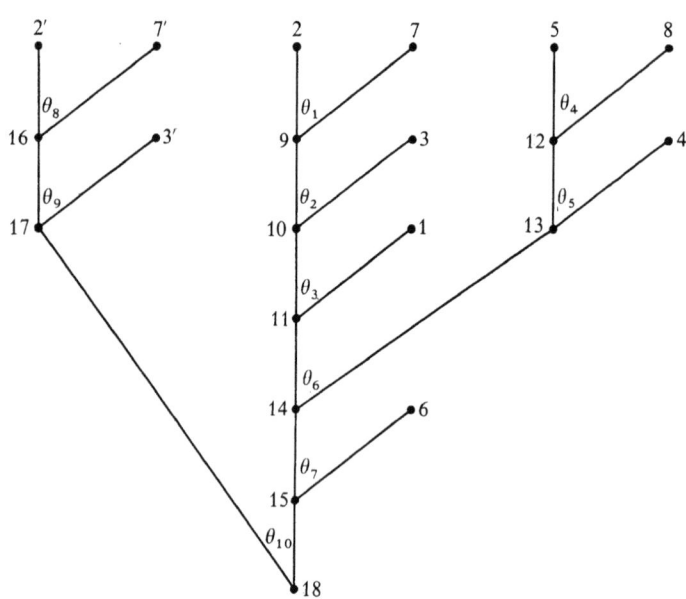

Es gilt:

$\text{Res}(B,D) = \text{Gen}(((B(z) \wedge C(z)) \vee (B(z') \wedge (C(z')) \vee (B(y) \wedge D(y)))\tilde{\theta})$
$= \forall w((B(g(w)) \wedge C(g(w))) \vee (B(h(w)) \wedge C(h(w))) \vee (B(k(g(w))) \wedge D(k(g(w))))).$

Mit den Bezeichnungen aus Korollar 1 zu Satz 18.11 haben wir also:

$s=2, m=2, k_1=2, k_2=1$ und $B = \exists x_1 \exists x_2 (D_1 \vee D_2)$
$\text{Res}(B,D) = \text{Gen}(((D_{11} \vee D_{12}) \vee D_2)\tilde{\theta}).$

Übungen zu § 18

Ü 18.1: Zeichnen Sie den zu der Ableitung in Beispiel 18.13 gehörenden Baum und prüfen Sie, ob das angegebene $\tilde{\theta}$ ein s.V. der Ableitung ist.

Ü 18.2: Betrachten Sie das gruppentheoretische Problem S aus Beispiel 14.12 und geben Sie unter Verwendung von Satz 18.6 und Beispiel 18.12 eine Menge von Beispielen von S an, die aussagenlogisch nicht erfüllbar ist. Vergleichen Sie Ihr Ergebnis mit der in Beispiel 15.6 angegebenen Menge von Grundbeispielen von S.

Ü 18.3: Diese Übung befaßt sich mit einem in der Literatur häufig verwendeten Beispiel aus dem problem-solving, dem *Affe-Banane-Problem:*

Ein Affe ist in einem Raum. Von der Decke des Raumes hängt eine Banane herab. Der Affe ist zu klein, um an die Banane zu kommen. Er kann aber im Raum herumlaufen, kann einen darin befindlichen Hocker herumtragen, er kann auf den

§ 18. Der konstruktive Charakter von Resolventenableitungen

Hocker klettern, und er kann vom Hocker aus die Banane erreichen, wenn der Hocker geeignet steht.

Wir verwenden zur Formalisierung des Problems die folgenden Prädikaten- und Funktionssymbole:

(a) $P \in \mathsf{PS}_4$ mit der Deutung:

$\omega(P)(\xi,\mu,\nu,\tau) = W :\Longleftrightarrow$ im Zustand τ ist der Affe in Position ξ, die Banane in Position μ und der Hocker in Position ν.

(b) $R \in \mathsf{PS}_1$ mit der Deutung:

$\omega(R)(\xi) = W :\Longleftrightarrow$ der Affe kann in Position ξ die Banane erreichen.

(c) $walk \in \mathsf{FS}_3$, $carry \in \mathsf{FS}_3$, $climb \in \mathsf{FS}_1$ mit den Deutungen:

$\omega(walk)(\mu,\nu,\tau)$ bzw. $\omega(carry)(\mu,\nu,\tau)$ bzw. $\omega(climb)(\tau)$ ist jeweils derjenige Zustand, der erreicht wird, wenn — ausgehend vom Zustand τ —

der Affe von μ nach ν läuft, bzw.

der Affe von μ nach ν läuft und dabei den Hocker mitträgt, bzw.

der Affe auf den Hocker klettert.

Das Problem sei nun durch folgende Axiome beschrieben ([CL 73])[13]:

A_1: $\quad P(a,b,c,s_1)$

(In der Ausgangssituation s_1 ist der Affe in Position a, die Banane in Position b, und der Hocker in Position c)

A_2: $\quad \forall x \forall y \forall z \forall s (P(x,y,z,s) \longrightarrow P(z,y,z,walk(x,z,s)))$

(Der Affe kann von x nach z laufen)

A_3: $\quad \forall x \forall y \forall s (P(x,y,x,s) \longrightarrow P(y,y,y,carry(x,y,s)))$

(Der Affe kann, wenn er neben dem Hocker ist, diesen zu jedem Ort y tragen)

A_4: $\quad \forall s (P(b,b,b,s) \longrightarrow R(climb(s)))$

(Wenn Affe und Hocker beide unter der Banane sind, kann der Affe auf den Hocker klettern und die Banane erreichen)

B: $\quad \exists s\, R(s)$

(Gibt es einen Zustand, in dem der Affe die Banane erreichen kann?)

Zeigen Sie $B \in \mathsf{Fl}(X)$, wobei $X = \{A_1, \ldots, A_4\}$, indem Sie eine Widerlegung D von $S = S(X) \cup S(\neg B)$ herstellen. Berechnen Sie das Resultat von B in D, d. h.

---

[13] Es kommt hier nicht auf die Formalisierung des Problems an. Ein differenzierteres Modell findet man in [Jac 74] (dort ist z. B. gesichert, daß die Position des Hockers sich nicht ändert, wenn der Affe darauf klettert).

zeigen Sie, daß die Ableitung nicht nur enthält, daß der Affe die Banane erreichen *kann*, sondern daß sie gleichzeitig eine Folge von Lösungsschritten angibt zur Erreichung dieses Ziels.

§ 19. Prädikatenlogik als Programmiersprache

Ausgehend von der Klausel-Formulierung der Logik, der Existenz verschiedenster Verfeinerungen der Resolventenregel und der Beobachtung, daß Ableitungen Rechenresultate enthalten (vgl. § 18), wurde seit 1973 der Versuch unternommen, Klauselmengen als Rechnerprogramme aufzufassen und Widerlegungen als Berechnungen, so daß die Prädikatenlogik zur Programmiersprache und ein Beweisprogramm zum Interpreter dieser Sprache wird. Erste Arbeiten dazu stammten von Kowalski und Hayes [Kow 73], [Hay 73]; [Kow 74a,b], [vEK 74]. Mit diesem Ansatz kann man die verschiedensten Anwendungen von Verfahren in der künstlichen Intelligenz einheitlich beschreiben, ferner sind durch ihn Anregungen und neue Ergebnisse hervorgebracht worden, z.B. die Programmiersprache PROLOG (Colmerauer, Roussel, u.a.). Diese neue Auffassung der Prädikatenlogik wird bis heute mit zunehmendem Interesse diskutiert, vgl. den diesem Thema gewidmeten Workshop, London Mai 1976.

Wir wollen hier jedoch einen anderen Aspekt dieser Versuche herausstreichen, und zwar ihre Bedeutung für die Forschungen auf dem Gebiet der Programmiersprachen. Wenn sich die Prädikatenlogik als Programmiersprache auffassen läßt (wie wir noch sehen werden), dann haben wir ein weiteres Beispiel eines Formalismus, in dem einheitlich eine Programmiersprache nebst Hilfsmitteln zu ihrer Verarbeitung beschrieben werden kann. Der Unterschied zu bisher bekannten und benützten Formalismen (vgl. Abschnitt 12.5.1) besteht nun darin, daß der Logik-Kalkül sehr kompakt universelle Tatbestände zu formulieren gestattet und daß über ihn sehr viele Forschungsergebnisse vorliegen. Es wäre also nützlich, wenn Teile der Ergebnisse und Erfahrungen einer jahrhundertelangen Logik-Forschung auf diese Weise in die Bemühungen um die Bewältigung von Programmiersprachenproblemen einfließen könnten.

19.1. Wir werden in diesem Paragraphen diese Probleme nur anreißen können und zeigen am Beispiel einer Funktionsdefinition, die man in ALGOL 60 z.B. als **integer procedure** programmieren kann, wie man Klauseln für die Definition der Funktion benützt und wie man mit Widerlegungen für vorgegebene Argumente die Funktionswerte ausrechnet. Danach erläutern wir, was Prozeduren in dieser Sprache sind und betrachten den Parameterübergabe-Mechanismus genauer. Insgesamt wollen wir jedoch nur einen groben Überblick geben, wie sich grundlegende Konzepte aus Programmiersprachen wie

Programme, Daten, Berechnungen, Prozeduren, Parameterübergaben, Input/Output

in dieser Betrachtensweise darstellen. Wir können nicht auf weiterführende Ergebnisse eingehen (z. B. Semantik-Definitionen bei Programmiersprachen) und nicht auf die Anwendungen, die dieser Ansatz bisher gefunden hat.

Beispiel 19.1: Betrachten wir die übliche induktive Definition der Fakultätsfunktion $!: \mathbb{N}_0 \longrightarrow \mathbb{N}_0$, wobei $0!=1$ und $n!=n\cdot(n-1)!$ für $n \geq 1$. Ein ALGOL-60-Programmstück dafür lautet:

integer procedure $f(x)$; **integer** x; **value** x;
    begin if $x<0$ **then** errorstop;
    end $f:=$ **if** $x=0$ **then** 1 **else** $x \cdot f(x-1)$

Wenn wir z. B. 3! berechnen wollten, so wüßten wir genau, wie wir uns das Resultat mit Hilfe der obigen induktiven Definition verschaffen müßten und daß das obige Programmstück (auf den Rechner gebracht) durch einen Aufruf $f(3)$ das richtige Ergebnis liefert. Wie aber kann man 3! in der Klausellogik ausrechnen?

Wir suchen zunächst eine Klausel-Formulierung der obigen induktiven Definition. Wenn wir Funktionssymbole in Präfixnotation einführen gelangen wir zu

(1) $f(0)=s(0)$,
(2) $f(s(x))=m(s(x),f(x))$, wobei f die Fakultät sei, s die Nachfolgerfunktion und m die Multiplikation.

Unter Vermeidung von Funktionssymbolen erhalten wir:

A_1: $P(0,s(0))$
A_2: $\forall x \forall u \forall v (P(x,v) \wedge M(s(x),v,u) \longrightarrow P(s(x),u))$,

wobei $M(a,b,c)$ für $m(a,b)=c$ steht und $P(a,b)$ für $f(a)=b$. Daraus gewinnen wir folgende Klauseln

$S(A_1)$: $P(0,s(0))$
$S(A_2)$: $P(s(x),u) \vee \neg M(s(x),v,u) \vee \neg P(x,v)$.

Um die Multiplikation zu charakterisieren, nehmen wir an, daß alle Klauseln der folgenden Form als Eingabe-Klauseln zur Verfügung stehen:

M_{ij}: $M(s^i(0),s^j(0),s^{i \cdot j}(0))$ (für $i,j>0$),

dabei ist $s^i(0)$ die naheliegende Abkürzung für $\underbrace{s(...s(0)...)}_{i\text{-mal}}$.

Wir nennen die Menge der Klauseln $S(A_1)$, $S(A_2)$ und endlich viele geeignete M_{ij} der Einfachheit halber kurz S_0.

Widerlegungen enthalten, wie wir in § 18 gesehen haben, Rechenresultate. Die Frage *Gibt es für den Eingabewert 3 einen Funktionswert?* wird formalisiert als $B = \exists y P(s^3(0), y)$. Eine Widerlegung von $S_0 \cup S(\neg B)$ liefert nach Satz 18.11 (mit Zusatz zu Korollar 2)

$$P(s^3(0), y)\tilde{\theta} \in \mathsf{Fl}(S_0)$$

D. h. $\tilde{\theta}$ gibt für y einen Term t an, der der gesuchte Funktionswert ist.

Beispiel 19.2: Widerlegung D der Klauselmenge $S_0 \cup S(\neg B) = S_0 \cup \{\neg P(s^3(0), y)\}$ aus Beispiel 19.1

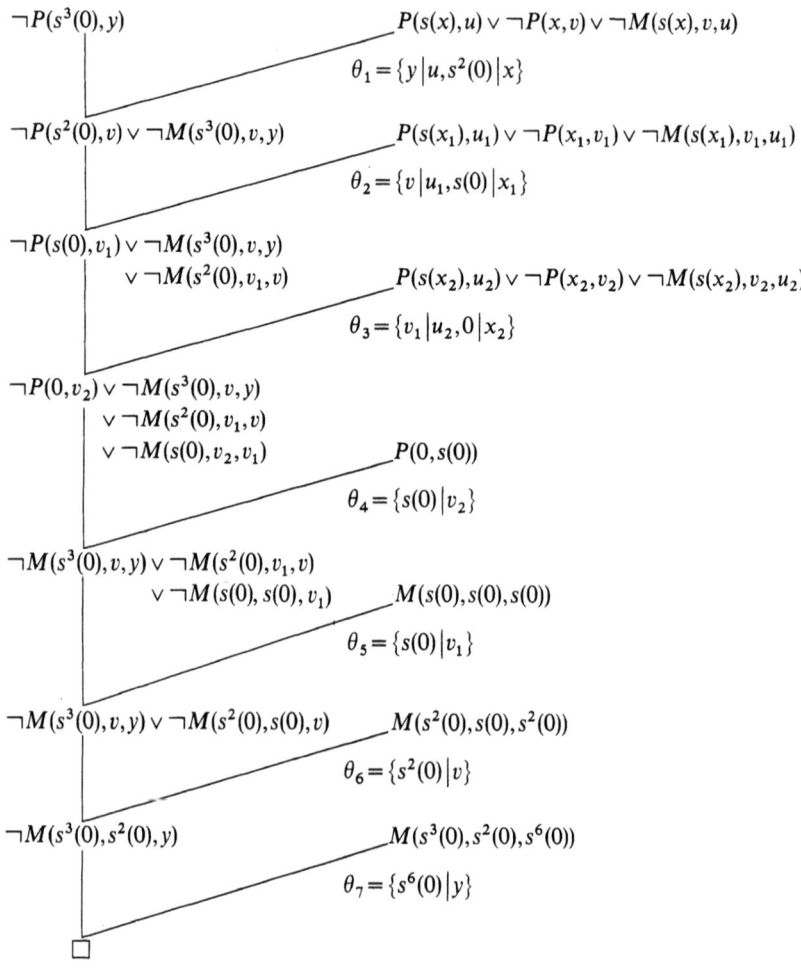

Es ist $\tilde{\theta} = \theta_1 \cdot \ldots \cdot \theta_7$ und $\{s^6(0)|y\} \subset \tilde{\theta}$, ferner $\text{Res}(B, D) = P(s^3(0), s^6(0))$, also rückübersetzt: $3! = 6$

19.2. Wir haben in unserem Beispiel die Klauselmenge S_0 als (rekursive) Definition einer Relation namens P aufgefaßt. Bei Programmiersprachen nennt man derartige Definitionen Prozeduren, die allerdings Funktionen definieren. Prozeduren haben einen Namen, einen Rumpf und möglicherweise formale Parameter. Schaut man sich die Klausel $S(A_2)$ daraufhin an, so ist das positive Literal $P(s(x), u)$ der Name dieser „Prozedur" mit formalen Parametern, und die beiden negativen Literale bilden den Rumpf in Form von Aufrufen von Prozeduren mit aktuellen Parametern.

Will man also Klauseln der Form

(C) $\qquad A_1 \vee \ldots \vee A_m \vee \neg B_1 \vee \ldots \vee \neg B_n \qquad (A_i, B_i \text{ atomar})$

als Definition von Prozeduren, die Relationen definieren, auffassen, müssen diese *einen* Namen haben, d. h. $m = 1$ ist zu fordern.

Man nennt Klauseln mit höchstens einem positiven Literal ($m \leq 1$) *Horn-Klauseln* (siehe Fußnote 9), und diese Eigenschaft ist zu erfüllen, will man Klauseln als Prozeduren interpretieren:

(a) $m = 1$: Solche Horn-Klauseln sollen *Prozedur-Deklarationen* heißen.

(a') $m = 1$ und $n = 0$: Solche Prozeduren heißen *Behauptungen* (engl. assertions), denn eine Klausel A_1 ist zur Klausel $A_1 \vee \neg W$ äquivalent mit $\omega(W) = W$ für alle Strukturen $\Sigma = (I, \omega)$, d. h. A_1 ist eine Prozedur, die äquivalent ist zu einer Prozedur, die einen Aufruf einer immer wahren Prozedur als Rumpf hat.

(b) $m = 0$: „Prozeduren ohne Namen": sie heißen *Zielanweisungen* (engl. goal-statements); zur Bezeichnung vgl. die Arbeiten von Kowalski.

(b') $m = 0$ und $n = 0$: wir haben in diesem Fall die leere Klausel, die als STOP-Befehl interpretiert wird.

Kommt also in einer Prozedur-Deklaration ein Prädikatensymbol im positiven und in einem negativen Literal vor, so handelt es sich um eine rekursive Prozedur. Es sei weiter erwähnt, daß alle in einer Klausel vorkommenden Variablen lokal zu dieser Prozedur sind, also nicht global in der Ausgangsklauselmenge (= Programm) sind, da es sich ja um gebundene Variablen handelt, d. h. Klauseln als Prozeduren haben keine Seiteneffekte. Die schon betrachtete Klauselmenge $S_0 \cup S(\neg B)$ besteht also aus Behauptungen, einer rekursiven Prozedur und einer Zielanweisung.

19.3. Berechnungen gehen mit Hilfe von Programmiersprachen so vonstatten, daß der Aufruf einer Prozedur verarbeitet wird, indem man den je nach Parameterübergabe-Mechanismus modifizierten Rumpf der aufgerufenen Prozedur zu Hilfe nimmt; übertragen auf die Klausellogik als Programmiersprache hat man dann für den einzelnen Berechnungsschritt:

Ausgangspunkt sei eine Zielanweisung

(G) $\quad \neg B_1 \vee \ldots \vee \neg B_{j-1} \vee \neg p t_1 \ldots t_k \vee \neg B_{j+1} \vee \ldots \vee \neg B_m$

und die Deklaration der aufgerufenen Prozedur:

(P) $\quad p t'_1 \ldots t'_k \vee \neg C_1 \vee \ldots \vee \neg C_r$

Sind nun $p t_1 \ldots t_k$ und $p t'_1 \ldots t'_k$ durch einen allgemeinsten Vereinheitlicher θ vereinheitlichbar, so erhalten wir mit der *binären* Resolventenregel eine neue Zielanweisung:

(G') $\quad (\neg B_1 \vee \ldots \vee \neg B_{j-1} \vee (\neg C_1 \vee \ldots \vee \neg C_r) \vee B_{j+1} \vee \ldots \vee \neg B_m)\theta$

die als *Ergebnis* der Verarbeitung eines Prozeduraufrufs in (G) aufgefaßt werden soll.

Eine *Berechnung* (computation) ist dann eine Folge $C_1 \ldots C_s$ von Zielanweisungen, von denen C_1 aus der Ausgangsmenge stammt und jedes C_{i+1} aus dem vorhergehenden C_i wie eben erläutert zu erhalten ist. Eine erfolgreiche Berechnung (Termination) ist eine Widerlegung, d. h. eine Ableitung des STOP-Befehls, sonst heißt die Berechnung nicht erfolgreich.

Ein Theorem-Beweiser, der für jeden Übergang von C_i zu C_{i+1} den Prozedur-Aufruf (ein negatives Literal in C_i) und eine zugehörige Prozedur-Deklaration *auswählt*, benimmt sich also wie ein *Interpreter* der Ausgangsklauselmenge (= Programm mit Daten), wobei über Input/Output und Daten noch genaueres zu sagen ist.

Damit solch ein Interpreter das produziert, was man intuitiv unter einer Berechnung versteht, ist es nötig, daß die im Theorem-Beweiser verwendeten Selektionsmechanismen bestimmte Eigenschaften erfüllen, auf die hier nicht eingegangen werden kann.

19.4. Um zu verdeutlichen, wie in dieser Programmiersprache die Ein- und Ausgabe (implizit) erledigt wird, bemühen wir erneut unser Programm für die Fakultät.

Wir wollen die Gleichung $y! = 6$ lösen, was auf die Berechnung der Umkehrfunktion der Fakultät hinausläuft. Wie wir gleich sehen werden, ist das tatsächlich möglich, denn wir erhalten folgende erfolgreiche Berechnung für das Theorem $B' = \exists y P(y, s^6(0))$.

Beispiel 19.3: Widerlegung D' der Klauselmenge $S_0 \cup S(\neg B') = S_0 \cup \{\neg P(y, s^6(0))\}$.

$\neg P(y, s^6(0))$ $\qquad$ $P(s(x), u) \vee \neg P(x, v) \vee \neg \dot M(s(x), v, u)$

$\theta'_1 = \{s(x) | y, s^6(0) | u\}$

$\neg P(x, v) \vee \neg M(s(x), v, s^6(0))$ $\qquad$ $P(s(x_1), u_1) \vee \neg P(x_1, v_1) \vee \neg M(s(x_1), v_1, u_1)$

$\theta'_2 = \{s(x_1) | x, v | u_1\}$

$\neg P(x_1, v_1) \vee \neg M(s^2(x_1), v, s^6(0))$ $\qquad$ $P(s(x_2), u_2) \vee \neg P(x_2, v_2) \vee \neg M(s(x_2), v_2, u_2)$
$\vee \neg M(s(x_1), v_1, v)$

$\theta'_3 = \{s(x_2) | x_1, v_1 | u_2\}$

$\neg P(x_2, v_2) \vee \neg M(s^3(x_2), v, s^6(0))$ $\qquad$ $P(0, s(0))$
$\vee \neg M(s^2(x_2), v_1, v)$
$\vee \neg M(s(x_2), v_2, v_1)$

$\theta'_4 = \{0 | x_2, s(0) | v_2\}$

$\neg M(s^3(0), v, s^6(0)) \vee \neg M(s^2(0), v_1, v)$ $\qquad$ $M(s(0), s(0), s(0))$
$\vee \neg M(s(0), s(0), v_1)$

$\theta'_5 = \{s(0) | v_1\}$

$\neg M(s^3(0), v, s^6(0)) \vee \neg M(s^2(0), s(0), v)$ $\qquad$ $M(s^2(0), s(0), s^2(0))$

$\theta'_6 = \{s^2(0) | v\}$

$\neg M(s^3(0), s^2(0), s^6(0))$ $\qquad$ $M(s^3(0), s^2(0), s^6(0))$

$\theta'_7 = \varepsilon$

$\square$

Es ist $\tilde\theta' = \theta'_1 \cdot \ldots \cdot \theta'_6$, $\{s^3(0) | y\} \subset \{s(x) | y\} \cdot \{s(x_1) | x\} \cdot \{s(x_2) | x_1\} \cdot \{0 | x_2\} \subset \tilde\theta'$ und damit $\mathrm{Res}(B', D') = P(s^3(0), s^6(0))$, rückübersetzt: 3 löst die Gleichung $y! = 6$.

Wir stellen fest, daß das gesuchte Resultat $s^3(0)$ während der Berechnung approximiert worden ist. Jeder Berechnungsschritt liefert also einen teilweisen Output, eine weitere Besonderheit dieser Programmiersprache.

19.5. Im Beispiel 19.1 der Fakultätsfunktion hat die Deklaration der Prozedur (der Klausellogik) die Form $P(t'_1, t'_2) \vee \ldots$ In der Zielanweisung, in der die zu beantwortende Frage formuliert wird, z. B.

$S(\neg B)$: $\neg P(t_1, y)$ $\quad$ bzw. $\quad$ $S(\neg B')$: $\neg P(y, t_2)$

fungieren t_1 bzw. t_2 als Eingabewerte für das Programm und y als Ausgabevariable, damit ist deutlich, daß die Terme die *Daten* in dieser Programmiersprache sind und der Termaufbau die *Datenstruktur* charakterisiert.

Schauen wir uns die Parameter-Übergabe genauer an, etwa im zweiten Berechnungsschritt der Widerlegung D' aus Beispiel 19.3:
Der zu verarbeitende Aufruf von P lautet $\neg P(x,v)$. Die gerufene Prozedur hat als Liste der formalen Parameter $(s(x_1), u_1)$ und als Rumpf $C' = \neg P(x_1, v_1) \vee \neg M(s(x_1), v_1, u_1)$. Der nicht verarbeitete und nicht betrachtete Teil der Ausgangszielanweisung lautet $C'' = \neg M(s(x), v, s^6(0))$. $\theta'_2 = \{s(x_1) | x, v | u_1\}$ als „Korrespondenz" der formalen und aktuellen Parameter liefert bei Abarbeitung des Aufrufs *zwei* Effekte

(a) $C'' \theta'_2 = \neg M(s^2(x_1), v, s^6(0))$
   hier wird durch die gerufene Prozedur partiell eine Ausgabe geliefert

(b) $C' \theta'_2 = \neg P(x_1, v_1) \vee \neg M(s(x_1), v_1, v)$
   ein aktueller Parameter (= Eingabe) des Aufrufs modifiziert den Rumpf der gerufenen Prozedur, der zu den noch nicht verarbeiteten Aufrufen hinzugefügt wird und modifiziert zur Weiterverarbeitung zur Verfügung steht.

Dieser Parameterübergabe-Mechanismus erlaubt also, jeden aktuellen Parameter t_a an einen formalen t_f zu übergeben, für den sich die Menge $\{t_a, t_f\}$ vereinheitlichen läßt. Er ist damit allgemeiner als die in den klassischen Programmiersprachen verwendeten Übergabemechanismen.

Wir haben die Umkehrfunktion der Fakultät mit dem Programm für die Fakultät berechnet, indem wir Eingabe und Ausgabe vertauscht haben. Es gilt ein noch viel allgemeinerer Zusammenhang:

Wenn $pt_1 \ldots t_k \vee \ldots$ eine Prozedur-Deklaration ist, dann kann mittels eines Aufrufs $\neg p t'_1 \ldots t'_k$ dieser Prozedur *jede beliebige* Teilmenge $\{t'_{i_1}, \ldots, t'_{i_r}\} \subset \{t'_1, \ldots, t'_k\}$ als Menge der Ausgabe-Variablen genommen werden (d. h. die t'_{i_j} müssen dann Variablen sein!), deren Werte bei der Widerlegung durch das Komplement $\{t'_1, \ldots, t'_k\} - \{t'_{i_1}, \ldots, t'_{i_r}\}$ als Menge der Eingabe-Daten berechnet werden. Damit ergeben sich Möglichkeiten der mehrfachen Benutzung des gleichen Programms für (semantisch) verschiedene Zwecke.

Zur Vertiefung möge der Leser ausprobieren, daß z. B. $\neg P(y, s^5(0))$ nur nichterfolgreiche Berechnungen liefert, und dabei das implizite Ein-Ausgabe-Verhalten dieser Sprache studieren.

19.6. Dadurch daß Relationen berechnet werden, ist diese Programmiersprache *nichtdeterministisch* in dem Sinne, daß je nach Auswahl der Aufrufe, die verarbeitet werden, verschiedene Lösungen des Problems berechnet werden.
   Der Leser probiere aus, daß z. B. $S(\neg B'') = \{\neg P(y, s(0))\}$ zwei verschiedene erfolgreiche Berechnungen liefern kann, nämlich $\{0|y\}$ und $\{s(0)|y\}$.

Auf die anderen noch möglichen Nichtdeterminiertheiten dieser Sprache soll hier nicht eingegangen werden.

Fazit: Die Klausellogik kann unter einfachen Einschränkungen als eine Programmiersprache interpretiert werden, die Eigenschaften hat, die über das Übliche bei Programmiersprachen hinausgehen. Hier ist nur über elementare Konzepte berichtet worden und nicht über die Semantik dieser Sprache und nicht über Anwendungen innerhalb der künstlichen Intelligenz.

Bemerkung: Diese Programmiersprache kennt Prozeduren nicht als Datenstrukturen (als Eingaben also z. B.), denn Funktionennamen werden nur zur Bildung von komplizierten Datenstrukturen verwendet und nicht zur Bezeichnung von Prozeduren, da Prozeduren hier Relationen bezeichnen.

Wie wir am Ende von § 17 bemerkten, verändern die verschiedenen Formulierungen einer Klauselmenge die Effizienz der sie verarbeitenden Verfahren. Die Methodik der Formulierung einer Klauselmenge wird also zum *Programmierstil* der Programmiersprache Prädikatenlogik. Man muß also nach Prinzipien für das Schreiben von Klauselmengen (= Programmen) suchen, so daß die demgemäß produzierten Programme einerseits klar den intendierten Inhalt wiedergeben, andererseits aber auch effiziente Berechnungen zulassen. Bemühungen dieser Art sind über erste tastende Versuche noch nicht hinausgekommen.

Kapitel 6. Die Methode der Formalisierung: zwei Beispiele

In diesem Kapitel soll demonstriert werden, wie Konzepte der Logik eingesetzt werden können zur *Beschreibung* von Problemen. Hierzu wird in § 20 ein einfaches Beispiel aus der Grundlagenforschung über Informationssysteme behandelt, danach in § 21 der Versuch, das Formalisieren als Methode zu beschreiben, und im abschließenden § 22 ein elementares Beispiel aus der Semantik von Programmiersprachen.

§ 20. Informationswiedergewinnung als Anwendungsbeispiel

Das Folgende entstammt der Grundlagenforschung über Informationssysteme und ist Arbeiten entnommen, wie sie z. Zt. in Warschau an der Polnischen Akademie der Wissenschaften betrieben werden, vgl. [MP 74], [Lip 74a, 75], [LD 74], [JMS 75], [LM 75] mit weiteren Literaturangaben. Diese Auswahl mag in Hinsicht auf die Breite der Informationssysteme-Forschung willkürlich und untypisch erscheinen, sie ist aber ausschließlich in Hinsicht auf die Anwendung logischer Mittel bei der Formulierung der Problemstellung getroffen worden.

20.1. Stellen wir uns vor, wir haben eine *Menge von Dokumenten* (Bücher, Zeitschriftenaufsätze, Gerichtsurteile, etc.) und bereiten diese so auf, daß Anfragen nach gewissen Mengen von Dokumenten und Ja-Nein-Fragen über den Dokumentenbestand beantwortet werden können.

Üblicherweise geht man z. Zt. so vor, daß man aus den Dokumenten gewisse „Stichwörter", sog. *Deskriptoren*, auswählt, die den einzelnen Dokumenten jeweils zukommen oder nicht. Die Auswahl der Deskriptoren, das sog. Indexieren, ist ein schwieriges Geschäft, dessen konkrete Behandlung für unser Beispiel nicht wesentlich ist und in der Fachliteratur nachgelesen werden kann, z. B. [Sal 68].

So könnte man aus einem Bücherbestand etwa die Autorennamen, die Titel, die Verlage, die Fachgebiete usw. als Deskriptoren auswählen.

Beispiel 20.1: Auf das im Literaturverzeichnis des vierten Kapitels mit [Sh 67] bezeichnete Buch träfen dann folgende Deskriptoren zu

§ 20. Informationswiedergewinnung als Anwendungsbeispiel

d_1: JOSEPH_R_SHOENFIELD
d_2: MATHEMATICAL_LOGIC
d_3: ADDISON_WESLEY
d_4: MATHEMATISCHE_LOGIK

Nicht zutreffen würden Deskriptoren wie

d'_1: ALONZO_CHURCH
d'_2: DAS_IMPRESSUM
d'_3: SUHRKAMP
d'_4: PHYSIK

Deskriptoren faßt man zu Mengen zusammen, um damit Eigenschaften zu charakterisieren.

Beispiel 20.2: Kommen in einem Bücherbestand die Deskriptoren vor

MCGRAW_HILL
ADDISON_WESLEY
PRINCETON_UNIVERSITY_PRESS
ACADEMIC_PRESS
VAN_NOSTRAND

so würde man diese Menge von Deskriptoren

USA_VERLAGE

nennen.

Mengen von Deskriptoren sollen *Attribute* heißen. Das Gewinnen von Attributen aus Deskriptoren, das sog. Klassifizieren, ist ein Kapitel für sich, dessen konkrete Behandlung ebenfalls in der Fachliteratur nachzulesen ist, vgl. [Sal 68].

Innerhalb des so aufbereiteten Dokumentenbestandes ist für jedes Dokument die Menge der zutreffenden Deskriptoren von Bedeutung und für jeden Deskriptor die Menge der Dokumente, auf die der Deskriptor zutrifft, die sog. *invertierte Datei* (engl. inverted file).

Damit sind die Grundkonzepte benannt und eine mathematische Formulierung dieser Sachverhalte wie folgt möglich:

Definition 20.3: $S = (X, D, A, U)$ heißt ein *information storage and retrieval system* (Abk.: ISR), wenn gilt:
(1) $X \neq \emptyset$ ist eine endliche Menge (von *Dokumenten*)
(2) $D \neq \emptyset$ ist eine endliche Menge (von *Deskriptoren*)

240 Kapitel 6. Die Methode der Formalisierung: zwei Beispiele

(3) $A \subset 2^D$ (die Menge der *Attribute*)
(4) $U: D \longrightarrow 2^X$ ist eine Abbildung (die jedem Deskriptor die *invertierte Datei* zuordnet).
Bemerkung: In Klammern steht die beabsichtigte Bedeutung.

20.2. Nun sollen die *Anfragen* (engl. queries) an solch ein ISR formalisiert werden, und zwar mit Techniken, wie sie in der Logik verwendet werden; andere Möglichkeiten seien hier unberücksichtigt, vgl. die Fachliteratur z. B. [Wed 74]. Wir unterscheiden dabei zwei Gruppen von Anfragearten.

Anfrageart T1: In welchen Dokumenten kommt der Deskriptor $d \in D$ vor?
Antwort: $U(d)$

Anfrageart T2: In welchen Dokumenten kommt der Deskriptor $d \in D$ vor *und* (bzw. *oder*) der Deskriptor $d' \in D$ vor?
Antwort: $U(d) \cap U(d')$ (bzw. $U(d) \cup U(d')$)

Anfrageart T3: In welchen Dokumenten kommt der Deskriptor $d \in D$ nicht vor?
Antwort: $X - U(d)$

Anfrageart T4: In welchen Dokumenten kommt, wenn der Deskriptor $d \in D$ vorkommt, auch der Deskriptor $d' \in D$ vor?
Antwort: $(X - U(d)) \cup U(d')$ (vgl. Ü 20.1)

Zusatz T: Außerdem sollen die Fragen gekennzeichnet werden, die als Antwort den gesamten Bestand X liefern, bzw. die leere Menge von Dokumenten.

Diesen Anfragearten wird je ein sprachliches Gebilde zugeordnet, wobei sich anbietet, die Fragen als Terme zu formalisieren, d. h. wir müssen eine syntaktische Basis angeben:

Anfrageart T1: d (wir führen also eine Menge von nullstelligen Funktionssymbolen $\mathsf{D} = \{d \mid d \in D\}$ ein und deuten d als $U(d)$[1])
Anfrageart T2: $d \cdot d'$ (bzw. $d + d'$) ($+, \cdot \in \mathsf{FS}_2$)
Anfrageart T3: $\sim d$ ($\sim \in \mathsf{FS}_1$)
Anfrageart T4: $d \supset d'$ ($\supset \in \mathsf{FS}_2$)
Zusatz T: w, f ($w, f \in \mathsf{FS}_0$)

Wir betrachten also die Basis $\bar{\mathsf{B}}$ aus dem Abschnitt 11.6.3, erweitert um die Menge D, wobei „$\supset$" als definiertes Symbol aufzufassen ist. Es sei $\mathsf{B} = \bar{\mathsf{B}}^\mathsf{D} = (\{\sim, +, \cdot, w, f\} \cup \mathsf{D}, \mathsf{PS})$, wobei über PS später genau verfügt wird. Es

---
[1] Für das Folgende ist also ein-eindeutig d der Name des Deskriptors d.

§ 20. Informationswiedergewinnung als Anwendungsbeispiel

sei $\mathfrak{B} \subset \mathrm{St}^\mathsf{B}$ die analog dem Abschnitt 11.6.3 definierte Klasse aller Booleschen Algebren, d.h. die Klasse aller Strukturen $\Sigma = (M, \omega)$, so daß $(M, \vee, \wedge, ', I, O)$ eine Boolesche Algebra ist. Es werden keine Variablen zur Termbildung zugelassen, es ist also $\mathsf{VA} = \emptyset$ und TE^B hat die übliche Bedeutung, ebenso wie die Deutung der Terme wert$_\Sigma$. Darüber hinaus ist man an Strukturen für B interessiert, die relativ zu einem ISR S definiert werden können. Da die Terme (= Anfragen) als Mengen von Dokumenten (= Antworten) gedeutet werden, besteht der Individuenbereich derartiger Strukturen aus der Potenzmenge des Dokumentenbestandes X:

Definition 20.4: Es sei $S = (X, D, A, U)$ ein ISR. Dann sei $\Sigma(S) = (2^X, \omega)$ und $(2^X, X-, \cup, \cap, X, \emptyset)$ der Potenzmengen-Verband von X ($X-$ ist das Mengenkomplement), und es gelte darüber hinaus:
(1) $\omega(d) = U(d)$ für alle $d \in \mathsf{D}$
(2) „$\supset$" wird definiert durch „$+$" und „$\sim$" zu $\omega(\supset)(\xi, \eta) = \omega(+)(\omega(\sim)(\xi), \eta)$.
Bemerkung:
(i) Es sei $D \neq \emptyset$ beliebig, dann ist $\{\Sigma(S) | S = (X, D, A, U) \text{ ist ein ISR}\} \subset \mathfrak{B}$
(ii) Wegen eines Korollars zum Satz von Stone (vgl. [Bi 67]) sind die Strukturen $\Sigma(S)$ genau die endlichen Booleschen Algebren, vgl. Ü 20.3.

Bei der Auswertung der Terme notieren wir wegen der fehlenden Variablen die Zustände bei wert$_\Sigma$ natürlich nicht mit.

Beispiel 20.5:
$$\begin{aligned}
\mathrm{wert}_{\Sigma(S)}(d \supset d') &= \omega(\supset)(\mathrm{wert}_{\Sigma(S)}(d), \mathrm{wert}_{\Sigma(S)}(d')) \\
&= \omega(\supset)(U(d), U(d')) \\
&= \omega(+)(\omega(\sim)(U(d)), U(d')) \\
&= \omega(+)(\mathrm{wert}_{\Sigma(S)}(\sim d), \mathrm{wert}_{\Sigma(S)}(d')) \\
&= \mathrm{wert}_{\Sigma(S)}(\sim d + d')
\end{aligned}$$

Bisher wurde auf Anfragen mit einer Teilmenge der Dokumente „geantwortet", nun behandeln wir Anfragen, für die die Antwort „ja" oder „nein" lautet:

Anfrageart F1: Stimmt die Menge der Dokumente, in denen der Deskriptor $d \in D$ vorkommt, mit der Menge der Dokumente überein, in denen der Deskriptor $d' \in D$ vorkommt?
formalisiert: $d = d'$ ($= \in \mathsf{PS}_2$)
Antwort: „ja" genau dann, wenn $U(d) = U(d')$ ist.

Anfrageart F2: Stimmt die Verneinung einer Ja-Nein-Frage?
Antwort: „ja" genau dann, wenn die Antwort auf die gestellte Frage „nein" ist.

Anfrageart F3: Stimmt die Alternative, die Konjunktion, die Implikation zweier Ja-Nein-Fragen?

Antwort:	„ja" entsprechend der Definition von WF_v, $WF_\wedge$, $WF_\rightarrow$, falls man „ja" als W interpretiert und „nein" als F
Zusatz F:	Es sollen durch W die Fragen gekennzeichnet werden, die als Antwort stets ein „ja" haben und durch F die, die stets „nein" liefern. $(W, F \in \mathsf{PS}_0)$

Wir bilden also bezüglich der Basis $\mathsf{B} = (\{\sim, +, \cdot, w, f\} \cup \mathsf{D}, \{W, F, =\})$ wie üblich die Menge der quantorenfreien Formeln QFF mit Gleichheit. Bei der Deutung der QFF notieren wir die Zustände ebenfalls nicht mit.

Beispiel 20.6:
(1) $\text{Wert}_{\Sigma(S)}((d \supset d') = (\sim d + d')) = \omega(=)(\text{wert}_{\Sigma(S)}(d \supset d'), \text{wert}_{\Sigma(S)}(\sim d + d'))$
                                  $= W$ (nach Beispiel 20.5)
(2) $\text{Wert}_{\Sigma(S)}((\sim d + d) = w) = \omega(=)(\omega(+)(\omega(\sim)(U(d)), U(d)), \omega(w))$
                              $= \omega(=)((X - U(d)) \cup U(d), X)$
                              $= \omega(=)(X, X)$
                              $= W$
(3) Für alle $t, t' \in \mathsf{TE}^\mathsf{B}$ gilt: $\text{Wert}_{\Sigma(S)}((t \cdot \sim t') + (t' \cdot \sim t) = f \longleftrightarrow t = t') = W$
(Übung für den Leser).

Es handelt sich hier um eine einfache Anfragesprache, bei der auffällt, daß „$\sim$", „$+$", „$\cdot$" und „$\supset$" den Charakter von Negation, Alternative, Konjunktion und Implikation besitzen. Der Unterschied dieser Funktionssymbole zu den entsprechenden Junktoren „$\neg$", „$\vee$", „$\wedge$" und „$\longrightarrow$" liegt in der unterschiedlichen Art der damit formalisierten Anfragen: Mit Funktionssymbolen sind die Anfragen formalisiert, die aus dem Gesamtbestand an Dokumenten Teilmengen aussondern, während mit Junktoren Anfragen formalisiert sind, die Teilmengen aussondern und die ausgesonderten Teilmengen in Beziehung zueinander bringen, wobei das Prüfen zweier Mengen von Dokumenten auf Gleichheit als Grundoperation unterstellt ist.

20.3. Dadurch, daß die Anfrage-Sprache als eine spezielle logische Sprache definiert worden ist, stehen Begriffe der Logik, wie Gültigkeit in einer Struktur, Allgemeingültigkeit, Modell, Folgerung usw. zur Verfügung, wenn diese Sprache charakterisiert werden soll. Zur Verdeutlichung sei folgendes Beispiel betrachtet:

Beispiel 20.7: Es sei $S_0 = (X_0, D_0, A_0, U_0)$ ein ISR mit
$X_0 = \{x_1, x_2, x_3\}$, $D_0 = \{d_1, ..., d_{10}\}$

              d_1: ASSER ⎫
              d_2: CHURCH ⎬ $U_0(d_i) = \{x_i\}$ $(i = 1, 2, 3)$
              d_3: HERMES ⎭
              d_4: LOGIK $U_0(d_4) = X_0$

§ 20. Informationswiedergewinnung als Anwendungsbeispiel

d_5: PHYSIK $\qquad U_0(d_5) = \emptyset$
d_6: PAPERBACK $\qquad U_0(d_6) = \{x_3\}$
d_7: LEINEN $\qquad U_0(d_7) = \{x_1, x_2\}$
d_8: DEUTSCH $\qquad U_0(d_8) = \{x_1, x_3\}$
d_9: ENGLISCH $\qquad U_0(d_9) = \{x_2\}$
d_{10}: FRANZÖSISCH $\qquad U_0(d_{10}) = \emptyset$
$A_0 = \{a_1, a_2, a_3, a_4\}$ und
$\quad a_1 = \{d_1, d_2, d_3\}$: AUTOREN
$\quad a_2 = \{d_4, d_5\}\quad$: FACHGEBIET
$\quad a_3 = \{d_6, d_7\}\quad$: AUFMACHUNG
$\quad a_4 = \{d_8, d_9, d_{10}\}$: SPRACHE

Es gilt: (1) $t = w \longleftrightarrow t = d_4 \in \mathsf{ag}_{\Sigma(S_0)}$
$\qquad\quad$ (2) $t = f \longleftrightarrow t = (d_5 + d_{10}) \in \mathsf{ag}_{\Sigma(S_0)}$ $\Big\}$ für alle Terme t

Beweis: (Übung)

Mit diesem Apparat kann man nun versuchen, wichtige Probleme bei ISR zu beschreiben und lösen:

(a) Wenn ein Benützer aus einem Dokumentenbestand X für einen bestimmten Zweck anhand der Deskriptoren Dokumente sucht, so würde er, *falls* er den gesamten Bestand durchsuchte, eine Teilmenge $Q \subset X$ der Dokumente für *relevant* für seinen Zweck halten. Nun soll aber ein ISR gerade das eigenhändige Durchsuchen des gesamten Bestandes verhindern, d. h. der Benützer muß seine Relevanzvorstellung in einen Term t der Anfrage-Sprache so hineinformulieren können, daß die Antwort auf t gerade die von ihm für relevant gehaltene Dokumentenmenge Q ist. Eine Forderung an ein ISR ist, daß es *jeden* Benutzerwunsch erfüllt; d. h. also *alle* Teilmengen des Dokumentenbestandes sind als Antwort auf Fragen zugänglich zu machen. In Begriffe gefaßt:

Definition 20.8: Eine Teilmenge $Q \subset X$ heißt *beschreibbar* in einem ISR $S = (X, D, A, U)$ wenn es einen Term $t \in \mathsf{TE}^B$ gibt, so daß

$$\mathrm{wert}_{\Sigma(S)}(t) = Q$$

$\mathscr{B}(S) \subset 2^X$ sei die Menge aller in S beschreibbaren Teilmengen von X.

Es sind also Einschränkungen an S zu finden, so daß $\mathscr{B}(S) = 2^X$ gilt. Wir wollen diesem Problem hier nicht weiter nachgehen und nehmen für das weitere an, daß nicht unbedingt alle Teilmengen beschreibbar sind. Der interessierte Leser sei an die im Vorspann zu diesem Paragraphen zitierte Literatur verwiesen.

(b) Wenn man das Klassifizieren als eine Abstraktion von neuen Begriffen aus vorhandenen auffassen will, können nicht alle ISR in die Betrachtung mit einbezogen werden, sondern nur solche, deren Attribute Äquivalenzklassen einer Äquivalenzrelation zwischen den Deskriptoren sind.

Wir nehmen also für das folgende an, daß es eine Äquivalenzrelation $R \subset D \times D$ gibt, so daß $A = {}^D/_R$ gilt. Die Def. 20.3 eines ISR S ist entsprechend zu modifizieren, und wir notieren von nun ab die ISR als $S = (X, D, R, U)$.

Die Strukturen $\Sigma(S) \in \mathrm{St}^B$ sind bezüglich einer festen Deskriptorenmenge D definiert. Wenn man beschreiben will, was es heißt, zu einem ISR neue Deskriptoren hinzuzufügen oder vorhandene wegzulassen, wird man Operationen auf ISR formulieren, die logisch gesehen als Basis- und Struktur-Erweiterungen aufgefaßt werden können, was wir hier nicht weiter behandeln.

(c) Die ISR, die hier betrachtet werden, arbeiten nach der weitverbreiteten Methode der Repräsentation in invertierten Dateien. Diese Methode ist in der praktischen Realisierung hinreichend schnell, wenn man keine Durchschnitte von invertierten Dateien für große Datenmengen bilden muß, wohingegen die Vereinigung von invertierten Dateien nicht zeitaufwendig ist, vgl. [LD 74]. In dem hier vorgeführten Ansatz wird eine Verbesserung dadurch erreicht, daß beim Wiedergewinnungsprozeß (engl. retrieval) die allgemeine Durchschnittsbildung vermieden wird durch Reduktion auf eine beschränkte Durchschnittsbildung mit nachfolgenden Vereinigungen.

Theoretisch schlagen sich diese Überlegungen wie folgt nieder:

Definition 20.9: Es sei $D = \{d_1, \ldots, d_k\}$ die Menge der Deskriptoren und für alle $1 \leq i \leq k$ sei $\varepsilon_i \in \{0,1\}$ und $d_i^{\varepsilon_i} = \mathbf{if}\, \varepsilon_i = 0 \,\mathbf{then}\, d_i \,\mathbf{else} \sim d_i$. Dann heißt $\mathscr{K} = \{d_1^{\varepsilon_1} \cdot \ldots \cdot d_k^{\varepsilon_k} \mid (\varepsilon_1, \ldots, \varepsilon_k) \in \{0,1\}^k\}$ Menge der *Elementarkonjunktionen*.

$$\mathscr{T} = \left\{ \sum_{K \in \mathscr{M}} K \;\Big|\; \emptyset \neq \mathscr{M} \subset \mathscr{K} \right\} \cup \left\{ \sum_{i=1}^k (d_i \cdot \sim d_i) \right\}$$

ist die Menge der *kanonischen disjunktiven Normalterme*, wobei das Summensymbol als Abkürzung für eine endliche „Addition" mit „+" steht bei beliebiger Reihenfolge der Terme (wohldefiniert, da „+" assoziativ und kommutativ ist!).

Satz 20.10 *(Satz von der kanonischen disjunktiven Normalform für Terme)*:
Zu jedem Term $t \in \mathrm{TE}^B$ gibt es einen effektiv herstellbaren kanonischen disjunktiven Normalterm $N(t)$, so daß gilt:
(1) $t = N(t) \in \mathsf{ag}_\Sigma$ für alle $\Sigma \in \mathfrak{B}$
(2) $N(t)$ ist bis auf die Reihenfolge der (Elementar)Konjunktionen eindeutig.

Beweisskizze: Überträgt man den Beweis für den Satz von der disjunktiven Normalform (Ü 9.18) auf die Terme, so hat man, nachdem eine DNF hergestellt ist,

§ 20. Informationswiedergewinnung als Anwendungsbeispiel

zu zeigen, daß man zur kanonischen Normalform übergehen kann. Es sei t' eine DNF von t:
(a) Ersetze alle Vorkommen von w in t' durch $d + \sim d$ und alle Vorkommen von f in t' durch $d \cdot \sim d$, wobei $d \in D$ beliebig ist.
(b) Streiche jede Konjunktion der DNF, die mit einem d auch $\sim d$ enthält. Bleibt keine Konjunktion übrig, so setze $N(t) = \sum_{i=1}^{k} d_i \cdot \sim d_i$.
(c) In den restlichen Konjunktionen der DNF füge man für jeden *nicht* vorkommenden Deskriptor $d \in D$ konjunktiv $\sim d + d$ hinzu und wende das Distributivgesetz an, bis nur noch Elementarkonjunktionen vorhanden sind. Mehrfach vorkommende Elementarkonjunktionen streiche man bis auf ein Vorkommen.
(d) Das Resultat ist ein kanonischer disjunktiver Normalterm, für den man noch (1) zeigen muß.

Die Eindeutigkeit zeigt man, indem man zeigt, daß für zwei kanonische disjunktive Normalterme t' und t'' mit verschiedenen Elementarkonjunktionen gilt: $t' = t'' \notin \mathrm{ef}_\Sigma$ für alle $\Sigma \in \mathfrak{B}$.

Ein vollständiger Beweis findet sich z. B. in [Ass I].

Beispiel 20.11: Es sei $D = \{d_1, d_2, d_3\}$ und $t = (d_1 + d_3) \cdot (\sim d_1 + d_2 + d_3) + w \cdot d_2$. Dann ist $t' = d_1 \cdot d_2 + d_1 \cdot d_3 + \sim d_1 \cdot d_3 + d_2 \cdot d_3 + d_3 + w \cdot d_2$ eine DNF von t, und

$$\begin{aligned}N(t) &= d_1 \cdot d_2 \cdot (\sim d_3 + d_3) + d_1 \cdot d_3 \cdot (\sim d_2 + d_2) + \sim d_1 \cdot d_3 \cdot (\sim d_2 + d_2) \\ &\quad + d_2 \cdot d_3 \cdot (\sim d_1 + d_1) + d_3 \cdot (\sim d_1 + d_1) \cdot (\sim d_2 + d_2) + (\sim d_1 + d_1) \cdot d_2 \cdot (\sim d_3 + d_3) \\ &= d_1 \cdot d_2 \cdot \sim d_3 + d_1 \cdot d_2 \cdot d_3 + d_1 \cdot \sim d_2 \cdot d_3 + \sim d_1 \cdot \sim d_2 \cdot d_3 + \sim d_1 \cdot d_2 \cdot d_3 \\ &\quad + \sim d_1 \cdot d_2 \cdot \sim d_3\end{aligned}$$

Damit sind zwei Probleme gelöst:

Wird einem ISR S die Anfrage t übergeben (mit $t \in \mathsf{TE}^\mathsf{B}$), so ermittelt man syntaktisch (ohne den Dokumentenbestand manipulieren zu müssen) die Normalform der Anfrage $N(t)$ und kann wegen der beschränkten Durchschnittsbildung effizienter die Antwort $\mathrm{wert}_{\Sigma(S)}(N(t))$ aus dem Dokumentenbestand aussondern.

Man kann sogar dazu übergehen, die Dokumentenmengen $\mathrm{wert}_{\Sigma(S)}(K)$ für alle $K \in \mathscr{K}$, d. h. die invertierten Dateien der Elementarkonjunktionen, in leicht zugänglichen Speichersegmenten abzulegen, so daß zur Antwort nur noch Vereinigungen hergestellt werden müssen. Dabei markiert man geeignet jene Elementarkonjunktionen $K \in \mathscr{K}$, für die $\mathrm{wert}_{\Sigma(S)}(K) = \emptyset$ gilt. Vgl. die angegebene Literatur.

Wird einem ISR S die Anfrage $t = t'$ übergeben (mit $t = t' \in \mathsf{AF}^\mathsf{B}$), so ermittelt man syntaktisch die Normalform $N((t \cdot \sim t') + (t' \cdot \sim t))$, vgl. Beispiel 20.6.3. Bleibt bei der Herstellung dieser Normalform keine Konjunktion übrig (vgl. den Schritt (b) in der Beweisskizze für Satz 20.10), so lautet in S die Antwort auf die Anfrage „ja". Falls Konjunktionen übrigbleiben, stelle man die Normalform her und teste, ob für alle vorkommenden Elementarkonjunktionen K gilt: wert$_{\Sigma(S)}(K) = \emptyset$. Ist dies der Fall, lautet die Antwort in S „ja", andernfalls „nein". Wesentlich für diese Vorgehensweise ist die Eindeutigkeit der kanonischen disjunktiven Normalform (für Terme).

Beispiel 20.12: Betrachte als $S_1 = (X_0, D_1, A_1, U_1)$ folgendes „Teil"-ISR des ISR S_0 aus Beispiel 20.7 mit $D_1 = \{d_1, d_2, d_3\}$, $A_1 = \{a_1\} = \{D_1\}$ und $U_1(d) = U_0(d)$ für alle $d \in D_1$. Betrachte ferner die Anfrage $(d_1 + d_2) \cdot \sim d_3$

$$N((d_1 + d_2) \cdot \sim \sim d_3 + \sim (d_1 + d_2) \cdot \sim d_3) = N(d_1 \cdot d_3 + d_2 \cdot d_3 + \sim d_1 \cdot \sim d_2 \cdot \sim d_3)$$
$$= d_1 \cdot d_2 \cdot d_3 + d_1 \cdot \sim d_2 \cdot d_3 + \sim d_1 \cdot d_2 \cdot d_3$$
$$+ \sim d_1 \cdot \sim d_2 \cdot \sim d_3$$

Offensichtlich ist für jede in dieser Normalform vorkommende Elementarkonjunktion K: wert$_{\Sigma(S_1)}(K) = \emptyset$, so daß die Antwort auf die Anfrage „ja" lautet.

(d) Wir betrachten nun eine Einschränkung der ISR, die es gestatten wird, die Komplementbildung zu eliminieren, und zwar muß dann gefordert werden, daß für jedes Attribut die invertierten Dateien der darin enthaltenen Deskriptoren eine Zerlegung des Dokumentenbestandes liefern:

(E1) Auf jedes Dokument trifft aus jedem Attribut höchstens ein Deskriptor zu, d. h.

$$d, d' \in D, d\,R\,d' \text{ und } d \neq d \implies U(d) \cap U(d') = \emptyset$$

(E2) Auf jedes Dokument trifft aus jedem Attribut mindestens ein Deskriptor zu, d. h.

$$X = \bigcup_{\substack{d' \in D \\ d'Rd}} U(d') \quad \text{für alle } d \in D$$

Formuliert man diese Eigenschaften für beliebige Boolesche Algebren $(M, \vee, \wedge, I, O)$ mit $\Sigma = (M, \omega)$, so hat man
(E1) $d, d' \in D, d\,R\,d'$ und $d \neq d' \implies \omega(d) \wedge \omega(d') = O$
(E2) für alle $d \in D$ gilt: $I = \bigvee_{\substack{d' \in D \\ d'Rd}} \omega(d')$

wobei $\bigvee$ die Abkürzung für die endlichoftmalige Ausführung der Verbandsoperation „$\vee$" ist.

Wir betrachten also bei fester Menge von Deskriptoren D und beliebiger Äquivalenzrelation R auf D folgende Klasse von Strukturen für die Basis $\mathsf{B} = \bar{\mathsf{B}}^D$:

$$\mathfrak{A}_R = \{\Sigma \mid \Sigma \in \mathfrak{B} \text{ und } \Sigma \text{ erfüllt (E1) und (E2)}\}$$

Somit ergibt sich die Frage nach Axiomenmengen für diese Klassen von Strukturen.

Durch eine einfache verbandstheoretische Überlegung kann man zeigen, daß (E1) und (E2) äquivalent sind zu

(E3) Für alle $d \in D$ gilt: $\omega(d) = (\bigvee_{\substack{d' \in D \\ d'Rd \\ d' \neq d}} \omega(d'))'$

Drückt man (E3) syntaktisch aus, so erhält man

$$Y_R = \{ d = \sim (\sum_{\substack{d' \in D \\ d'Rd \\ d' \neq d}} d') \,|\, d \in D \}$$

Lemma 20.13: $\mathfrak{A}_R = \mathrm{Mod}(\mathsf{BOOLAX} \cup Y_R)$

Beweis: $\mathfrak{A}_R = \{ \Sigma \,|\, \Sigma \in \mathrm{St}^B \text{ und } \Sigma \text{ erfüllt (E1) und (E2)} \} \cap \mathfrak{B}$
$= \mathrm{Mod}(Y_R) \cap \mathrm{Mod}(\mathsf{BOOLAX})$ (Satz 11.36.1)
$= \mathrm{Mod}(\mathsf{BOOLAX} \cup Y_R)$ (Lemma 10.6.4)

Mit dieser syntaktischen Charakterisierung der Klasse $\mathfrak{A}_R$ erhalten wir aus dem Abschnitt 11.6.3 einen Vollständigkeitssatz:

Lemma 20.14: *Es sei* $\mathrm{Mod}^R(Z) = \mathrm{Mod}(Z) \cap \mathfrak{A}_R$ *und*

$$A \in \mathsf{Fl}^R(Z) :\Longleftrightarrow A \in \mathsf{QFF} \text{ und } \mathrm{Mod}^R(Z) \subset \mathrm{Mod}^R(A)$$

Dann gilt:
(1) $\mathrm{Mod}^R(Z) = \mathrm{Mod}(Z \cup Y_R \cup \mathsf{BOOLAX})$
(2) $\mathsf{Fl}^R(Z) = \mathsf{Fl}^{\mathfrak{B}}(Z \cup Y_R)$
(3) $\mathsf{Fl}^R(Z) = \mathrm{Ab}_{\mathscr{R}_1}(Z \cup Y_R \cup \mathsf{BOOLAX} \cup \mathsf{PROPAX} \cup \mathsf{EQAX})$

Beweis: mit Satz 11.36, Lemma 20.13

Ein kleiner Ausschnitt aus dem Gebiet der Informationssysteme ist hier mit Logik-Methoden bearbeitet worden, wobei eine in den Termen angereicherte Aussagenlogik als Anfragesprache dient. Für eingeschränkte Untersysteme wird gezeigt, wie man gewisse inhaltliche Anfragen rein syntaktisch beantworten kann. Darüber hinaus sichert die Angabe eines Axiomensystems (und eines korrekten und vollständigen Ableitungsoperators), daß im Prinzip alle inhaltlichen Anfragen auch syntaktisch behandelt werden können.

Zu weiteren, hier nicht behandelten Modifikationen dieses Ansatzes vgl. z. B. [LD 74], [Jae 75].

Übungen zu § 20

Ü 20.1: Machen Sie sich klar, daß „$\supset$" material interpretiert ist, d. h. daß die Anfrageart T4 *In welchen Dokumenten kommt, wenn der Deskriptor* $d \in D$ *vorkommt, auch der Deskriptor* $d' \in D$ *vor* falsch beantwortet ist, wenn ein Dokument in der Antwort enthalten ist, das nicht in $(X - U(d)) \cup U(d')$ liegt, daß also tatsächlich $\omega(\supset)(\xi, \eta) = (X - \xi) \cup \eta$ zu definieren ist.

Ü 20.2: Zeigen Sie, daß für alle $\Sigma \in \mathfrak{B}$ gilt:
(1) $(t + t') = t' \longrightarrow (t \supset t') = w \in \text{ag}_\Sigma$
(2) $(t \supset t' = w) \wedge (t' \supset t = w) \longleftrightarrow (t = t') \in \text{ag}_\Sigma$.

Ü 20.3: Zeigen Sie, daß die Bemerkung (ii) zu Definition 20.4 gilt, mit Hilfe von: Die endlichen Booleschen Algebren sind isomorph zu den Potenzmengen $(2^X, X-, \cup, \cap, X, \emptyset)$ endlicher Mengen X, wobei $X-$ das Mengenkomplement bezeichnet.

Ü 20.4: Es sei $S = (X, D, R, U)$ ein ISR, wobei D wie in Definition 20.9 k Elemente habe und $\mathcal{K}$ die Menge der Elementarkonjunktionen sei. Zeigen Sie
(1) $t = f \in \text{ag}_\Sigma$ für alle $\Sigma \in \mathfrak{B} \iff N(t) = \sum_{i=1}^{k} (d_i \cdot \sim d_i)$
(2) $\text{wert}_{\Sigma(S)}(t) \cap \text{wert}_{\Sigma(S)}(\sim t) = \emptyset$, $\text{wert}_{\Sigma(S)}(t) \cup \text{wert}_{\Sigma(S)}(\sim t) = X$.
(3) Wegen der Eindeutigkeit der kanonischen disjunktiven Normalform für Terme kann man jedem Term t die Menge $\mathcal{M}(t) \subset \mathcal{K}$ der in $N(t)$ vorkommenden Elementarkonjunktionen zuordnen, wobei $\mathcal{M}(f) = \emptyset$ sei.
Es gilt:
(3.1) $K \in \mathcal{M}(t) \implies \text{wert}_{\Sigma(S)}(K) \subset \text{wert}_{\Sigma(S)}(t)$
(3.2) $\mathcal{M}(t) \cap \mathcal{M}(\sim t) = \emptyset$, $\mathcal{M}(t) \cup \mathcal{M}(\sim t) = \mathcal{K}$
(3.3) $\left(t = \sum_{K \in \mathcal{K}} K\right) \in \text{ag}_\Sigma$ für alle $\Sigma \in \mathfrak{B} \iff \mathcal{M}(t) = \mathcal{K} \iff t = w \in \text{ag}_\Sigma$ für alle $\Sigma \in \mathfrak{B}$
(3.4) (Theorem 1 in [LD 74]) $X = \bigcup_{K \in \mathcal{K}} \text{wert}_{\Sigma(S)}(K)$.

Ü 20.5: Betrachten Sie das Beispiel 20.11 und geben Sie die Gesetze an, nach denen die einzelnen Zwischenschritte vollzogen werden dürfen.

§ 21. Exkurs: das Formalisieren

Im bisherigen Text ist schon mehrmals von Formalisierung gesprochen worden, hier sei nun zusammengefaßt, was darunter verstanden werden soll. Ausführungen dieser Art sind i. a. kein Gegenstand der Logik, sondern gehören mehr in eine Methodologie der Wissenschaften.

§ 21. Exkurs: das Formalisieren

Ausgangspunkt (der Formalisierung) ist ein Bereich der Wirklichkeit als *Gegenstandsbereich* eines wie auch immer gearteten Erkenntnisinteresses. Man benützt die natürliche Sprache zum (informellen) *Sprechen* über Objekte und Sachverhalte des Gegenstandsbereichs, wobei (natürlicherweise) das Gesprochene eine *Bedeutung* trägt. *Ausgewählte Teile* des informellen Sprechens werden symbolisiert und in eine Kunstsprache hineinformalisiert (z. B. die Anfragesprache im § 20 als Logik-Sprache).

Je nach Mentalität des aktiven Logikers (vgl. [SH 61], S. 12) werden die Zeichenreihen der Kunstsprache mit Hilfe der *informellen Bedeutung* studiert, d. h. mit der durch die natürliche Sprache vorliegenden intendierten Bedeutung, oder es wird zusätzlich zur Kunstsprache im Gegenstandsbereich eine *formale Semantik* durch Definition von Strukturen und Deutungen präzisiert, mit der die Zeichenreihen der Kunstsprache untersucht werden können. Mit beiden Vorgehensweisen erzielt man inhaltlich die gleichen logischen Resultate, aber man hat verschiedene Stellen, an denen die Überprüfung des *Kalküls* (des Resultats der Formalisierung) am Gegenstandsbereich erfolgen kann.

Schematisch	Bemerkungen für den Fall: eine *formale* Semantik ist	
	vorhanden	*nicht vorhanden*
(1) ausgewählte Teile des informellen Sprechens werden in eine *Kunstsprache* hineinformalisiert		
(2) man zeichnet *Ableitungsregeln* und *logische Axiome* aus	die Korrektheit der Regeln und die Allgemeingültigkeit der Axiome ist beweisbar	die Auswahl geschieht aufgrund der informellen Bedeutung der Regeln und Axiome
(3) man zeichnet *theoriespezifische Axiome* aus		
(4) man untersucht die *Vollständigkeit* der Axiomatisierung	beweisbar relativ zur Definition der formalen Semantik	beweisbar mit informellem Modell- oder Erfüllbarkeitsbegriff
(5) man untersucht die *Widerspruchsfreiheit*	syntaktisch oder semantisch	syntaktisch oder falls semantisch, vgl. Bem. zu (4)
(6) man prüft, ob die Menge der Theoreme entscheidbar ist		

Man benützt i. a. dann die Formalisierung eines Gegenstandsbereichs als Forschungshilfsmittel, wenn die semantischen Verhältnisse in diesem Bereich als ungeklärt gelten müssen, weil die informelle Bedeutung des Bereichs z. B. Antinomien hervorbringt wie in der Mengenlehre. Voraussetzung für eine fruchtbare Formalisierung ist allerdings ein gewisser reichlicher Vorrat an Erkenntnissen über den betrachteten Bereich, wenn die Formalisierung nicht in bloßen Beschreibungen stecken bleiben will. Deshalb ist vor einer erfolgreichen Formalisierung meist eine (lange) Phase des Sammelns von Einzelergebnissen zu beobachten. Wenn die semantischen Verhältnisse geklärt sind, ist eine strenge Formalisierung unnötig, deshalb findet man in den meisten mathematischen Theorien einen legeren Aufbau und keine formale deduktive Behandlung.

Generelles Problem bleibt für alle Kalküle die Frage nach der *Adäquatheit* der Formalisierung, d. h. die Überprüfung, ob der Apparat genau die intendierten wirklichen Verhältnisse wiedergibt oder ob sich „falsche Wahrheiten" eingeschlichen haben.

Nehmen wir einmal an, in einem Gegenstandsbereich seien kunstsprachlich formuliert gewisse Aussagen $A_1, ..., A_n$ wesentliche Erkenntnisse, die als gesichert gelten können. Dann wird man von jeder Menge theoriespezifischer Axiome X für diesen Bereich $\{A_1, ..., A_n\} \subset \text{Th}(X)$ (bzw. $\{A_1, ..., A_n\} \subset \text{Fl}(X)$ bei Vorliegen einer formalen Semantik) erwarten und andernfalls X als inadäquat ablehnen.

Entdeckt man aber z. B. eine Aussage A mit $A \in \text{Th}(X)$ (bzw. $A \in \text{Fl}(X)$) für eine in Aussicht genommene Axiomenmenge X und meint, daß A „pathologisch" ist, daß z. B. $A \notin \text{Th}(X)$ angemessener wäre oder z. B. $\neg A \in \text{Th}(X)$ (analog für $\text{Fl}(X)$), so gibt es darauf zwei Arten von Reaktionen: Man hält X für inadäquat und modifiziert es, oder man lernt nach und nach, wenn alle Modifikationen von X keine besseren Resultate hergebracht haben, gewisse intuitiv vorliegende Anschauungen über den Gegenstandsbereich zu revidieren, d. h. A als gültige Aussage anzuerkennen, sich an A zu gewöhnen, als sinnvolle, meist gegenüber der Intuition erweiterte Auffassung von den Objekten und Sachverhalten des Gegenstandsbereichs, vgl. die Auffassung von *Funktion* aus dem 18. Jahrhundert: „eine Kurve, die man mit der freien Hand zeichnen kann" (L. Euler) mit der modernen Auffassung; ebenso den Wandel in der Anschauung über die *Zahlen*, *Stetigkeit* und *Differenzierbarkeit*.

In diesem Zusammenhang gehören die Adäquatheitsthesen, die vorschlagen, die Bemühungen um adäquate Formalisierungen eines Gegenstandsbereichs abzubrechen, da in einer bestimmten Formalisierung (oder Klasse von Formalisierungen) die wirklichen Verhältnisse vermutlich exakt wiedergegeben sind, vgl. dazu z. B. die Churchsche These auf dem Gebiet der Berechenbarkeit [He 71] oder die Entwicklung auf dem Gebiet der Zufälligkeit und Wahrscheinlichkeit [Sn 71].

Das Formalisieren wird bei manchen Autoren auch Kalkülisieren oder Kodifizieren genannt, es ist vom *Symbolisieren* zu unterscheiden, bei dem die Fakten eines Gegenstandsbereichs zur besseren Faßlichkeit mit symbolischen sprachlichen Abkürzungen versehen werden, die weder einheitlich und durchgängig zu sein brauchen noch strukturiert wie etwa eine Kunstsprache. Die Symbolisierung ist manchmal ein erster Schritt auf dem Wege zu einer Formalisierung. Wir haben in dieser Darstellung z. B. in der Meta-Ebene symbolisiert durch Zeihen wie $\Longrightarrow$, Mod, **ag** usw.; eine formale Behandlung der Meta-Ebene findet sich z. B. in [SH 61].

Weitere Ausführungen zum Thema Formalisierung sind z.B. in [Wan 70], chapt. III, und [Bet 59] enthalten.

§ 22. Die Formalisierung der Wertzuweisung

Wir haben in § 3 als Einführung die arithmetischen und die booleschen Ausdrücke als Beispiele für deskriptive[1] Sprachelemente formalisiert, um wesentliche Konzepte der mathematischen Logik zu motivieren. Wir betrachten nun ein sog. imperatives[1] Sprachelement, die Wertzuweisung, und zeigen, wie deren formale Definition und die Charakterisierung ihrer Eigenschaften mit logischen Mitteln möglich ist. Es handelt sich allerdings dabei um einfachste Eigenschaften, da die Wertzuweisung nicht in beliebigen Programm-Kontexten behandelt wird, sondern nur ihre Verwendung in eingeschränkten Geradeaus-Programmen.

22.1. Es sei $x:=t$ eine Wertzuweisung (engl. assignment statement oder assignation), etwa aus ALGOL 60, wobei x eine Variable und t ein Ausdruck ist. Dieses Sprachelement ist ein Konzept aus einer künstlichen Sprache, das über einen Formalismus (z. B. Backus-Naur-Form, vgl. Abschnitt 12.5.1) in seiner syntaktischen Form präzise definiert ist.

Was aber *bedeutet* dieses Sprachelement? Diese nichtssagende Folge von Zeichen hat innerhalb der Informatik keine Bedeutung an sich, sondern die Bedeutung muß definiert werden.

Allgemein kann man sagen, daß die Sprachelemente der Programmiersprachen Effekte in einem Rechner hervorbringen sollen. Einem Sprachelement eine Bedeutung zu geben, heißt also nichts anderes, als ihm einen Rechnereffekt zuzuordnen. Die meisten Programmiersprachen nehmen diese Zuordnung umgangssprachlich vor[2]. In unserem Beispiel wird also erzählt, was eine Wertzuweisung im Rechner bewirkt:

Im Rechner soll die Speicherstelle, die bei Abarbeitung von $x:=t$ der Variablen x zugeordnet ist, verändert werden, und zwar wird der dort vorhandene gespeicherte Wert überschrieben mit dem Wert, den die Auswertung des Ausdrucks t liefert. Alle anderen Speicherstellen bleiben unverändert.

---

[1] Zu *deskriptiv* vs. *imperativ* vgl. [Str 66].
[2] Daß aus der Verwendung der natürlichen Sprache Vor- und Nachteile entstehen, ist klar.

Bei einer formalen Beschreibung würde man wie folgt vorgehen:

(i) Wir betrachten als Individuenbereich $I \neq \emptyset$ die Menge an Werten, die die Auswertung von Ausdrücken t liefern kann (z. B. Bitmuster im Rechner), und eine Menge L von *Adressen* der Speicherplätze. Ein *Speicher* S ist dann die Menge aller Abbildungen von L in I, also

$$S = (L \longrightarrow I)$$

Jedes $s \in S$ könnte man einen Speicherzustand nennen, weil s angibt, welcher Wert für jede Adresse gerade gespeichert wird.

(ii) Jedem Bezeichner (von Variablen), einem Element der Programmiersprache aus der syntaktischen Klasse $\langle \text{identifier} \rangle$, ist eine Adresse aus L zugeordnet. Man kann die Menge der Abbildungen von Bezeichnern in L die Umwelt (engl. environment) nennen:

$$\text{ENV} = (\langle \text{identifier} \rangle \longrightarrow L);$$

ein $u \in \text{ENV}$ könnte man Umgebung nennen.
Bemerkung: In Programmiersprachen ändert sich die Umgebung z. B. bei Blockeintritt und -austritt.

(iii) Da wir nur Geradeaus-Programme berücksichtigen werden, können wir eine feste Umgebung annehmen und L vernachlässigen, so daß nur Abbildungen von $\langle \text{identifier} \rangle$ in I zu betrachten sind. Wie in § 3 werden wir die Bezeichner mit den Variablen der Logik identifizieren. Damit ist die Menge der Zustände der Variablen

$$(\text{VA} \longrightarrow I),$$

wie wir sie wesentlich zum Aufbau der Logik verwendet haben, das *Speichermodell*, das wir für die Deutung der Geradeaus-Programme bereitstellen.

(iv) Wir nehmen an, daß in $x := t$ der Ausdruck t ein Term im Sinne unserer Logik ist, so daß mit

$$\text{wert}_\Sigma : \text{TE} \times (\text{VA} \longrightarrow I) \longrightarrow I$$

die Bedeutung von t festliegt.

(v) Wertzuweisungen sind also *Sprachelemente*, deren Wirkung in der Überführung eines Zustands des Speichers in einen anderen Zustand des Speichers besteht, wie das die umgangssprachliche Definition andeutet. Gesucht ist eine Speicher-Transformation

$$\text{WERT}_\Sigma: \text{ASS} \times (\text{VA} \longrightarrow I) \longrightarrow (\text{VA} \longrightarrow I)$$

wobei ASS die Menge der Wertzuweisungen bezeichne. Es ist naheliegend, für die Definition der *Bedeutung* von Wertzuweisungen die Abänderung von Zuständen zu verwenden (vgl. Def. 6.12).

Definition 22.1: Es sei $x := t$ eine Wertzuweisung, $\Sigma \in \text{St}^B$ und $f: \text{VA} \longrightarrow I$ ein Zustand. Dann sei

$$\text{WERT}_\Sigma(x := t, f) = f\left\langle \begin{array}{c} x \\ \text{wert}_\Sigma(t, f) \end{array} \right\rangle$$

22.2. Wir haben bisher formalisiert, was eine isolierte Wertzuweisung bewirkt; nun betrachten wir Geradeaus-Programme, d. h. endliche Folgen von hintereinander auszuführenden Wertzuweisungen, z. B.

$$x := t; \quad y := t'; \quad z := t''; \quad x := z$$

wobei die leere Folge von Wertzuweisungen λ mitberücksichtigt wird.

Definition 22.2: Die Menge der *Geradeaus-Programme* GP sei die kleinste Menge Y, für die gilt:
(1) $\text{ASS} \subset Y$
(2) $\lambda \in Y$
(3) Sind $P \in Y$ und $A \in \text{ASS}$, so ist $(P; A) \in Y$
Bemerkung: (i) Es ist $\text{GP} = \text{ASS}^*$ mit „;" als Verknüpfungszeichen und λ als leerem Wort
(ii) Wir werden die Klammern aus (3) weitgehend weglassen.

Für Wertzuweisungen ASS haben wir in WERT_Σ bereits eine Semantik definiert, die wir wie folgt auf die Geradeaus-Programme GP fortsetzen:

Definition 22.3:

$\text{WERT}_\Sigma(\lambda, f) = f$
$\text{WERT}_\Sigma((P; A), f) = \text{WERT}_\Sigma(A, \text{WERT}_\Sigma(P, f))$ für alle $P \in \text{GP}$ und $A \in \text{ASS}$

Man beweist induktiv für beliebige $P, P' \in \text{GP}$, daß gilt:

Lemma 22.4: $\text{WERT}_\Sigma(P; P', f) = \text{WERT}_\Sigma(P', \text{WERT}_\Sigma(P, f))$

Beweis: Übung

Beispiel 22.5: Es gilt: $\text{WERT}_\Sigma(x := t; z := x, f) = \text{WERT}_\Sigma(x := t; z := t, f)$
Nachweis:
$$\begin{aligned}
\text{WERT}_\Sigma(x := t; z := x, f) &= \text{WERT}_\Sigma(z := x, \text{WERT}_\Sigma(x := t, f)) \\
&= \text{WERT}_\Sigma\left(z := x, f\left\langle \begin{matrix} x \\ \text{wert}_\Sigma(t, f) \end{matrix} \right\rangle\right) \\
&= \left(f\left\langle \begin{matrix} x \\ \text{wert}_\Sigma(t, f) \end{matrix} \right\rangle\right)\left\langle \text{wert}_\Sigma\left(x, f\left\langle \begin{matrix} x \\ \text{wert}_\Sigma(t, f) \end{matrix} \right\rangle\right) \right\rangle \\
&= \left(f\left\langle \begin{matrix} x \\ \text{wert}_\Sigma(t, f) \end{matrix} \right\rangle\right)\left\langle \begin{matrix} z \\ \text{wert}_\Sigma(t, f) \end{matrix} \right\rangle \\
&= \text{WERT}_\Sigma\left(z := t, f\left\langle \begin{matrix} x \\ \text{wert}_\Sigma(t, f) \end{matrix} \right\rangle\right) \\
&= \text{WERT}_\Sigma(z := t, \text{WERT}_\Sigma(x := t, f)) \\
&= \text{WERT}_\Sigma(x := t; z := t, f)
\end{aligned}$$

Wir haben hier also ein Beispiel von zwei verschiedenen Geradeaus-Programmen, die den gleichen Rechnereffekt hervorrufen; und die Charakterisierung dieser Eigenschaft wird der Untersuchungsgegenstand bei dieser Anwendung der Logik sein. Wir definieren also syntaktisch *Gleichungen* zwischen Geradeaus-Programmen, die wie Formeln behandelt werden:

Definition 22.6: Es sei $\text{EQ} = \{P = P' \mid P, P' \in \text{GP}\}$, wobei „$=$" ein zweistelliges Prädikatensymbol ist, das als Gleichheit in $(\text{VA} \longrightarrow I)$ gedeutet wird.

Die Auswertung dieser Gleichungen

$$\text{Wert}_\Sigma : \text{EQ} \times (\text{VA} \longrightarrow I) \longrightarrow \{\text{W}, \text{F}\}$$

geschieht folgendermaßen:

$$\begin{aligned}
\text{Wert}_\Sigma(P = P', f) = \text{W} &:\Longleftrightarrow \omega(=)(\text{WERT}_\Sigma(P, f), \text{WERT}_\Sigma(P', f)) = \text{W} \\
&:\Longleftrightarrow \text{WERT}_\Sigma(P, f) = \text{WERT}_\Sigma(P', f)
\end{aligned}$$

Hierbei haben wir die Geradeaus-Programme als eine besondere Sorte „Terme" interpretiert. Zum Vergleich:

$$\begin{aligned}
\text{wert}_\Sigma &: \text{TE} \times (\text{VA} \longrightarrow I) \longrightarrow I \\
\text{WERT}_\Sigma &: \text{GP} \times (\text{VA} \longrightarrow I) \longrightarrow (\text{VA} \longrightarrow I)
\end{aligned}$$

§ 22. Die Formalisierung der Wertzuweisung

Die Gültigkeit von Gleichungen in Σ und die Allgemeingültigkeit ist wie üblich definiert. Wegen Beispiel 22.5 ist z. B. die Gleichung $(x:=t; z:=x)=(x:=t; z:=t)$ allgemeingültig.

Lemma 22.7: *Es seien* $x,y,z,x' \in \mathsf{VA}$, $t,t' \in \mathsf{TE}$ *und* $P,P' \in \mathsf{GP}$. *Dann gilt*:
(1) $(x:=t; z:=x)=(x:=t; z:=t) \in \mathsf{ag}$
(2) $(x:=y; y:=x)=(x:=y) \in \mathsf{ag}$
(3) $(x:=t; y:=t')=(y:=t'; x:=t) \in \mathsf{ag}$, *falls* $(x \notin \mathsf{Fr}(t')$ *und* $y \notin \mathsf{Fr}(t))$ *oder* $t \equiv x$ *oder* $t' \equiv y$
(4) $(x:=t; x:=t')=(x:=t') \in \mathsf{ag}$, *falls* $x \notin \mathsf{Fr}(t')$
(5) $(P; x:=t)=(P'; x:=t) \in \mathsf{ag}$ *und* $(P; x':=t')=(P'; x':=t') \in \mathsf{ag}$ *und* $x \neq x'$
$\implies P = P'$
(6) $(x:=y; y:=z; z:=x; x:=y; y:=z; z:=x)=(x:=z) \in \mathsf{ag}$

Beweis als Übung für den Leser, zu (5) vgl. Lemma A3 des Anhangs Teil (A)

22.3. Wir werden nun die Syntaktisierung der Allgemeingültigkeit von Gleichungen zwischen Geradeaus-Programmen betreiben, d. h. Axiome und einen korrekten und vollständigen Ableitungsoperator definieren, und zwar ein unerheblich modifiziertes Beispiel aus der Reihe von Ableitungsoperatoren, die J. de Bakker in [deB 71] angegeben hat. In dieser Arbeit läßt er keine Funktionssymbole zur Termbildung zu, so daß für die Basis $\mathsf{B}=(\emptyset,\{=\})$ als Terme TE^B nur die Variablen VA zur Verfügung stehen, d. h. Wertzuweisungen wie z. B. $x:=x+1$ sind nicht mehr zugelassen. Somit ist klar, daß es sich um eine stark eingeschränkte Klasse von Geradeaus-Programmen handelt, für die wir eine Axiomatisierung angeben.

Definition 22.8: Es sei $\mathsf{AX}_2 \subset \mathsf{AF}^\mathsf{B}$ folgende Menge von Axiomen und $\mathscr{R}_2 = \{R_6, \ldots, R_{10}\}$ folgende Menge von Ableitungsregeln:

$\mathsf{AX}_2 = \{(x:=y; y:=x)=(x:=y) \mid x,y \in \mathsf{VA}\} \cup \{(x:=y; x:=z)=(x:=z) \mid x,y,z \in \mathsf{VA}, x \neq z\}$
$\cup \{(x:=y; z:=x)=(x:=y; z:=y) \mid x,y,z \in \mathsf{VA}\}$
$\cup \{(x:=y; z:=y)=(z:=y; x:=y) \mid x,y,z \in \mathsf{VA}\}$

$R_6(M,N,O) = \mathsf{W} :\iff M \equiv (P;x:=y)=(P';x:=y)$, $N \equiv (P;z:=u)=(P';z:=u)$,
$O \equiv P=P'$, $x \neq z$

$R_7(M,N) = \mathsf{W} :\iff M \equiv P = P'$ $R_8(M,N,O) = \mathsf{W} :\iff M \equiv P = P'$
$\phantom{R_7(M,N) = \mathsf{W} :\iff} N \equiv P' = P$ $\phantom{R_8(M,N,O) = \mathsf{W} :\iff} N \equiv P' = P''$
$\phantom{R_8(M,N,O) = \mathsf{W} :\iff aaaaa} O \equiv P = P''$

$R_9(M,N) = \mathsf{W} :\iff M \equiv P' = P''$ $R_{10}(M,N) = \mathsf{W} :\iff M \equiv P' = P''$
$\phantom{R_9(M,N) = \mathsf{W} :\iff} N \equiv (P;P')=(P;P'')$ $\phantom{R_{10}(M,N) = \mathsf{W} :\iff} N \equiv (P';P)=(P'';P)$

Satz 22.9: *Es gilt* $\mathsf{Ab}_{\mathscr{R}_2}(\mathsf{AX}_2) = \mathsf{ag}$

Beweisidee: Die Korrektheit folgt aus der Allgemeingültigkeit der Axiome (Lemma 22.7) und der Korrektheit der Regeln. Die Vollständigkeit beweist man mit folgendem Hilfssatz ([deB 71], Theorem 4.2).

Hilfssatz: Es seien $P \in \text{GP}$, $\{x_1, \ldots, x_n\}$ mit $n \geq 1$ genau diejenigen Variablen, an die in P zugewiesen wird, $\Sigma \in \text{St}^B$ eine Struktur, f ein Zustand und $\{z_1, \ldots, z_n\}$ neue, noch nirgendwo verwendete Variable. Ferner seien für alle $1 \leq j \leq n$: $P_j \equiv (x_1 := z_1; \ldots; x_{j-1} := z_{j-1}; x_{j+1} := z_{j+1}; \ldots; x_n := z_n)$ und $v_j = \text{WERT}_\Sigma(P, f)(x_j)$. Dann gilt für alle $1 \leq j \leq n$ $(P; P_j) = (x_j := v_j; P_j) \in \text{Ab}_{\mathcal{R}_2}(\text{AX}_2)$.

Es sei $P = P' \in \text{ag}$ und o.B.d.A. habe P die gleichen Variablen, an die (in P) zugewiesen wird, wie P' (ist das nicht der Fall, füge Wertzuweisungen der Form $x := x$ geeignet zu P und P' hinzu). Nach dem Hilfssatz sind $(P; P_j) = (x_j := v_j; P_j)$ und $(P'; P_j) = (x_j := v'_j; P_j)$ für alle j ableitbar, wenn die neuen Variablen für P und P' gleich gewählt werden. Wegen $P = P' \in \text{ag}$ ist $v_j = v'_j$ für alle j, so daß also $P; P_j = P'; P_j$ ableitbar ist für alle j. Durch mehrfache Anwendung der Regel R_6 erhält man schließlich $P = P' \in \text{Ab}_{\mathcal{R}_2}(\text{AX}_2)$.

Abschließend geben wir zur Illustration parallel einen semantischen und einen syntaktischen Beweis einer allgemeingültigen Gleichung:

Lemma 22.10: (a) $(x := y; x := y) = (x := y) \in \text{ag}$
(b) $(x := y; x := y) = (x := y) \in \text{Ab}_{\mathcal{R}_2}(\text{AX}_2)$

Beweis: (a) $\text{WERT}_\Sigma(x := y; x := y, f) = \text{WERT}_\Sigma(x := y, \text{WERT}_\Sigma(x := y, f))$

$$= \left(f \left\langle \begin{matrix} x \\ f(y) \end{matrix} \right\rangle \right) \left\langle \left(f \left\langle \begin{matrix} x \\ f(y) \end{matrix} \right\rangle\right)(y) \right\rangle$$

$$= \left(f \left\langle \begin{matrix} x \\ f(y) \end{matrix} \right\rangle \right) \left\langle \begin{matrix} x \\ f(y) \end{matrix} \right\rangle$$

$$= f \left\langle \begin{matrix} x \\ f(y) \end{matrix} \right\rangle$$

$$= \text{WERT}_\Sigma(x := y, f)$$

(b)
(1) $(y := x; x := y) = (y := x)$ (Axiom)
(2) $(x := y; y := x; x := y) = (x := y; y := x)$ R_9 auf (1)
(3) $(x := y; y := x) = (x := y)$ (Axiom)
(4) $(x := y; y := x; x := y) = (x := y)$ R_8 auf (2) und (3)
(5) $(x := y) = (x := y; y := x)$ R_7 auf (3)
(6) $(x := y; x := y) = (x := y; y := x; x := y)$ R_{10} auf (5)
(7) $(x := y; x := y) = (x := y)$ R_8 auf (6) und (4)

Übungen zu § 22

Ü 22.1:
(1) Finden Sie eine Ableitung für $P = P$, wobei $P \in \text{GP}$ ist.
(2) Finden Sie einen semantischen Beweis und eine Ableitung für die Behauptung, daß eine identische Wertzuweisung den gleichen Effekt hat wie eine leere Anweisung, d. h. beweisen Sie
(a) $(x := x) = \lambda \in \text{ag}$ und   (b) $(x := x) = \lambda \in \text{Ab}_{\mathscr{R}_2}(\text{AX}_2)$.

Hinweis für (b): Benützen Sie (1) und überlegen Sie, warum Sie damit auch eine Ableitung für $(\lambda; P) = P$ haben, und verwenden Sie dieses Zwischenergebnis weiter in Hinblick auf eine Anwendung von Regel R_6.

Ü 22.2: In [deB 71] ist die Semantik der Geradeaus-Programme anders definiert als im § 22, nämlich:

$$E: \text{GP} \times \text{VA} \longrightarrow \text{VA}$$

wobei (i) $E(\lambda, x) = x$
(ii) $E(y := z, x) = \text{if } x = y \text{ then } z \text{ else } x$
(iii) $E(P; A, x) = E(P, E(A, x))$ $(x, y, z \in \text{VA}, A \in \text{ASS}, P \in \text{GP})$

Ferner: $P = P' \in \text{AG} \iff$ Für alle $x \in \text{VA}$ ist $E(P, x) = E(P', x)$

(1) Betrachten Sie die freie Struktur $\Sigma_0 = (\text{VA}, \omega)$ für die Basis $\text{B} = (\emptyset, \{=\})$ und zeigen Sie, daß $\text{ag}_{\Sigma_0} = \text{AG}$ gilt. Verwenden Sie dabei das Lemma A2 des Anhangs Teil (A) und
  (1.1) $\text{WERT}_{\Sigma_0}(P, f' \circ f) = f' \circ \text{WERT}_{\Sigma_0}(P, f)$ für alle $f, f' : \text{VA} \longrightarrow \text{VA}$
  (1.2) $E(P, x) = \text{WERT}_{\Sigma_0}(P, \text{id}_{\text{VA}})(x)$ für alle $x \in \text{VA}$
(2) Beweisen Sie (1.1) und (1.2)
(3) Formulieren Sie einen Satz von der freien Interpretation für die Allgemeingültigkeit von Gleichungen zwischen Geradeaus-Programmen und überlegen Sie die Beweisschwierigkeiten.

Ü 22.3: Betrachten Sie eine Basis $\text{B}^+ = (\{;\} \cup \text{ASS}, \{=\})$, in der die Wertzuweisungen nullstellige Funktionssymbole sind und ; ein zweistelliges Funktionssymbol.
(1) Gilt $\text{EQ} = \text{AF}^{\text{B}^+}$?
(2) Beachten Sie die Übung Ü 22.1.1 und überlegen Sie den Zusammenhang zwischen den Regeln R_7 bis R_{10} und den Gleichheitsaxiomen EQAX für die Basis B^+ (Def. 11.33).

Ü 22.4: Es sei $\Sigma = (I, \omega)$ eine Struktur für eine Basis B und ASS und GP über dieser Basis definiert, ferner sei B^+ aus Ü 22.3 gegeben. Definieren Sie $I^+ = (\text{VA} \longrightarrow I) \longrightarrow (\text{VA} \longrightarrow I)$ als Menge der *Speichertransformationen* (in unserem Speichermodell). Es sei $\omega^+(;)(\sigma,\tau)=\tau\circ\sigma$ für $\sigma,\tau\in I^+$ und $\omega^+(x:=t)(f)=f\left\langle\begin{array}{c}x\\ \text{wert}_\Sigma(t,f)\end{array}\right\rangle$ für alle $(x:=t)\in\text{ASS}$ und alle $f:\text{VA}\longrightarrow I$. Ferner sei $\Sigma^+=(I^+,\omega^+)$. Wir betrachten keine Variablen VA^+, so daß die Zustände $\text{VA}^+\longrightarrow I^+$ irrelevant sind und wert_{Σ^+} als $\text{wert}_{\Sigma^+}:\text{GP}\longrightarrow I^+$ notiert wird. Beweisen Sie induktiv über P unter Verwendung von Lemma 22.4, daß für alle $P\in\text{GP}$ und alle $f\in(\text{VA}\longrightarrow I)$ gilt:

$$\text{wert}_{\Sigma^+}(P)(f)=\text{WERT}_\Sigma(P,f)$$

Ü 22.5: Es sei $A\in\text{FO}, (x:=t)\in\text{ASS}, \Sigma\in\text{St}^B$ und f ein Zustand. Beweisen Sie

$$\text{Wert}_\Sigma(A_x[t],f)=\text{Wert}_\Sigma(A,\text{WERT}_\Sigma(x:=t,f))$$

und interpretieren Sie dieses Ergebnis.

Kapitel 7. Probleme mit der Logik

§ 23. Grenzen der mathematischen Logik

Wenn wir in diesem Buch mathematische Logik behandelt haben, so galt dieses Interesse nicht nur einer Theorie, die auf mathematische Weise aufgebaut ist (vgl. § 1), sondern auch einer Logik, die primär für mathematische Zwecke entwickelt worden ist, d.h. die insbesondere die Formalisierung mathematischer Schlußweisen und Theorien betreibt. Diese Tatsache, zusammen mit der Erfahrung, daß auch je nach Entwicklungsstand nicht alle Probleme im Bereich der formalen Logik mathematisch angegangen werden können, bringt es mit sich, daß gewisse Fragestellungen, die von geringerer Wichtigkeit bezüglich der Anwendbarkeit der mathematischen Logik in der Mathematik waren, aus den Überlegungen ausgeklammert worden sind.

In neuester Zeit treten jedoch z.B. Linguistik und Informatik mit neuen Problemen auf, die (noch) nicht zum Kanon der Mathematik gehören. Dadurch ergeben sich neue Anforderungen an die Apparate der Logik, die von den Anforderungen der üblichen Mathematik verschieden sind und die vermutlich zu Fragestellungen führen, die auf bisherige Randgebiete der mathematischen Logik verweisen.

Wenn wir nun eine Reihe von Fragen anreißen, so soll damit nicht gezeigt werden, daß es genau diese Problemkreise sind, die in den Brennpunkt des Interesses rücken werden, sondern wir wollen damit nur veranschaulichen, *daß* gewisse Fragestellungen ausgeklammert worden sind. Die Themen, die wir nun behandeln, sind in der Literatur meist in Form von Diskussionspapieren niedergelegt und haben nicht eine kalkülmäßige Ausarbeitung erfahren wie die klassische mathematische Logik. In der Literatur findet man diese Problemkreise unter der Rubrik *philosophische Logik*, womit auch angedeutet wird, in welcher umfassenderen Disziplin die mathematische Logik eingebettet ist. Der an diesen Fragen interessierte Leser konsultiere die Bibliographie [PSD 75]; ferner die Werke [Haa 75], [QMP 72], [Qu 69] § 37 und Teile der Einleitung von [Ch 56].

23.1. Strukturen als „Wirklichkeit"

Beispiel 23.1: Sind folgende Sätze wahr oder falsch?
(1) Die zehnte Sinfonie von L. van Beethoven hat drei Sätze.
(2) *zahm* ist ein bösartiges Wort.

Wir formalisieren beide Sätze, um die Beantwortung der oben gestellten Frage zu erleichtern:
    (zu 1) Es sei $c \in FS_0$, $B \in PS_1$ und $DS \in PS_1$ und die Übersetzung von (1) als Formel lautet: $B(c) \wedge DS(c)$
Wir deuten diese Formel in $\Sigma = (I, \omega)$, wobei gelte:

        I sei die Menge aller Sinfonien (Stichtag 11. 11. 1976)
        $\omega(B)(\xi) = W :\Longleftrightarrow \xi$ ist eine Sinfonie von Beethoven
        $\omega(DS)(\xi) = W :\Longleftrightarrow \xi$ hat drei Sätze
aber: $\omega(c) = ???$ (Es gibt keine zehnte Sinfonie von Beethoven)

    (zu 2) Es sei $c \in FS_0$, $BW \in PS_1$ und die Übersetzung von (2) als Formel lautet: $BW(c)$
Wir deuten diese Formel in $\Sigma = (I, \omega)$, wobei gelte:

        I sei die Menge aller Wörter des Deutschen (Stichtag 11. 11. 1976)
        $\omega(c) = zahm$ (also die Zeichenreihe, die aus den vier Buchstaben z, a, h
            und m besteht)
aber: $\omega(BW)(\xi) = W :\Longleftrightarrow ???$ (Bösartigkeit ist keine Eigenschaft von Wörtern (Zeichenreihen))

Wir haben es also zum einen mit einem fiktiven Element zu tun (aus dem Reich des Pegasus, der Einhörner und des Phönix) und zum anderen mit einem fiktiven Prädikat. Mit der Beschränkung auf Strukturen als Bedeutung sind fiktive Elemente, Funktionen und Prädikate unzulässig.

Man kann auf die Frage nach der Wahrheit oder Falschheit der beiden Beispielsätze Haltungen einnehmen wie:

(a) die Sätze sind sinnlos.
(b) die Sätze sind sinnvoll, aber weder wahr noch falsch.
(c) die Sätze sind falsch.
(d) die Sätze und ihre Negationen sind falsch.

Einwände zu diesen Haltungen:
(zu a) fiktive Elemente haben im umgangssprachlichen Gebrauch oft eine Mannigfaltigkeit von Eigenschaften, so daß die mit ihnen gebildeten Sätze Inhalte umgreifen, also nicht sinnlos sein können.

(zu b) die Sätze wären keine Aussagen (hätten also nur die grammatische Form einer Aussage) oder man müßte die Wahrheitsdefinitheit fallen lassen.
(zu c) dann wäre die Negation der Sätze wahr, was unbefriedigend ist.
(zu d) derartige Sätze würden das Prinzip vom ausgeschlossenen Widerspruch aufheben.
Wir neigen zu der Auffassung, daß (b) eine haltbare Position darstellt.

Beispiel 23.2: Betrachte einen Satz wie *Es gibt keinen Gott*, eine sog. negierte singuläre Existenzaussage. Wir formalisieren diesen Satz auf zwei Weisen:
(a) $\neg \exists x G(x)$ mit $\omega(G)(\xi) = W :\Longleftrightarrow \xi$ *ist Gott*
(b) $\neg E(g)$ mit $\omega(E)(\xi) = W :\Longleftrightarrow \xi$ *existiert* und $\omega(g) = $ *Gott*
In der Formalisierung (b) ist $\neg E(g)$ ein Beispiel der Formel $\neg E(x)$, so daß wegen Lemma 9.20 die Existenzaussage gilt: $\exists x \neg E(x)$, d. h. es gibt ein x, das gibt es nicht.

Innerhalb unserer mathematischen Logik, die mit Hilfe von Quantoren und Strukturen ihre Formalisierungen betreibt, darf man die Existenz von Individuen nicht als Eigenschaft auffassen, sondern Existenz wird durch die Zugehörigkeit zum Individuenbereich ausgedrückt. Falls man die Existenz dennoch als Eigenschaft benützen will, muß man Individuenbereiche mit fiktiven Elementen zulassen.

Die in den Beispielen 23.1 und 23.2 angegebenen Formalisierungen sind unter Grundlagenforschern nicht unbestritten. Der Leser konsultiere daher die Literatur, z. B. [PSD 75] Stichwörter *counterfactuals, presuppositions, existence*.

23.2. Zur Definition von Wahrheit

Wir wollen erneut auf die Ausführungen der Einleitung hinweisen und daran erinnern, daß Logik keine Methode ist, die (absolute) Wahrheit oder Falschheit von Aussagen zu ermitteln (Kriterium für Wahrheit), sondern daß sie einen Beitrag geleistet hat, Wahrheit zu definieren. Im Exkurs über *Satz—Aussage—Sachverhalt* (Abschnitt 4.1) wurde die Wahrheit einer Aussage durch die Übereinstimmung mit der Wirklichkeit festgelegt:

(W) Eine wahre Aussage ist eine Aussage, welche besagt, daß die Sachen sich so und so verhalten und die Sachen verhalten sich eben so und so.

Wir können nun nachvollziehen, welche Präzisierung dieser vage Definitionsversuch (W) in unserer mathematischen Logik bekommen hat, vgl. [Ta 36a]:

(1) Einer Aussage (im Sinne von Abschnitt 4.1) entspricht ein Satz der Kunstsprache, eine Formel (ohne freie Variable).
(2) Grund-Sachverhalte werden mit Hilfe von Individuen und Funktionen als Prädikate über Individuenbereichen präzisiert. Durch diese Strukturen ist der

Bereich festgelegt, innerhalb dessen man nach der Gültigkeit von Formeln fragen kann.

Wenn man einen Individuenbereich I auswählt und Bedeutungen durch ω festlegt, ist damit eine „Wirklichkeit" fixiert und für Formeln die Wahrheit (in $\Sigma = (I, \omega)$) definiert. Die Auswahl einer Struktur Σ enthält als wesentlichen Teil also eine außerlogische Festlegung von Wahrheit.

(3) Eine Aussage wird zu einer in Σ wahren Aussage durch ihre Zugehörigkeit zur Menge ag_Σ.

(4) Die Definition (W) wird also zu:

$$A \in \mathsf{ag}_\Sigma \iff \text{Für alle Zustände } f: \mathsf{VA} \longrightarrow I \text{ ist } \mathrm{Wert}_\Sigma(A, f) = \mathsf{W},$$

d.h. die „Rückübersetzung" von A in Σ, nämlich $\mathrm{Wert}_\Sigma(A, f)$, stimmt unter allen in Σ nur möglichen Umständen, nämlich in allen Zuständen $f: \mathsf{VA} \longrightarrow I$, mit der Wirklichkeit (von Σ) überein, nämlich $\mathrm{Wert}_\Sigma(A, f) = \mathsf{W}$.

In der mathematischen Logik erhält das Problem der Qualität von „Wahrheit", das in der Geschichte der Philosophie heftige Diskussionen auslöste, eine verblüffend einfache Präzisierung:

Eine wahre Aussage, die nur aufgrund von „zufälligen" Eigenschaften der existierenden Welt wahr ist, heißt nach Leibniz eine synthetische Wahrheit, ist sie in allen nur möglichen Welten wahr, so heißt sie eine analytische Wahrheit. So gelten für viele Philosophen die Aussagen der Naturwissenschaften als synthetische Wahrheiten, während der Logik allgemein als analytische angenommen werden, vgl. Philosophiegeschichte und z.B. [Mat 69].

Betrachten wir die hier behandelte Formalisierung der Prädikatenlogik, so kann man sagen, daß die Strukturen $\Sigma \in \mathsf{St}^B$ alle möglichen Welten sind, d.h. daß die analytischen Wahrheiten mit den allgemeingültigen Formeln zusammenfallen.

Da, wie eingangs erwähnt und durch Abschnitt 23.1 verdeutlicht, mit Strukturen nicht alle Aspekte der Wirklichkeit erfaßt sind, die logisch relevant sein könnten, ist diese Präzisierung der Analytizität eben nur im generellen Rahmen von Strukturen gelungen. Allerdings stellt die Tatsache, daß es einen solchen Rahmen der Bezugnahme gibt, einen großen Fortschritt für die Diskussionen um diese Probleme dar, vgl. [PSD 75], Stichwort *analyticity*.

23.3. Der methodische Zirkel

Es ist hier während der Darstellung der Logik aufgefallen, daß man zum Aufbau des Kalküls und dem Beweis seiner Eigenschaften schon immer eine gute Portion von diesen zu beweisenden Eigenschaften vorausgesetzt und eben beim Beweis dieser Eigenschaften verwendet hat:

(1) Man schließt *material* auf der Meta-Ebene.

(2) Man weiß in den Strukturen Σ, was *es gibt* und *für alle* bedeutet, und definiert mit diesem Wissen die Bedeutung der Quantoren $\exists$ und $\forall$.

(3) Wir haben beim Beweis von *Quantorengesetzen* auf der Meta-Ebene umgangssprachliche Versionen eben der Gesetze verwendet, die wir zu beweisen trachteten.

(4) *Mengenlehre* in der naiven Form des Zusammenfassens von wohlunterschiedenen Objekten zu Mengen, ferner die elementaren Eigenschaften der Elementrelation sind von Anfang an ständig unterstellt; sie kann aber als mathematische Theorie innerhalb der so erstellten Kalküle formalisiert werden, wobei all die vorher verwendeten Eigenschaften als ableitbare (oder gültige) Sätze dieser Theorie wiedererscheinen.

(5) Syntaktische Eigenschaften von *Zeichenreihen* und die elementaren arithmetischen Eigenschaften der *natürlichen Zahlen* sind laufend unterstellt.

(6) Im Abschnitt 6.3 und im Anhang Teil (A) wurden bei der Definition der Zustandsabänderung und im Abschnitt 9.2.1 bei der Definition der Substitution die Eigenschaften der *bedingten Anweisung* **if** * **then** * **else** * unterstellt, die aus Formalisierungen der Theory of Computation innerhalb von Logik-Kalkülen wiedergewonnen werden könnten.

Einige der angeführten Voraussetzungen sind aus Bequemlichkeit unterstellt worden. Wenn man jedoch alle vermeidbaren Voraussetzungen eliminiert, bleiben trotzdem Voraussetzungen bestehen, die man zur Präzisierung von Logik-Systemen unbedingt benötigt, denn jeder Formalismus (der nicht auf schon vorhandene Formalismen zurückgreift) wird abhängig von Vorwissen und aus der natürlichen Sprache heraus formuliert. Man nennt diese Situation den *methodischen Zirkel in der Fundierung der mathematischen Logik*.

Im allgemeinen ist die Wissenschaftlichkeit einer Begründung nicht gegeben, wenn sie zirkulär erfolgt. Man kann jedoch bei der Fundierung der Logik (bzw. der Mathematik) beobachten, daß der Umfang des in die Begründung hineingesteckten Vorwissens klein ist gegen die breiten Anwendungsmöglichkeiten der damit erstellten Kalküle. Darüber hinaus kann man sagen, daß die Tendenz besteht, immer weniger Vorwissen, d.h. immer elementareres Wissen, für die Begründung zu verwenden und sich immer bewußter zu werden, welches Vorwissen man in eine Begründung überhaupt hineinsteckt.

23.4. Hinweise auf nichtbehandelte Sonderlogiken

Wir haben mit den vorhergehenden Unterabschnitten die Fragestellungen der philosophischen Logik natürlich nicht erschöpft. Man könnte sich darüber hinaus z. B. um *Substitution und intensionale Kontexte* kümmern, um *nichtklassische Quantoren* oder um Probleme, die aus der *Analyse von Bezeichnungen* (Namen) *und*

Bezeichnetem (Denotaten) entspringen (als Probleme einer Sonderdisziplin, die zuweilen logische Semantik genannt wird). Literatur in [PSD 75], [Qu 70] oder [QMP 72]. Allerdings sei bemerkt, daß wegen der uneinheitlichen Behandlungsweise all dieser Themen in der Literatur ein ausgedehntes Studium nötig ist, um einigermaßen sichere und haltbare Positionen zu beziehen.

Über die philosophische Logik hinaus gibt es Ansätze, die einen anderen Aspekt der Wirklichkeit direkt analysieren, als es die klassische mathematische Logik tut, etwa *imperative Logik* (Befehlslogik), *deontische Logik* (Normenlogik), *Interrogativlogik* (Fragelogik), *topologische Logik* (Vergleichslogik) oder *Zeitlogik*, vgl. dazu z. B. [PSD 75] und [QMP 72].

Unter dem speziellen Aspekt der Konstruktivität von mathematischen Schlußweisen sind *konstruktive Logiken* entstanden, darunter die *intuitionistische Logik* (vgl. [Lor 59], [Kle 52] und [Fit 70]), die oft in engem Zusammenhang mit Rekursionstheorie betrachtet werden, vgl. die in den Hinweisen zur weiterführenden Literatur angegebenen Werke.

23.5. Was ist semantisch, was syntaktisch?

Eine Warnung: Wir haben immer wieder fein säuberlich syntaktische und semantische Konzepte getrennt, ihren verschiedenen Charakter herausgestellt. Nun dürfen aber solche Adjektive zur *Syntax* wie: formal, sprachlich, zeichenhaft, bedeutungslos, etc. und solche zur *Semantik* wie: inhaltlich, wirklich, bedeutungshaltig, etc. nicht zu dem Gedanken verführen, die semantischen Objekte *seien* die Inhalte, die Wirklichkeit, während die syntaktischen Objekte „nur" sprachlicher Natur sind:

So wurde im Abschnitt 6.4 das Symbol *HH* als Name für die Stadt Hamburg verwendet. Die Deutung lautete $\omega(HH) = $ *die Stadt Hamburg* (Semantik!)

Aber auch in der Semantik steht nur ein *Name* für die Stadt Hamburg zur Verfügung, nicht die Stadt Hamburg real. Wer diese wohl prinzipielle Hürde überspringen will und glaubt, diese sehr nötige Abstraktion nicht zulassen zu dürfen, setzt sich der Ironie von Jonathan Swift aus, da er sich in die Nachbarschaft des Projekts begibt, das einer der Professoren der Sprachschule der Akademie Lagado in *Gullivers Reisen* verwirklichen will: alle Menschen sollten alle Dinge, über die sie sich unterhalten wollen, real mit sich herumtragen und sich durch gegenseitiges Zeigen von Dingen „unterhalten".

Strukturen sind als semantische Objekte also selbst wieder nur sprachlicher Natur, aber semantisch verwendet. Die Methode der Formalisierung ist also *auch* eine geschickte „Übersetzungstechnik" von sprachlichen Ausdrücken in andere sprachliche Ausdrücke zum Zwecke der Klärung der semantischen Verhältnisse in der „Zielsprache", vgl. *interpretations*, chapt. 4.7 in [Sh 67].

23.6. Fazit

Zusammenfassend können wir feststellen, daß die mathematische „Zweckbindung" der mathematischen Logik, bestimmte mehr philosophisch motivierte Fragestellungen aus der Logik verbannt und eliminiert, nicht aber gelöst hat, daß jedoch neue Wissenschaftsbereiche wie Linguistik und Informatik neue Fragen an die Logik stellen und damit mathematische Logik verändern. Die angeführten Beispiele zeigen darüber hinaus, daß man mit einer formalen Sprache nicht nur eine Buchstabierkunst akzeptiert, sondern *weitaus wesentlicher* auch eine Theorie oder ein System der logischen Analyse der Wirklichkeit ([Ch 56], S. 3).

§ 24. Bemerkungen zur Geschichte der Logik

Bevor wir auf die Probleme einer Logik-Geschichtsschreibung eingehen, wollen wir erläutern, in welchem Sinn der Terminus Logik verwendet werden soll: wir meinen mit Logik die *formale Logik*[1], die in Gestalt der sog. Syllogistik durch Aristoteles im 4. Jahrhundert v.u.Z. ihre erste Formulierung fand, und ignorieren dabei, welche anderen Gebiete aus Erkenntnistheorie, Metaphysik, Psychologie und Philologie schon irgendwann einmal Logik (oder Dialektik) genannt wurden. Ferner unterstellen wir ein naives Verständnis dessen, was eine *Wissenschaft* ausmacht.

Obwohl wir über Logik reden wollen, sprechen wir zunächst von Wissenschaft schlechthin, weil die nun folgenden Erwägungen für die meisten Wissenschaften gelten, und unterstellen, daß der Leser selbständig alle angesprochenen Konsequenzen für die Logik zieht.

24.1. Warum werden in diesem Buch Probleme der Geschichte der Logik aufgegriffen?

Wenn man wissenschaftliche Monographien liest, kann man sich oft des Eindrucks nicht erwehren, die dargestellten Resultate seien ohne Vorgänger aus dem „Nichts" entsprungen und die Beiträge der Vergangenheit würden (wenn überhaupt) aus-

---

[1] Ein Schulbeispiel eines formal-logischen Schlusses, der aus „Einige Menschen sind Philosophen" und „Alle Philosophen sind weise" auf „Einige Menschen sind weise" schließt, heißt dabei *formal*, weil die Gültigkeit dieses *Schlusses* nur von der *Form* der in ihm vorkommenden *Aussagen* abhängt, dagegen nicht von ihrem Stoffe, dem *Inhalt* der Aussagen — insbesondere nicht von der Wahrheit oder Falschheit dieser Aussagen (nach [Lor 70]). Als nichtformale Logik könnte man all jene Gebiete bezeichnen, die sich mit der Art und Weise der Erkenntnisgewinnung auseinandersetzen und in die Richtung einer allgemeinen Methodologie der Wissenschaft tendieren (vgl. dazu die Ausführungen in [Sch 59]).

schließlich vom Stand der Wissenschaft von heute bewertet. Diese Haltung ist ein Aspekt von Geschichtslosigkeit, der in vielen wissenschaftlichen Werken anzutreffen ist[2]; sie bringt die Gefahr mit sich, daß Wissenschaft dogmatisch wird, indem sie alternative Ansätze in gängigen Lehrbüchern unterschlägt[3], ja daß selbst historische Literatur über eine Wissenschaft die Spuren solcher Alternativen nicht leicht preisgibt, da auch sie oft im Geiste dieser Tradition steht. Nach und nach beginnt man diesen Mangel zu begreifen und versucht in Fallstudien, solche abgelegte Ideen aufzufinden und zu dokumentieren[4].

Ein unter Naturwissenschaftlern und Technikern weit verbreitetes Geschichtsverständnis würde jetzt einwenden: „Was soll's, die Vergangenheit ist überholt; wir machen das heute alles viel besser!" und außerdem: „Wozu Geschichte überhaupt? Die Naturwissenschaft und Technik ist mit ihrer bisherigen Methode der ‚Vergangenheitsbewältigung' recht gut gefahren und hat keine andere nötig, wie die jedermann sichtbaren Erfolge, deren Ende nicht abzusehen ist, zeigen." Wir können dagegen vorerst nicht viel einwenden, sondern zeigen uns eine Spur weitsichtiger und vorsichtiger, indem wir diese Haltungen ignorieren und darauf beharren, daß der rasche Wandel in den Wissenschaften es immer häufiger nötig macht, neue Wege für die Lösung von Problemen zu gehen. In einigen Randbemerkungen führen wir nun an, warum eine richtig betriebene Wissenschaftsgeschichtsschreibung dabei behilflich ist.

Daß die Vergangenheit eine Fundgrube von Ideen und Anregungen ist, hatten wir schon betont, ebenso daß der Kenntnisstand einer Wissenschaft ein historisch gewordener, sich in laufender Veränderung befindlicher ist. Ein weiterer Grund für die Beschäftigung mit der Geschichte der Wissenschaften ergibt sich aus der Möglichkeit, durch Geschichtsstudien die Dimensionen, Intensitäten und Geschwindigkeiten zu erkennen, in denen Forschungen stattfinden. So kann man die Größe angegangener Probleme oft nur im säkularen Vergleich ermessen, etwa daß die Entwicklung der Dampfmaschine im vorigen Jahrhundert die damalige Technik und Wissenschaft in weit größerem Maße in Anspruch genommen hat als die dem absoluten Umfang nach aufwendigere Raumfahrt von heute, die nur einen nicht übermäßig großen Teil der Technik und Wissenschaft tangiert. Ebenso macht erst der geschichtliche Vergleich deutlich, daß die Zeitspannen, in denen neue Technologien und Produkte zur breiten Anwendung gebracht werden können, immer

---

[2] T. Kuhn, der ein z. Zt. kontrovers diskutiertes Buch geschrieben hat, charakterisiert das wie folgt: „Diese Lehrbücher haben beispielsweise oft den Anschein zu erwecken versucht, als sei der wesentliche Inhalt der Wissenschaft durch die auf ihren Seiten beschriebenen Beobachtungen, Gesetze und Theorien in unvergleichlicher Form dargestellt" [Ku 67], S. 17. Zur Verdeutlichung sei das Werk [Sh 67] genannt, das als Beispiel für diese Bemerkung aufgefaßt werden kann.
[3] § 23 ist als Anti-Beitrag auch in diesem Sinne zu verstehen.
[4] Vgl. C. S. Fisher: Die letzten Invariantentheoretiker, in [WS II], S. 153—183, als ‚Beispiel aus der Mathematik.

kürzer werden, z. B. die Entwicklungszeiten von Dampfmaschine, Luftfahrt, Raumfahrt, Computer.

Ferner begreift man und glaubt man nicht so ohne weiteres, daß alles beherrschende Ideen und Methoden der eigenen Epoche einmal aus kleinen Anfängen gewachsen sind und daß sie wieder vergehen können, wenn man nicht schlagende Beispiele der Vergangenheit studiert hat, etwa die übermächtige Phlogistontheorie in der Chemie, die Äthervorstellung in der Physik. Diese Auffassung von der Veränderlichkeit übermächtig herrschender Faktoren gilt auch für politische Systeme und für Gedankengut außerhalb der Naturwissenschaft.

Solche Gründe veranlassen uns, nicht darauf zu verzichten, diesem Buch, als zum Gegenstand gehörig, Bemerkungen zur Geschichte der Logik beizugeben als Anregung, dieses Gebiet unter den dargelegten Forderungen aufzuarbeiten. Wir wissen, daß wir unter den derzeitigen Bedingungen damit eine sehr schwierige Aufgabe empfehlen. Bisher ist nämlich diese Aufgabe u. E. noch nicht befriedigend angegangen worden, so daß wir weder Ergebnisse präsentieren noch auf einen einheitlichen überschaubaren und relevanten Kern von Literatur verweisen können, sondern nur auf zu studierende Fragestellungen aus den verschiedensten Wissenschaftsgebieten.

24.2. Welche Möglichkeiten bestehen, die Geschichte der Logik adäquat zu behandeln?

Zunächst sei erläutert, was wir unter einer adäquaten Behandlung der Geschichte einer Wissenschaft verstehen: Eine Geschichtsschreibung, die sich in Anhäufung von Fakten der Art „Könige, Kriege, Verträge" erschöpft (bei Mathematik z. B. in „genialer Forscher, Lehrsatz, Beweismethode"), kann keine Antworten auf die eingangs entwickelten Fragestellungen geben; denn dazu ist nötig, das historische Faktenmaterial so zu durchdringen, daß z. B. Ursachen und Tendenzen von Entwicklungen aufgezeigt und Prognosen auf zukünftige Entwicklungen möglich werden, ferner daß Veränderungen von Gedankengut verstanden werden als durch die Veränderungen in der materiellen Produktion bedingt, in die alle Menschen einbezogen sind, und nicht als freie, urplötzliche, geniale Erfindungen von Einzelpersonen. Unabdingbar ist dabei, genauestens auf das Wechselverhältnis von Wissenschaften und Gesellschaften, in deren Organisation sie betrieben werden, einzugehen.

Wir haben mit diesen Forderungen einige wesentliche Züge einer materialistischen Geschichtsschreibung benannt (vgl. [Ph 71], Stichwörter *Geschichte, Materialismus, Basis und Überbau, Überbau*). Die Schwierigkeiten der Verwirklichung sind erheblich, so gesteht J. D. Bernal nach sechsjähriger Tätigkeit und der Niederschrift eines 1200 Seiten umfassenden Buches über die geschichtliche Entwicklung der Wissenschaft:

Je mehr ich den Wechselwirkungen zwischen Wissenschaft und Gesellschaft nachging, desto enger schienen sie mir miteinander verknüpft. Ich begann etwas von der Größe und der Schwierigkeit der von mir in Angriff genommenen Aufgabe zu ahnen und einzusehen, daß es unmöglich ist, ein zugleich völlig überzeugendes und verständliches Bild zu entwerfen [Ber 70].

Für eine Logik-Geschichtsschreibung liegen die Verhältnisse zusätzlich recht kompliziert, da die historische Entwicklung der Logik nicht als unabhängig von anderen Wissenschaften anzusehen ist, d. h. direkt gekoppelt an gesamtgesellschaftliche Einflüsse, sondern als eingebettet in die geschichtliche Entwicklung von *Mathematik*, von *Teilen der Philosophie* und der *Naturwissenschaften und Technik* aufzufassen ist. Die Autoren der greifbaren geschichtlichen Darstellungen der Logik (vgl. z. B. die Werke in den Hinweisen zur weiterführenden Literatur) sind meist jedoch nicht angetreten, um derartige Fragestellungen zu behandeln. Sie breiten entweder mehr oder minder chronologisch Fakten aus oder, wenn sie Entwicklungslinien ziehen, meist *nur* innerwissenschaftliche und post festum, und wenn allgemeinere, dann ist die Darstellung oft zu knapp und zu lückenhaft, als daß sie den Zusammenhang der Entwicklungen glaubhaft machen kann. Eine in unserem Sinne adäquate Logik-Geschichtsschreibung ist also bisher nicht erfolgt und die Voraussetzungen dazu z. Zt. noch nicht gegeben.

Wir wollen jedoch in diesen Abschnitten einige Ausführungen machen, die die Verwirklichung einer solchen Zielsetzung fördern sollen. Man kann dies in mehreren Richtungen tun, wobei wir uns am z. Zt. Machbaren orientieren:

(a) durch Werbung für eine adäquate Beschäftigung mit Geschichte der Logik unter den Betroffenen mittels Aufweisung von Problemstellungen (als relevante Probleme der Betroffenen) und möglichen Lösungsmethoden.

(b) durch Quellenstudium eines ausgewählten Teils der Logik-Entwicklung (Gegenstand und Zeitraum stark eingeschränkt) in Hinblick auf die Anforderungen einer materialistischen Geschichtsschreibung.

(c) durch Aufarbeitung greifbarer geschichtlicher Darstellungen der Logik, d. h. durch Kritik dieser Werke, aber auch durch gleichzeitige Sicherung der darin enthaltenen für eine materialistische Geschichtsschreibung brauchbaren Resultate.

Man sieht, daß (a) in Hinblick auf die anderen genannten Aktivitäten (b) und (c) förderlich ist, daß (b) und (c) wiederum Voraussetzungen dafür sind, schließlich doch wenigstens ein Teilstück der Logik-Geschichte so präsentieren zu können, daß man es als adäquate Wiedergabe der Vergangenheit betrachten kann.

Wir werden in diesem einführenden Buch versuchen, die Neulinge auf dem Gebiet der Logik an den Fragen der Geschichte der Logik dadurch zu interessieren (a), daß wir im nächsten Abschnitt 24.3 einigen groben Entwicklungslinien von Logik und Mathematik nachspüren, die als Orientierung etwa für ein Quellenstudium (b) oder eine Kritik der bisherigen Logik-Geschichtsschreibung (c) dienen können. Danach folgt dann im Abschnitt 24.4 als Konkretion eine Betrachtung von innermathematischen Gründen, die die Herausbildung der mathematischen Logik mit verursacht haben.

Die nun folgenden Beiträge sollten als Entwurf und als Einführung in gewisse Arbeitsgebiete aufgefaßt werden, nicht als Resultate einer Logik-Geschichtsschreibung; sie sind (notwendig) recht grob gezimmert in der Absicht, das wesentliche herauszustellen (und nicht die Details), und bedürfen daher strengster Kritik. Ihr prinzipieller Mangel (daß sie zu oberflächlich an den Phänomenen herumtasten und nicht den inneren Zusammenhang der Entwicklungen voll erfassen können) ist jedoch nicht den Autoren anzulasten, sondern den jahrhundertelangen Versäumnissen auf dem Gebiet der wissenschaftlichen Geschichtsschreibung über die Mathematik und die Naturwissenschaften.

24.3. Zum Verhältnis von Logik zu Mathematik (und Philosophie)

Als Konsequenz müßten in diesem Abschnitt Entwicklungslinien von Logik, Mathematik, Teilen der Philosophie und der Naturwissenschaft und Technik skizziert werden. Wir wollen jedoch, wie in der Überschrift bereits angedeutet, hauptsächlich die gegenseitigen Beziehungen von Logik und Mathematik behandeln (wobei die Auswirkungen von Mathematik auf Logik im Vordergrund stehen) und nur eine kurze Erörterung zum Verhältnis von Logik und Philosophie anfügen; hauptsächlich deshalb, weil uns dafür Resultate zugänglich sind. Inwiefern dadurch und durch die Tatsache, daß wir nur die Entwicklung in Westeuropa berücksichtigen, das Gesamtbild verfälscht wird, ist nicht genau einzuschätzen.

24.3.1. Ausgangspunkt unserer Überlegungen ist die Feststellung, daß heutzutage mathematische Logik von vielen Beteiligten mit mannigfaltigen Aktivitäten betrieben wird. Das ist insofern charakteristisch, als diese breite Beschäftigung mit Logik nicht zu allen Zeiten zu beobachten war.

Geht man in der Historie zurück, so stellt man fest, daß seit etwa 1700 (mit Leibniz) die Konzeption einer mathematischen Logik beginnt[5], daß bis etwa 1850 *vereinzelte Forscher* am Plan einer mathematischen Logik arbeiten (z. B. Saccheri, Jakob Bernoulli, Lambert, Ploucquet, ...) und daß seit etwa 1850 eine bis heute ständig steigende Zahl von Veröffentlichungen zu registrieren ist als Anzeichen für eine *kontinuierliche Entwicklung* der Logik[6].

Wir haben also zu erklären, *warum* das so ist. Es ist klar, daß sich die mathematische Logik nicht ausschließlich aus sich selbst heraus entwickelt hat, sondern daß sie eng mit der Mathematik gekoppelt ist. Auch die Mathematik bezieht die

---

[5] Vgl. [Ris 70] zu Vorläufern.
[6] Eine quantitative Analyse dieses Wachstums der Logik, differenziert nach Teilgebieten, ist eine Sonderuntersuchung wert, vgl. auch [Bet 59], S. 52.

Anstöße zu ihrer Entwicklung nicht ausschließlich aus sich selbst heraus, sondern sie ist seit dem 17. Jahrhundert in ihrer wichtigsten Funktion eine Hilfswissenschaft für Naturwissenschaften und Technik. Wir haben es also mit einem komplizierten Wechselverhältnis dieser Bereiche zu tun, in dem jeder der Bereiche auch noch eine verschieden geartete „Eigendynamik" entwickelt.

24.3.2. Wir wollen nun Fragestellungen herauslösen, mit denen man das Entstehen von *mathematischer* Logik und die Vervielfachung der Anstrengungen auf diesem Gebiet „erklären" kann, wenn sich diese Fragen positiv beantworten lassen:

(1) Haben sich die gesellschaftlichen Zielvorstellungen so verändert, daß systematische Naturwissenschaft und Technik nötig wurden, sich entwickelten und ins Zentrum sozialer Bemühungen rückten?

(2) Rufen die Probleme einer hartnäckig betriebenen Forschung in Naturwissenschaft und Technik notwendig Mathematik auf den Plan (im jeweilig aktuellen Selbstverständnis von Mathematik)?

(3) Führt eine hartnäckig betriebene Mathematik-Forschung zu immer abstrakteren Formulierungen mathematischer Sachverhalte?

(4) Erfordert eine abstrakte Mathematik von einem bestimmten Abstraktionsgrad ab in zunehmendem Maße eine formallogisch immer aufwendigere Fundierung ihrer Schlußweisen?

Diese vom historischen Kontext abgelösten Fragen müssen nach ihrer Beantwortung zur Erklärung des realen Verlaufs der Geschichte wieder in die historischen Voraussetzungen eingebettet werden (etwa in *zeitliche* Abfolgen, in Intensitäten von Forschungen usw.).

24.3.3. Zu den unter (1) und (2) aufgeworfenen *riesigen* Fragestellungen wollen wir nur kurz bemerken, daß seit dem Mittelalter bekanntermaßen ein Umbruch in der gesellschaftlichen Produktion und der Organisation der Gesellschaft eingetreten ist, der mit wesentlichen Änderungen in den gesellschaftlichen Zielvorstellungen verbunden war. Diese Herausbildung des Kapitalismus und in jüngerer Zeit zusätzlich die Bildung sozialistischer Übergangsgesellschaften hat als wesentliches Entwicklungsmoment eine Abwendung von bloßer Naturbetrachtung hin zum Drängen auf *systematische* Naturbeherrschung und neuerdings auch im größeren Maße auf eine Beherrschung der gesellschaftlichen Prozesse. Wir können hier nicht darauf eingehen, wie und zu welchem Zweck die verschiedenen Gesellschaftsformationen die Auseinandersetzung mit der Natur führen. Mit den Versuchen der systematischen Beherrschung von Natur treten dann jedoch notwendig Naturwissenschaft und Technik mit der Hilfswissenschaft Mathematik wesentlicher ins Zentrum gesellschaftlich erwünschter Aktivitäten.

Wir können zu diesen Problemkreisen, speziell zur Frage: *Warum* hat sich das so entwickelt? nur auf die umfangreiche einschlägige Literatur verweisen.

24.3.4. Wir haben gesehen, daß die Entwicklungen der Logik über viele Zwischenstufen und Abhängigkeiten vermittelt sind, trotzdem, so glauben wir, sind diese Entwicklungen als in diesen Zusammenhängen gesetzmäßige nachweisbar, besser gesagt, sie sind ihrem Inhalt nach nicht als zufällige[7], aber ihrer Form nach als mit gewissen Freiheitsgraden ausgestattete[8] Entwicklungen anzusehen.

24.3.5 *Hinweis:* Betrachtet man in der Art des Unterabschnittes 24.3.1 alle Epochen der Geschichte der Logik, so stellt man fest, daß es schon einmal eine Zeit gegeben hat, in der die Beschäftigung mit formaler Logik weit über das Maß der Zeit davor und danach angewachsen ist. Es handelt sich dabei um die *Scholastik* (ca. 1100 bis 1450), die zeitlich mit der Hochblüte des Katholizismus zusammenfällt, der während dieser Zeit in Hinblick auf weltlichen und geistigen Einfluß sein Maximum an Macht entfaltete. Wir können keine Erklärungen dafür anbieten, sondern wollen einige Umstände benennen, die bei der Beantwortung der Fragen helfen sollen, ob und wie damals Theologie und Jurisprudenz wichtige gesellschaftliche Aufgaben zu erfüllen hatten und ob sie dabei die formale Logik als Hilfswissenschaft verwendeten.

Der katholische Glauben verstand sich als universelle, alles durchdringende, alles beherrschende *Religion* und bedingte somit Bestrebungen, die Begriffe und Vorstellungen des christlichen Glaubens mit logischen Mitteln zu analysieren und religiöse Behauptungen und Dogmen (mit antiker Strenge) zu beweisen und fremde Glaubensartikel als logische Undinge abzuwehren. Diese wichtige Maßnahme sollte den Einfluß der Kirche mittels der Theologie verewigen.

In dieser Zeit vollzogen sich in Westeuropa wichtige Veränderungen, etwa die Entwicklung der Städte mit der Ausdifferenzierung der Bauernschaft in Gruppen mit unterschiedlichen „Berufen" und Rechtsstatus, ferner eine Erweiterung der Produktion und des Handels. Dabei verwandelt sich die unmittelbar persönliche Herrschaft über Abhängige in eine indirekte Herrschaft (Gesetzgebung, Geldsteuer). Mit diesen Veränderungen entsteht die Notwendigkeit, trotz vieler Neuerungen, die „Rechtssicherheit" zu wahren: die der Handel- und Gewerbetreibenden untereinander und in ihrem Verhältnis zu den Feudalherrn. Auf rechtlicher Ebene konkurrieren in dieser Epoche auf weltlichem Sektor germanisches und römisches Recht (Fallrecht vs. gesetztes Recht). Insgesamt kommt damit der Jurisprudenz eine gewichtige Rolle im öffentlichen Leben zu.

Für diese „Anwendungsbereiche" nimmt die scholastische Logik die überlieferte Logik der Antike auf (bevorzugt all jenes, was Rhetorik und Argumentation fördert) und verarbeitet Logik in eine eigentümliche, besondere und historisch einmalige Form:

---

[7] Bestimmte logische Erfindungen liegen zu bestimmten Zeiten „in der Luft", z. B. Unmöglichkeitsbeweise, und werden gemacht.

[8] *Wer* macht *welche* Entdeckung ist in einer Zeit, in der Entdeckungen „in der Luft" liegen, nicht völlig bestimmt.

Sie stellt nämlich einen Versuch dar, die Gesetze und Regeln der lebendigen (lateinischen) Sprache zu ermitteln als Grundlage der zu behandelnden logischen Probleme, wobei die Lehre von den Folgerungen (consequentiae) eine so gründliche Ausarbeitung erfuhr, daß man die meisten aussagenlogischen Gesetze genau kannte.

Über diese kurzen Bemerkungen hinaus orientieren über die Gestalt der scholastischen Logik z. B. [Bo 62], [Snk 73] und zu den anderen Fragestellungen die einschlägigen Werke über Wirtschaftsgeschichte, Rechtsgeschichte und -soziologie und Philosophiegeschichte.

24.3.6. Selbst wenn wir die Entwicklung der Logik seit der griechischen Antike überblicken und sagen können, daß nur während der Scholastik und heutzutage die formale Logik ihre größte Blüte erreichte, weil sie gesellschaftlich wesentlich war, so gehört zu einer *Erklärung* der geschichtlichen Abläufe in der Logik noch eine Untersuchung, in der nachgewiesen wird, daß in den anderen Epochen die gesellschaftlichen Aktivitäten die Logik nicht wesentlich benötigten, so daß Logik nur von Einzelpersönlichkeiten oder kleineren Gruppen weitgehend nach eigenem Ermessen betrieben werden konnte, da eine schwächere Kopplung an gesamtgesellschaftliche Einflußfaktoren vorlag. Dazu zählen wir z. B. auch die Epochen der antiken griechischen Logik.

24.3.7. Logik ist eine Teildisziplin der Philosophie und wurde damit immer in dem Umfang betrieben wie die Philosophie selbst. Es hat u. E. keine Anstöße aus der Philosophie heraus gegeben, die Logik über diesen ihren Umfang hinaus zu einem selbständigen Fach weiterzuentwickeln. Der Einfluß von Philosophie auf Fragestellungen in der Logik ist schwer auszumachen. Es ist sicher, daß über die *Erkenntnistheorie* und die *Wissenschaftslehre* ein steter wissenschaftlicher Kontakt zu logischen Fragen besteht und bestanden hat, z. B. dadurch, daß Logik, Mathematik und Philosophie in „Personaleinheit" betrieben wurden, wie etwa bei Pascal und Leibniz, oder daß enge Verwandtschaft von Mathematikern zu philosophischen Schulen bestanden hat, etwa zwischen Clairaut, d'Alembert, Maupertuis und der französischen Aufklärung. Im 17. Jahrhundert war z. B. in der Mathematik ein Denken vorherrschend, das über die Aufgaben, die die Gesellschaft der Naturwissenschaft und Technik stellte, hinauswies und von philosophischen Gedanken gelenkt war, nämlich das Streben, eine allgemeine Methode zum Verständnis der gesamten Natur und zur quasiautomatischen Schaffung neuer Erfindungen zu suchen, [Stk 67]. In neuerer Zeit ist Tarskis gelungener Versuch, eine Definition von „Wahrheit" zu geben, eindeutig philosophischen Fragestellungen entsprungen, denn die mathematische Logik kann auch ohne diesen erkenntnistheoretischen Begriff auskommen.

24.3.8. Insgesamt kann man nun ermessen, welche gewaltige Aufgabe umrissen ist, wenn man nach einer adäquaten Logik-Geschichtsschreibung verlangt. Weiterhin

§ 24. Bemerkungen zur Geschichte der Logik

ist deutlich, daß dazu auch ein Studium der Geschichte der Mathematik, der Philosophie, der Naturwissenschaft und Technik und sogar der Gesellschaft gehört, wobei anzumerken ist, daß es in diesen Bereichen mit einer materialistischen Geschichtsschreibung zumeist auch im argen liegt.

Als Anfangslektüre mit weiterführenden Literaturangaben sei für die Geschichte der Mathematik auf [Stk 67] hingewiesen, für die Geschichte der Philosophie vgl. [Ast 56] und für die Geschichte der Naturwissenschaften und Technik [Ber 70]. Zu allgemeinen Geschichtswerken vgl. die Klassiker des wissenschaftlichen Sozialismus oder bürgerliche Darstellungen wie [Val 69].

24.4. Zu innermathematischen Gründen, die zur Herausbildung der mathematischen Logik führten

Wir wollen nun eine Spur konkreter an die im Abschnitt 24.3.2 unter (3) und (4) aufgeführten umfangreichen Problemstellungen herangehen. Es geht also darum, aus der Entwicklung der Mathematik heraus aufzuzeigen, welche Einflüsse das Entstehen einer abstrakteren Mathematik begünstigten, wodurch Anregungen zur Schaffung einer mathematischen Logik erfolgten und welche mathematischen Probleme andauernder Stimulus zur Weiterentwicklung der Logik waren.

24.4.1. Betrachtet man die *Mathematik* des 17. und 18. Jahrhunderts, so sieht man eine stürmische Entwicklung mit einer Fülle von Neuerungen, als deren wichtigste die Infinitesimalrechnung angesehen werden kann. Die Mathematik dieser Zeit war eng mit ihren Anwendungen in Astronomie, Physik (Mechanik) als wichtigsten und in Geodäsie, in Lotterien und im Versicherungswesen gekoppelt und mußte im Gefolge ihrer Bemühungen um Anwendbarkeit der Ergebnisse Abstriche an der Strenge der Begriffsbildungen und Beweisführungen hinnehmen, eine Strenge, die seit der Antike als einer ihrer Wesenszüge gilt. In der ersten Hälfte des 19. Jahrhunderts kann man jedoch eine Veränderung feststellen. Wir finden Fragestellungen und Werke, die einen *abstrakteren* Charakter besitzen als die Resultate der beiden Jahrhunderte davor. Hier einige Beispiele (aus [Bet 59]):

1819 Axiomensysteme als implizite Definitionen (Gergonne)
1830 Nicht-Euklidische Geometrie (Lobatschewskij)
      Theorie der Auflösbarkeit von Gleichungen (Galois)
1841 Theorie der Determinanten (Jacobi)
1843 Theorie der Quaternionen (Hamilton)
      n-dimensionale Geometrie (Cayley, Grassmann)
1847 Theorie der reellen Zahlen (Guilmin), der komplexen Zahlen (Cauchy)
      Theorie der idealen Zahlen (Kummer)
      Vorstudien zur Topologie (Listing)

24.4.2. Kennzeichnend für die *Denkart* des 17. und 18. Jahrhunderts war der Wille, das (philosophische) Denken nicht in Spekulationen ausufern zu lassen, sondern methodisch Anleitungen zu geben für den rechten Verstandesgebrauch beim Erforschen der „rational" begreifbaren Welt. Man orientierte sich dabei nicht an der zu dieser Zeit vorhandenen formalen Logik (einer heruntergekommenen Form der aristotelischen Syllogistik), sondern an der Darstellung der Geometrie durch Euklid (300 v.u.Z.). Die darin enthaltene Konzeption einer deduktiven Wissenschaft[9] galt als das methodische Vorbild (mos geometricus). Die Mathematik schlechthin sollte als rationale, ihre Behauptungen beweisende Wissenschaft durch das hohe Maß an methodischer Sicherheit bei der Konstruktion ihrer Theorien zum Muster präzisen wissenschaftlichen Denkens werden und in radikalen Forderungen sogar die gesamte Logik ersetzen, vgl. [Ris 70]. Den Wert einer formallogischen Schlußweise schätzte man sehr gering („Kinderlogik"): sie mache nur das ohnehin Bekannte deutlich; sie überzeuge nicht, sondern sei als Erkenntnismittel unbrauchbar, weil sie als Forschungsmittel das Wissen nicht inhaltlich erweitere, sondern nur Begriffe vergleiche. Der sachgebundenen *Intuition* dagegen, die z. B. über eine vage Analogie neue Einsichten erschließt, schrieb man bei Argumentationen eine vorrangige Bedeutung zu. So kann man gemäß dieser Auffassung z. B. keinen wichtigen mathematischen Beweis führen, indem man allein aus Axiomen deduziert, sondern jedem Beweis liegen intuitive Konstruktionen als *wesentliches Element*[10] zugrunde (in der Geometrie etwa: die intuitive Raumanschauung). Diese Mißachtung der formalen Logik[11] und ihre gleichzeitige Überforderung[12] war nicht geeignet, die Mathematisierung der logischen Schlußweisen

---

[9] Ein System von Sätzen S, das folgende Eigenschaften hat (nach [Bet 59]):
  (I) Jeder Satz, der zu S gehört, muß sich auf einen spezifischen Bereich realer Entitäten beziehen.
  (II) Jeder Satz, der zu S gehört, muß wahr sein.
  (III) Wenn gewisse Sätze zu S gehören, muß jede logische Folgerung aus diesen Sätzen zu S gehören.
  (IV) Es gibt in S eine (endliche) Anzahl von Termen, so daß
    (a) die Bedeutung dieser Terme so evident ist, daß sie keine weitere Erklärung erfordert,
    (b) jeder andere Term, der in S vorkommt, definierbar mit Hilfe dieser Terme ist.
  (V) Es gibt in S eine (endliche) Anzahl von Sätzen, so daß
    (a) die Wahrheit dieser Sätze so evident ist, daß sie keinen weiteren Beweis erfordert,
    (b) die Wahrheit jedes anderen Satzes, der zu S gehört, begründet werden kann durch logisches Schließen, beginnend mit diesen Sätzen.

[10] Und nicht nur als heuristisches, also beweisfindendes Element, wie wir heute annehmen, vgl. auch Fußnote 12.

[11] Für die Sicherheit des Wissens unzuständig und in formaler Hinsicht unwesentlich (Descartes-Schule), nach [Ris 70].

[12] Das 17. und 18. Jahrhundert hat offensichtlich formale Logik als Teilgebiet der Erkenntnistheorie und Wissenschaftslehre aufgefaßt (Lehre von der Auffindung der Wahrheit und der Anleitung des Verstandes zum Auffinden eben dieser Wahrheiten, [Ris 70]), während wir ihr heute einen kleineren Aufgabenbereich zuweisen, vgl. § 1.

im großen Stile zu ermutigen, sondern hielt die Logik fest im Schoße der allgemeinen Philosophie.

24.4.3. Wenn also Leibniz etwa um 1700 den Plan einer mathematischen Logik beschrieben hat, deren Gehalt bis heute als das Wesen einer modernen Logik betrachtet wird, so nimmt er einerseits die zu seiner Zeit formulierten und allgemein anerkannten Forderungen nach der Reform des wissenschaftlichen Denkens in Hinblick auf die Strenge der Argumentation auf, stellt sich andererseits aber als Einzelner gegen die allgemeine Geringschätzung der formalen Logik, indem er in ihr das „wesentliche, die Sicherheit des Wissens garantierende Kernstück des Denkens" sieht, [Ris 70] S. 174. Er will daher den traditionellen Lehrbestand der formalen Logik erhalten und more geometrico darstellen, ohne aber der Logik mechanisch mathematische Methoden überzustülpen. Manchmal zweifelt er, ob die mathematischen Methoden überhaupt ausreichen, eine leistungsfähige mathematische Logik hervorzubringen, trotz des reichen Anschauungsmaterials für formales Operieren, das die sich entwickelnde Mathematik bot. Er hat den Plan einer Logik, die jedermann beim Beweisen eines Sachverhalts nicht nur korrekte Beweisschritte ermöglicht, sondern darüber hinaus auch Hinweise und Leitlinien für den nächsten zu vollziehenden Beweisschritt liefert, trotz großer Anstrengungen nie ausführen können, und es konnte — wie oben verdeutlicht — nach ihm keine Kontinuität geben, so daß im 18. Jahrhundert nur Einzelpersonen die Logik auf die neue Weise betrieben.

24.4.4. Die Naturwissenschaften befanden sich beim Übergang vom 18. ins 19. Jahrhundert in einer wichtigen Umbruchsituation, zu Ursachen und Auswirkungen vgl. [Ber 70], 8. Kapitel. Für die Mathematik waren wohl die wichtigsten Änderungen in ihrer Organisation (vgl. [Stk 67], [Ber 70]):
— der Wandel vom Forscher an Fürstenhöfen und vom vermögenden (adligen) Privatgelehrten zum angestellten Lehrer und Forscher an Universitäten und technischen Lehranstalten,
— das Entstehen von führenden Spezialisten der einzelnen Teilgebiete der Mathematik anstelle der früheren Alleskönner,
— das Verdrängen von Latein als Sprache der Mathematik durch die jeweiligen Nationalsprachen.

Trotzdem kann man über Gründe, die am Beginn des 19. Jahrhunderts zur Behandlung abstrakterer Gebiete geführt haben, nur Vermutungen anstellen:
(1) Die schnelle und reiche Entwicklung im 17. und 18. Jahrhundert lieferte einerseits viele Erkenntnisse, die andererseits nach Zusammenfassung, Vereinheitlichung und Ordnung drängten, da Mathematik im beginnenden 19. Jahrhundert längst ihren Platz unter den gesellschaftlich geförderten Aktivitäten innehatte.

(2) Mit zunehmender Vergrößerung der Zahl der Mathematik-Treibenden, hervorgerufen durch die zunehmende Verwendbarkeit von Mathematik für Ingenieuraufgaben (vgl. die Entwicklung der französischen Ecôles und Militärschulen), stellte sich die Aufgabe, viele Menschen schnell zu Teilen der Mathematik hinzuführen. Da aber Mathematik zu dieser Zeit mit mangelndem Wissen über die beteiligten Hilfsmittel betrieben wurde (z. B. Unklarheiten über den Charakter von Zahlen, über Konvergenz von Reihen, über die Grundlagen der Infinitesimalrechnung), konnten nur hervorragende Mathematiker einigermaßen sicher mit der Materie umgehen. Als Konsequenz entstanden Lehrbücher neuer Art und Bestrebungen um die Klärung der Grundlagen und die Vereinheitlichung des Wissens.

24.4.5. Als Boole 1847 sein Werk über die mathematische Analyse der Logik veröffentlichte (zeitlich also am Beginn der *kontinuierlichen* Entwicklung der mathematischen Logik), hat er sich damit zwar außerhalb tradierter Auffassungen von Logik gestellt, aber nicht eigentlich eine mathematische Logik in unserem heutigen Sinne hervorgebracht, nämlich *eine Wissenschaft, die die formale Strenge der Mathematik steigert durch Untersuchung deren Schlußweisen* bzw. *Einsichten liefert in den Aufbau mathematischer Theorien,* sondern er hat Mathematik auf den Stoff Logik angewandt in der Absicht, ihn so nahe wie möglich an die Eigenschaften der Algebra anzugleichen und die Unterschiede zur Algebra so deutlich wie möglich herauszustellen. Dabei hat er den Kalkül so allgemein halten können, daß er mehrerer Deutungen fähig ist. Somit ist durch ihn ein weiteres Stück abstrakte Mathematik entstanden, das *auch* als Formalisierung elementarer Logik gedeutet werden kann.

24.4.6. Eine andere Entwicklungslinie beginnt bei den unsicheren Grundlagen, auf denen die Infinitesimalrechnung beruhte. Nachdem Cauchy und Weierstraß eine solide Grundlage geschaffen hatten, indem besonders Weierstraß die Prinzipien der Analysis auf die einfachsten arithmetischen Begriffe zurückführte, blieb als wichtiges Problem die Begründung des Zahlbegriffs und der Arithmetik weiterhin auf der Tagesordnung mathematischer Forschungen, vgl. etwa das Vorwort zur ersten Auflage von Dedekinds *Was sind und was sollen die Zahlen?* Sie erwies sich als eine Problemstellung, die fähig war, die Formulierung einer mathematischen Logik herauszufordern. Denn um die Arithmetik zu begründen, bedurfte es eines Apparates, der die mathematischen Schlußweisen (weitergehend als alle Versuche vorher) einer formalen Behandlung zugänglich machte. Im Jahre 1879 veröffentlichte Frege seine „Begriffsschrift", die er als *das* Hilfsmittel zur Formulierung der „Grundlagen der Arithmetik", 1884, benützte. Die wesentlichen Erkenntnisse der Begriffsschrift sind bis heute die Grundlage der Prädikatenlogik, so wie wir sie auch in diesem Buch betrieben haben. Damit war also erstmalig ein Stück mathematische Logik (im strikten Sinne) realisiert, wobei die Bemühungen um eine einheitliche Grundlage der Mathematik ihren Ausdruck in der Forderung Freges fanden, die Mathematik auf Logik zurückzuführen, also z.B. die arithmetischen Begriffe rein logisch zu formulieren.

24.4.7. Ein weiterer Anstoßpunkt für die Entwicklung einer mathematischen Logik war die seit der Antike bekannte Konzeption einer deduktiven Wissenschaft (vgl. Fußnote 9). Auf diese Weise war, wie bereits erwähnt, die Geometrie durch Euklid dargestellt worden in einem Lehrbuch, dessen „logische Struktur ... das wissenschaftliche Denken vielleicht mehr als irgendein anderes Buch der Welt beeinflußt (hat)" [Stk 67]. Unter den darin benützten Axiomen befand sich auch das *Parallelenaxiom*. Es lautet:

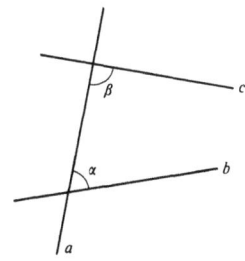

Wenn eine Gerade *a* von zwei anderen Geraden *b* und *c* so geschnitten wird, daß die Innenwinkel auf der gleichen Seite von *a* (in der Skizze α und β) eine Summe von weniger als zwei rechten Winkeln ergeben, so haben die beiden Geraden *b* und *c* auf dieser Seite einen Punkt gemeinsam, wenn man sie nur beliebig weit verlängert.

Dieses Axiom ist weitaus komplizierter als die übrigen verwendeten Axiome, so daß man seit der Antike versuchte, es aus den anderen Axiomen zu beweisen. Doch all diese Versuche mißlangen. Als man um 1830 erkannte, daß es aus den übrigen Axiomen nicht beweisbar ist, was den Beginn einer neuen Ära in der Geometrie signalisierte, hatte das Entstehen dieser Nicht-Euklidischen Geometrien, in denen das Parallelenaxiom nicht gilt, stärkste verändernde Auswirkungen auf uralte Denkgewohnheiten. Man hatte Gegenstandsbereiche, deren Eigenschaften in Form einer deduktiven Theorie dargestellt werden konnten, bislang als durch die Axiome eindeutig charakterisiert gehalten und mußte sich nun notgedrungen für Modelle von Axiomenmengen interessieren. Damit entstanden die Grundlagen dafür, daß der Logik später ein riesenhaftes Gebiet in Form der sog. Modelltheorie zuwuchs.

24.4.8. Gegen Ende des 19. Jahrhunderts fand das Streben nach einer einheitlichen Grundlage für die Darstellung der Ergebnisse der Mathematik neben der Bemühung, Mathematik auf Logik zurückzuführen (vgl. Abschnitt 24.4.6), ein neues Betätigungsfeld. Cantor formulierte um 1880 wesentliche Teile der *Mengenlehre* und untersuchte damit mathematisch das „Unendliche". Diese neue Theorie wurde aber um die Jahrhundertwende ein Ort der schwersten Krise, von der die moderne Mathematik betroffen wurde. Man entdeckte eine Reihe von *Antinomien*, das sind formal zugelassene Gebilde, aus denen sich offensichtliche, logische Widersprüche ableiten lassen[13], etwa Russells Antinomie von der Menge X derjenigen Mengen A, die sich nicht selbst als Element enthalten (also $X=\{A|A\notin A\}$, und man hat sofort: $X\in X \iff X\notin X$). Zu weiteren Antinomien, die um die Jahrhundertwende gefunden wurden, vgl. [Bet 59], chapt. 17. Diese „Grundlagenkrise" beeinflußte die Entwicklung der Logik bis heute nachhaltig, etwa durch das Entstehen bestimmter Schulen, die sich bestimmter Fragestellungen mit besonderem Nachdruck annahmen, wobei aus den Hinweisen zur weiterführenden Literatur Namen für solche Schulen und Forschungsrichtungen ersichtlich sind.

Damit sind einige innermathematische Anstöße für die Entwicklung der mathematischen Logik benannt und Hinweise auf offene Fragestellungen gegeben.

24.5. Epilog

Neben der Verbesserung und Verfeinerung der vorangegangenen Orientierung über Möglichkeiten für eine adäquate Logik-Geschichtsschreibung müßten jetzt konkret geschriebene Stücke Logik-Geschichte folgen. Da wir sie nicht besitzen, endet dieses Kapitel ohne Happy End. Der interessierte Leser sei jedoch darauf hingewiesen, daß er z. B. anhand der vier Fragestellungen aus Abschnitt 24.3.2 konkrete Untersuchungen beginnen kann, wobei der Abschnitt 24.2 in den Punkten (b) und (c) methodische Anleitungen dazu enthält.

---

[13] Antinomien sind von Paradoxien zu unterscheiden, unter denen man Aussagen versteht, deren Gehalt gerade den intuitiven Vorstellungen widerspricht, auf deren Grundlage die Aussagen formuliert worden sind.

Schlußbemerkungen

Wir verstehen das vorliegende Buch als eine Einführung in die Prädikatenlogik der ersten Stufe, die ein Weiterstudium anregen, vorbereiten und fördern will. Hier ist nun die Gelegenheit, einen Überblick geben zu können, was sich inhaltlich an Problemkreisen für ein Weiterstudium anbietet. Literaturangaben finden sich nach Inhalten geordnet in den Hinweisen zu weiterführender Literatur am Ende des Buches.

Das neu entstandene, sehr umfangreiche Teilgebiet der Logik, die *Modelltheorie*, ist unberücksichtigt geblieben, ebenso die *Rekursionstheorie*.

Wir haben nur Kalküle Hilbertschen Typs (d. h. Kalküle mit Axiomen und Ableitungsregeln) betrachtet und nicht die anderen noch möglichen Arten von Kalkülen, z. B. das *natürliche Schließen* (Gentzen, Quine) *und verwandte Systeme* (Beth, Smullyan, Hintikka).

Wir haben den *λ-Kalkül*, der als Grundlage für die Programmiersprache LISP diente[1], und die damit verwandte *Logik der Kombinatoren* (Schönfinkel, Church, Curry, Rosser) nicht betrachtet.

Wir haben *Logik zweiter und höherer Stufen* nicht behandelt und nicht *mehrwertige Logik*, ferner nicht die *Sonderlogiken*, auf die im Abschnitt 23.4 hingewiesen wurde.

Innerhalb der Prädikatenlogik erster Stufe sind *Anzahlaussagen, Kennzeichnungen, Definierbarkeit* und *Unabhängigkeit und Endlichkeit von Axiomenmengen* nicht behandelt worden, ebenso nicht *Widerspruchsfreiheitsbeweise*.

Es fehlen die klassischen Formalisierungsbeispiele mit ihren Ergebnissen wie *Geometrie, Arithmetik* und *Mengenlehre*.

---

[1] J. McCarthy et al.: LISP 1.5 Programmer's Manual. Cambridge (Mass.): M.I.T. Press 1962.

Anhang

Im folgenden sind Hilfsmittel aus anderen Theorien, Beweise und Veranschaulichungen zusammengestellt, die den Zusammenhang des Textes gestört hätten (meist durch ihre Länge oder ihren vorwiegend technischen Charakter), die aber dennoch für den Leser von Interesse sind.

Teil A. Beweise von Eigenschaften über Zustandsabänderungen

Die Zustandsabänderung ist über die bedingte Anweisung definiert, wie sie in fast allen Programmiersprachen zu finden ist, d.h. beim Beweis von Eigenschaften der Zustandsabänderung muß man Eigenschaften der bedingten Anweisung unterstellen. J. McCarthy hat 1962 Eigenschaften der bedingten Anweisung in Programmiersprachen genauer untersucht, vgl. [McC 63], sect. 7.

Wenn man als ein Ziel im Auge behält, Teile von Programmiersprachen mit Hilfe der hier entwickelten Methoden zu *begründen*, so liegt offensichtlich eine Zirkularität der Argumentation vor. Normalerweise ist die Wissenschaftlichkeit einer Begründung verloren, wenn sie zirkulär ist. Genaueres zur Situation der Logik findet sich im siebenten Kapitel über „Probleme mit der Logik", Abschnitt 23.3.

Lemma 6.13: $f \left\langle \genfrac{}{}{0pt}{}{x}{f(x)} \right\rangle = f$

Beweis: $\left(f \left\langle \genfrac{}{}{0pt}{}{x}{f(x)} \right\rangle \right)(y) = \textbf{if } x = y \textbf{ then } f(x) \textbf{ else } f(y) = f(y)$

Lemma 6.14: $\left(f \left\langle \genfrac{}{}{0pt}{}{x}{\xi} \right\rangle \right) \left\langle \genfrac{}{}{0pt}{}{x}{\eta} \right\rangle = f \left\langle \genfrac{}{}{0pt}{}{x}{\eta} \right\rangle$

Beweis: $\left(f \left\langle \genfrac{}{}{0pt}{}{x}{\xi} \right\rangle \right) \left\langle \genfrac{}{}{0pt}{}{x}{\eta} \right\rangle (z) = \textbf{if } x = z \textbf{ then } \eta \textbf{ else } f \left\langle \genfrac{}{}{0pt}{}{x}{\xi} \right\rangle (z)$

$\qquad\qquad = \textbf{if } x = z \textbf{ then } \eta \textbf{ else } (\textbf{if } x = z \textbf{ then } \xi \textbf{ else } f(z))$

$\qquad\qquad = \textbf{if } x = z \textbf{ then } \eta \textbf{ else } f(z) = f \left\langle \genfrac{}{}{0pt}{}{x}{\eta} \right\rangle (z)$

Teil A. Beweise von Eigenschaften über Zustandsabänderungen

Lemma 6.15: $x \neq y \implies \left(f\left\langle{x \atop \xi}\right\rangle\right)\left\langle{y \atop \eta}\right\rangle = \left(f\left\langle{y \atop \eta}\right\rangle\right)\left\langle{x \atop \xi}\right\rangle$

Beweis: $\left(f\left\langle{y \atop \eta}\right\rangle\right)\left\langle{x \atop \xi}\right\rangle(z)$

$= \textbf{if } x=z \textbf{ then } \xi \textbf{ else } f\left\langle{y \atop \eta}\right\rangle(z)$

$= \textbf{if } x=z \textbf{ then } \xi \textbf{ else } (\textbf{if } y=z \textbf{ then } \eta \textbf{ else } f(z))$

wegen $x \neq y$ folgt aus $x=z$ sofort $y \neq z$
und aus $y=z$ sofort $x \neq z$

also: $= \textbf{if } y=z \textbf{ then } \eta \textbf{ else } (\textbf{if } x=z \textbf{ then } \xi \textbf{ else } f(z))$

$= \left(f\left\langle{x \atop \xi}\right\rangle\right)\left\langle{y \atop \eta}\right\rangle(z)$

Das Lemma 6.15 erlaubt also die Definition einer mehrfachen Zustandsabänderung, da das Ergebnis der Einzelabänderungen unabhängig von der Reihenfolge ist:

Definition A1: Es seien $x_1, \ldots, x_n \in \text{VA}$ paarweise verschieden und $\xi_1, \ldots, \xi_n \in I$. Dann bezeichne $f\left\langle{x_1 \ldots x_n \atop \xi_1 \ldots \xi_n}\right\rangle : \text{VA} \longrightarrow I$ den aus $f: \text{VA} \longrightarrow I$ entstehenden Zustand durch Abänderung der Werte von $x_1, \ldots, x_n$ in $\xi_1, \ldots, \xi_n$ (in irgendeiner Reihenfolge).

Lemma A2: *Es sei* $f: \text{VA} \longrightarrow I$ *ein Zustand und* $\phi: I \longrightarrow I'$ *eine beliebige Abbildung. Dann gilt:*

$$(\phi \circ f)\left\langle{x \atop \phi(\xi)}\right\rangle = \phi \circ \left(f\left\langle{x \atop \xi}\right\rangle\right)$$

Beweis: $\phi\left(\left(f\left\langle{x \atop \xi}\right\rangle\right)(y)\right) = \phi(\textbf{if } x=y \textbf{ then } \xi \textbf{ else } f(y))$
$= \textbf{if } x=y \textbf{ then } \phi(\xi) \textbf{ else } \phi(f(y))$
$= \left((\phi \circ f)\left\langle{x \atop \phi(\xi)}\right\rangle\right)(y)$

Lemma A3: *Es seien* $x \neq y$ *und* $f, f' : \text{VA} \longrightarrow I$ *zwei Zustände mit*
(a) $f\left\langle{x \atop \xi}\right\rangle = f'\left\langle{x \atop \xi'}\right\rangle$ *und* (b) $f\left\langle{y \atop \eta}\right\rangle = f'\left\langle{y \atop \eta'}\right\rangle$
Dann gilt $f = f'$

Beweis: wegen (a) ist $f(z) = f'(z)$ für alle $z \in \text{VA} - \{x\}$
wegen (b) ist $f(z) = f'(z)$ für alle $z \in \text{VA} - \{y\}$
und da $x \neq y$, folgt $f = f'$

Teil B. Der Beweis des Koinzidenztheorems

Beweis von Satz 9.4: induktiv über den Aufbau von TE und FO unter Verwendung der Definition 9.1 für $Fr(t)$ und $Fr(A)$

(zu 1): (a) $Fr(x) = \{x\}$ für alle $x \in VA$. Wegen $f(x) = f'(x)$ ist
$wert_\Sigma(x, f) = f(x) = f'(x) = wert_\Sigma(x, f')$

(b) die Beh. gelte für $t_1, \ldots, t_n \in TE$, zu zeigen: sie gilt für $g t_1 \ldots t_n$.
$wert_\Sigma(g t_1 \ldots t_n, f) = \omega(g)(wert_\Sigma(t_1, f), \ldots, wert_\Sigma(t_n, f))$

$Fr(g t_1 \ldots t_n) = \bigcup_{j=1}^{n} Fr(t_j)$ und n.V. stimmen f und f' auf $Fr(g t_1 \ldots t_n)$ überein, also stimmen sie erst recht auf jeder Teilmenge von $Fr(g t_1 \ldots t_n)$ überein, also erst recht auf jedem der $Fr(t_i)$, also ist die Induktionsvoraussetzung anwendbar: $wert_\Sigma(t_i, f) = wert_\Sigma(t_i, f')$ $(i = 1, \ldots, n)$

$$= \omega(g)(wert_\Sigma(t_1, f'), \ldots, wert_\Sigma(t_n, f'))$$
$$= wert_\Sigma(g t_1 \ldots t_n, f')$$

(zu 2): (a) $p t_1 \ldots t_n \in AF$ analog zum Fall (1.b)

(b) die Beh. gelte für $B \in FO$, zu zeigen: sie gilt für $\neg B$
$Wert_\Sigma(\neg B, f) = WF_\neg(Wert_\Sigma(B, f))$

n.V. stimmen f und f' auf $Fr(\neg B)$ überein, wegen $Fr(\neg B) = Fr(B)$ ist die Induktionsvoraussetzung anwendbar, also:

$$= WF_\neg(Wert_\Sigma(B, f'))$$
$$= Wert_\Sigma(\neg B, f')$$

(c) analoge Argumentation mit $Fr(B \vee C) = Fr(B) \cup Fr(C)$

(d) die Beh. gelte für B, zu zeigen: sie gilt für $\exists x B$

$Wert_\Sigma(\exists x B, f) = W \iff Wert_\Sigma\left(B, f\left\langle \begin{matrix} x \\ \xi \end{matrix} \right\rangle\right) = W$ für ein $\xi \in I$

n.V. stimmen f und f' auf $Fr(\exists x B)$ überein, d.h. auf $Fr(B) - \{x\}$. Dann stimmen aber $f\left\langle \begin{matrix} x \\ \xi \end{matrix} \right\rangle = f'\left\langle \begin{matrix} x \\ \xi \end{matrix} \right\rangle$ auf $Fr(B)$ überein $\Big($denn: auf $Fr(B) - \{x\}$ n.V. und auf $\{x\}$ wegen $f\left\langle \begin{matrix} x \\ \xi \end{matrix} \right\rangle(x) = f'\left\langle \begin{matrix} x \\ \xi \end{matrix} \right\rangle(x)\Big)$. Nach Induktionsvoraussetzung ist $Wert_\Sigma\left(B, f\left\langle \begin{matrix} x \\ \xi \end{matrix} \right\rangle\right) = Wert_\Sigma\left(B, f'\left\langle \begin{matrix} x \\ \xi \end{matrix} \right\rangle\right)$,

also:

$$\iff Wert_\Sigma\left(B, f'\left\langle \begin{matrix} x \\ \xi \end{matrix} \right\rangle\right) = W \text{ für ein } \xi \in I$$
$$\iff Wert_\Sigma(\exists x B, f') = W$$

Teil C. Beweise von Eigenschaften der Substitution

C1. Beweis von Lemma 9.12

Wir beweisen exemplarisch die Behauptungen (1b) und (6b). Die übrigen Beweise und weitere Behauptungen finden sich z.B. in [He 72] Satz 5.4.

(zu 1b): *induktiv über den Aufbau von t*:

(i) Es sei $t \equiv z \in \mathsf{VA}$
  Dann folgt: $z_x[y] \in \mathsf{VA}$
  n.V. $y \notin \mathrm{Fr}(t)$, d.h. $z \neq y$
  $(z_x[y])_y[x] = \text{if } y = z_x[y] \text{ then } x \text{ else } z_x[y]$
  $\qquad\qquad\quad = \text{if } y = (\text{if } z = x \text{ then } y \text{ else } z) \text{ then } x \text{ else } z_x[y]$
  $\qquad\qquad\quad = \text{if } z = x \text{ then } x \text{ else } z_x[y]$ (weil n.V. $z \neq y$)
  $\qquad\qquad\quad = \text{if } z = x \text{ then } x \text{ else } (\text{if } z = x \text{ then } y \text{ else } z)$
  $\qquad\qquad\quad = \text{if } z = x \text{ then } x \text{ else } z$
  $\qquad\qquad\quad = z$

(ii) Es sei $t \equiv g t_1 \ldots t_n$ und $y \notin \mathrm{Fr}(t)$.
  $((g t_1 \ldots t_n)_x[y])_y[x] = g((t_1)_x[y])_y[x] \ldots ((t_n)_x[y])_y[x]$ (zweimalige Anwendung der Definition der Substitution)
  $\qquad\qquad\qquad\qquad\quad = g t_1 \ldots t_n$ (Ind.vor; $y \notin \mathrm{Fr}(t_i)$ für alle i, n.V.).

(zu 6b): *induktiv über den Aufbau von A*:

(i) Es sei $A \in \mathsf{AF}$: analog (1b)(ii)
(ii) $A \equiv \neg B$: $((\neg B)_x[y])_y[x] = (\neg(B_x[y]))_y[x]$
  $\qquad\qquad\qquad\qquad\; = \neg((B_x[y])_y[x])$ (Def. der Substitution)
  $\qquad\qquad\qquad\qquad\; = \neg B$ (Ind.vor; da $y \notin \mathrm{Fr}(\neg B)$, also $y \notin \mathrm{Fr}(B)$)
(iii) $A \equiv B \vee C$: analog (ii)
(iv) $A \equiv \exists z B$ und $y \notin \mathrm{Fr}(\exists z B)$.
  Induktionsvoraussetzung: $y \notin \mathrm{Fr}(B) \implies (B_x[y])_y[x] = B$

$$((\exists z B)_x[y])_y[x] = \begin{cases} (\exists z B)_y[x] & \text{falls } x \notin \mathrm{Fr}(\exists z B) \\ (\exists z (B_x[y]))_y[x] & \text{falls } x \in \mathrm{Fr}(\exists z B) \text{ und } z \neq y \end{cases}$$

Bemerkung: die innere Substitution wurde als erste ausgewertet

$$= \begin{cases} \exists z B & \text{falls } x \notin \mathrm{Fr}(\exists z B), \text{ weil n.V. } y \notin \mathrm{Fr}(\exists z B) \\ \exists z (B_x[y]) & \text{falls } x \in \mathrm{Fr}(\exists z B) \text{ und } z \neq y \\ & \text{und } y \notin \mathrm{Fr}(\exists z (B_x[y])) \\ \exists z ((B_x[y])_y[x]) & \text{falls } x \in \mathrm{Fr}(\exists z B) \text{ und } z \neq y \\ & \text{und } y \in \mathrm{Fr}(\exists z (B_x[y])) \text{ und } z \notin \mathrm{Fr}(y) \end{cases} \quad (*)$$

$(*)$ scheidet aus, da $y \notin \mathrm{Fr}(\exists z (B_x[y]))$ gilt (Beweis!)

$= \exists z B$ (nach Ind.vor: $(B_x[y])_y[x] = B$; $y \notin \mathrm{Fr}(B)$, da $z \neq y$ und n.V. $y \notin \mathrm{Fr}(\exists z B)$)

C2. Charakterisierung der Komposition von Substitutionen

Es seien $\sigma = \{t_1|x_1, \ldots, t_n|x_n\}$ und $\tau = \{t'_1|y_1, \ldots, t'_m|y_m\}$ zwei Substitutionen. Dann kann die *sukzessive* Substitution $\sigma\tau$ wie folgt charakterisiert werden:

(1) Wir ordnen o.B.d.A. die Substitutionskomponenten (SK) von σ und τ, und zwar:
(a) Es gibt eine Zahl γ mit $0 \leq \gamma \leq n$, die maximal ist bezüglich der Eigenschaft: $x_i = y_i$ für alle $1 \leq i \leq \gamma$; d.h. $\tau = \{t'_1|x_1, \ldots, t'_\gamma|x_\gamma, t'_{\gamma+1}|y_{\gamma+1}, \ldots, t'_m|y_m\}$
Bemerkung: $\gamma = 0$ heißt alle x_i sind von den y_i verschieden.
(b) Es gibt zwei Zahlen α, β mit $0 \leq \alpha \leq \gamma$ und $\gamma < \beta \leq n+1$, so daß α maximal und β minimal ist bezüglich der Eigenschaft: $t_i\tau \equiv x_i$ für alle i mit $1 \leq i \leq \alpha$ und $\beta \leq i \leq n$; d.h. $\sigma = \{t_1|x_1, \ldots, t_\alpha|x_\alpha, \ldots, t_\gamma|x_\gamma, \ldots, t_\beta|x_\beta, \ldots, t_n|x_n\}$
Bemerkung: $\alpha = 0$ und $\beta = n+1$ wird als Abwesenheit von identischen SK interpretiert.

(2) *Beispiel:* $\sigma = \{x_3|x_1, x_4|x_2, t_3|x_3, t_4|x_4, t_5|x_5, x_2|x_6\}$
$\tau = \{t'_1|x_1, x_6|x_2, x_1|x_3, x_2|x_4, t'_5|y_5, t'_6|y_6, t'_7|y_7\}$
Dann ist $n=6$, $m=7$, $\gamma=4$, $\alpha=2$, $\beta=6$

(3) Betrachte die Substitution κ mit
$\kappa = \{t_{\alpha+1}\tau|x_{\alpha+1}, \ldots, t_\gamma\tau|x_\gamma, \ldots, t_{\beta-1}\tau|x_{\beta-1}, t'_{\gamma+1}|y_{\gamma+1}, \ldots, t'_m|y_m\}$
Behauptung: κ ist die gesuchte *simultane* Substitution, d.h. es gilt $\kappa = \sigma\tau$

Bemerkung: Man gewinnt also die zu $\sigma\tau$ äquivalente simultane Substitution dadurch, daß man auf die Terme von σ die Substitution τ anwendet, dann diejenigen SK streicht, die identisch geworden sind, und zum verbleibenden Rest diejenigen SK von τ hinzufügt, deren Variable nicht Variable von σ sind.

(4) *Nachweis:* Es sei $A \in \mathsf{FO} \cup \mathsf{TE}$ beliebig; zu zeigen: $A\sigma\tau = A\kappa$
(a) Es sei $A = E_0 v_0 E_1 v_1 \ldots E_k v_k E_{k+1}$ mit
  (i) die E_i ($i=0, \ldots, k+1$) seien diejenigen Teilwörter von A, in denen *keine* Vorkommen der Variablen aus $W = \{x_1, \ldots, x_n, y_{\gamma+1}, \ldots, y_m\}$ vorhanden sind, so daß jede Substitution μ mit Variablen aus W keine Wirkung auf die E_i hat. Einige der E_i können leere Wörter sein.
  (ii) die v_i seien Variable ($i=0, \ldots, k$) und markieren genau *alle* Vorkommen von Variablen aus W in A; d.h. $v_i = v_j$ für $i \neq j$ ist möglich.
(b) Es gilt für jede Substitution μ mit Variablen aus W:

$$A\mu = E_0(v_0\mu)E_1(v_1\mu)\ldots E_k(v_k\mu)E_{k+1},$$

so daß wir die Beh. bewiesen haben, wenn wir für alle $i=0, \ldots, k$ zeigen: $v_i\sigma\tau = v_i\kappa$

(c) Es sei ein $0 \leq i \leq k$ beliebig. Dann gilt:
$$v_i \sigma = \begin{cases} v_i & \text{falls (I): es gibt ein } \gamma+1 \leq j \leq m \text{ mit } v_i = y_j \\ t_j & \text{falls (II): es gibt ein } 1 \leq j \leq n \text{ mit } v_i = x_j \end{cases}$$

also $v_i \sigma \tau = \begin{cases} t'_j & \text{falls (I)} \\ t_j \tau & \text{falls (II)} \end{cases}$

n. V. gilt: $t_j \tau = x_j$ falls $1 \leq j \leq \alpha$ oder $\beta \leq j \leq n$

also $v_i \sigma \tau = \begin{cases} t'_j & \text{falls (I)} \\ v_i & \text{falls: es gibt ein } 1 \leq j \leq \alpha \text{ oder } \beta \leq j \leq n \text{ mit } v_i = x_j \\ t_j \tau & \text{sonst} \end{cases}$

offensichtlich ist $v_i \sigma \tau = v_i \kappa$

(5) *Beispiele*: (a) $\sigma_1 = \{g(y) | x, z | y\}$ und $\tau_1 = \{a | x, b | y, y | z\}$
Es ist $\sigma_1 \cdot \tau_1 = \{g(b) | x, y | z\}$, $\tau_1 \cdot \sigma_1 = \{a | x, b | y\}$
(b) $\sigma_2 = \{g(a) | x, h(a,b) | y, a | z\}$ und $\tau_2 = \{g(y) | x, g(x) | y\}$
Es ist $\sigma_2 \cdot \tau_2 = \sigma_2$

C3. Der Beweis des Überführungstheorems Satz 9.16

(induktiv über den Aufbau von TE und FO)

(zu 1): (a) $z \in \text{VA}$ beliebig
$$\text{wert}_\Sigma(z_x[t], f) = \text{if } z = x \text{ then } \text{wert}_\Sigma(t, f) \text{ else } \text{wert}_\Sigma(z, f)$$
$$= \text{if } z = x \text{ then } \text{wert}_\Sigma\left(z, f\left\langle \frac{x}{\text{wert}_\Sigma(t, f)} \right\rangle\right)$$
$$\text{else } \text{wert}_\Sigma\left(z, f\left\langle \frac{x}{\text{wert}_\Sigma(t, f)} \right\rangle\right)$$
$$= \text{wert}_\Sigma\left(z, f\left\langle \frac{x}{\text{wert}_\Sigma(t, f)} \right\rangle\right)$$

(b) die Beh. gelte für $t_1, \ldots, t_n \in \text{TE}$, zu zeigen: sie gilt für $g t_1 \ldots t_n$
$$\text{wert}_\Sigma((g t_1 \ldots t_n)_x[t], f) = \text{wert}_\Sigma(g(t_1)_x[t] \ldots (t_n)_x[t], f) \quad \text{(Definition der Substitution)}$$
$$= \omega(g)(\text{wert}_\Sigma((t_1)_x[t], f), \ldots, \text{wert}_\Sigma((t_n)_x[t], f))$$
$$= \omega(g)\left(\text{wert}_\Sigma\left(t_1, f\left\langle \frac{x}{\text{wert}_\Sigma(t, f)} \right\rangle\right), \ldots \right.$$
$$\left. \ldots, \text{wert}_\Sigma\left(t_n, f\left\langle \frac{x}{\text{wert}_\Sigma(t, f)} \right\rangle\right)\right) \quad \text{(Ind. vor)}$$
$$= \text{wert}_\Sigma\left(g t_1 \ldots t_n, f\left\langle \frac{x}{\text{wert}_\Sigma(t, f)} \right\rangle\right)$$

(zu 2): (a) $p t_1 \ldots t_n \in \text{AF}$ analog (1.b)
(b), (c): $\neg B, B \vee C$ analog
(d) Es gelte die Beh. für B, zu zeigen: sie gilt für $\exists y B$. Wir nehmen an, daß t für x in $\exists y B$ und in B substituierbar ist, so daß wir nur zwei Fälle zu betrachten haben:

(I) $x \notin \mathsf{Fr}(\exists y B)$ ...(kurz: $\neg F$)
(II) $x \in \mathsf{Fr}(\exists y B)$ und $y \notin \mathsf{Fr}(t)$ ...(kurz: F)

$$W = \mathsf{Wert}_\Sigma((\exists y B)_x[t], f) = \begin{cases} \mathsf{Wert}_\Sigma(\exists y B, f) & \text{falls } x \notin \mathsf{Fr}(\exists y B) \\ \mathsf{Wert}_\Sigma(\exists y(B_x[t]), f) & \text{falls } x \in \mathsf{Fr}(\exists y B) \\ & \text{und } y \notin \mathsf{Fr}(t) \end{cases}$$

$$\iff \begin{cases} \mathsf{Wert}_\Sigma\left(\exists y B, f\left\langle \begin{matrix} x \\ \eta \end{matrix} \right\rangle\right) = W & \text{falls } \neg F \\ \quad \text{für alle } \eta \in I^{\,1} & \text{(Lemma 9.8.2)} \\ \mathsf{Wert}_\Sigma\left(B_x[t], f\left\langle \begin{matrix} y \\ \zeta \end{matrix} \right\rangle\right) = W & \text{falls } F \\ \quad \text{für ein } \zeta \in I \end{cases}$$

$$\iff \begin{cases} \mathsf{Wert}_\Sigma\left(\exists y B, f\left\langle \begin{matrix} x \\ \mathsf{wert}_\Sigma(t,f) \end{matrix} \right\rangle\right) = W & \text{falls } \neg F \\ \mathsf{Wert}_\Sigma\left(B, \left(f\left\langle \begin{matrix} y \\ \zeta \end{matrix} \right\rangle\right)\left\langle \begin{matrix} x \\ \mathsf{wert}_\Sigma(t,f) \end{matrix} \right\rangle\right) = W & \text{falls } F \\ \quad \text{für ein } \zeta \in I & \text{(n. Ind.vor.)} \end{cases}$$

$$\iff \begin{cases} \mathsf{Wert}_\Sigma\left(\exists y B, f\left\langle \begin{matrix} x \\ \mathsf{wert}_\Sigma(t,f) \end{matrix} \right\rangle\right) = W & \text{falls } \neg F \\ \mathsf{Wert}_\Sigma\left(B, f\left\langle \begin{matrix} x & y \\ \mathsf{wert}_\Sigma(t,f) & \zeta \end{matrix} \right\rangle\right) = W & \text{falls } F \\ \quad \text{für ein } \zeta \in I & \begin{array}{l}\text{(nach Lemma 6.15 und}\\ \text{Def. A1, weil:}\\ x \in \mathsf{Fr}(\exists y B) \implies x \neq y)\end{array} \end{cases}$$

$$\iff \begin{cases} \mathsf{Wert}_\Sigma\left(\exists y B, f\left\langle \begin{matrix} x \\ \mathsf{wert}_\Sigma(t,f) \end{matrix} \right\rangle\right) = W & \text{falls } \neg F \\ \mathsf{Wert}_\Sigma\left(\exists y B, f\left\langle \begin{matrix} x \\ \mathsf{wert}_\Sigma(t,f) \end{matrix} \right\rangle\right) = W & \text{falls } F \end{cases}$$

$$\iff \mathsf{Wert}_\Sigma\left(\exists y B, f\left\langle \begin{matrix} x \\ \mathsf{wert}_\Sigma(t,f) \end{matrix} \right\rangle\right) = W$$

Der Leser überlege sich anhand dieses Beweises, warum in der Definition 9.11 der Substitution für den Fall, daß ein Term t nicht substituierbar ist,

$$(\exists y B)_x[t] = \textit{undefiniert}$$

gesetzt wurde und *nicht*, was naheliegend wäre,

$$(\exists y B)_x[t] = \exists y B \quad \text{(d.h. es wird nicht substituiert)}$$

---

[1] Also speziell auch für $\mathsf{wert}_\Sigma(t, f)$.

Teil D. Der Satz von der universellen Normalform

Satz 9.39: *Zu jeder Formel gibt es eine effektiv herstellbare UNF.*

Beweis:
(1) Wir beschränken uns o.B.d.A. auf *Aussagen* und PNFO; denn

Lemma D1: *Es sei* $A \in \mathsf{FO}^B$ *mit* $\mathsf{Fr}(A) = \{x_1, \ldots, x_m\}$. *Dann gilt*

$$A \in \mathsf{ef} \iff \exists x_{\pi(1)} \ldots \exists x_{\pi(m)} A \in \mathsf{ef} \quad \textit{für jede Permutation } \pi.$$

Beweis: Übung für den Leser

Ferner gilt: $A \longleftrightarrow B \in \mathsf{ag} \implies (A \in \mathsf{ef} \iff B \in \mathsf{ef})$, so daß aus dem Satz von der PNF (Satz 9.35) die obige Beh. folgt.

(2) Wir definieren nun für jede Aussage $A = Q^1 x_1 \ldots Q^n x_n M$ (M Matrix) in PNF eine UNFO $U(A)$, und zwar induktiv über die Anzahl $q(A)$ der im Präfix von A vorkommenden Existenz-Quantoren.

(a) $q(A) = 0$, dann ist A eine UNFO, und es sei $U(A) = A$
(b) $q(A) = m$, und $U(B)$ sei definiert für alle PNFO B mit $q(B) \leq m-1$. Es sei Q^{k+1} der erste Existenz-Quantor im Präfix von A (von links nach rechts gehend), d. h.

$$A \equiv \forall x_1 \ldots \forall x_k \exists x_{k+1} A'' \quad (k < n)$$

wobei $A'' = Q^{k+2} x_{k+2} \ldots Q^n x_n M$ eine PNFO ist. Es sei g ein neues, noch nicht verwendetes k-stelliges Skolem-Funktionssymbol und

$$A' = \forall x_1 \ldots \forall x_k A''_{x_{k+1}}[g x_1 \ldots x_k]$$

A' ist eine PNFO mit einem Existenz-Quantor weniger im Präfix als A, also $q(A') = m-1$, d.h. nach Ind.vor hat A' eine UNFO. Man setzt

$$U(A) = U(A')$$

(3) *Es gilt:* Es gibt eine Menge von Skolem-Funktionssymbolen $E = \{g_1, \ldots, g_{q(A)}\}$, so daß für alle $\Sigma \in \mathsf{St}^B$ gilt:

$$A \in \mathsf{ef}_\Sigma \iff U(A) \in \mathsf{ef}_{\Sigma E}$$

Nachweis: Wir zeigen sogar, daß es für alle Zustände $f: \mathsf{VA} \longrightarrow I$ eine Erweiterung Σ_f^E gibt, so daß

$$\mathsf{Wert}_\Sigma(A, f) = \mathsf{Wert}_{\Sigma_f^E}(U(A), f)$$

Bemerkung: Da A eine Aussage ist, ist die Erweiterung unabhängig vom Zustand f.

Es sei für den folgenden Beweis $\mathbf{x}=(x_1,\ldots,x_k)$, $\forall^k \mathbf{x} = \forall x_1 \ldots \forall x_k$ und $f\left\langle \begin{matrix} \mathbf{x} \\ \boldsymbol{\xi} \end{matrix} \right\rangle = f \left\langle \begin{matrix} x_1 \ldots x_k \\ \xi_1 \ldots \xi_k \end{matrix} \right\rangle$

„$\Longrightarrow$"

$\text{Wert}_\Sigma(A,f) = W \iff$ Für alle $\boldsymbol{\xi} \in I^k$ gibt es ein $\eta_f \in I$ mit $\text{Wert}_\Sigma\left(A'', f\left\langle \begin{matrix} \mathbf{x}\, x_{k+1} \\ \boldsymbol{\xi}\ \ \eta_f \end{matrix} \right\rangle\right) = W$

Definiere eine Erweiterung $\Sigma' = \Sigma_f^g = (I, \omega_g)$ durch $\omega_g(g)(\boldsymbol{\xi}) = \eta_f$.
Dann gilt: $\text{wert}_{\Sigma'}\left(g\mathbf{x}, f\left\langle \begin{matrix} \mathbf{x} \\ \boldsymbol{\xi} \end{matrix} \right\rangle\right) = \eta_f$

$\iff$ Für alle $\boldsymbol{\xi} \in I^k$ ist $\text{Wert}_{\Sigma'}\left(A'', f\left\langle \begin{matrix} \mathbf{x}\, x_{k+1} \\ \boldsymbol{\xi}\ \ \eta_f \end{matrix} \right\rangle\right) = W$ (Satz 9.24)

$\implies$ Für alle $\boldsymbol{\xi} \in I^k$ ist $\text{Wert}_{\Sigma'}\left(A''_{x_{k+1}}[g\mathbf{x}], f\left\langle \begin{matrix} \mathbf{x} \\ \boldsymbol{\xi} \end{matrix} \right\rangle\right) = W$ (ÜB)

$\iff \text{Wert}_{\Sigma'}(\forall^k \mathbf{x}\, A''_{x_{k+1}}[g\mathbf{x}], f) = W$

$\iff \text{Wert}_{\Sigma_f^{\{g\} \cup E'}}(U(\forall^k \mathbf{x}\, A''_{x_{k+1}}[g\mathbf{x}], f) = W$ (nach Ind.vor hat $E'\ m-1$ Elemente)

$\iff \text{Wert}_{\Sigma_f^E}(U(A), f) = W$

„$\Longleftarrow$" wir müssen nur noch die eine fehlende Umkehrung begründen!
Für alle $\boldsymbol{\xi} \in I^k$ ist $\text{Wert}_{\Sigma'}\left(A''_{x_{k+1}}[g\mathbf{x}], f\left\langle \begin{matrix} \mathbf{x} \\ \boldsymbol{\xi} \end{matrix} \right\rangle\right) = W$

$\implies$ Für alle $\boldsymbol{\xi} \in I^k$ ist $\text{Wert}_{\Sigma'}\left(\exists x_{k+1} A'', f\left\langle \begin{matrix} \mathbf{x} \\ \boldsymbol{\xi} \end{matrix} \right\rangle\right) = W$ (Lemma 9.20)

$\implies \text{Wert}_{\Sigma'}(A,f) = W$

$\implies \text{Wert}_\Sigma(A,f) = W$ (Satz 9.24)

Bemerkung: Wir haben also $U(A) \longleftrightarrow A \in \text{ef}_{\Sigma^E}$ bewiesen.

Teil E. Semantische und syntaktische Beweisführung

Es sei hier der semantische Beweis von Lemma 10.15 und der syntaktische Beweis des Deduktionstheorems Satz 10.62 gegenübergestellt:

Beweis Lemma 10.15:
zu zeigen: $\text{Mod}(X) \subset \text{Mod}(A \longrightarrow B)$
Es sei $\underline{\Sigma \in \text{Mod}(X)} \implies X \subset \text{ag}_\Sigma$

Teil E. Semantische und syntaktische Beweisführung   289

Fall 1: $\quad A \in \mathsf{ag}_\Sigma \implies X \cup \{A\} \in \mathsf{ag}_\Sigma$
$\qquad\qquad\qquad\quad$ also: $\Sigma \in \mathrm{Mod}(X \cup \{A\})$
$\qquad\qquad\;\;\implies n.V. \;\; \Sigma \in \mathrm{Mod}(B)$
$\qquad\qquad\qquad\;$ d. h. $B \in \mathsf{ag}_\Sigma$
$\qquad\qquad\;\;\implies \neg A \vee B \in \mathsf{ag}_\Sigma$
$\qquad\qquad\qquad\;$ also: $A \longrightarrow B \in \mathsf{ag}_\Sigma$
$\qquad\qquad\qquad\;$ d. h. $\underline{\Sigma \in \mathrm{Mod}(A \longrightarrow B)}$

Fall 2: $\quad A \notin \mathsf{ag}_\Sigma \implies \neg A \in \mathsf{ef}_\Sigma$
$\qquad\qquad\;\;\implies \neg A \in \mathsf{ag}_\Sigma,\; \text{weil}\;\; \mathsf{Fr}(A) = \emptyset\,!$
$\qquad\qquad\;\;\implies \neg A \vee B \in \mathsf{ag}_\Sigma$
$\qquad\qquad\qquad\;$ also: $A \longrightarrow B \in \mathsf{ag}_\Sigma$
$\qquad\qquad\qquad\;$ d. h. $\underline{\Sigma \in \mathrm{Mod}(A \longrightarrow B)}$

Beweis Satz 10.62 (Deduktionstheorem):

induktiv über den Aufbau von $\mathsf{Th}(X \cup \{A\})$
(1) $B \in X \cup \{A\}$:
$\quad$ (a) $B \in X \implies B \in \mathsf{Th}(X)$
$\qquad\qquad\quad\;\;\implies \neg A \vee B \in \mathsf{Th}(X)$ $\qquad\qquad$ (R_2)
$\qquad\qquad\qquad\;$ d. h. $A \longrightarrow B \in \mathsf{Th}(X)$
$\quad$ (b) $B = A \implies \neg A \vee A \in \mathsf{Th}(X)$ $\qquad\qquad$ (Axiom)
$\qquad\qquad\qquad\;$ d. h. $\quad\neg A \vee B \in \mathsf{Th}(X)$
$\qquad\qquad\qquad\;$ also $\;A \longrightarrow B \in \mathsf{Th}(X)$
(2) Es seien $A_1, \ldots, A_{n-1} \in \mathsf{Th}(X \cup \{A\})$ mit $\mathrm{R}(A_1, \ldots, A_{n-1}, B) = \mathsf{W}$, und es gelte $A_i \in \mathsf{Th}(X \cup \{A\}) \implies A \longrightarrow A_i \in \mathsf{Th}(X)$ als Induktionsvoraussetzung.

(2.a) $\mathrm{R} = R_1$:
Dann ist $A_1 = B \vee B$ und die Induktionsvoraussetzung lautet:

$$B \vee B \in \mathsf{Th}(X \cup \{A\}) \implies A \longrightarrow B \vee B \in \mathsf{Th}(X)$$

n.V. gilt $A_1 \in \mathsf{Th}(X \cup \{A\})$, also ist $A \longrightarrow B \vee B \in \mathsf{Th}(X)$ nach Ind. vor.
$\implies A \longrightarrow B \in \mathsf{Th}(X)\;$ mit Ers und $\;B \longleftrightarrow B \vee B \in \mathsf{Th}(X)$

(2.b) $\mathrm{R} = R_2$:
Dann ist $B = C \vee A_1$ und nach Ind. vor. gilt:

$$A_1 \in \mathsf{Th}(X \cup \{A\}) \implies A \longrightarrow A_1 \in \mathsf{Th}(X),$$

also gilt n. V. $\quad A \longrightarrow A_1 \in \mathsf{Th}(X)$
$\qquad\qquad\;\;\implies C \vee (\neg A \vee A_1) \in \mathsf{Th}(X) \quad$ (R_2)
$\qquad\qquad\;\;\implies \neg A \vee (C \vee A_1) \in \mathsf{Th}(X) \quad$ (Ers)
$\qquad\qquad\quad\;$ d. h. $A \longrightarrow (C \vee A_1) \in \mathsf{Th}(X)$

(2.c) $R = R_3$: analog (2.b)

(2.d) $R = R_5$:

Dann ist $A_1 = C \vee D$, $A_2 = \neg C \vee E$ und $B = D \vee E$

n.V. $\quad C \vee D \in \mathsf{Th}(X \cup \{A\}) \Longrightarrow A \longrightarrow (C \vee D) \in \mathsf{Th}(X)$ und
$\quad\quad\quad \neg C \vee E \in \mathsf{Th}(X \cup \{A\}) \Longrightarrow A \longrightarrow (\neg C \vee E) \in \mathsf{Th}(X)$

zu zeigen: $A \longrightarrow (D \vee E) \in \mathsf{Th}(X)$

Nachweis: $\quad$ n. V. $\quad \neg A \vee (C \vee D) \in \mathsf{Th}(X) \quad$ und
$\quad\quad\quad\quad\quad\quad \neg A \vee (\neg C \vee E) \in \mathsf{Th}(X)$
$\Longrightarrow \quad\quad C \vee (\neg A \vee D) \in \mathsf{Th}(X) \quad$ und
$\quad\quad\quad\quad \neg C \vee (\neg A \vee E) \in \mathsf{Th}(X) \quad$ (Ers)
$\Longrightarrow (\neg A \vee D) \vee (\neg A \vee E) \in \mathsf{Th}(X) \quad (R_5)$
$\Longrightarrow (\neg A \vee \neg A) \vee (D \vee E) \in \mathsf{Th}(X)$
$\Longrightarrow \quad\quad \neg A \vee (D \vee E) \in \mathsf{Th}(X) \quad$ (Ers)
$\quad\quad$ d.h. $\quad A \longrightarrow (D \vee E) \in \mathsf{Th}(X)$

(2.e) $R = R_4$:

Dann ist $A_1 = C \longrightarrow D$ und $B = \exists x C \longrightarrow D$ mit $x \notin \mathsf{Fr}(D)$.

n.V.: $\quad C \longrightarrow D \in \mathsf{Th}(X \cup \{A\}) \Longrightarrow A \longrightarrow (C \longrightarrow D) \in \mathsf{Th}(X)$

Es gilt also: $\quad\quad\quad \neg A \vee (\neg C \vee D) \in \mathsf{Th}(X)$
$\Longrightarrow \quad\quad \neg C \vee (\neg A \vee D) \in \mathsf{Th}(X) \quad$ (Prämissenvertauschung)
$\quad\quad$ d.h. $C \longrightarrow (A \longrightarrow D) \in \mathsf{Th}(X)$
$\Longrightarrow \quad \exists x C \longrightarrow (A \longrightarrow D) \in \mathsf{Th}(X) \quad (R_4)$, weil $x \notin \mathsf{Fr}(A \longrightarrow D)$
$\quad\quad\quad\quad\quad\quad\quad\quad\quad\quad\quad\quad\quad\quad$ (n. V. $\mathsf{Fr}(A) = \emptyset$ und $x \notin \mathsf{Fr}(D)$)
$\Longrightarrow \quad A \longrightarrow (\exists x C \longrightarrow D) \in \mathsf{Th}(X) \quad$ (s.o.)

Teil F. Beispiele für die Verwendung von Ableitungen

F1. Beispiel für eine längere Ableitung

Wir wollen mit Hilfe von Ableitungen (Def. 10.64) direkt zeigen, daß aus $x = x$ für alle Variablen $x \in \mathsf{VA}$ die Gleichung $t = t$ für alle Terme $t \in \mathsf{TE}$ ableitbar ist, also

Beh.: $t = t \in \mathsf{Bw}_{\mathscr{R}_0}(\{x = x \mid x \in \mathsf{VA}\})$

Beweis: Wir geben eine Ableitung an, in der die Behauptung $t = t$ als letzte Formel auftritt.

Teil F. Beispiele für die Verwendung von Ableitungen

Zur Schreibvereinfachung numerieren wir die Formeln durch und schreiben als Begründung die Regel, nach der die laufende Zeile erhalten wurde, in folgender Form auf:
(a) z. B. $R_2(3,6)$
Die laufende Zeile 6 ist durch Anwendung von R_2 (Expansionsregel) auf die Zeile 3 erhalten worden
(b) z. B. $6 \in X$, $6 \in \mathsf{AX}$
Die laufende Zeile 6 ist Voraussetzung aus $X = \{x = x \mid x \in \mathsf{VA}\}$, bzw. die laufende Zeile 6 ist ein logisches Axiom.
Die Übergänge von $\neg A \vee B$ zu $A \longrightarrow B$ sind stillschweigend vollzogen.

Beh.: $t = t \in \mathsf{Bw}_{\mathcal{R}_0}(\{x = x \mid x \in \mathsf{VA}\})$
Beweis:

lfd. Nr.	Formel	Begründung
1	$x = x$	$1 \in X$
2	$\neg \exists x \neg (x = x) \vee x = x$	$R_2(1,2)$
3	$\neg \neg \exists x \neg (x = x) \vee \neg \exists x \neg (x = x)$	$3 \in \mathsf{AX}$
4	$x = x \vee \neg \exists x \neg (x = x)$	$R_5(2,3,4)$
5	$\neg \neg (x = x) \vee \neg (x = x)$	$5 \in \mathsf{AX}$
6	$\neg \neg \neg (x = x) \vee \neg \neg (x = x)$	$6 \in \mathsf{AX}$
7	$\neg (x = x) \vee \neg \neg (x = x)$	$R_5(5,6,7)$
8	$\neg \exists x \neg (x = x) \vee \neg \neg (x = x)$	$R_5(4,7,8)$
9	$\neg \neg (x = x) \vee \neg \exists x \neg (x = x)$	$R_5(8,3,9)$
10	$\neg \exists x \neg (x = x) \vee \neg \exists x \neg (x = x)$	$R_4(9,10)$ mit $x \notin \mathsf{Fr}(\neg \exists x \neg (x = x))$
11	$\neg \exists x \neg (x = x)$	$R_1(10,11)$
12	$\neg \neg (t = t) \vee \exists x \neg (x = x)$	$12 \in \mathsf{AX}$
13	$\neg \neg \neg (t = t) \vee \neg \neg (t = t)$	$13 \in \mathsf{AX}$
14	$\exists x \neg (x = x) \vee \neg \neg (t = t)$	$R_5(12,13,14)$
15	$\neg \neg \neg \exists x \neg (x = x) \vee \neg \neg \exists x \neg (x = x)$	$15 \in \mathsf{AX}$
16	$\neg \exists x \neg (x = x) \vee \neg \neg \exists x \neg (x = x)$	$R_5(3,15,16)$
17	$\neg \neg (t = t) \vee \neg \neg \exists x \neg (x = x)$	$R_5(14,16,17)$
18	$\neg \neg \exists x \neg (x = x) \vee \neg \neg (t = t)$	$R_5(17,13,18)$
19	$\neg \neg (t = t) \vee \neg \exists x \neg (x = x)$	$R_2(11,19)$
20	$\neg \exists x \neg (x = x) \vee \neg \neg (t = t)$	$R_5(19,13,20)$
21	$\neg \neg (t = t) \vee \neg \neg (t = t)$	$R_5(20,18,21)$
22	$\neg \neg (t = t)$	$R_1(21,22)$
23	$\neg (t = t) \vee t = t$	$23 \in \mathsf{AX}$
24	$\neg \neg \neg (t = t) \vee \neg \neg (t = t)$	$24 \in \mathsf{AX}$
25	$\neg \neg (t = t) \vee \neg \neg (t = t)$	$R_5(13,24,25)$
26	$t = t \vee \neg \neg (t = t)$	$R_5(23,25,26)$
27	$\neg \neg \neg (t = t) \vee t = t$	$R_5(26,23,27)$
28	$t = t \vee \neg \neg (t = t)$	$R_2(22,28)$
29	$\neg \neg (t = t) \vee t = t$	$R_5(28,23,29)$
30	$t = t \vee t = t$	$R_5(29,27,30)$
31	$t = t$	$R_1(30,31)$

F2. Das Theorem über neue Konstanten

Mit Hilfe von Ableitungen beweisen wir nun skizzenhaft das syntaktische Analogon zu Lemma 9.26. Dazu eine Vereinbarung:
 Wir betrachten eine Erweiterung B^c der Basis B mit einem neuen nullstelligen Funktionssymbol c.
 Mit AX^c seien die Axiome gemäß Definition 10.33 zur Basis B^c bezeichnet und mit $Th^c(X) = Ab_{\mathcal{R}_0}(AX^c \cup X)$ der Ableitungsoperator, ebenso Bw^c für die Beweisbarkeit von Formeln (Def. 10.65).

Theorem über neue Konstanten:
Es sei B^c eine Erweiterung der Basis B mit einem neuen nullstelligen Funktionssymbol c. Es seien ferner $X \subset FO^B$ und $A \in FO^B$ mit $Fr(A) = \{x\}$, d.h. c kommt in X und A nicht vor. Dann gilt: $A \in Th(X) \iff A_x[c] \in Th^c(X)$

Korollar: $\forall x A \in Th(X) \iff A_x[c] \in Th^c(X)$

(Dadurch, daß c in den Formeln von X nicht vorkommt, werden über c keine Annahmen gemacht, so daß c den Effekt einer all-quantifizierten Variablen hat.)

Beweisskizze des Theorems:
„$\Longrightarrow$" Es gilt $A \in Th^c(X) \Longrightarrow$ Beh. mit Lemma 10.59
„$\Longleftarrow$" Wegen Satz 10.66 zeigen wir: $A_x[c] \in Bw^c(X) \Longrightarrow A \in Th(X)$
(1) n.V. gibt es also eine Ableitung $A_1 \ldots A_n$ (in B^c) unter Voraussetzung von X, so daß $A_n \equiv A_x[c]$ ist.
(2) *Beh.*: Für jede Ableitung $A_1 \ldots A_n$ (in B^c) ist $A'_1 \ldots A'_n$ eine Ableitung (in B), wenn man jedes Vorkommen von c in den Formeln A_i ($1 \le i \le n$) durch eine Variable $y \in VA$ ersetzt, die in $A_1 \ldots A_n$ nicht vorkommt, und die entstehende Formel[2] A'_i nennt. Es ist $(A_x[c])' = A_x[y]$
(3) *Bew.*: vollständige Induktion über die Länge der Ableitungen
 $n = 1$: Dann ist $A_1 = A_x[c]$ und $A_x[c] \in AX^c \cup X$ (Def. 10.64)
  (a) $A_x[c] \in X \Longrightarrow A_x[c] = A$, weil n.V. c in den Formeln von X nicht vorkommt
    $\Longrightarrow (A_x[c])' = A$ und $A \in AX$
   also ist A'_1 eine Ableitung (in B)
  (b) $A_x[c] \in AX^c \Longrightarrow (A_x[c])' \in AX$ (o. B.)
   also ist A'_1 eine Ableitung (in B)
Es gelte die Beh. für alle Ableitungen der Länge $n-1$
zu zeigen: sie gilt für Ableitungen der Länge n
Es sei $A_1 \ldots A_n$ eine Ableitung (in B^c)
$\Longrightarrow A_1 \ldots A_{n-1}$ ist eine Ableitung (in B^c)   (Nachweis!)

---

[2] Es müßte bewiesen werden, daß durch eine derartige Ersetzung eine Formel entsteht.

n.V.: $A'_1 \ldots A'_{n-1}$ ist eine Ableitung (in B) (∗)
(a) $A_n \in \mathsf{AX}^c \cup X$ (siehe oben)
(b) Es gibt $i_1, \ldots, i_k < n$ und $\mathsf{R} \in \mathscr{R}_0$, so daß $\mathsf{R}(A_{i_1}, \ldots, A_{i_k}, A_n) = \mathsf{W}$
 Beh.: $\mathsf{R}(A'_{i_1}, \ldots, A'_{i_k}, A'_n) = \mathsf{W}$ (o. B.)
 $\implies A'_1 \ldots A'_n$ ist eine Ableitung (in B) (mit (a), (b) und (∗))
(4) Wir haben also: $A_x[c] \in \mathsf{Bw}^c(X) \implies A_x[y] \in \mathsf{Bw}(X)$
 $\implies A_x[y] \in \mathsf{Th}(X)$ (Satz 10.66)
 $\implies (A_x[y])_y[x] \in \mathsf{Th}(X)$ (Lemma 10.59)
 also $A \in \mathsf{Th}(X)$ (nach Lemma 9.12.6b, weil n.V. y in A nicht vorkommt, also erst recht $y \notin \mathsf{Fr}(A)$).

Teil G. Hilfsmittel für den Vollständigkeitssatz

G1. Der Lindenbaumsche Ergänzungssatz

Zu jeder syntaktisch widerspruchsfreien Menge X gibt es eine umfassende maximal syntaktisch widerspruchsfreie Menge X'.

Beweis:
(i) Wir haben als Generalprämisse, daß die Menge aller Formeln FO abzählbar ist. Es sei also eine Abzählung $(A_i)_{i \in \mathbb{N}_0}$ der Formeln aus FO vorgegeben.
(ii) Es sei induktiv eine Folge $(X_i)_{i \in \mathbb{N}_0}$ von syntaktisch widerspruchsfreien Mengen wie folgt definiert:

$$X_0 = X$$
$$X_{n+1} = \begin{cases} X_n \cup \{A_n\} & \text{falls } X_n \cup \{A_n\} \text{ syntaktisch widerspruchsfrei ist} \\ X_n & \text{sonst} \end{cases}$$

(iii) Für alle $n \in \mathbb{N}_0$ gilt: $X_n \subset X_{n+1}$
(iv) Wir beweisen in dem gesonderten

Lemma 11.15: $X' = \bigcup_{n=0}^{\infty} X_n$ *ist syntaktisch widerspruchsfrei.*

Beweis: (a) Angenommen, X' sei syntaktisch widerspruchsvoll. Dann gibt es ein A, so daß $A \wedge \neg A \in \mathsf{Th}(X')$.
(b) Also gibt es nach dem Endlichkeitssatz für Th eine endliche Menge $E = \{E_1, \ldots, E_k\} \subset X'$, so daß $A \wedge \neg A \in \mathsf{Th}(E)$

(c) Es sei $1 \leq j \leq k$ und $E_j \in X' \implies$ Es gibt ein X_{n_j}, so daß $E_j \in X_{n_j}$, also $E \subset \bigcup_{j=1}^{k} X_{n_j}$

(d) nach Konstruktion gilt $X_n \subset X_{n+1}$ für alle $n \in \mathbb{N}_0$, d.h. es gibt ein $j_0 \in \mathbb{N}_0$ mit $\bigcup_{j=1}^{k} X_{n_j} \subset X_{j_0}$

(e) Wegen (b), (c) und (d) ist $A \wedge \neg A \in \mathrm{Th}(X_{j_0})$
d.h. X_{j_0} ist synt. widerspruchsvoll für ein $j_0 \in \mathbb{N}_0$.
Widerspruch!

(v) *Beh.:* X' ist maximal synt. widerspruchsfrei
Bew.: Es sei $X' \subset Y \subset \mathrm{FO}$ und Y synt. widerspruchsfrei
zu zeigen: $X' = Y$. Annahme: $X' \subsetneq Y$
Es gibt also ein $A \in Y$ und $A \notin X'$, d.h. $A \notin X_n$ für alle $n \in \mathbb{N}_0$;
n.V. gibt es ein $m \in \mathbb{N}_0$ mit $A = A_m$, speziell gilt also $A_m \notin X_{m+1}$
$\implies X_{m+1} = X_m$ und $X_m \cup \{A_m\}$ ist synt. widerspruchsvoll (n. Def. der X_i)
$\implies X' \cup \{A_m\}$ ist synt. widerspruchsvoll ($X_m \subset X'$; Lemma 10.70)
$\implies X' \cup \{A\}$ ist synt. widerspruchsvoll
$\implies Y$ ist synt. widerspruchsvoll ($X' \subset Y$, $A \in Y$; Lemma 10.70)
Widerspruch!, also $Y \subset X'$; d.h. $Y = X'$.

G2. Der Beweis von Satz 11.17

(i) Wir definieren induktiv eine Folge von Erweiterungen $(\mathsf{B}^i)_{i \in \mathbb{N}_0}$ von $\mathsf{B} = (\mathsf{FS}, \mathsf{PS})$; eine Folge von Formelmengen $(X_n)_{n \in \mathbb{N}_0}$ mit $X_n \subset \mathsf{FO}^{\mathsf{B}^n}$ und eine Folge von Formelmengen $(Q_n)_{n \in \mathbb{N}_0}$ mit $Q_n \subset \mathsf{FO}^{\mathsf{B}^n}$

(ii) (a) Es sei $X_0 = X$ und $\mathsf{B}^0 = (\mathsf{FS}^0, \mathsf{PS}) = (\mathsf{FS}, \mathsf{PS}) = \mathsf{B}$
(b) Es seien für ein $n \geq 0$ X_n und $\mathsf{B}^n = (\mathsf{FS}^n, \mathsf{PS})$ bereits definiert als Induktionsvoraussetzung.
(c) nach *Lemma 11.14* gibt es eine Menge $Q_n \subset \mathsf{FO}^{\mathsf{B}^n}$, so daß
  (1) $X_n \subset Q_n$ und
  (2) Q_n maximal synt. widerspruchsfrei
(d) nach *Lemma 11.16* gibt es eine Erweiterung $\mathsf{B}^{n+1} = (\mathsf{FS}^n \cup E_n, \mathsf{PS})$ von B^n und $X_{n+1} \subset \mathsf{FO}^{\mathsf{B}^{n+1}}$, so daß
  (1) $Q_n \subset X_{n+1}$
  (2) X_{n+1} syntaktisch widerspruchsfrei
  (3) $\exists x B \in Q_n \implies$ Es gibt $t \in \mathsf{TE}^-$ mit $B_x[t] \in X_{n+1}$
  Bemerkung: E_n ist so gewählt, daß die Elemente von E_n in keinem der E_k ($k < n$) vorkommen.
(e) Damit sind die Folgen definiert.

Teil G. Hilfsmittel für den Vollständigkeitssatz

Es gilt: (1) $\mathsf{FS}^n \subset \mathsf{FS}^{n+1}$
(2) $\ldots \subset X_n \subset Q_n \subset X_{n+1} \subset Q_{n+1} \subset \ldots$

(iii) Es werde definiert: $\mathsf{B}^E = \left(\mathsf{FS} \cup \bigcup_{n=1}^{\infty} E_n, \mathsf{PS}\right)$

E ist abzählbar, weil die abzählbare Vereinigung von abzählbaren Mengen abzählbar ist, also ist B^E eine Erweiterung von B.

Ferner sei: $X'' = \bigcup_{n=0}^{\infty} X_n$

Dann gilt (1) von Satz 11.17.

(iv) X'' ist henkinsch, denn:
Es sei $\exists x B \in X'' \implies \exists x B \in X_n$ für ein $n \in \mathbb{N}_0$
$\implies \exists x B \in Q_n$ nach (e)(2)
$\implies$ Es gibt ein $t \in \mathsf{TE}^-$ mit $B_x[t] \in X_{n+1}$ nach (d)(3)
$\implies B_x[t] \in X''$

(v) Wir beweisen: X'' syntaktisch widerspruchsfrei
X'' syntaktisch vollständig
$\mathsf{Th}(X'') = X''$
Damit ist nach Lemma 11.11 die Beh. (2) erwiesen.

(vi) Nach (d)(2) ist jedes X_n syntaktisch widerspruchsfrei. Dann folgt mit (e)(2) und dem Lemma 11.15 die syntaktische Widerspruchsfreiheit von X''

(vii) Wir zeigen $\mathsf{Th}(X'') \subset X''$:
Es sei $A \in \mathsf{Th}(X'') \implies A \in \mathsf{Th}(T)$ für ein endliches $T \subset X''$
(*Endlichkeitssatz* von Th)
$\implies$ Es gibt ein $n \in \mathbb{N}_0$, so daß $T \subset X_n$
$\implies A \in \mathsf{Th}(X_n)$
$\implies A \in \mathsf{Th}(Q_n)$
$\implies A \in Q_n$, weil Q_n maximal synt. widerspruchsfrei
$\implies A \in X_{n+1}$
$\implies A \in X''$

(viii) Wir zeigen die synt. Vollständigkeit von X'' durch:
$\neg A \notin \mathsf{Th}(X'') \implies A \in \mathsf{Th}(X'')$ für Aussagen A

Es sei $\neg A \notin \mathsf{Th}(X'') \implies \neg A \notin X''$
$\implies \neg A \notin X_n$ für alle $n \in \mathbb{N}_0$
$\implies \neg A \notin Q_n$ für alle $n \in \mathbb{N}_0$
$\implies A \in Q_n$ für alle $n \in \mathbb{N}_0$, weil Q_n maximal
$\implies A \in X_n$ für ein $n \in \mathbb{N}_0$
$\implies A \in X'' \implies A \in \mathsf{Th}(X'')$

Teil H. Hilfsmittel aus der Theorie der Berechenbarkeit

H1. Liste der verwendeten Definitionen und Sätze aus der Theorie der berechenbaren Wortfunktionen

Grundlage für den Beweis der folgenden Sätze ist [Ass 60]

Def. H1: Es seien $g, g': M \longrightarrow \{W, F\}$ und $h: N \longrightarrow \{W, F\}$ Prädikate. Dann werden Prädikate

$$g \wedge h, g \vee h: M \times N \longrightarrow \{W, F\}$$
$$g \wedge g', g \vee g': M \longrightarrow \{W, F\}$$

wie folgt definiert:

$(g \wedge h)(a,b) = W :\Longleftrightarrow g(a) = W$ und $h(b) = W$
$(g \vee h)(a,b) = W :\Longleftrightarrow g(a) = W$ oder $h(b) = W$
$(g \wedge g')(a) = W :\Longleftrightarrow g(a) = W$ und $g'(a) = W$
$(g \vee g')(a) = W :\Longleftrightarrow g(a) = W$ oder $g'(a) = W$

Def. H2: Es sei $g: M \longrightarrow \{W, F\}$ ein Prädikat und M' eine Menge. Dann wird ein Prädikat $g_{M'}: M' \times M \longrightarrow \{W, F\}$ wie folgt definiert:

$$g_{M'}(n, m) = W :\Longleftrightarrow g(m) = W$$

Def. H3: Für $g: M \longrightarrow N$ und $h: O \longrightarrow P$ sei $g \times h: M \times O \longrightarrow N \times P$ definiert durch $(g \times h)(a,b) = (g(a), h(b))$.

Satz H4: *Es seien g, g' und h entscheidbar. Dann gilt:*
(1) $g \wedge h$ *und* $g \vee h$ *sind entscheidbar*
(2) $g \wedge g'$ *und* $g \vee g'$ *sind entscheidbar.*

Satz H5: *Ist g entscheidbar, so ist für jedes M' auch $g_{M'}$ entscheidbar.*

Satz H6: *Es seien $g: M \longrightarrow N$, $g': N \longrightarrow Q$, $h: O \longrightarrow P$ berechenbare Funktionen. Dann gilt:*
(1) $g' \circ g$ *ist berechenbar*
(2) $g \times h$ *ist berechenbar.*

Teil H. Hilfsmittel aus der Theorie der Berechenbarkeit

Satz H7: *Es sei* $K: M \longrightarrow N$ *eine konstante Funktion. Dann ist K berechenbar.*

Satz H8: *Es sei* $\pi: M \longrightarrow \{W, F\}$ *entscheidbar. Dann ist* $\pi': M \longrightarrow \{W, F\}$ *entscheidbar, wobei*

$$\pi'(a) = W :\Longleftrightarrow \pi(a) = F.$$

Satz H9: *Es seien* $g_1, g_2: M \longrightarrow N$ *berechenbar,* $\pi_1, \pi_2: M \longrightarrow \{W, F\}$ *entscheidbar und* $\pi_1(m) = W \Longleftrightarrow \pi_2(m) = F$. *Dann ist* $g: M \longrightarrow N$ *berechenbar, falls*

$$g(m) = \begin{cases} g_1(m) & \text{falls } \pi_1(m) = W \\ g_2(m) & \text{falls } \pi_2(m) = W. \end{cases}$$

Satz H10: $\mathrm{id}_M: M \longrightarrow M$ *und* $G: M \times M \longrightarrow \{W, F\}$ *sind berechenbar, wobei* id_M *die Identität auf M sei und G das Gleichheitsprädikat.*

Satz H11: *Es sei* $M \subset Y$ *und Y entscheidbar. Dann gilt:*

M ist entscheidbar $\Longleftrightarrow$ *M ist aufzählbar und* $Y - M$ *ist aufzählbar.*

Satz H12: *Es sei* $V: \mathsf{FO} \longrightarrow \mathsf{FO}$ *diejenige Funktion, die jeder Formel A „syntaktisch" die Zeichenreihe* $\neg A$ *zuordnet. Dann ist V berechenbar.*

Satz H13: *Es sei* $T: \{\neg A \,|\, A \in \mathsf{FO}\} \longrightarrow \mathsf{FO}$ *diejenige Funktion, die jeder Zeichenreihe* $B \in \{\neg A \,|\, A \in \mathsf{FO}\}$ *eine Zeichenreihe zuordnet, die aus B entsteht durch Streichen des ersten Buchstaben von B, d.h. T tilgt das äußere Negationszeichen von B. Dann gilt: T ist berechenbar.*

H2. Die Äquivalenz von Aufzählbarkeit und Semi-Entscheidbarkeit

Satz 12.16: *Eine Menge ist genau dann semi-entscheidbar, wenn sie aufzählbar ist.*

Beweisskizze: Es sei $\pi: M \longrightarrow \{W, F\}$ ein Prädikat, wobei o.B.d.A. $\{a \,|\, \pi(a) = W\} \neq \emptyset$ ist,
zu zeigen: π semi-entscheidbar $\Longleftrightarrow$ $\{a \,|\, \pi(a) = W\}$ ist aufzählbar
(Einzelheiten finden sich in [He 71], § 28)

„$\Longrightarrow$"
(i) n.V. gebe es ein entscheidbares Prädikat $\delta: M \times N \longrightarrow \{W, F\}$ mit
$\pi(a) = W \Longleftrightarrow$ es gibt $b \in N$ und $\delta(a, b) = W$.

(ii) Es ist eine berechenbare Funktion $h: \mathbb{N}_0 \longrightarrow S^*$ zu definieren, so daß $\{a \mid \pi(a) = \mathsf{W}\} = \{h(n) \mid n \in \mathbb{N}_0\}$.

(iii) Man kann zeigen, daß man eine beliebige abzählbare Menge von Zeichenreihen auf die Menge der natürlichen Zahlen so abbilden kann, daß den Zeichenreihen umkehrbar eindeutig natürliche Zahlen zugeordnet werden und daß die beteiligten Funktionen berechenbar sind. Wir können auf diese sog. *Gödelisierungen*[3] hier nicht näher eingehen.

Wir nehmen also an, daß es berechenbare Funktionen

$$\sigma_2: M \times N \longrightarrow \mathbb{N}_0$$
$$\sigma_{21}: \mathbb{N}_0 \longrightarrow M$$
$$\sigma_{22}: \mathbb{N}_0 \longrightarrow N$$

gibt, für die gilt:

$$\sigma_{21} \circ \sigma_2(a,b) = a$$
$$\sigma_{22} \circ \sigma_2(a,b) = b$$
$$\sigma_2(\sigma_{21}(n), \sigma_{22}(n)) = n \quad \text{vgl. [He 71] §§ 1.3, 12.4.}$$

(iv) Es sei $a_0 \in M$ mit $\pi(a_0) = \mathsf{W}$ beliebig, aber fest.
Wir definieren für beliebiges $n \in \mathbb{N}_0$:

$$h(n) = \begin{cases} \sigma_{21}(n) & \text{falls } \delta(\sigma_{21}(n), \sigma_{22}(n)) = \mathsf{W} \\ a_0 & \text{sonst} \end{cases}$$

(v) Wegen Satz H6 ist $\delta \circ (\sigma_{21} \times \sigma_{22})$ ein entscheidbares Prädikat (vgl. Definition H3).

Wegen Satz H7 ist $K: M \longrightarrow N$, definiert durch $K(a) = a_0$ für alle $a \in M$ eine berechenbare Funktion.

Wegen Satz H8 ist $(\delta \circ (\sigma_{21} \times \sigma_{22}))'$ ein entscheidbares Prädikat.

Damit sind die Voraussetzungen von Satz H9 erfüllt, so daß folgt: h ist berechenbar.

(vi) Wir haben abschließend zu zeigen:

$$\{a \mid \pi(a) = \mathsf{W}\} = \{h(n) \mid n \in \mathbb{N}_0\}$$

„⊂" Es sei $m \in \{a \mid \pi(a) = \mathsf{W}\}$, d.h. $\pi(m) = \mathsf{W}$
$\implies$ Es gibt ein $b \in N$ mit $\delta(m,b) = \mathsf{W}$, da π semi-entscheidbar.
Setze $n = \sigma_2(m,b)$. Dann ist $\sigma_{21}(n) = m$ und $\sigma_{22}(n) = b$, d.h. $\delta(\sigma_{21}(n), \sigma_{22}(n)) = \mathsf{W}$.
Also $h(n) = \sigma_{21}(n)$, d.h.: Es gibt ein $n \in \mathbb{N}_0$ und $h(n) = m$, folglich $m \in \{h(n) \mid n \in \mathbb{N}_0\}$.

---

[3] Kurt Gödel, geb. 1906, österreichisch-amerikanischer Logiker.

„⊃" Es sei $m \in \{h(n) | n \in \mathbb{N}_0\}$, d. h. es gibt ein $n \in \mathbb{N}_0$ mit $h(n) = m$.

Fall 1: $m = \sigma_{21}(n)$
$\Longrightarrow \delta(\sigma_{21}(n), \sigma_{22}(n)) = W$, d. h. $\delta(m, \sigma_{22}(n)) = W$ für ein $\sigma_{22}(n) \in N$, also $\pi(m) = W$, d. h. $m \in \{a | \pi(a) = W\}$.

Fall 2: $m = a_0$
$\Longrightarrow \pi(m) = W$ n.V. in (iv).

„⇐"

(i) n.V. gebe es eine berechenbare Funktion $h: \mathbb{N}_0 \longrightarrow S^*$ mit

$$\{h(n) | n \in \mathbb{N}_0\} = \{a | \pi(a) = W\}.$$

(ii) Es ist eine Menge N anzugeben und ein entscheidbares Prädikat $\delta: M \times N \longrightarrow \{W, F\}$, so daß $\pi(a) = W \Longleftrightarrow (\delta(a, b) = W$ für ein $b \in N)$.
(iii) Es sei $N = \mathbb{N}_0$ und id_M die Identität auf M;
ferner $G: M \times M \longrightarrow \{W, F\}$ mit $G(a, a') = W \Longleftrightarrow a = a'$.
Definiere $\delta = G \circ (\text{id}_M \times h)$, d. h. $\delta(a, n) = W \Longleftrightarrow a = h(n)$ mit
$\delta: M \times \mathbb{N}_0 \longrightarrow \{W, F\}$.
(iv) Wegen Satz H6 und H10 ist δ berechenbar, mithin ein entscheidbares Prädikat.
(v) *zu zeigen:* $\pi(a) = W \Longleftrightarrow \delta(a, n) = W$ für ein $n \in \mathbb{N}_0$
Nachweis: $\pi(a) = W \Longleftrightarrow a \in \{h(n) | n \in \mathbb{N}_0\} \Longleftrightarrow$ es gibt $n \in \mathbb{N}_0$ und $h(n) = a$
$\Longleftrightarrow \delta(a, n) = W$ für ein $n \in \mathbb{N}_0$.

H3. Die Aufzählbarkeit der nichterfüllbaren Formeln

Satz 12.17: *Die Menge* FO − ef *ist aufzählbar.*

Beweis:
(i) n.V. ist ag aufzählbar, d. h. es gibt eine berechenbare Funktion $h: \mathbb{N}_0 \longrightarrow$ FO mit $\{h(n) | n \in \mathbb{N}_0\} = $ ag.
(ii) Es ist eine berechenbare Funktion $h^*: \mathbb{N}_0 \longrightarrow$ FO mit $\{h^*(n) | n \in \mathbb{N}_0\} = $ FO − ef zu definieren.
(iii) Es seien ¬FO $= \{\neg A | A \in $ FO$\}$ und $V:$ FO $\longrightarrow$ FO (Verneinung), $T: \neg$FO $\longrightarrow$ FO (Tilgung) die in Satz H12 und Satz H13 definierten Funktionen. Dann sei für jedes $i \in \mathbb{N}_0$ die Funktion h^* wie folgt definiert:

$$h^*(i) = \begin{cases} T \circ h(i) & \text{falls } h(i) \in \neg\text{FO} \\ V \circ h(i) & \text{falls } h(i) \notin \neg\text{FO}. \end{cases}$$

(iv) Weil $h(i) \in \neg\mathsf{FO}$, bzw. $h(i) \notin \neg\mathsf{FO}$, als Funktionen geschrieben, entscheidbare Prädikate sind (h ist berechenbar!), sind wegen Satz H12 und H13 die Voraussetzungen für Satz H9 erfüllt, so daß also h^* berechenbar ist.

(v) *Es gilt:* $\mathsf{FO} - \mathsf{ef} = \{h^*(n) \mid n \in \mathbb{N}_0\}$

„⊂" $A \notin \mathsf{ef} \implies \neg A \in \mathsf{ag}$
$\implies$ es gibt ein $i \in \mathbb{N}_0$ mit $h(i) = \neg A$ (nach (i))
$\implies h(i) \in \neg\mathsf{FO}$
$\implies h^*(i) = T \circ h(i) = A$ n. Def.
$\implies A \in \{h^*(n) \mid n \in \mathbb{N}_0\}$

„⊃" Es sei $A \in \{h^*(n) \mid n \in \mathbb{N}_0\}$
$\implies A = h^*(i)$ für ein $i \in \mathbb{N}_0$

(a) $h(i) \in \neg\mathsf{FO}$: Dann ist $A = T \circ h(i)$, wobei $h(i) = \neg B$ also $A = B$ und $\neg A = h(i)$.
  n.V. $h(i) \in \mathsf{ag}$, d. h. $\neg A \in \mathsf{ag} \implies A \notin \mathsf{ef}$

(b) $h(i) \notin \neg\mathsf{FO}$: Dann ist $A = V \circ h(i) = \neg h(i)$
  n.V. $h(i) \in \mathsf{ag}$, also $\neg h(i) \notin \mathsf{ef}$, d. h. $A \notin \mathsf{ef}$.

Teil I. Eine „strikte" Syntax

Wir behandeln hier die Frage, wie die Objekte der Prädikatenlogik realisiert werden können. Denn bisher war nicht angegeben, wie z. B. die Zeichenreihen aussehen, die Variablen, Terme usw. bezeichnen.

Wir haben bisher stillschweigend eine Vereinfachung vorgenommen, indem wir Zeichenreihen als gleich angesehen haben, wenn sie *gleichgestaltet* waren; d. h. wir hätten sonst nicht sagen dürfen, daß die Variable x in einer Formel, z. B. in $\exists x(p(x) \wedge q(x))$, vorkommt, da ein Zeichen auf der 23. Zeile dieser Buchseite nicht gleichzeitig auch auf der 24. Zeile sein kann. (Ein Ding kann an zwei verschiedenen Stellen nicht zugleich sein!) Wir haben also eine Zeichenreihe als (Äquivalenz-) Klasse gleichgestalteter Zeichenreihen angesehen.

Es ist keine Pedanterie, wenn wir genau wissen wollen, wie das syntaktische Ausgangsmaterial bezeichnet werden muß, denn alle konkret benützten Verfahren (etwa Entscheidungsverfahren, Vereinheitlichungsalgorithmus, usw.) operieren einerseits nur über *endlichen* Mengen von Grundsymbolen und müssen andererseits aus Mengen von syntaktischen Objekten *auswählen*, d. h. man muß angeben, wie unendliche Mengen von syntaktischen Objekten (Variable, Prädikatensymbole, usw.) endlich zu repräsentieren sind, und die Repräsentation muß so beschaffen sein, daß sich die syntaktischen Objekte anordnen lassen.

Für dieses nicht sehr schwierige Problem gibt es viele einfache Lösungen. So ist es naheliegend, z. B. eine Variable durch eine gewisse Anzahl von senkrechten

Strichen darzustellen, wobei der Strichfolge ein Erkennungssymbol (für Variable) vorangestellt wird. Wir werden dies kurz ausführen und vereinbaren dazu folgende zusätzliche Notation:

Für Wörter $w \in S^*$ sei w^n ($n \geq 0$) induktiv durch $w^0 = \lambda$ und $w^{i+1} = w^i w$ definiert, d. h. w^n ist das n-mal hintereinandergeschriebene Wort w.

Für Mengen $X, Y \in S^*$ sei $XY = \{w_1 w_2 \mid w_1 \in X \text{ und } w_2 \in Y\}$, wobei wir für $w \in S^*$ die Menge $\{w\} X$ als wX schreiben.

Definition I1: Es sei $S = \{|, :, V, F, P\} \cup \{\neg, \vee, \exists\}$ eine Menge, die aus den wie oben gestalteten acht Grundsymbolen besteht.

Definition I2:
(1) $\mathsf{VA} = V\{|\}^*$ ist die Menge der *Variablen*.
(2) $\mathsf{FS} = F\{|\}^* : \{|\}^*$ ist die Menge der *Funktionssymbole*.
(3) $\mathsf{PS} = P\{|\}^* : \{|\}^*$ ist die Menge der *Prädikatensymbole*.

Bemerkung: (i) Es sei $\mathsf{FS}_n = F\,|^n : \{|\}^*$ für alle $n \geq 0$ und $\mathsf{PS}_n = P\,|^n : \{|\}^*$ für alle $n \geq 0$.

(ii) Es sei $P\|$: das Gleichheitssymbol (wenn benötigt).

(iii) PS z. B. ist also die kleinste Menge, für die gilt:
  (a) $P: \in \mathsf{PS}$
  (b) für alle $w_1, w_2 \in S^*$ gilt: $Pw_1 : w_2 \in \mathsf{PS} \implies$ (b1) $Pw_1| : w_2 \in \mathsf{PS}$
  (b2) $Pw_1 : w_2| \in \mathsf{PS}$

Beispiel I3:
(1) $V\|\|$ ist eine Variable
(2) $F\| : \|\|\| V\|\| V|$ ist ein Term; $F\|: F : |F : \|$ ist ein variablenfreier Term
(3) $\exists V\|\| \neg \vee P\|: \|\|\| V|V\| P|: \|\|\| F\|: \|\|\| V\|\| V|$ ist eine Formel
$\neg P\|\|: V\| F|: \|\| V|F\|: F : |F : \|$ ist ein Literal.

Lemma I4: *Man kann entscheiden,*
(1) *ob ein Wort $w \in S^*$*
  (a) *eine Variable ist,*
  (b) *ein Funktionssymbol,*
  (c) *ein Prädikatensymbol,*
  (d) *ein Term,*
  (e) *eine Formel;*
(2) *ob für beliebige $t \in \mathsf{TE}$, $A \in \mathsf{FO}$, $g \in \mathsf{FS}$, $p \in \mathsf{PS}$ und $x \in \mathsf{VA}$*
  (a) $x \in \mathsf{Fr}(t)$ *ist,*
  (b) $x \in \mathsf{Fr}(A)$,
  (c) g *in t bzw. in A vorkommt,*
  (d) p *in A vorkommt.*

Beweis: Übung.

Der Leser möge sich überlegen, daß ein für die Prädikatenlogik geeignetes Syntaxanalyse-Verfahren primitiv sein kann verglichen mit den Verfahren, die für ausgewachsene Programmiersprachen verwendet werden müssen, vgl. dazu [AU 72].

Diese „strikte" Syntax ist natürlich nicht handhabbar bei Beweisen, in denen z. B. etwas über *alle* Formeln bewiesen wird. Also wird dabei nie diese konkrete Gestalt herangezogen, sondern sog. *syntaktische* Variable $x, y, z, \ldots, g, h, k, \ldots, p, q, r, \ldots, t, t', t'', \ldots, A, B, C$ für

$$x, y, z, \ldots \in \mathsf{VA}$$
$$g, h, k, \ldots \in \mathsf{FS}$$
$$p, q, r, \ldots \in \mathsf{PS}$$
$$t, t', t'', \ldots \in \mathsf{TE}$$
$$A, B, C, \ldots \in \mathsf{FO}$$

Teil J. Zerlegungssatz für allgemeinste Vereinheitlicher

Es sei $n \geq 1$ und $(E_i)_{i=1}^n$ eine endliche Folge von Teilmengen einer Menge von Ausdrücken E, ferner $(\theta_i)_{i=0}^{n+1}$ eine endliche Folge von Substitutionen, so daß
(1) $\theta_0 = \varepsilon$
(2) *Für alle $i = 1, \ldots, n$ ist θ_i ein a.V. von $E_i \theta_0 \cdot \ldots \cdot \theta_{i-1}$*
(3) θ_{n+1} *ist ein a.V. von $E \theta_0 \cdot \ldots \cdot \theta_n$.*
Dann ist $\theta_1 \cdot \ldots \cdot \theta_n \theta_{n+1}$ ein a.V. von E (vgl. [Kow 70a])

Beweis: induktiv über n
$n = 1$: n.V. gilt $E_1 \subset E$, θ_1 a.V. von E_1 und θ_2 a.V. von $E\theta_1$. $\theta_1 \theta_2$ ist offensichtlich ein Vereinheitlicher von E. Es sei β ein beliebiger Vereinheitlicher von E, dann ist β auch ein Vereinheitlicher der Teilmenge E_1. Also gibt es λ_1 mit $\beta = \theta_1 \lambda_1$, weil θ_1 a.V. von E_1 ist. Dann ist aber λ_1 ein Vereinheitlicher von $E\theta_1$. Also gibt es λ_2 mit $\lambda_1 = \theta_2 \lambda_2$, weil θ_2 a.V. von $E\theta_1$ ist. Insgesamt ist $\beta = \theta_1 \theta_2 \lambda_2$. Also ist $\theta_1 \theta_2$ a.V. von E.

Induktionsschritt: Die Beh. gelte für n, zu zeigen: sie gilt für $n+1$.
Es sei also $(E_i)_{i=1}^{n+1}$ und $(\theta_i)_{i=0}^{n+2}$ vorgegeben mit den Eigenschaften (1), (2) und (3). Dann ist θ_{n+1} a.V. von $E'_1 = E_{n+1} \theta_0 \cdot \ldots \cdot \theta_n$ und θ_{n+2} a.V. von $E' = E\theta_1 \cdot \ldots \cdot \theta_{n+1}$. Wegen $E_{n+1} \subset E$ ist $E'_1 \subset E'$. Betrachte $(E'_i)_{i=1}^1$ und $(\theta'_i)_{i=0}^2$ mit $\theta'_1 = \theta_{n+1}$, $\theta'_2 = \theta_{n+2}$ und $\theta'_0 = \varepsilon$. Dann sind die Voraussetzungen für den Fall $n=1$ erfüllt und es gilt: $\theta_{n+1} \theta_{n+2}$ ist ein a.V. von $E\theta_1 \cdot \ldots \cdot \theta_n$. Betrachte $(E_i)_{i=1}^n$ und $(\theta''_i)_{i=0}^{n+1}$ mit $\theta''_i = \theta_i$ für alle $i = 1, \ldots, n$ und $\theta''_{n+1} = \theta_{n+1} \theta_{n+2}$. Diese beiden endlichen Folgen erfüllen die Eigenschaften (1), (2) und (3) und auf sie ist die Induktionsvoraussetzung anwendbar, d. h. es gilt: $\theta_1 \cdot \ldots \cdot \theta_n \cdot \theta_{n+1} \theta_{n+2}$ ist ein a.V. von E.

Korollar: *Es seien N_1 und N_2 nichtleere Mengen von Literalen mit $\mathrm{Fr}(N_1) \cap \mathrm{Fr}(N_2) = \emptyset$, ferner seien θ_i ($i=1,2$) a.V. von N_i und θ_3 ein a.V. von $N_1\theta_1 \cup {\sim}(N_2\theta_2)$. Dann ist $\theta_1\theta_2\theta_3$ ein a.V. von $N_1 \cup {\sim} N_2$.*

Literaturangaben

Zitate aus Kapitel 1

[Bo 62]   J. M. Bocheński: Formale Logik. Freiburg, München: K. Alber, 2. Aufl. 1962
[Kla 70] G. Klaus: Moderne Logik. Berlin (DDR): Deutscher Verlag der Wissenschaften 1970
[Ph 58]   A. Diemer und I. Frenzel (Hrsg.): Philosophie. Frankfurt/Main: Fischer 1958
[Sch 59] H. Scholz: Abriß der Geschichte der Logik. Freiburg, München: K. Alber 1959

Zitate aus Kapitel 2

[AL 60]   J. W. Backus u. a. (Hrsg.): Revised Report on the Algorithmic Language ALGOL 60. Numerische Mathematik **4**, 420—453 (1963)
[Bau 69] R. Baumann: ALGOL-Manual der ALCOR-Gruppe. München, Wien: Oldenbourg 1969
[Bo 62]   J. M. Bocheński: Formale Logik. Freiburg, München: K. Alber, 2. Aufl. 1962
[Car 54] R. Carnap: Einführung in die symbolische Logik mit besonderer Berücksichtigung ihrer Anwendungen. Wien: Springer 1954
[Ch 56]   A. Church: Introduction to Mathematical Logic. Princeton (N.J.): Princeton Univ. Press 1956
[Kla 70] G. Klaus: Moderne Logik. Berlin (DDR): Deutscher Verlag der Wissenschaften 1970
[Ph 71]   G. Klaus und A. Buhr (Hrsg.): Philosophisches Wörterbuch. 2 Bde. Berlin: Verlag das europäische buch 1971
[Sch 59] H. Scholz: Abriß der Geschichte der Logik. Freiburg, München: K. Alber 1959
[SH 61]   H. Scholz und G. Hasenjaeger: Grundzüge der mathematischen Logik. Berlin, Heidelberg, New York: Springer 1961
[Ta 66]   A. Tarski: Einführung in die mathematische Logik. Göttingen: Vandenhoeck & Ruprecht 1966
[Tr 69]   A. S. Troelstra: Principles of Intuitionism. Berlin, Heidelberg, New York: Springer 1969

Zitate aus Kapitel 3

[Ass I]   G. Asser: Einführung in die mathematische Logik I. Leipzig: Teubner 1964
[Ass II] G. Asser: Einführung in die mathematische Logik II. Leipzig: Teubner 1972
[Sh 67]   J. Shoenfield: Mathematical Logic. Reading (Mass.): Addison-Wesley 1967

Zitate aus Kapitel 4[1]

[Ack 54]   W. Ackermann: Solvable Cases of the Decision Problem. Amsterdam: North-Holland 1954
[Bi 67]   G. Birkhoff: Lattice Theory. Providence (Rh. I.): Americ. Math. Soc. 1967
[BL 74]   W. D. Brainerd and L. H. Landweber: Theory of Computation. New York: John Wiley 1974
[Bo 62]   J. M. Bocheński: Formale Logik. Freiburg, München: K. Alber, 2. Aufl. 1962
[Can III] M. Cantor: Vorlesungen über Geschichte der Mathematik (4 Bde). Band 3: 1907 (Nachdruck New York: Johnson Reprint Corp. 1965)
[Ch 56]   A. Church: Introduction to Mathematical Logic. Princeton (N.J.): Princeton Univ. Press 1956
[Eng 74]   J. Engelfriet: Simple Program Schemes and Formal Languages. Berlin, Heidelberg, New York: Springer 1974
[FLDL 66] T. B. Steel (ed.): Formal Language Description Languages for Computer Programming. Amsterdam, London: North-Holland 1966
[Frie 63a] J. Friedman: A semi-decision procedure for the functional calculus. J.ACM **10**, 1—24 (1963)
[Frie 63b] J. Friedman: A computer program for a solvable case of the decision problem. J.ACM **10**, 348—356 (1963)
[Gr 75]   S. Greibach: Theory of Program Structures: Schemes, Semantics, Verification. Berlin, Heidelberg, New York: Springer 1975
[HB I]   D. Hilbert und P. Bernays: Grundlagen der Mathematik I. Berlin: Springer 1934
[He 70]   H. Hermes: Entscheidungsproblem und Dominospiele. In: K. Jacobs (Hrsg.): Selecta Mathematica II. Berlin, Heidelberg, New York: Springer 1970, 114—140
[He 71]   H. Hermes: Aufzählbarkeit, Entscheidbarkeit, Berechenbarkeit. Berlin, Heidelberg, New York: Springer 1971
[He 72]   H. Hermes: Einführung in die mathematische Logik. Stuttgart: Teubner 1972
[HW 73]   C. A. R. Hoare and N. Wirth: An axiomatic definition of the programming language PASCAL. Acta Informatica **2**, 335—355 (1973)
[Jø 31]   J. Jørgensen: A Treatise of Formal Logic (3 Bde). Bd 1: 1931 (Nachdruck New York: Russell & Russell 1962)
[Klr 70]   R. Klar: Digitale Rechenautomaten. Berlin: de Gruyter 1970
[LPP 67]   D. Luckham, D. Park and M. Paterson: On formalised computer programs. Programming Research Group, Oxford University, August 1967
[LLS 70]   P. Lucas, P. Lauer and H. Stigleitner: Method and notation for the formal definition of programming languages. IBM Laboratory Vienna TR 25.087, Wien 1968, revidiert 1970
[LT 71]   K. Berka und L. Kreiser (Hrsg.): Logik-Texte. Kommentierte Auswahl zur Geschichte der modernen Logik. Berlin (DDR): Akademie-Verlag 1971
[Ly 66]   R. Lyndon: Notes on Logic. New York: Van Nostrand 1966
[Man 69]   Z. Manna: Properties of programs. J.ACM **16**, 244—255 (1969)
[Man 74]   Z. Manna: Mathematical Theory of Computation. New York: McGraw-Hill 1974
[Ru 67]   H. Rutishauser: Description of ALGOL 60. Berlin, Heidelberg, New York: Springer 1967

---

[1] J.ACM = Journal of the Association for Computing Machinery.
C.ACM = Communications of the ACM.

[Sa 70]	H. Sachs: Einführung in die Theorie der endlichen Graphen. Leipzig: Teubner 1970
[Sh 67]	J. Shoenfield: Mathematical Logic. Reading (Mass.): Addison-Wesley 1967
[Smu 68]	R. Smullyan: First Order Logic. Berlin, Heidelberg, New York: Springer 1968
[SSAL 71]	E. Engeler (ed.): Symposon on Semantics of Algorithmic Languages. Berlin, Heidelberg, New York: Springer 1971
[Sur 59]	J. Surányi: Reduktionstheorie des Entscheidungsproblems im Prädikatenkalkül der ersten Stufe. Budapest: Ungar. Akad. d. Wiss. 1959
[Ta 36b]	A. Tarski: Über den Begriff der logischen Folgerung. Nachgedruckt in [LT 71]
[Ten 76]	R. D. Tennant: The denotational semantics of programming languages. C.ACM **19**, 437—453 (1976)
[TMR 71]	A. Tarski, A. Mostowski and R. M. Robinson: Undecidable Theories. Amsterdam: North-Holland 1971
[Weg 72]	P. Wegner: The Vienna definition language. Computing Surveys **4**, 5—63 (1972)
[Wh 58]	A. N. Whitehead: Eine Einführung in die Mathematik. Bern, München: Francke 1958
[Yas 71]	A. Yasuhara: Recursive Function Theory and Logic. New York: Chelsea 1971

Zitate aus Kapitel 5

[AL 70]	J. Allen and D. Luckham: An interactive theorem-proving program. Machine Intelligence, B. Meltzer and D. Michie (Ed.), New York: American-Elsevier, Vol 4, 321—336 (1970)
[AB 70]	R. Anderson and W. W. Bledsoe: A linear format for resolution with merging and a new technique for establishing completeness. J.ACM **17**, 525—534 (1970)
[Bg 73]	E. Bergmann: Zu den logischen Grundlagen von Beweisprozeduren. Technische Universität Berlin, Fachbereich 20 — Informatik, Bericht Nr. 73-20, 1973
[BN 74]	E. Bergmann und H. Noll: Horn-Formeln, eine durch Anwendung motivierte Einschränkung von Eingaben für Theorem-Beweiser. Technische Universität Berlin, Fachbereich 20 — Informatik, Bericht Nr. 74-30, 1974
[Bi 76a]	W. Bibel: A syntactic connection between proof procedures and refutation procedures. Report, presented at the conference on „Automatic Theorem Proving", Oberwolfach 1976
[Bi 76b]	W. Bibel: Maschinelles Beweisen. In: Jahrbuch Überblicke Mathematik 1976. B. Fuchssteiner, U. Kulisch, D. Laugwitz, R. Liedl (Hrsg.). Mannheim, Wien, Zürich: Bibliogr. Institut, 115—142 (1976)
[Boy 71]	R. S. Boyer: Locking: A restriction of resolution. Ph. D. dissertation, Univ. Texas, Austin, 1971
[CL 73]	C. L. Chang and R. C. T. Lee: Symbolic Logic and Mechanical Theorem Proving. New York, London: Academic Press 1973
[COW 76]	J. D. McCharen, R. A. Overbeek and L. A. Wos: Problems and experiments for and with automated theorem-proving programs. IEEE Transaction on Computers, Vol C-25, no 8, 773—782 (1976)
[DP 60]	M. Davis and H. Putnam: A computing procedure for quantification theory. J.ACM **7**, 201—215 (1960)
[vEK 74]	M. H. van Emden and R. Kowalski: The semantics of predicate logic as a programming language. Department of Computational Logic, Univ. of Edinburgh, Memo No 73, 1974

[Er 64]   F. Erwe: Differential- und Integralrechnung I. Mannheim: Bibliogr. Institut 1964
[Gre 69a]   C. Green: Theorem-proving by resolution as a basis for question-answering systems, Machine Intelligence, B. Meltzer and D. Michie (Ed.), New York: American-Elsevier, Vol 4, 183—205 (1969)
[Gre 69b]   C. Green: Application of theorem-proving to problem solving. Proc. Intern. Joint Conf. Artificial Intelligence, 219—239 (1969)
[Gil 60]   P. C. Gilmore: A proof method for quantification theory: its justification and realization. IBM Journal of Research and Development **4**, 28—35 (1960)
[Hay 73]   P. J. Hayes: Computation and deduction. Proc. of the Symposon on Mathematical Foundations of Computer Science, Czechoslovakian Academy of Sciences, 105—117 (1973)
[Hen 75]   L. J. Henschen: Principles of the construction of programming languages for the experimentation with theorem-provers. Northwestern Univ., Evanston, Illinois. Report, vorgetragen an der Technischen Universität Berlin 1975
[Hen 76]   L. J. Henschen: Semantic resolution for Horn-sets. IEEE Transaction on Computers, Vol C-25, no 8, 816—822 (1976)
[IEEE 76]   IEEE Transaction on Computers. Special Issue on Automatic Theorem Proving. Vol C-25, no 8, August 1976
[Jac 74]   P. C. Jackson: Introduction to Artificial Intelligence. New York: Petrocelli/Charter 1974
[Kow 70a]   R. Kowalski: Studies in completeness and efficiency of theorem proving by resolution. Ph. D. Thesis, Univ. of Edinburgh, 1970
[Kow 70b]   R. Kowalski: Search strategies for theorem-proving. Machine Intelligence, B. Meltzer and D. Michie (Ed.), New York: American-Elsevier, Vol 5, 181—201 (1970)
[Kow 73]   R. Kowalski: Predicate logic as programming language. Department of Computational Logic, Univ. of Edinburgh, Memo No 70, 1973
[Kow 73a]   R. Kowalski: An improved theorem-proving system for first order logic. Metamathematics Unit, Univ. Edinburgh, Memo No 65, 1973
[Kow 74a]   R. Kowalski: Logic for problem solving. Department of Computational Logic, Univ. of Edinburgh, Memo No 75, 1974
[Kow 74b]   R. Kowalski: Predicate Logic as programming language. Proc. of the IFIP-Congress, Stockholm, 569—574 (1974)
[KH 69]   R. Kowalski and P. J. Hayes: Semantic trees in automatic theorem-proving. Machine Intelligence, B. Meltzer and D. Michie (Ed.), New York: American-Elsevier, Vol 4, 87—101 (1969)
[KK 71]   R. Kowalski and D. G. Kühner: Linear resolution with selection function. Artificial Intelligence **2**, 221—260 (1971)
[Küh 71]   D. G. Kühner: A note on the relation between resolution and Maslov's inverse method. Machine Intelligence, B. Meltzer and D. Michie (Ed.), New York: American-Elsevier, Vol 6, 73—90 (1971)
[Lov 68]   D. W. Loveland: Mechanical theorem-proving by model elimination. J.ACM **15**, 236—251 (1968)
[Lov 70]   D. W. Loveland: A linear format for resolution. Proc. IRIA Symp. Automatic Demonstration. Berlin, Heidelberg, New York: Springer 1970, 147—162
[LN 71]   D. Luckham and N. Nilsson: Extracting information from resolution proof trees. Artificial Intelligence **2**, 27—54 (1971)
[Mas 71]   S. J. Maslov: Proof search strategies for methods of the resolution type. Machine Intelligence, B. Meltzer and D. Michie (Ed.), New York: American-Elsevier, Vol 6, 77—90 (1971)

[Mel 75] B. Meltzer: Vorbemerkungen zu einer Theorie der Effizienz von Beweisverfahren. Künstliche Intelligenz und Heuristisches Programmieren. Erweiterte Bearbeitung der englischen Ausgabe, Herausgeber N. V. Findler, übersetzt von O. Itzinger, New York: Springer 1975, 15—38

[MFM 73] J. Minker, D. H. Fishman and J. R. McSkimin: The Q^*-algorithm—a search strategy for a deductive question-answering system. Artificial Intelligence **4**, 225—243 (1973)

[Nev 72] A. J. Nevins: A human oriented logic for automatic theorem proving. MIT AI Memo No 268, 1972

[Ni 71] N. J. Nilsson: Problem Solving Methods in Artificial Intelligence. New York: McGraw-Hill 1971

[No 76] H. Noll: Eine konstruktive Formulierung des Lifting-Theorems unter expliziter Angabe der liftenden Substitutionen und eine Anwendung auf Faktorisierungs-Einschränkungen. Dissertation, Technische Universität Berlin, Fachbereich 20 — Informatik, 1976

[Pra 60] D. Prawitz: An improved proof procedure. Theoria **26**, 102—139 (1960)

[Ri 75] M. M. Richter: Resolution, paramodulation and Gentzen-systems. Schriften zur Informatik und Angewandten Mathematik, RWTH Aachen, Bericht Nr. 23 (1975)

[Rob 63] J. A. Robinson: Theorem proving on the computer. J.ACM **10**, 163—174 (1963)

[Rob 65] J. A. Robinson: A machine-oriented logic based on the resolution principle. J.ACM **12**, 23—41 (1965)

[Rob 65a] J. A. Robinson: Automatic deduction with hyper-resolution. Int. J. Comput. Math. **1**, 227—234 (1965)

[Sa 70] H. Sachs: Einführung in die Theorie der endlichen Graphen. Leipzig: Teubner 1970

[Sla 67] J. R. Slagle: Automatic theorem proving with renamable and semantic resolution. J.ACM **14**, 687—697 (1967)

[Sla 71] J. R. Slagle: Artificial Intelligence: The Heuristic Programming Approach. New York: McGraw-Hill 1971

[SCL 69] J. R. Slagle, C. L. Chang and R. C. T. Lee: Completeness theorems for semantic resolution in consequence finding. Proc. Intern. Joint Conf. Artif. Intelligence, 281—285 (1969)

[Sti 73] R. B. Stillman: The concept of weak substitution in theorem proving. J.ACM **20**, 648—667 (1973)

[THEO 74] Beweisprogramm aus „G. Kook and J. van Vaalen: An automatic theoremprover. Mathematisch Centrum Amsterdam, Bericht Nr. 22, 1971", modifiziert und installiert an der Technischen Universität Berlin, Fachbereich 20 — Informatik, 1974

[Vee 71] G. Veenker: Maschinelles Beweisen. Angewandte Informatik **6**, 277—282 (1971)

[WM 76] G. A. Wilson and J. Minker: Resolution, refinements and search strategies: a comparative study. IEEE Transactions on Computers, Vol C-25, no 8, 782—800 (1976)

[WCR 64] L. T. Wos, D. F. Carson and G. A. Robinson: The unit preference strategy in theorem proving. Proc. AFIPS Fall Joint Comput. Conf. **26**, 616—621 (1964)

[WCR 65] L. T. Wos, D. F. Carson and G. A. Robinson: Efficiency and completeness of the set of support strategy in theorem proving. J.ACM **12**, 536—541 (1965)

Zitate aus Kapitel 6

[Ass I]   G. Asser: Einführung in die mathematische Logik I. Leipzig: Teubner 1964
[Bet 59] E. W. Beth: The Foundations of Mathematics. Amsterdam: North-Holland 1959
[deB 71] J. W. de Bakker: Axiom systems for simple assignment statements. In: E. Engeler (ed.): Symposon on Semantics of Algorithmic Languages. Berlin, Heidelberg, New York: Springer 1971 (vgl. Kap. 4: [SSAL 71]), 1—22
[He 71]   H. Hermes: Aufzählbarkeit, Entscheidbarkeit, Berechenbarkeit. Berlin, Heidelberg, New York: Springer 1971
[Jae 75] M. Jaegermann: Information storage and retrieval systems — mathematical foundations. Part IV: Systems with incomplete information. Computation Centre of the Polish Academy of Sciences, Warszawa 1975, Report No. 215
[JMS 75] M. Jaegermann, W. Marek and M. Sobolevski: Information storage and retrieval systems — mathematical foundations. Part III: Tree-structured attribute systems. Computation Centre of the Polish Academy of Sciences, Warszawa 1975, Report No. 214
[LD 74]   K. Laus and M. Dabrowski: A model of information retrieval process for hierarchical set of descriptors. Inform. Stor. Retr. **10**, 261—265 (1974)
[Lip 74a] W. Lipski: Information storage and retrieval system — mathematical foundations. Part II. Computation Centre of the Polish Academy of Sciences, Warszawa 1974, Report No. 153
[Lip 75] W. Lipski: An efficient method of information retrieval. Computation Centre of the Polish Academy of Sciences, Warszawa 1975, Report No. 194
[LM 75]   W. Lipski and W. Marek: On information storage and retrieval systems. Computation Centre of the Polish Academy of Sciences, Warszawa 1975, Report No. 200
[MP 74]   W. Marek and Z. Pawlak: Information storage and retrieval system — mathematical foundations. Part I. Computation Centre of the Polish Academy of Sciences, Warszawa 1974, Report No. 149; siehe auch: Theor. Comp. Science **1**, 331—354 (1976)
[Sal 68] G. Salton: Automatic Information Organization and Retrieval. New York: McGraw-Hill 1968
[SH 61]   H. Scholz and G. Hasenjaeger: Grundzüge der mathematischen Logik. Berlin, Heidelberg, New York: Springer 1961
[Sn 71]   C. P. Schnorr: Zufälligkeit und Wahrscheinlichkeit. Eine algorithmische Begründung der Wahrscheinlichkeitstheorie. Berlin, Heidelberg, New York: Springer 1971
[Str 66] C. Strachey: Towards a formal semantics. In: T. B. Steel (ed.): Formal Language Description Languages for Computer Programming. Amsterdam, London: North-Holland 1966 (vgl. Kap. 4: [FLDL 66]), 198—220
[Wan 70] H. Wang: Logic, Computers and Sets. New York: Chelsea 1970
[Wed 74] H. Wedekind: Datenbanksysteme I. Mannheim: Bibliogr. Institut 1974

Zitate aus Kapitel 7

[Ast 56] E. v. Aster: Geschichte der Philosophie. Stuttgart: Kröner 1956 (12. Aufl.)
[Ber 70] J. D. Bernal: Wissenschaft. Science in History. 4 Bde. Reinbek bei Hamburg: Rowohlt 1970
[Bet 59] E. W. Beth: The Foundations of Mathematics. A Study in the Philosophy of Science. Amsterdam: North-Holland 1959

[Bo 62]	J. M. Bocheński: Formale Logik. Freiburg, München: K. Alber, 2. Aufl. 1962
[Ch 56]	A. Church: Introduction to Mathematical Logic. Princeton (N.J.): Princeton Univ. Press 1956
[Fit 70]	M. C. Fitting: Intuitionistic Logic, Model Theory and Forcing. Amsterdam: North-Holland 1970
[Haa 75]	S. Haack: Deviant Logic. London: Cambridge Univ. Press 1975
[Kle 52]	S. C. Kleene: Introduction to Metamathematics. Amsterdam, London: North-Holland 1952
[Ku 67]	T. S. Kuhn: Die Struktur wissenschaftlicher Revolutionen. Frankfurt/Main: Suhrkamp 1967
[Lor 59]	P. Lorenzen: Einführung in die operative Logik und Mathematik. Berlin: Springer 1959
[Lor 70]	P. Lorenzen: Formale Logik. Berlin: de Gruyter 1970
[Mat 69]	B. Mates: Elementare Logik. Göttingen: Vandenhoeck & Ruprecht 1969
[PSD 75]	C. Peacocke, D. Scott and M. Davies: A Selective Bibliography of Philosophical Logic. Study Aids of the Sub-Faculty of Philosophy, Oxford July 1975
[QMP 72]	H. Wessel (Hrsg.): Quantoren — Modalitäten — Paradoxien. Berlin (DDR): Deutscher Verlag der Wissenschaften 1972
[Qu 69]	W. V. Quine: Grundzüge der Logik. Frankfurt/Main: Suhrkamp 1969
[Qu 70]	W. V. Quine: Philosophy of Logic. Englewood Cliffs (N.J.): Prentice Hall 1970
[Ris 70]	W. Risse: Die Logik der Neuzeit. Bd 2: 1640—1780. Stuttgart: Frommann (Holzboog) 1970
[Sch 59]	H. Scholz: Abriß der Geschichte der Logik. Freiburg, München: K. Alber 1959
[Sh 67]	J. R. Shoenfield: Mathematical Logic. Reading (Mass.): Addison-Wesley 1967
[Snk 73]	G. Schenk: Zur Geschichte der logischen Form. Bd 1: Einige Entwicklungstendenzen von der Antike bis zum Ausgang des Mittelalters. Berlin (DDR): Deutscher Verlag der Wissenschaften 1973
[Stk 67]	D. J. Struik: Abriß der Geschichte der Mathematik. Braunschweig: Vieweg 1967
[Ta 36a]	A. Tarski: Der Wahrheitsbegriff in formalisierten Sprachen. Nachgedruckt in: K. Berka und L. Kreiser (Hrsg.): Logik-Texte. Berlin (DDR): Akademie-Verlag 1971 (i. e. [LT 71] aus Kapitel 4)
[Val 69]	V. Valentin: Weltgeschichte. 2 Bde. München: Droemer-Knaur 1969
[WS II]	P. Weingart (Hrsg.): Wissenschaftssoziologie II. Determinanten wissenschaftlicher Entwicklung. Frankfurt/Main: Athenäum Fischer 1974

Zitate aus dem Anhang

[Ass 60]	G. Asser: Rekursive Wortfunktionen. Zeitschr. f. math. Logik und Grundlagen d. Math. **6**, 258—278 (1960)
[AU 72]	A. V. Aho and J. D. Ullman: The Theory of Parsing, Translation, and Compiling. Vol 1: Parsing. Englewood Cliffs (N.J.): Prentice Hall 1972
[He 71]	H. Hermes: Aufzählbarkeit, Entscheidbarkeit, Berechenbarkeit. Berlin, Heidelberg, New York: Springer 1971
[He 72]	H. Hermes: Einführung in die mathematische Logik. Stuttgart: Teubner 1972
[Kow 70a]	R. Kowalski: Studies in the completeness and efficiency of theorem proving by resolution. Ph. D. Thesis, Univ. of Edinburgh, 1970
[McC 63]	J. McCarthy: A basis for a mathematical theory of computation. In: P. Braffort and D. Hirshberg (eds.): Computer Programming and Formal Systems. Amsterdam: North-Holland 1963, 33—70

Hinweise zu weiterführender Literatur

Die nun folgenden Hinweise zur Literatur beanspruchen nicht, vollständig zu sein, sondern sind unter dem Gesichtspunkt zusammengestellt, für ein Weiterstudium einen Einstieg in die Fachgebiete der mathematischen Logik zu ermöglichen. Deshalb sind manchmal besser greifbare Publikationen den fachlich spezifischeren vorgezogen worden, zumal dann, wenn erstere ausführliche Literaturverzeichnisse enthalten. Zusätzliches Material liefern die Literaturzitate, die jedem der sieben Kapitel des Buches beigegeben sind. Fast alle Werke, die wir hier aufführen, sind unter mathematischen Gesichtspunkten geschrieben worden, ohne daß sie Anforderungen aus der Informatik reflektieren (konnten).

(1) Für das Gebiet der mathematischen Logik ist man in der guten Lage, eine *vollständige Bibliographie* bis 1935 zu erhalten, wenn man folgende Arbeiten benützt:

> A. Church: A Bibliography of Symbolic Logic. JSL **1**, 121—218 (1936)
> A. Church: Corrections and Additions to *A Bibliography of Symbolic Logic*. JSL **3**, 178—212 (1938)

Literatur, die nach 1935 veröffentlicht wurde, ist im Referateteil des *Journal of Symbolic Logic* (JSL) fortlaufend aufgeführt. JSL **26** (1961) enthält einen Index der vorhergehenden 25 Bände dieser Zeitschrift.

(2) Die wichtigste Literatur ist auch in einer kleineren Bibliographie zusammengetragen, die als Einführung vermutlich ausreichend ist:

> M. Moss and D. Scott: A Bibliography of Logic Books. Study Aids of the Sub-Faculty of Philosophy, Oxford July 1975

(3) *Lehrbücher zum Weiterstudium* lassen sich nur sehr schwer empfehlen; denn insgesamt sind in der Logik-Literatur Stoffauswahl und Auswahl der Notation der Kalküle *sehr* uneinheitlich, so daß schon ein erheblicher Teil der Mühen auf das Erlernen des speziellen Kalküls zu verwenden ist, ehe man daran gehen kann, die vermittelten Inhalte zu erfassen. Vom Kalkül her dürfte dem Leser am leichtesten fallen:

> G. Asser: Einführung in die mathematische Logik. Teil I: Aussagenkalkül. Leipzig: Teubner 1964
> G. Asser: Einführung in die mathematische Logik. Teil II: Prädikatenlogik der ersten Stufe. Leipzig: Teubner 1972

Ferner sind einige Bücher weitgehend umgangssprachlich formuliert, so daß sie zu bestimmten elementaren Fragen einfacher zu Rate gezogen werden können als Standard-Lehrbücher, etwa

A. Tarski: Einführung in die mathematische Logik. Göttingen: Vandenhoeck & Ruprecht 1966
B. Mates: Elementare Logik. Göttingen: Vandenhoeck & Ruprecht 1969
G. Hasenjaeger: Einführung in die Grundbegriffe und Probleme der modernen Logik. Freiburg, München: K. Alber 1962

Die nun folgende Auswahl aus *Standard-Logik-Büchern* besteht aus Werken, die z. T. sehr hohe Anforderungen an die Leser stellen:

J. Barwise (ed.): Handbook of Mathematical Logic. Amsterdam, New York: North-Holland (erscheint demnächst)
A. Church: Introduction to Mathematical Logic. Princeton (N.J.): Princeton Univ. Press 1956
H. Hermes: Einführung in die mathematische Logik. Stuttgart: Teubner 1972
D. Hilbert und W. Ackermann: Grundzüge der theoretischen Logik. Berlin, Heidelberg, New York: Springer 5. Aufl. 1967
D. Hilbert und P. Bernays: Grundlagen der Mathematik I. Berlin: Springer 1934
D. Hilbert und P. Bernays: Grundlagen der Mathematik II. Berlin: Springer 1939
S. C. Kleene: Mathematical Logic. New York: John Wiley 1967
G. Kreisel und J.-L. Krivine: Modelltheorie. Eine Einführung in die mathematische Logik und Grundlagentheorie. Berlin, Heidelberg, New York: Springer 1972
F. v. Kutschera: Elementare Logik. Wien, New York: Springer 1967
R. Lyndon: Notes on Logic. New York: Van Nostrand 1966
E. Mendelson: Introduction to Mathematical Logic. New York: Van Nostrand 1964
P. S. Novikov: Grundzüge der mathematischen Logik. Berlin (DDR): Deutscher Verlag der Wissenschaften 1973
W. V. Quine: Grundzüge der Logik. Frankfurt/Main: Suhrkamp 1969
H. Scholz und G. Hasenjaeger: Grundzüge der mathematischen Logik. Berlin, Heidelberg, New York: Springer 1961
J. Shoenfield: Mathematical Logic. Reading (Mass.): Addison-Wesley 1967
R. Smullyan: First Order Logic. Berlin, Heidelberg, New York: 1968
P. Suppes: Introduction to Logic. Princeton (N.J.): Van Nostrand 1963

(4) *Werke zu Teilgebieten der Logik*

4.1. *Geschichte der Logik:*

O. Becker: Grundlagen der Mathematik in geschichtlicher Entwicklung. Frankfurt/Main: Suhrkamp 1975
J. M. Bocheński: Formale Logik. Freiburg, München: K. Alber 2. Aufl. 1962
A. Church: Introduction to Mathematical Logic. Princeton (N.J.): Princeton Univ. Press 1956 (besonders die historischen Anmerkungen und einige Fußnoten)
J. Jørgensen: A Treatise of Formal Logic (3 Bde). 1931 (Nachdruck New York: Russell & Russell 1962)
W. Kneale and M. Kneale: The Development of Logic. Oxford: Clarendon Press 1962
A. Mostowski: Thirty Years Foundational Studies. Oxford: Blackwell 1966
W. Risse: Die Logik der Neuzeit. Bd 1: 1500—1640, Bd 2: 1640—1780. Stuttgart: Frommann (Holzboog) 1964 und 1970
G. Schenk: Zur Geschichte der logischen Form. Berlin (DDR): Deutscher Verlag der Wissenschaften 1973
H. Scholz: Abriß der Geschichte der Logik. Freiburg, München: K. Alber 1959

4.2. Modelltheorie:

J. L. Bell and A. B. Slomson: Models and Ultraproducts. Amsterdam, London: North-Holland 1971
C. C. Chang and H. J. Keisler: Model Theory. Amsterdam, London: North-Holland 1973
A. Robinson: Introduction to Model Theory and to the Metamathematics of Algebra. Amsterdam: North-Holland 1965
G. E. Sacks: Saturated Model Theory. Reading (Mass.): Benjamin 1972

4.3. Natürliches Schließen und Beweistheorie:

S. C. Kleene: Mathematical Logic. New York: John Wiley 1967
R. Lyndon: Notes on Logic. New York: Van Nostrand 1966
D. Prawitz: Natural Deduction. Stockholm, Göteborg, Uppsala: Almquist & Wiksell 1965
K. Schütte: Beweistheorie. Berlin: Springer 1960
R. Smullyan: First Order Logic. Berlin, Heidelberg, New York: Springer 1968
G. Takeuti: Proof Theory. Amsterdam: North-Holland 1975

4.4. Entscheidbarkeit, Rekursionstheorie, Arithmetik:

W. Ackermann: Solvable Cases of the Decision Problem. Amsterdam: North-Holland 1954
W. D. Brainerd and L. H. Landweber: Theory of Computation. New York: John Wiley 1974
M. Davis: Computability and Unsolvability. New York: McGraw-Hill 1958
H. Hermes: Aufzählbarkeit, Entscheidbarkeit, Berechenbarkeit. Berlin, Heidelberg, New York: Springer 1971
K. Jacobs (Hrsg.): Selecta Mathematica II. Berlin, Heidelberg, New York: Springer 1970
S. C. Kleene: Introduction to Metamathematics. Amsterdam, London: North-Holland 1952
A. I. Malcev: Algorithmen und rekursive Funktionen. Braunschweig: Vieweg 1974
H. Rogers: Theory of Recursive Functions and Effective Computability. New York: McGraw-Hill 1967
C. P. Schnorr: Rekursive Funktionen und ihre Komplexität. Stuttgart: Teubner 1974
J. Surányi: Reduktionstheorie des Entscheidungsproblems im Prädikatenkalkül der ersten Stufe. Budapest: Ungar. Akad. d. Wiss. 1959
A. Tarski, A. Mostowski and R. M. Robinson: Undecidable Theories. Amsterdam: North-Holland 1971
A. Yasuhara: Recursive Function Theory and Logic. New York: Chelsea 1971

4.5. Mengenlehre:

A. A. Fraenkel: Abstract Set Theory. Amsterdam: North-Holland 1968
P. R. Halmos: Naive Set Theory. Princeton (N.J.): Van Nostrand 1960
G. Takeuti and W. M. Zaring: Introduction to Axiomatic Set Theory. New York, Heidelberg, Berlin: Springer 1970

4.6. Maschinelles Beweisen (Resolventenprinzip):

C. L. Chang and R. C. T. Lee: Symbolic Logic and Mechanical Theorem Proving. New York, London: Academic Press 1973

N. J. Nilsson: Problem-Solving Methods in Artificial Intelligence. New York: McGraw-Hill 1971

4.7. λ-Kalkül und Logik der Kombinatoren:

H. B. Curry and R. Feys: Combinatory Logic I. Amsterdam: North-Holland 1968

H. B. Curry, J. R. Hindley and J. P. Seldin: Combinatory Logic II. Amsterdam: North-Holland 1971

J. R. Hindley, B. Lercher and J. P. Seldin: Introduction to Combinatory Logic. London: Cambridge Univ. Press 1972

(5) Logik höherer Stufen und mehrwertige Logik:

A. Church: Introduction to Mathematical Logic. Princeton (N.J.): Princeton Univ. Press 1956

H. Hermes: Einführung in die mathematische Logik. Stuttgart: Teubner 1972

A. A. Sinowjew: Über mehrwertige Logik. Ein Abriß. Berlin (DDR): Deutscher Verlag der Wissenschaften 1968

(6) Sonstige Literatur, die z. B. bei der Erstellung des Buches benutzt wurde:

K. Berka und L. Kreiser (Hrsg.): Logik-Texte. Kommentierte Auswahl zur Geschichte der modernen Logik. Berlin (DDR): Akademie-Verlag 1971

E. W. Beth: The Foundations of Mathematics. A Study in the Philosophy of Science. Amsterdam: North-Holland 1959

J. v. Heijenoort: From Frege to Gödel. A Source Book in Mathematical Logic, 1879—1931. Cambridge (Mass.): Harvard Univ. Press 1967

G. Klaus: Moderne Logik. Berlin (DDR): Deutscher Verlag der Wissenschaften 1970

H. Meschkowski: Mathematiker-Lexikon. Mannheim: Bibliogr. Institut 1964

H. Wessel (Hrsg.): Quantoren—Modalitäten—Paradoxien. Berlin (DDR): Deutscher Verlag der Wissenschaften 1972

Verzeichnis häufig verwendeter Symbole

Die hinter den Symbolen angegebenen Seitenzahlen beziehen sich auf die Stelle der Definition des betreffenden Symbols.

$\Leftrightarrow \quad \Rightarrow \quad :\Leftrightarrow$	genau dann, wenn (3), daraus folgt (3), definitionsgemäß genau dann, wenn (3)
„$\Longrightarrow$" „$\Longleftarrow$" „$\subset$" „$\supset$"	(3), (3)

$$\left. \begin{array}{l} \{x|P(x)\} \quad \emptyset \cap \cup \dot{\cup} \\ \times \; - \; \subset \; \subsetneq \; 2^A \quad \mathrm{Id}_A \\ \mathrm{id}_A \quad (A \longrightarrow B) \quad \bigcap \\ \bigcup \equiv \dot{\bigcup} \circ \end{array} \right\} \quad \text{(2ff)}$$

M/R (126)

$\wedge \quad \neg$	Konjunktion (13), Negation (16),
$\longrightarrow \quad \vee$	Implikation (17), Alternative (19),
$\dot{\vee} \quad \longleftrightarrow$	exklusives Oder (19), Äquivalenz (20)
$\forall \quad \exists \quad \forall^r \quad \exists^r$	All-Quantor (21), Existenz-Quantor (21), (132)
FS PS	Funktionssymbole (8, 27), Prädikatensymbole (8, 27)
FS_n PS_n	n-stellige Funktionssymbole (27), n-stellige Prädikatensymbole (27)
FS_0	Konstanten (27) mit $a, b, c \in \mathrm{FS}_0$
W F	(28)
VA	Variable (8, 27) mit $u, v, w, x, y, z \in \mathrm{VA}$
$B = (\mathrm{FS}, \mathrm{PS}) \quad B^E \quad B^g$ $B(S)$	Basis (8, 27), Basis-Erweiterung (64), Basis einer Klauselmenge S (168)
TE^B TE	Terme (8, 28) mit $t, t' \in \mathrm{TE}$
AF^B AF	atomare Formeln (28)
FO^B FO	Formeln (28) mit $A, B, C \in \mathrm{FO}$
QFF TE^- FO^- FO^a	quantorenfreie Formeln (49), variablenfreie Terme (55), Aussagen (55), aussagenlogische Formeln (49)

Verzeichnis häufig verwendeter Symbole

Gen(A)	Generalisierte einer Formel A (63)
$\bigwedge_{i=1}^{n} A_i \quad \bigvee_{i=1}^{n} A_i$	endliche Konjunktion (74), endliche Alternative (74)
LIT^B LIT	Literale (162, 162) mit $L, L' \in$ LIT
CL^B CL	Klauseln (162) mit $S, S' \in 2^{CL}$ und $C, C' \in$ CL
□	leere Klausel (162)
HHB(S) H(S) HB'(S)	Herbrand-Individuenbereich (168), Herbrand-Basis (169), Herbrand-Sättigung (169), (169)
Fr( ) Fr(A) Fr(E)	freie Variable eines Terms t (53), einer Formel A (53), einer Menge von Ausdrücken E (53)
Ers(A, T, B, C)	Ersetzung (46)
$\|L\|$ $\sim L$ $S(A)$ $F(S)$	(162), (162), (163), (163)
$S(X)$	Klauselmenge einer Menge von Formeln X (166)
$t'_x[t]$ $A_x[t]$	Substitution in einen Term t' (58), in eine Formel A (58)
$t'_{x_1 \ldots x_n}[t_1, \ldots, t_n]$ $A_{x_1 \ldots x_n}[t_1, \ldots, t_n]$	simultane Substitution (59)
$\sigma = \{t_1\|x_1, \ldots, t_n\|x_n\}$	Substitution (59) mit $t\sigma$ und $A\sigma$
$\sigma \cdot \tau$ $(\sigma \tau)$ ε	Komposition von Substitutionen (60), identische Substitution (59)
θ $\tilde{\theta}$	allgemeinster Vereinheitlicher, a. V. (183), simultaner Vereinheitlicher, s. V. (217)
Diff(E) D	(182), (240)
Ab$_{\mathscr{R}}(X)$	aus X ableitbare Formeln (92), bzw. Klauseln (180, 201)
AB$_{\mathscr{R}}(X)$	Menge der Ableitungen aus X (104, 180, 201) mit $D, D' \in$ AB$_{\mathscr{R}}(X)$
AB$_{\mathscr{R}}(S, C)$	Menge der Ableitungen von C aus S durch $\mathscr{R}$ (180)
Bw$_{\mathscr{R}}(X)$	mit X beweisbare Formeln (104)
Th(X)	Theoremmenge von X (94)
$\mathscr{R}_0$ $\mathscr{R}_1$ $\mathscr{R}_2$	(93), (128), (255) mit $R_1, \ldots, R_5 \in \mathscr{R}_0$ und $R_6, \ldots, R_{10} \in \mathscr{R}_2$
R R^{bin} R^S	(187), (197), (197)
$\bar{R}$ $\bar{R}^a$ $\bar{R}_E$ $\bar{R}_p$ $\bar{R}_s$ Fc	(198), (187), (206), (206), (206), (197)
R($C_1, \ldots, C_{n-1}$)	Konklusionenmenge 179
I	Individuenbereich (8, 31) mit $\xi, \eta, \zeta \in I$

Verzeichnis häufig verwendeter Symbole 317

H	Herbrand-Individuenbereich (168)
ω	Zuordnung von Funktionssymbolen und Prädikatensymbolen zu Funktionen und Prädikaten (8, 31)
$\Sigma = (I, \omega)$ Σ^E Σ^g	Struktur (8, 31), Struktur-Erweiterung (64)
Σ_X	freie Struktur bezüglich X (112, 169)
St^B	Klasse der Strukturen zur Basis B (32)
$Mod(X)$ $Mod^E(X)$	Modellmenge von X (82), (121)
W F	Bezeichnungen für die Wahrheitswerte (11)
W $F_\neg$ W F_v	Wahrheitswertfunktion für die Negation (16), bzw. für die Alternative (19)
W $F_\wedge$ W $F_\rightarrow$ W $F_\leftrightarrow$	(14), (17), (20)
f $f\left\langle \begin{matrix} x \\ \xi \end{matrix} \right\rangle$ $f\left\langle \begin{matrix} x_1 \dots x_n \\ \xi_1 \dots \xi_n \end{matrix} \right\rangle$	Zustand (8, 32), Zustandsabänderung (32), (281)
wert$_\Sigma$ Wert$_\Sigma$	Deutung der Terme (8, 33), bzw. der Formeln (8, 33)
Wert$_\beta$ WERT$_\Sigma$	aussagenlogische Deutung der Formeln (49), Deutung der Wertzuweisungen (253)
Fl(X)	Folgerungsmenge von X (82, 164)
Fl$_Q(X)$	(128)
ag$_\Sigma$ ag	gültige (38), bzw. allgemeingültige Formeln (38)
ef$_\Sigma$ ef ef$_\Sigma^K$ ef^K	Mengen erfüllbarer Formeln (37), (37), (164), (164)
EF$_\Sigma$ EF EF$_\Sigma^K$ EF^K	Mengen simultan erfüllbarer Formeln (39), (39), (164), (164)
ef$_a$ EF$_a$ EF$_a^K$	aussagenlogisch erfüllbare Formelmengen (49), (49), (165)
AX AX$^=$ AX$_2$	(93), (128), (255)
BOOLAX EQAX GLAX PROPAX	(130), (128), (129), (129)
$?A \in$ Fl$(X)?$	Entscheidungsproblem (130)
$\mathbb{N}_0$ $\mathbb{N}$ $\mathbb{Z}$	(2), (2), (2)
ASS GP EQ	(253), (253), (254)
S_D $l(D)$	Eingabe einer Ableitung (189), Höhe einer Ableitung (190)
$\mathscr{B} = (Ab_\mathscr{B}, \mathscr{S})$ $\mathscr{S}_Z$	Beweisverfahren (202), Zwei-Zeiger-Methode (203)
Res$'(B,D)$ Res(B,D)	skolemisiertes Resultat einer Formel in einer Ableitung (220), Resultat einer Formel in einer Ableitung (221)

Namen- und Sachverzeichnis

Abänderung 32
Abbildung (siehe auch Funktion) 2
—, antitone 83
—, extensive 84
—, idempotente 84
—, isotone 84
—, surjektive 68
Ableiten 81
Ableitung 104
—, aussagenlogische 187
— für eine Formel 105
—, standardisierte 190
Ableitungsoperator 92
—, korrekter 109
—, vollständiger 109
Ableitungsregel 90
—, korrekte 91
Absorptionssätze 48
ABTR 44
Abtr 99
Abtrennungsregel 44, 99
Ackermann, W. 132
Adäquatheit 250
Adäquatheitsthese 250
Ähnlichkeitsklasse 32
äquivalente Ableitungen 202
äquivalente Formeln 38
äquivalente Herbrand-Strukturen 171
äquivalente Klauselmengen 165
Äquivalenz 20
Äquivalenz einer Herbrand-Belegung und
  eines Herbrand-Modells 171
Äquivalenzklasse 126
Äquivalenzrelation 126
ALGOL 60 5
allgemeingültig 38
allgemeinster Vereinheitlicher 183
— einer Resolvente 187
All-Quantor 21
Alphabet 3
Alternative 19

analyticity 262
Anderson, R. 195
Anfrage 240
Antinomie 277f
artificial intelligence 155
assertion 233
assignation 251
assignment statement 251
Assoziativregel 93
Atommenge 169
Attribut 240
Ausdruck 59, 162
—, arithmetischer 4
—, boolescher 7
Ausführungsfolge 147
Aussage 10, 55
— einer Klauselmenge 163
Aussagenlogik 40, 50
aussagenlogisch erfüllbar 49, 165
a. V. 183
Axiom 88, 95
—, logisches 94
—, theoriespezifisches 94
Axiomatisierung 96
Axiomenschema 93
Axiomensystem 88

Bakker, J. de 255
Basis 8, 27
— einer Klauselmenge 168
—, syntaktische 8, 27
Baumdarstellung einer Ableitung 189f
Befehlslogik 264
Behauptung 233
Behmann, H. 131, 132
Beispiel 59
Belegung
—, aussagenlogische 49
— der nullstelligen Prädikatensymbole
  50

Belegung der Variablen 8, 32
Bernal, J. D. 267
Bernays, P. 80, 132
Beweis einer Klauselmenge 180
Beweismenge einer Klauselmenge 178
Beweisverfahren 202
Bezeichner 4
Bledsoe, W. W. 195
BNF 5
Bolzano, B. 81
Boole, G. 4, 22, 276
Boolesche Algebra 129
Buchstabe 3

Cantor, G. 277
Carnap, R. 15, 87
cartesisches Produkt 2
Church, A. 132
Churchsche These 250
Clause 162
clause 162
Computer 4
consistent 105
—, syntactical 105
counterfactual 261

Deduktion 81
Deduktionstheorem für Th 103, 108, 289f
deduktive Wissenschaft 274
Deskriptor 240
detachment rule 44
Deutung 33
— der quantorenfreien Formeln 49
—, freie 112
Diagonalverfahren 206
Differenz 2, 182
disagreement set 182
Disjunktion 23
Distributivgesetz 43, 48
DNFO 78
Dokument 238
dummy 54
Durchschnitt 2

Effizienz von Beweisverfahren 205f
Eingabe einer Ableitung 189
Eingabe-Klausel 189

Einheit 206
Einheiten-Präferenz-Strategie 206
Einheiten-Regel 206
Einsetzung 58
Element 2
Elementarkonjunktion 244
Endlichkeitssatz
— der syntaktischen Widerspruchsfreiheit 106
— für Th 94
Entscheidbarkeit 88, 130f
environment 252
erfüllbar 37, 164
erfüllbar in einer Struktur 37, 164
erfüllbarkeitsgleich 38
erlaubte Regelanwendung 90
ERS 47
Ers 101
Ersetzbarkeitstheorem 47, 101
—, Leibnizsches 125
Ersetzung 45f
Erweiterung
— einer Basis 64
— einer Struktur 64
ES 147
Euklid 274
execution sequence 147
Exemplar 59
Existenz 260f
Existenz-Quantor 21
expansion 169
Expansionsregel 93
Explikat 81
Explikation 81
Extension 14f

Faktor 197
Faktorregel 197
Falschheit 10
false 7
fiktiv 260f
Folge 2
Folgern 79, 81
Folgerungsmenge 82
Formalisierung 248f
Formel
—, abgeschlossene 55
—, ableitbare 92
—, atomare 28
—, aussagenlogische 49

Formel, beweisbare 104
— einer Klauselmenge 163
—, elementare 48
—, folgerbare 82
—, logisch gültige 38
— mit aussagenlogischem Aufbau 41, 48 f.
—, ((prädikaten)logisch) wahre 38
—, quantorenfreie 49
Fragelogik 264
Frege, G. 17, 22, 80, 276
freies Monoid 3
functional calculus 26
Funktion (siehe auch Abbildung) 2
—, berechenbare 137
—, charakteristische 3
Funktionssymbol 8, 27

G-Ableitung 187
G-Atom 168
G-Beispiel 168
Generalisierte 63
Generalisierung
—, hintere (Gh) 67
—, vordere (Gv) 68
geordnetes Paar 2
Geradeaus-Programm 253
Geschichte der Logik 265f
Gesetz 38
—, prädikatenlogisches 38
Gesetze von de Morgan 20, 48
G-Klausel 168
Gleichheit 31, 124
Gleichheitstheorie 129
Gleichung 29
G-Literal 168
goal-statement 233
Gödel, K. 118, 132, 298
Gödelisierung 298
Graph eines Programm-Schemas 146
Green, C. 213
Greenscher Antworten-Extraktionsprozeß 212f
G-Resolvente 187
Grundableitung 187
Grundatom 168
Grundbeispiel 168
Grundklausel 168
Grundliteral 168
Grundresolvente 187

Grund-Resolventensatz 193
Grundsubstitution 168
G-Subst 168
gU 61
gültig in einer Struktur 38

Hayes, P. J. 230
Henkin, L. 118, 123
henkinsch 118
Henschen, L. J. 207
Herbrand, J. 112, 132
Herbrand-Basis 169
Herbrand-Belegung 171
Herbrand-Individuenbereich 112
— einer Klauselmenge 168
Herbrand-Modell 172
Herbrand-Prozeduren 176
Herbrand-Sättigung 169
Herbrand-Struktur 169
Hilbert, D. 80, 105
Hintereinanderschreibung 3
Hinterglied (einer Implikation) 17
Höhe einer Ableitung 190
Horn-Klausel 208
Hüllenoperator 85

identifier 4
Identität 38
—, prädikatenlogische 38
Identität(sabbildung) 2
Identität(srelation) 2
imperatives Sprachkonzept 9
Implikation 17
—, materiale 17
—, Philonische 17
—, strikte 18
Individuenbereich 8, 31
Individuenvariable 21
Induktionsvoraussetzung (Ind.vor) 30
Induktion über den Aufbau der Terme und Formeln 30
Induktion über die Anzahl der Junktoren 30, 113
induktive Definition 31
informelles Sprechen 249
instance 59
Intension 14f
intensionaler Kontext 263
Interpretation 33

Interpretation, freie 112
Interrogativlogik 264
invertierte Datei 240
ISR 239

joint consistency theorem 106
Junktor 16

Kalkül 249
Kalmár, L. 132
Kettenschluß 42
Klausel 162
—, ableitbare 180
—, leere 162
Klauselform der Prädikatenlogik 158
Klausellogik 158
Klauselmenge 162
— einer Formel 163
— einer Formelmenge 166
—, standardisierte 162
KNF 75
KNFO 74
Koinzidenztheorem 54
—, verallgemeinertes 65
Kompaktheitssatz
— für die semantische Widerspruchsfreiheit 123
— für Fl 123
— für Modelle 124
komplementäre Literale 181
Komposition von Abbildungen 3
Konjunktion 13
Konkatenation 3
Konklusion 17, 90
Konklusionenmenge 179
Konstante 5, 6
Kontraktionsregel 93
Kontraposition 46
Kontrollstruktur 7
Korrektheit 91, 109
Kowalski, R. 202, 206, 230
künstliche Intelligenz 155f
Kunstsprache 9

λ-Kalkül 279
leere Menge 2
Leibniz, G. W. 79, 125, 269, 272, 275
level 190

Lewis, C. 18
Liften
— von Ableitungen 193
— von Resolventen 192
Lifting-Lemma 191
Lifting-Theorem 192
Lindenbaum, A. 119
Lindenbaumscher Ergänzungssatz 119, 293f
LISP 279
Literal 74
—, negatives 74
—, positives 74
—, resolviertes 187
Löwenheim, L. 124, 131
Logik
—, deontische 264
— der Kombinatoren 279
—, formale 265
—, imperative 264
—, intuitionistische 264
—, konstruktive 264
—, mehrwertige 279
—, nichtformale 265
—, philosophische 259
—, scholastische 271
—, topologische 264
logische Folgerung 82, 164
logische Semantik 264
logisches Zeichen 27
Logistik 1
Luckham, D. 213
Łukasiewicz, J. 132

maschinelles Beweisen 155f
mathematische Logik im strikten Sinne 276
Matrix 69
McCarthy, J. 280
McColl, H. 17
Menge
—, aufzählbare 141
—, beschreibbare 243
— der ableitbaren Formeln 92
—, entscheidbare 138
—, semi-entscheidbare 140
Mengenlehre 277
Meta-Ebene 15
methodischer Zirkel 262f
Modell 82
—, prädikatenlogisches 164

Modelltheorie 277
modus (ponendo) ponens 44
Morgan, A. de 20, 22
mos geometricus 274
most general unifier 183
m-Regel 207

Nachfolger 90
natürliches Schließen 279
Negation 16
—, dialektische 16
Netzinduktion 30
Nicht-Euklidische Geometrie 277
Nilsson, N.J. 213
Normalform 69f
—, disjunktive 75
—, kanonisch disjunktive 244
—, konjunktive 75
—, pränexe 69
—, universelle 72
Normalformel 69
—, disjunktive 75
—, existenzielle 86
—, konjunktive 74f
—, pränexe 69f
—, universelle 71f
Normenlogik 264

o.B.d.A. 42
obliquer Schluß 24

Paradoxie 18, 278
Parallelenaxiom 277
Parameterübergabe 236
Partikularisierung
—, hintere (Ph) 68
—, vordere (Pv) 67
PASCAL 143
Pascal, B. 272
Pasch, M. 80
p-deduction 206
Peirce, C. S. 17
philosophische Logik 259
PNF 69
PNFO 69
Polnische Notation 29
Post, E. 98, 132
Potenzmenge 2
Prädikat 2, 138
—, entscheidbares 137
—, semi-entscheidbares 140

Prädikatenlogik als Programmiersprache 230f
Prädikatenlogik erster Stufe 23
Prädikatenlogik zweiter und höherer Stufe 23, 142
Prädikatensymbol 8, 27
Prädikatenvariable 22
Präfix 69
Prämisse 17, 90
Prämissenverbindung 48
Prämissenvertauschung 48
Prawitz, D. 178
p-Regel 206
presuppositions 261
Programm 146
Programmiersprache 4
Programm-Schema 145
propositional calculus 40
Prozedur-Deklaration 233
Pv-Regel 93

quantification theory 26
Quantor 21
—, nichtklassischer 263
query 240
Quotientenmenge 126

Rechner 4
Reduktionstyp 132
Reflexivität 126
refutation 180
Relation 2
replacement theorem 46
Repräsentant 126
Resolvente 187
—, aussagenlogische 187
—, binäre 197
—, volle 198
Resolventenregel 187
—, aussagenlogische 187
—, binäre 197
—, volle 198
Resolventensatz 194
—, verschärfter 220
Resultat einer Regelanwendung 90
Resultat in einer Ableitung 220f
retrieval 244
Robinson, J. A. 156, 178, 181, 191
Russell, B. 278

Sachverhalt 10
Sättigung einer Klauselmenge 169
saturation 169
Satz 10
Satz vom ausgeschlossenen Widerspruch 11
Satz von der freien Interpretation 124, 173
Satz von der kanonisch disjunktiven Normalform für Terme 244
Satz von der Klauselform 165
Satz von der KNF 75
Satz von der PNF 69
Satz von der UNF 73
Satz von Herbrand 156, 174
Satz von Löwenheim-Skolem 124
Schließen 79
Schnittregel 50, 93
—, verallgemeinerte 187
Schönfinkel, M. 132
Schröder, E. 22
Schütte, K. 132
Semantik 9, 264
— der Klausellogik 164
—, formale 249
—, logische 264
— von Programmiersprachen 143f
Semi-Entscheidungsverfahren 140
Semi-Thue-System 135
set of support 207
simultan erfüllbar 39
simultan erfüllbar in einer Struktur 39
Skolem, Th. 72, 131, 132
Skolem-Eliminierung 72
Skolem-Funktionssymbol 72
skolemisiertes Resultat in einer Ableitung 220
Skolemsche Normalform 72
sound 91
Speicher 252
Speichertransformation 257
Spezialisierung 45f
Split-Resolvente 197
Split-Resolventenregel 197
Sprache
—, formale 9
—, künstliche 9
standardisiert 162
Struktur 8, 31
—, freie 112
—, kanonische 112

STS 135
Stützmenge 207
Stützmengen-Regel 207
stufenweises Suchen 202
Substitution 56f
—, identische 59
—, schwache 187
—, simultane 59
—, sukzessive 59
Substitutionsregel 63
Suchraum 202
Suchstrategie 202
s. V. 217
Swift, J. 264
symbolische Logik 1
Symbolisierung 250
Symmetrie 126
syntaktische Klasse 5
syntaktisch vollständig 116
Syntax 9, 264
—, strikte 300f
Syntax-Analyse 302

Tarski, A. 19, 81, 87, 272
Tautologie 38
Tautologiesatz 98
Teilformel 29
—, echte 29
Teilmenge 2
—, echte 2
Teilterm 29
—, echter 29
Teilwort 3
—, echtes 3
Term 8, 28
—, konstanter 55
—, substituierbarer 58
—, variablenfreier 55
Termination von Programmen 144f
Terminus (technicus) 137
Termlogik 26
tertium non datur 11
Test mit Wahrheitswerttafeln 43, 134
Theorem-Beweiser 205
Theorem einer Formelmenge 160
Theoremmenge 94
theorem-proving 155
Theorem über neue Konstanten 65, 292f
Theorie 95f
Thue, A. 135

Thue-System 136
Transivität 126
true 7
Tupel (n-Tupel) 2

ÜB 60
Überführungstheorem 60
Umbenennung 62
—, freie 77
—, gebundene 61
UNF 72
UNFO 72
unifier 183
unit-resolution 206
universe 31
Unterableitung 190
updating 32

Variable 8, 27
— einer Substitution 59
—, freie 53
—, gebundene 53
—, syntaktische 302
Variablenkollision 36, 61
Variablenkonfusion 58
Variante 162
—, alphabetische 162
vereinheitlichbar 183
Vereinheitlicher 183
—, allgemeinster 183
—, simultaner 217
Vereinheitlichungsalgorithmus 183
Vereinheitlichungstheorem 184
Vereinigung 2
—, disjunkte 2
Verfeinerung einer Regel 206
Vergleichslogik 264
Verneinung 23
Vollständigkeit
— einer Suchstrategie 203
— von Ableitungsoperatoren
  109, 116, 180

Vollständigkeitssatz der Prädikatenlogik
  122
Vorderglied (einer Implikation) 17
Vorgänger 90

Wahrheit 10
—, analytische 262
  Definition von — 12, 261
  Kriterium für — 12
—, synthetische 262
Wahrheitsdefinitheit 11
Wahrheitswert 7, 11
Wahrheitswertfunktion (Funktion der
  Wahrheitswerte) 13
Whitehead, A. N. 80
Widerlegung 180
Widerlegungsvollständigkeit 180
widerspruchsfrei
—, maximal syntaktisch 117
—, semantisch 87
—, syntaktisch 105
widerspruchsvoll
—, semantisch 87
—, syntaktisch 105
Wittgenstein, L. 132
Wort 3
—, leeres 3

Zahlen
—, ganze 2
—, natürliche 2
Zeichenreihe 3
Zeitlogik 264
Zerlegungssatz für allgemeinste Vereinheitlicher 198, 302f
Zielanweisung 233
Zustand der Variablen 5, 8, 32
Zustandsabänderung 32
zweiwertige Logik 11
Zwei-Zeiger-Methode 203

Acta Informatica

Editorial Board: J. Bečvár, Prague; L. Bolliet, Grenoble-Gare; P. Brinch Hansen, Los Angeles, CA; J.N. Buxton, Coventry; T.E. Cheatham, Cambridge, MA; P.J. Denning, Lafayette, IN; E.W. Dijkstra, Nuenen; M.J. Fischer, Seattle, WA; W. Giloi, Minneapolis, MN; G. Goos, Karlsruhe; D. Gries, Ithaca, NY; P. Heyderhoff, Birlinghoven; C.A.R. Hoare, Belfast; G. Hotz, Saarbrücken; I.O. Kerner, Rostock; D.E. Knuth, Stanford, CA; P. Lucas, Vienna; Z. Manna, Stanford, CA; R.M. McClure, San Jose, CA; S. Moriguti, Tokyo; W. Niegel (Managing Editor), Munich; M. Paul, Munich; J.E.L. Peck, Vancouver; B. Randell, Newcastle upon Tyne; J.R. Rice, Lafayette, IN; A. Salomaa, Turku; K. Samelson, Munich; D.S. Scott, Oxford; G. Seegmüller, Munich; M.R. Shura-Bura, Moscow; M. Sintzoff, Brussels; W.M. Turski, Warsaw; S. Warshall, Wakefield, MA; N. Wirth, Zürich.

Advisory Board: F.L. Bauer, Munich; A.J. Perlis, New Haven, CT.

The journal provides international dissemination of contributions dealing with problems of software engineering, tools for programming, information retrieval, management information systems, real-time applications, simulation, and its application to the construction of computing systems, design of information systems, operating systems and data management, programming languages and language processors, design and construction methods for application systems, theory of automata and formal languages.

Subscription Information and sample copies upon request.

Springer-Verlag
Berlin Heidelberg New York

J. LOECKX

Algorithmentheorie

Hochschultext

12 Abbildungen. XV, 223 Seiten. 1976
DM 28.-; US $ 11.50
ISBN 3-540-07933-5

Preisänderungen vorbehalten

Inhaltsübersicht: Einige Begriffe und Notationen. – Grundbegriffe. – Die Turing-Maschine. – Andere Formalismen als Turing-Maschinen. – Nicht-deterministische Algorithmen und Grammatiken. – Eine Schlußbemerkung. – Literatur. – Lösungen und Lösungshinweise der wichtigsten Übungen. – Die wichtigsten Notationen. – Alphabetische Liste der wichtigsten Funktionen. – Alphabetisches Sachregister.

Das Buch stellt eine Einführung in die Theorie der Algorithmen dar; es behandelt insbesondere die Begriffe der Berechenbarkeit und der rekursiven Aufzählbarkeit. Während die meisten Bücher über Algorithmentheorie sich an Studenten der mathematischen Logik richten, ist dieses Buch für Informatikstudenten bestimmt. Zwar wird das Thema mit mathematischer Schärfe behandelt, aber das Buch setzt keine besonderen mathematischen Kenntnisse voraus, und die zahlreichen Kommentare zielen darauf hin, ein gutes intuitives Verständnis zu ermöglichen. Außerdem wird regelmäßig die Bedeutung der Resultate für die Informatik hervorgehoben. Schließlich sind Notationen und bestimmte Beweismethoden der Automatentheorie und der Theorie der formalen Sprachen entnommen; insbesondere wird mit Zeichenreihen statt mit natürlichen Zahlen gearbeitet.

Springer-Verlag
Berlin Heidelberg New York

MIX
Papier aus verantwortungsvollen Quellen
Paper from responsible sources
FSC® C105338

If you have any concerns about our products,
you can contact us on
ProductSafety@springernature.com

In case Publisher is established outside the EU,
the EU authorized representative is:
**Springer Nature Customer Service Center GmbH
Europaplatz 3, 69115 Heidelberg, Germany**

Printed by Libri Plureos GmbH
in Hamburg, Germany